KB026351

우리 아이
튼튼 쑥쑥
똑똑하게
키우기

요람에서 학교까지

우리 아이
튼튼 쑥쑥
똑똑하게
키우기

글 오재원 | 그림 오승은

중앙생활사

오재원 교수는 늘 바쁜 사람이다. 환자 보는 일도 바쁘고, 학회를 운영하는 일로도 늘 바쁘다. 그런데 그는 프로급 바이올린 연주자이고, 클래식 음악을 소개하는 책을 쓴 베스트셀러 작가이기도 하다. 의사가 이렇게 이 일 저 일로 바쁘면 뭔가 어딘가에 구멍이 뚫려있기 마련인데, 내가 오 교수를 알고 지낸 지난 30년을 되돌아보면 그런 흠결을 찾을 수가 없다. 불가사의하다.

오 교수는 어린이 알레르기 호흡기질환 분야에서 국내 최고의 전문가이다. 알레르기를 일으키는 식물, 꽃가루에 관해서는 세계 최정상급의 전문가이다. 그리고 우리나라 의학전문학술지 중 최고 권위의 〈AAIR〉을 발행하고 있는 대한천식알레르기학회의 이사장이다. 〈AAIR(Allergy, Asthma & Immunology Research)〉 잡지는 대한소아알레르기호흡기학회와 대한천식알레르기학회가 공동으로 발행하고 있는 영문 의학학술지이고, 전 세계에서 발행되고 있는 수십 종의 영문 알레르기학술지 중 최상위권의 SCI 학술지이다.

또한 오 교수는 2021년, 유럽알레르기임상면역학회(EAACI)가 발행하는 학술지 〈Pediatric Allergy and Immunology〉의 편집자가 선정하는 7월의 최고 논문으로 선정되어 표지를 장식했다. 대한민국 알레르기 전공 의사들의 자랑이다. 이미 2018년 저명한 출판사인 Springer가 발행한 《Pollen Allergy in a Changing World》라는 저서는 〈UN SDGs(유엔지속가능발전목표)〉라는 프로그램에서 세계 기후변화에 주목할 만한 정보를 제공하는 최고의 책 중 한 권으로 선정된 바도 있다.

이렇게 다양하고 많은 일을 하고 있는 오 교수가 또 다른 책을 낸다면서 원고를 읽은 뒤 추천사를 써 달라는 부탁을 했다. 이번에는 육아에 관한 책이다. 대개 의사가 전문분야, 특히 세부전문분야에 빠지면 일상적인 질환에 대한 광범위한 흥미는 가지기 힘들어진다. 매일매일 최첨단 정보와 싸워야 하기 때문이다. 그래서 어딘가 혹 부실한 부분은 없을까 꼼꼼히 원고를 검토해 보았다. 그리고 다시 한 번 놀랐다.

아이의 엄마가 질문한 내용을 오 교수가 답하는 형식으로 시작하는 Q&A에는 다양한 질문에 꼼꼼한 답변이 담겨있고, 일하는 바쁜 엄마들이 흔히 궁금해할 여러 가지 주제를 자세히 기술하였다. 늘 바쁘고 시간에 쪼들리는 임상의사, 의학교육자, 의료행정가, 의학연구자, 음악인인 이분이 어떻게 이리 세심하게 답변을 하고 있는지 경이롭다.

많은 육아 서적이 미국소아과학회에서 발행한 육아서를 기본으로 만

들어져 국내 현실과는 약간 동떨어진 경우도 있으나, 이 책은 오 교수의
오랜 진료 경험과 메모가 바탕이 된 책이기에 이해하기 쉽다.

 이 책은 아기의 성장 시기별로 나누어 많은 궁금한 점을 기술하고 있
는데, 그중 아이들이 가장 많이 앓고 있는 호흡기질환과 요즘 증가하고
있는 알레르기질환에 대한 기술은 이 책의 압권이다. 역시 어린이 호흡
기 알레르기질환 전문가의 혜안이 드러나는 책이다.
 아이를 길러본 경험이 적은 부모에게 큰 도움이 될 책이다.

대한의학회장

고려대학교 의과대학 명예교수

소아청소년과 전문의 정지태

잉태된 태아가 태동을 할 때, 처음 임신한 여인은 태몽처럼 신의 계시를 느낀다고 한다. 어머니가 되는 순간이기 때문이다. 신의 축복에 감사하며 부부가 이룬 분신이 자라나는 10개월에 걸쳐 그들의 가정생활은 꿈과 희망으로 부풀고 모든 행동에 조신하고 맑고 아름다운 생각을 가지려 한다. 태아의 정신 건강과 순수한 인간의 덕목이 곱게 쌓게 되길 기도하는 마음이다. 세상에 태어나는 순간의 큰 울음소리를 들으며 어머니는 감동으로 전율을 느끼며 모든 존재에 감사한 마음으로 가득 찬다.

"어떤 일이 생겨도 우리 아이는 건강하고 튼튼하게, 맑고 아름답게 키우리라." 갓 태어난 아기를 품에 안으며 다짐하는 젊은 부부의 결의와 분만의 아픔을 견딘 산모는 알고 있다. 아기에게 초유를 물리며 눈동자를 마주하고 기저귀를 갈아주며 편안한 수면에 취하도록 아늑한 아기침대를 가꿀 때는 작은 행복감으로 가득해 마치 천사가 된 느낌이다. 그러나 아기의 하루는 그렇게 녹녹하지 않다는 것을 깨닫게 되는 시간은 그리 오래 걸리지 않는다. 자지러지게 울며 얼러도 그칠 줄 모르는 한밤의 소동으로 엄마와 아빠는 자신이 무엇을 잘못했나 자책하며 발을 동동 구른다. 할머니, 할아버지 가족 모두 당황하여 날이 밝기만 기다린다.

소아청소년과 의사는 아침 첫 환자로 포대기에 쌓인 아기와 잠 못 이룬 가족 모두를 함께 진료하는 경우가 많다. 말을 못 하는 아기는 울음으로 말한다. 여기에 열이 39도로 고열까지 난다고 가정해 보라. '차라리 내가 아팠으면…' 하고 괴로워하는 부모의 마음을 달래줄 유일한 조력자가 바로 소아청소년과 의사이다.

소아청소년과 의사는 아기의 울음을 안다. 그들은 우는 아기를 언제 울었냐는 듯 방긋방긋 웃는 아기로 변화시키는 기법을 알고 있다. 그런 사람들 중 이 책을 저술한 오재원 교수는 특별한 경륜을 더 가지고 있다. 같은 소아청소년과 의사이지만 필자가 특별히 존경하는 점은 그가 난해한 클래식 음악, 오케스트라 음색을 분석하는 전문가로 이미 클래식 가이드 베스트셀러인《필하모니아의 사계》1, 2, 3, 4편을 집필하며 365일 클래식을 들으면서, 병원에서는 매달 환자들을 위해 바이올린을 연주하는 소아청소년과 선생님으로도 저명하다는 것이다. 또한 최근 대한소아알레르기호흡기학회에서 최우수논문상 수상을 비롯,《Pollen Allergy in a Changing World》(Springer 출판사)를 영문판으로 저술 발간하여 세계적 알레르기 학자로 알려져 있다.

그를 말 못 하는 아기들의 아픔과 요구를 더 빨리, 깊게 알아낼 수 있는 실력과 감성을 소유한 특별한 학자로 보기 때문에 이번에 출간하는《우리 아이 튼튼 쑥쑥 똑똑하게 키우기》를 추천하는 필자의 자신감은 여기에 있다. 저자의 세심한 분석력과 끈질긴 탐구심은 널리 알려져 있고, 이 책은 6년 전부터 인터넷 육아신문 〈베이비뉴스〉의 육아 연재칼럼을 게재해 온 기록이기에 이미 그 알찬 내용과 정보는 검증이 끝난 셈이다.

한 가정, 한 명의 자녀 시대에 육아 정보는 필수이다. 이 책은 연령별 성장 과정의 특징과 그때마다 유의해야 할 아기의 정신적·신체적 변화는 물론 그 시기마다 빈발하는 증상들과 질병을 알기 쉽게 정리해 바쁜 워라밸 부모에게, 아기방에 놓아둘 '육아 필독서'로 권하고 싶다.

시중에 여러 가지 육아지도서가 나와 있고 인터넷에도 육아 상식이 난립하고 있는 요즈음 이 책은 무엇보다 아이들 감정발달과 신체 성장을 객관적으로 통계적 이해로 도와주고, 감염과 영양, 대사 등 여러 가지 장애를 유발할 수 있는 예측요인까지 체크하여 사전에 예방할 수 있도록 섬세하게 기술되어 있어 안심하고 권할 수 있다.

좋은 책은 독자가 알아보기에 아이를 키우는 가정에 많은 호응이 있기를 기원한다.

대한소아청소년과의사회 고문, 대한의사협회 고문
한국의사수필가협회 명예회장, 의사시니어클럽 운영위원회 위원장
소아청소년과 전문의 김인호

어린이는 어른의 축소판이 아니다

30여 년간 소아청소년과 의사로 아이들을 진료하며 아이 부모 혹은 보호자와 아이에 대해 많은 이야기와 질문을 나누어왔다. 때론 아이 엄마나 보호자들이 의사인 나보다 아이와 관련된 것들을 더 많이 알기도 하였다.

그때마다 의사인 내가 아직 아이에 대해 모르는 것이 많다는 점을 깨닫고 이를 메모장에 기록해 두고 시간이 날 때마다 여러 논문이나 책, 인터넷사이트 등을 찾아 확인하고 배워나갔다. 그렇게 정리하고 모아둔 메모들은 파일에 저장해 보관해 놓았었다.

6년 전, 인터넷 육아 신문인 〈베이비뉴스〉에서 소아청소년과 전문의로서 아이 부모들에게 유익한 육아 정보를 위한 칼럼 연재를 제의받았다. 처음엔 환자 진료와 연구 그리고 학생 교육 등으로 항상 쫓기고 있어 그럴만한 여유가 없을 듯하여 망설였지만, 원고를 쓰면서 얻게 될 정보가 환자나 보호자뿐 아니라 나의 진료에도 도움을 줄 수 있을 것 같다는 생각이 들어 지금까지 연재를 이어오고 있다.

이전에 모아놓았던 메모들을 다시 뒤적이며 여러 참고문헌을 통해 내용도 확인하고 재정리할 기회가 생겼고, 그동안 〈베이비뉴스〉의 여러 독자도 칼럼을 정리한 책을 출판할 생각은 없는지 문의해 이를 계기로 원고를 정리하여 출판을 계획하게 되었다.

최근 저출산 시대를 맞아 아이를 키우는 부모님들은 어떻게 하면 우리 아이를 신체적으로 건강하고, 또 정신적으로 성숙한 인격체로 제대로 키워낼 수 있을까라는 매우 중요한 과제가 생겼다. 그 과제를 풀 실마리는 아이가 출생하기 전, 그리고 태어나서부터 어린 시절의 아이 건강에 달려있다. 그 시기의 신체적, 정신적 건강이 한 아이의 평생을 좌우하기 때문이다. 그래서 이 책에서는 하루하루 성장해 가는 아이에 대한 좀 더 올바른 정보와 상식에 초점을 맞춰 이야기하고자 노력했다.

한편 부모들이 가지는 궁금증은 하나 더 있다. 소아청소년과는 아이가 몇 살이 될 때까지 갈 수 있는지 질문하시는 경우를 종종 보게 된다. 특히 중고등학생 자녀를 둔 부모님들이 더 궁금해한다. 우리 아이가 엄마인 내 키보다 훌쩍 커 170cm 이상이고 체중도 60kg이 넘어 소아청소년과에 가기를 꺼린다며 내과를 보내야 하나 고민하는 경우를 자주 본다.

의학적으로 보자면 소아 청소년의 나이는 갓 태어난 신생아부터 18세까지를 말한다. 의과대학 교과서에도 그렇게 명시되어 의과 대학생들은 그렇게 배우고, 인턴이나 전공의 수련 시절에도 병원에서 그렇게 배운다. 아이가 태어나서 18세까지 신체적인 성장이 계속되기 때문이다.

　　일반적으로 흔히 말하는 '성인'은 말 그대로 육체적, 정신적으로 성장이 완성된 인격체로, 그 나이가 되면 혼자 스스로 클 수 있다고 판단할 수 있다. 그러나 18세까지 비록 체격은 부모보다 더 클 수 있지만 아직은 육체적으로나 정신적으로 성장을 하고 있는 미완성인 사람으로 봐야 한다. 그래서 그 나이의 아이를 통틀어 미성년자로 부른다.

　　그래서 단순히 체격이 성인과 비슷하다고 해서 그들을 성인과 같은 방식으로 진료하다 보면 성장과 발달을 제대로 점검하지 않아 치료 결과 등에 문제가 생길 수도 있다. 정신적인 측면 역시 마찬가지이다. 덩치는 어른보다 크지만 행동이나 사고방식은 아직 어리기 때문에 벌어지는 촌극을 다룬 어떤 영화처럼, 그들의 상태를 성장 시기에 맞춰 정확하고 적절하게 파악하지 못하면 의외의 결과가 나타날 수도 있다. 이렇듯 소아·청소년은 성인과 달리 신체뿐만 아니라 정신적인 면을 고려해 항상 그들의 눈높이에 맞게 대하고 생각할 줄 알아야 한다.

　　가끔 일부 의원에서 소아 청소년들을 나이가 어리고 체중이 적다고 하여 단순히 어른의 축소판으로 생각해 성인이 복용하는 약을 무작정 반으로 나눠 처방하거나 임의로 줄여서 처방하는 예도 있다. 어린이에게 사용해서는 안 되는, 주로 성인이 사용하는 약제와 치료인데도 그렇게 처방하는 예를 종종 보게 된다. 이 또한 그 아이의 발달 상태와 성장은 전혀 고려치 않는 불안한 진료가 될 수밖에 없다.

누가 뭐라 해도 어린이와 청소년은 국가의 미래이다. 그래서 그 나라의 백년대계는 그 나라의 어린이와 청소년에게 달려있다. 출산율이 가파르게 내려가고 있는 요즘의 현실에서 무엇보다도 중요한 이들은 우리 아이들을 제대로 키우기 위해 그들을 가까이에서 보살피는 부모나 보호자들이다. 그래서 이들이 올바른 육아 정보와 지식을 가지고 아이들과 함께하는 것이 무엇보다 중요하다. 이 책이 그런 부모님, 보호자들에게 조금이나마 육아 길잡이에 도움이 될 수 있었으면 하는 마음으로 글을 마친다.

봄날 소아청소년과 진료실에서
오재원

차례

1장
태어나서 이유 시기 전까지

2장

이유 시기

3장

1세부터 6세까지

4장

아이의 영양

5장

소화기관

6장

영양과 성장

7장

비만

8장

계절성 질환

9장

알레르기

10장

청소년기

부록 우리 아이 성장 확인하기

1장

태어나서
이유 시기 전까지

우리 아이가 태어났어요

최근에는 산후조리원과 같이 출산으로 지친 엄마와 아기를 돌보아 주는 편리하고 좋은 시설도 많다. 하지만 이 시기는 아기를 돌봐야 할 때이기도 해서 가능하다면 부모가 직접 아기를 먹이고, 재우며, 돌보는 일이 중요하다.

산모는 산후조리 기간 동안 누워서 쉬어야만 한다고 생각할 수도 있겠지만 이는 오히려 회복을 늦출 수 있고 특히 이 시기에 흔히 나타나는 산후 우울증을 겪기도 쉽다. 그래서 이 시기에 누워있기보다 가볍게 움직이고 산책도 하며 부부가 많은 대화를 나눈다면 지친 몸과 마음의 회복에 도움이 된다.

아기가 태어나서 이유기까지 가장 좋은 것은 엄마의 품이다. 그렇기 때문에 아기를 튼튼하고 쑥쑥 자라며 똑똑하게 키우기 위해서는 하루 24시간 엄마는 아기와 함께하는 것이 좋다. 아빠 역시 아기의 언어발달을 위해 안아주고 대화를 많이 나누며 가능하면 많은 시간을 아기와 함께하는 것이 좋다.

이 시기 아기는 아직 먹고 자는 생활 리듬이 자리 잡지 못해 부모는 아기가 먹고 자는 규칙적인 생활 리듬이 만들어질 때까지 아기 생활 리듬에 맞춰 지내야 한다. 이 시기를 놓치면 이후 아기의 생활 리듬을 맞추기 더욱 힘들어지기 때문에 이 시기는 그 어느 때보다 부모의 역할이 중요하다.

아기는 성장 시기마다 평생 동안의 신체·정신건강이 결정된다. 만약 시기를 놓치거나, 다른 부모들이나 인터넷의 왜곡된 정보로 키운다면 훗날 아이가 성장했을 때 신체·정신적 문제가 생길 수도 있다. 뒤늦게 잘못된 육아법으로 후회하기보다는 부모는 아이를 키울 때 정확한 정보로, 아기의 성장 시기에 맞는, 바른 육아를 해야만 한다.

🍼 아기와 엄마 같이 있기(모자 동실)

아직 목을 가누지 못하는 아기는 잠깐은 고개를 들 수 있지만 곧 담요나 이불에 얼굴이 파묻혀 숨을 쉬지 못해 영아돌연사 위험이 있어 주의해 봐야 한다. 이런 사고를 방지하기 위해서는 아기와 함께 생활하며 목을 가눌 수 있는 돌이 될 때까지 아기를 바닥에 등을 대고 누운 자세로 재우는 것이 좋다. 아기가 깨어있을 때 가끔 고개를 좌우로 바꿔 누이면 머리 모양이 균형 있게 자리 잡을 수 있다.

이 시기 아기는 아직 시각이 발달하지 않아 뚜렷하게 볼 수는 없지만 엄마를 보고, 목소리를 듣고, 체취를 맡으면 좋아한다.

 아기의 울음

 아직 말을 하지 못하는 아기에게 울음은 언어이자 소통 수단이므로 이 시기에 아기를 울리지 않고 키우는 건 불가능하다. 그렇기 때문에 아기가 운다고 해서 너무 민감하게 반응하거나 겁낼 필요가 없다.

 아기는 배고파서 울고, 기저귀가 젖어 축축해지면 운다. 가끔은 아무런 문제가 없어도 울기도 하는데 이때 무조건 아기를 달래기 위해 모유나 분유를 먹여서는 안 된다.

 간혹 아기의 울음을 멈추게 하려는 목적으로 아기를 향해 갑자기 큰 소리를 내기도 하는데 아기는 소리에 민감해 깜짝 놀라기 때문에 주의해야 한다.

 아기와의 대화

아기는 이 시기에 주변을 보고, 소리를 들으며 신체와 정신을 발달시켜 나간다. 그렇기 때문에 아이가 알아듣지 못할 것이라 생각하지 말고 끊임없이 말을 걸고 대화를 들려줘야 한다. 아기의 언어발달을 위해서는 적어도 하루에 5~6시간 동안 아기에게 어른들의 대화를 꼭 들려줘야 한다.

기저귀와 속싸개

세탁과 관리가 불편했던 예전의 천 기저귀 대신 최근에는 일회용 아기기저귀를 많이 사용하고 있다. 중요한 건 어떠한 기저귀든 젖으면 빨리 갈아줘야 한다는 점이다.

기저귀를 갈 때마다 아기 엉덩이를 깨끗이 씻고 말려줘야 하는데 아기 피부는 연약해서 화학 소독 성분이 포함된 물티슈보다는 물로 씻기는 것이 좋다. 이 시기의 여자 아기는 요로 감염에 걸리기 쉬워 기저귀를 갈 때 앞에서 뒤로 변을 닦아주어야 한다.

속싸개는 생후 2개월까지, 아기가 깨어있을 때만 사용하면 된다. 속싸개를 할 때 아기의 다리가 움직일 수 없을 정도로 꽉 싸매면 고관절 탈구가 생길 수도 있다.

또한 손을 못 뻗게 하거나, 아기에게 아토피피부염이 있어 긁지 못하게 하기 위해 꽁꽁 싸매는 경우가 종종 있는데 이 역시 아기의 몸과 정신 건강에 아주 해로우니 팔다리가 움직일 정도로 여유를 두고 덮어줘야 한다.

 손 빠는 행동

이 시기의 아기가 손을 빠는 건 극히 자연스러운 행동으로, 아기가 구강기에 접어들었다고 보면 된다. 아기가 손을 입으로 빠는 행동은 자기만의 기분을 느끼고 엄마뿐만 아니라 환경과 소통하고자 함이다.

구강기에 공갈 젖꼭지를 끈으로 연결해 아기 목에 걸어주는 경우가 있는데 이때 아기가 뒤집기나 움직여 공갈 젖꼭지 줄이 아기 목을 조를 수도 있다. 안전을 위해 공갈 젖꼭지는 아기 목에 걸지 말아야 한다.

목욕

아직 배꼽이 떨어지지 않은 아기는 물을 받아서 씻기는 통 목욕은 피하는 것이 좋다. 또한 신생아는 꼭 필요한 경우가 아니라면 목욕할 때 비누를 사용하지 않는 것이 좋다.

목욕 횟수는 아기가 돌이 될 때까지는 일주일에 3번 정도가 좋은데, 너무 덥거나 땀이 많이 난다면 매일 해도 괜찮다.

아토피피부염이 있는 아기라면 목욕 후 보습제를 꼼꼼히 발라주어야 한다.

 배꼽 관리

배꼽은 보통 태어나서 10~14일 후에 떨어지는데 그때까지는 배꼽이

지저분하고 대소변이 묻었다 하더라도 잘 씻기고, 무엇보다 잘 말리는 것이 중요하다. 간혹 소독을 이유로 알코올로 닦아주기도 하는데 알코올 소독은 권하지 않는다.

한 달이 지나도 배꼽이 떨어지지 않는다면 병원을 방문해 진료를 받아야 한다.

딸꾹질

아기들은 딸꾹질을 자주 한다. 만약 수유 중에 딸꾹질을 한다면 위장에 공기가 들어갈 수 있으니 수유를 멈추고 위장의 공기가 빠져나갈 수 있도록 자세를 바꾸어 아기를 잠시 달래줘야 한다.

분유를 먹는 아기라면 미지근한 물을 먹여 딸꾹질을 진정시킬 수도 있는데 이때 너무 많은 양을 먹여서는 안 된다.

카시트

아기를 차에 태울 때는 반드시 카시트를 사용해야 한다. 고개를 가누지 못하는 신생아일수록 카시트에 앉혀서 태워야 하는데 적어도 두 돌까지는 뒷좌석에서 아기가 뒤를 보도록 카시트를 장착해야 한다.

사고가 날 때를 대비해 충격으로 인해 날아다닐 수 있거나 유리, 플라스틱 등 깨지기 쉽고 위험한 물건은 아기 주변에 두지 말아야 한다.

 **기타 주의 사항**

- 아기를 침대나 소파처럼 높은 곳에 누이거나 앉히지 말아야 한다. 아기는 생각보다 빠르게 움직여 부모가 손을 쓰기도 전에 떨어지거나 다칠 수 있다고 생각해야 한다.

- 아기를 안을 때는 반드시 손으로 머리를 받쳐서 안아줘야 한다.

- 아기와 놀아줄 때 아기 머리를 너무 심하게 흔들면 쉽게 뇌 손상을 받을 수 있어 삼가해야 한다.

- 아기들은 물에 빠져 응급실에 오는 경우가 많다. 그래서 통 목욕을 할 때는 아기가 물에 빠지지 않도록 주의하고 잠시라도 전화를 하거나 대화를 위해 자리를 비워서도 안 된다.

- 통 목욕을 할 때는 물 온도에 주의해야 한다. 목욕 전에 미리 물에 손을 담가 보아 너무 뜨겁지는 않은지 확인해야 한다.

- 생후 6개월 미만의 아기는 햇볕으로 인해 피부암과 백내장에 걸릴 수 있으므로 햇볕을 직접 쬐지 않는 것이 좋다.

- 아기를 안고 뜨거운 국물이나 음료를 마셔서는 안 된다. 순간의 실수로 아기가 화상을 입을 수 있다.

- 애완동물을 키운다면 아기와 동물을 한방에 두어서는 안 된다. 무엇보다 보호자 없이 아기를 동물과 함께 남겨둬서는 안 된다.

- 수면 교육은 잠은 이렇게 자야 한다는 교육을 통해 불을 끄고 자는 습관을 들이게 만드는 것이 중요하다. 생후 1개월이 지나면 밤에는 어둡고 낮에는 환하게 밝혀두어 아기가 밤과 낮을 서서히 인식하도

록 해야 한다.

- 생후 6주가 되어 수면 교육을 시작할 때는 아기를 안아서 재우거나 젖을 물려 재우지 말고 등을 바닥에 대고 누워 재운다. 누워있는 아기에게 잠들기 전까지 자장가나 책을 읽어주면 좋다.

- 아기가 모빌을 봐서 사시가 되지는 않을까 걱정하는 사람들이 많은데 화려한 색의 모빌은 아기의 관심을 끌 수 있고 뇌 발달에도 도움을 준다.

- 보행기는 사고의 위험성이 잦고, 아기가 늦게 걸을 수도 있으니 너무 일찍 보행기를 태워서는 안 된다.

Q&A

태어나서 이유 시기 전까지
흔히 나타날 수 있는 문제들

① 아기 눈에 눈곱이 끼고 눈물이 나요

신생아는 눈물이 흘러내려 가는 길이 막혀있어서 울고 있지 않아도 눈에 눈물이 고
이거나 흐르고 눈곱도 끼게 됩니다. 이 증상은 생후 3주 이후에 심해지며 보통은 시
간이 지나면 나아집니다. 아기 눈에 안약을 넣은 뒤 미간 부위를 마사지하면 좋아지
지만 감염이 반복되거나 눈물을 심하게 흘린다면 수술로 치료해야 합니다.

만약 눈물을 흘리지 않고 눈곱만 낀다면 신생아 안염일 수도 있습니다. 이때 치료
하지 않으면 시력을 상실할 위험이 있으므로 반드시 소아청소년과를 방문해 진료를
받아야 합니다.

② 아기 숨소리가 그렁그렁하고 코가 막혔어요. 감기에 걸린 건가요?

아기 숨소리가 코가 막힌 것처럼 거칠거나, 콧물이 흐르는 것처럼 글썽거리는 느
낌이 든다면 보통은 감기라기보다는 좁은 콧구멍으로 인한 증상일 경우가 많아 시간

이 지나면 점차 호전됩니다.

만약 아기가 수유할 때나 잘 때 숨 쉬기 힘들어 보인다면 콧속에 생리식염수 한두 방울을 넣어주면 증상이 나아집니다. 이는 감기에 걸린 아기에게도 필요한 방법입니다. 하지만 이러한 방법으로도 증상이 나아지지 않고 계속되거나 심해진다면 소아청소년과를 방문해 진료해야 합니다.

간혹 비강 뒷부분이 선천적으로 막혀있는 아기도 위의 증상과 같이 코 막힌 소리와 호흡 곤란을 겪지만 그 증상이 더 심하므로 잘 관찰해야 합니다.

③ 아기가 재채기를 해요. 감기에 걸린 건가요?

신생아는 주로 코로 호흡을 하는데 콧구멍이 좁아 성인보다 재채기를 더 자주 할 수 있습니다. 재채기는 기침과 달리 코안에 있는 이물질을 제거하기 위한 몸의 반사작용이기 때문에 신생아가 재채기를 한다고 해서 감기에 걸린 것은 아닙니다.

④ 아기가 딸꾹질을 할 때 보리차를 먹여야 하나요?

딸꾹질은 횡격막 신경이 어떠한 자극으로 인해 나타나는 현상이라고 알려졌지만 아직 그 정확한 원인은 밝혀지지 않았습니다. 보통은 수유할 때나 체온이 변할 정도의 환경에서 딸꾹질이 잘 생기는데 대부분은 저절로 멈춰 굳이 보리차를 먹일 필요는 없습니다.

아기가 병에 걸리면 딸꾹질 이외에도 다른 증상을 동반하는 경우가 많으므로 건강한 신생아의 일시적인 딸꾹질은 크게 걱정하지 않아도 됩니다. 미숙아는 상대적으로 딸꾹질을 더 자주 할 수는 있지만 역시 이로 인한 신체적인 영향은 거의 없습니다,

⑤ 아기 대변 색이 이상해요

많은 부모님이 아기의 정상적인 대변 색이 황금색이라 생각하고 있지만 아기의 대변 색은 상황에 따라 매우 다양하게 나타납니다. 아기가 태어나서 며칠 동안, 즉 정상적인 소화 기능을 하기 전에는 끈적끈적하고 검은빛을 띠는 진한 녹색 변을 보게 됩니다. 이를 태변(배내똥)이라 하는데 보통은 태어나서 하루나 이틀 안에 나오고, 이러한 태변이 모두 배설된 뒤에는 연녹색 변을 보게 됩니다.

이후 모유를 먹는 아기의 변은 걸쭉한 수프같이 물기가 많고 점점 노란색으로 변합니다. 간혹 쌀알 모양의 작은 덩어리가 섞여 나오거나 진녹색의 검은빛을 띠는 찐득찐득한 덩어리 같은 대변을 보기도 하는데 모두 정상입니다.

분유를 먹는 아기의 변은 보통 황갈색 또는 노란색이며, 모유를 먹는 아기의 변과 비교하면 굳은 변을 봅니다. 분유를 먹는 아기가 물기가 많지 않은 푸른색 변을 본다면 큰 문제는 없지만, 모유를 먹는 아기가 모유를 너무 자주 먹어 젖이 충분히 비워지지 않아 그렇지 않은 경우보다 많은 전유를 먹게 되면 아기의 장운동이 빨라져 물기가 많은 푸른색 변을 볼 수도 있습니다.

⑥ 아기가 무른 변을 보는데 설사인가요?

신생아는 보통 하루에 0~7회의 대변을 보는데 그 횟수와 변의 굳기 정도는 아기마다 다릅니다. 대부분의 신생아는 물기가 많은 부드러운 변을 보는데, 모유를 먹는 아기의 변은 분유를 먹는 아기의 변보다 묽습니다.

모유를 먹는 신생아는 처음에는 소량의 묽은 변을 자주 보고, 2~3주 뒤부터는 그 횟수가 훨씬 감소하고 변도 부드러워집니다. 분유를 먹는 신생아는 태어나서 첫 1~2주 동안은 변을 한 번도 보지 않다가 그 이후에 부드러운 변을 봅니다.

⑦ 아기가 자주 토하는데 무슨 문제가 있는 건가요?

우선 게우는 것과 토하는 것의 차이를 알 필요가 있습니다. 보통은 수유 후 바로 한 두 모금 입가에 주르륵 흘리는 것을 '게운다' 혹은 '올린다'라고 합니다.

하지만 아기가 그 이외에 위 내용물이 강한 힘으로 입 밖으로 튀어나오는 현상인 구토를 한다면 그 원인이 무엇인지를 밝혀내기 위해 병원을 찾아 소아청소년과 전문 의의 진료를 받아야 합니다.

⑧ 수유 후 너무 많이 게워내는데 어떻게 하면 좋을까요?

체중이 정상적으로 늘어나고 있는 건강한 신생아라면 게워내는 증상을 줄이기 위 해서는 모유 수유의 경우 젖을 깊숙이 물리게 하고, 분유 수유의 경우 젖병을 충분히 기울여 공기가 들어가지 않도록 해야 합니다. 젖병의 비닐백을 사용한다면 미리 공 기를 제거해 수유해야 합니다. 수유를 마친 뒤에는 트림을 시켜줘야 게워내는 증상 이 줄어듭니다.

만약 수유 중에 아기가 토한다면 모유를 먹는 신생아의 경우 한쪽 젖을 먹이고 다 른 쪽 젖으로 바꾸는 중간에 트림을 시켜주고, 분유를 먹는 신생아의 경우 먹는 중간 에 트림을 시켜주고 수유를 계속하면 됩니다.

수유 후에는 자세를 급하게 바꾸지 말고 그대로 20분 정도 더 안고 있거나 비스듬 히 앉혀두는 것이 좋습니다.

아기에게 위식도역류 증상이 있다면 머리를 높이고 비스듬히 앉는 자세를 피하고 엎드린 자세나 좌측으로 옆으로 누인 자세가 좋습니다. 하지만 그 전에 소아청소년과 전문의의 상담을 먼저 받아야 합니다.

⑨ 아기가 왜 우는지 모르겠어요

신생아가 울 때는 그 이유가 있습니다. 아기는 배가 고프거나, 몸이 불편하거나, 강한 빛이나 큰 소리 등 강한 자극을 받을 때 울지만 그렇지 않을 때도 보채고 울기도 합니다. 부모는 이러한 다양한 의도를 담은 울음소리를 듣기만 해도 아기에게 무엇이 필요한지 알게 될 때까지 그리 많은 시간이 걸리지 않습니다.

배가 고플 때는 울음소리가 짧고 낮으며 오르락내리락하는 경우가 많습니다. 화가 날 때는 좀 더 거칠게 울고, 아프거나 괴로울 때는 갑자기 울음을 터트리는데 길고 큰 목소리로 날카롭게 비명을 지르고 잠시 조용히 있다 기운 없이 계속 우는 경우가 많습니다.

달래지 않고 내버려 두어도 괜찮은 경우의 울음소리는 배고플 때와 거의 비슷하지만 여러 가지 의도를 담은 울음이 겹쳐서 날 때도 종종 있습니다. 예를 들어 아기는 배가 고프면 잠에서 깨 울곤 하는데 그때 먹을 것을 바로 주지 않으면 배가 고픈 울음이 화가 난 울음으로 변합니다. 이러한 변화는 그 차이를 쉽게 알아챌 수 있습니다.

아기는 커가면서 울음소리도 더 크고 고집스러워지는데 자신의 필요와 요구가 늘어남에 따라 울음소리도 더 다양하게 변하게 됩니다.

⑩ 신생아의 배꼽에서 진물이 나는데 어떻게 해야 하나요?

신생아의 배꼽에서 탯줄이 떨어지면 그 자리에 육아종이 생기기도 하는데 이럴 때는 상처 부위에 진물과 피가 나는 경우가 많습니다. 병원에서 소독 후 약물치료를 받으면 대부분 쭈그러들지만, 간혹 상처 크기가 큰 경우에는 병원의 외과적 치료가 필요하기도 합니다.

⑪ 탯줄이 떨어질 때까지 배꼽 소독이나 목욕은 어떻게 해야 하나요?

태어나서 탯줄이 떨어질 때까지는 아기에게 통 목욕을 시켜서는 안 되며 부분부분 닦아주는 방법으로 목욕을 시켜야 합니다. 평소에도 탯줄과 이음매 부분이 말라가도록 건조하게 잘 유지하고 소독해야 합니다.

⑫ 신생아는 어떻게 안고 다녀야 하나요?

신생아는 아직 머리를 가누지 못하기 때문에 가능한 한 요람에 아기를 눕힌 뒤 옮기는 것이 좋습니다. 신생아를 안을 때는 머리와 목, 허리를 손으로 받쳐주어 머리가 양옆이나 앞뒤로 넘어지지 않도록 주의해 지지해 주어야 합니다.

⑬ 바깥나들이는 언제부터 가능한가요?

화창한 날씨의 신선한 공기는 아기와 엄마 모두 상쾌함을 느낄 수 있어 기분전환에 도움이 됩니다. 생후 1개월 이후의 아기라면 엄마와 함께 나들이가 가능합니다. 하지만 아기는 아직 체온 조절이 미숙할 때이므로 추울 때는 보온을, 더울 때는 열을 낮추는 옷을 입고 나들이에 나서야 합니다. 가늠이 어렵다면 엄마가 입는 옷에서 한 겹 더 입는다고 생각하면 좋습니다. 특히 미세먼지가 많은 날에는 아기가 외부 공기에 바로 노출되지 않도록 주의가 필요합니다.

더불어 생후 6개월 미만의 아기 피부는 햇볕에 민감해 화상의 위험이 커 직사광선은 물론 물, 눈, 모래, 건물에 반사되는 햇볕에 직접 노출되는 일을 피해야 합니다. 외출을 할 때에는 얼굴을 모자로 가리고, 가볍고 옅은 색의 옷을 입히고, 햇볕을 피해 그늘로 다니는 것이 좋습니다. 자외선 차단제는 생후 6개월 이후에 바르도록 합니다.

14 자동차나 비행기 여행은 언제부터 가능한가요?

아기의 산책은 생후 2개월 정도에 권하고 있으나, 여행에 아기의 나이 제한은 없습니다. 하지만 아기는 비행기의 이륙과 착륙 시 고막의 압력 조절이 쉽지 않아 보채고 우는 경우가 많습니다. 그때는 젖을 물리거나 물을 마시게 하는 것이 도움이 됩니다.

자동차로 여행을 떠날 때는 차 내부의 공기를 신선하게 유지하는 것이 중요하며 아기가 지치지 않도록 일정에 여유를 두어야 합니다.

15 모유를 먹이고 있는데 황달이 있다고 합니다 젖을 먹이면 안 되나요?

모유를 먹는 동안 나타나는 황달은 그 원인이 너무 많지만, 단순히 모유 수유로 인한 모유 황달이라면 시기별로 두 가지 원인을 들 수 있습니다.

생후 1주일 이내에 황달이 나타났다면 모유 수유가 충분치 못해 생기는 조기 모유 황달이 그 원인이므로 그때에는 모유를 충분히 먹여야 합니다. 생후 1주일 이후에 나타나는 모유 황달은 모유 그 자체가 원인으로 보통은 생후 2~3주에 그 증상이 가장 심해집니다. 황달이 심해지면 아기의 뇌에도 나쁜 영향을 줄 수 있으므로 증상이 심해 보인다면 소아청소년과 전문의의 검사를 받아야 합니다.

심하지 않은 황달이라면 모유 수유를 잠시 멈추고 48시간 이내에 다시 수유를 시작합니다. 단 모유 수유를 멈춘다고 해서 하루라도 모유를 짜지 않는다면 모유 양이 줄어들어 모유 수유가 어려워질 수도 있으므로 하루에 6~8회, 한 번에 15분씩 유축기나 손으로 매일 짜주어야 합니다. 이때에는 아기에게 모유 대신 우유를 먹이면 되는데 젖병에 타서 먹이면 다시 모유 수유를 할 때 젖을 빨지 않으려 할 수도 있어 컵으로 먹이는 것이 좋습니다.

16 여자 아기 생식기에서 냉 같은 진물이 나와요

신생아의 질에서 불투명한 흰색의 분비물이 나오는 경우가 있는데 이는 태반을 통해 아기에게 흘러 들어간 엄마의 에스트로젠 영향을 받아 나타나는 증상입니다. 분비물이 피가 섞이지 않고 맑고 냄새가 나지 않으며 일시적으로 생겼다 없어진다면 정상 신생아에게서 볼 수 있는 소견으로 생각할 수 있습니다. 그러나 질에서 분비물이 나왔다면 다른 질환 여부도 확인해야 하므로 소아청소년과를 방문하는 것이 좋습니다.

17 여자 아기 생식기에서 피 같은 분비물이 나와요

드문 경우지만 신생아의 질에서 피 같은 분비물이 나온다면 엄마 배 속에 있을 때 높은 수치로 올라간 엄마의 여성호르몬의 영향으로 나타나는 현상으로, 수일 내에 증상이 호전됩니다. 흔치 않지만 종양이나 손상 등의 이유로 나타나는 증상일 수도 있으므로 전문의의 진료를 받아야 합니다. 만약 소아에게 그런 증상이 나타난다면 질염이 가장 흔한 원인입니다. 이는 성인과 다른 질의 산도로 인해 청결하지 못한 손으로 만질 때 쉽게 감염되어 나타나곤 합니다. 이 경우에는 치료가 필요합니다.

18 갓난아기 젖멍울이 크게 만져져요

신생아 가슴에 젖멍울이 만져지는 이유는 아기가 엄마 배 속에 있을 때 엄마의 에스트로젠 영향을 받아 가슴이 커진 상태로 태어나기 때문입니다. 태어난 아기는 엄마로부터 받은 에스트로젠이 점점 감소함에 따라 그 증상도 함께 사라집니다.

감염의 위험이 있어 짜지 말고 지속해서 관찰하고, 오랫동안 증상이 사라지지 않는다면 다른 질환에 의한 증상일 수도 있으니 전문의를 찾아 진료를 받아야 합니다.

⑲ 아기 젖꼭지에서 분비물이 나와요. 짜야 하나요?

젖꼭지에 흰 고름과 같은 분비물이 묻어있는 것은 임신 말기에 증가한 엄마의 에스트로젠 영향으로 아기의 유선도 발달해 나타나는 증상입니다. 아기가 태어나 더 이상 엄마의 에스트로젠 영향을 받지 않으면 아기 몸속의 에스트로젠 농도도 감소해 그 영향으로 젖 분비 호르몬이 증가해 분비물이 나올 수 있습니다.

보통은 시간이 지나면 증상이 사라지지만 짜거나 만지면 증상이 악화됩니다.

⑳ 기저귀 채운 곳이 빨갛게 짓물렀어요. 어떻게 해야 하나요?

대소변을 본 기저귀를 빨리 갈아주지 않으면 아기 엉덩이 피부가 쉽게 짓물러 빨갛게 변합니다. 이는 대소변이 오랫동안 아기의 연약한 피부에 닿아 자극을 받아 생기는 자극성 피부염입니다. 여기에 곰팡이가 감염을 일으킨다면 엉덩이 피부에 작은 빨강 반점이 흩어지듯 생기게 됩니다.

단순히 피부가 짓물렀다면 피부를 보호할 수 있는 크림을 바르거나 처방받은 약한 스테로이드 크림을 바르고, 곰팡이 감염이 생겼다면 항진균제 연고를 발라주어야 합니다. 무엇보다 기저귀 발진이 생기지 않도록 평소에 흡수력이 좋은 기저귀를 사용하고 자주 갈아주어 엉덩이 피부를 깨끗하고 건조하게 유지해야 합니다. 땀띠를 방지하기 위해 파우더나 바셀린 같은 제품을 사용하는 경우도 있는데 이것들은 오히려 피부의 숨구멍을 막을 수 있어 사용에 주의해야 합니다.

㉑ 기저귀에 주황색 얼룩이 묻었어요. 피가 난 건가요?

신생아들의 기저귀가 분홍색 혹은 주황색으로 물들어 있는 것을 흔히 볼 수 있습니다. 이는 소변의 요산 때문으로, 요산은 몸에서 정상적으로 만들어지는 물질이지만 소변이 농축될 때 그 농도가 증가해 나타납니다.

이 증상은 혈뇨와 달리 시간이 지나도 색이 변하지 않아 쉽게 구별할 수 있지만 다른 질환 때문은 아닌지 감별해야 하므로 소변으로 기저귀가 붉게 물든다면 소아청소년과를 찾아 검사를 받아보아야 합니다.

혈뇨가 아닌 요산이 원인이라면 수유량을 늘려 증상을 호전시킬 수 있습니다.

22 작게 태어난 아이는 언제쯤 또래와 비슷해지나요?

작게 태어난 신생아도 따라잡기 성장을 통해 보통은 생후 6개월쯤에는 다른 아기와 비슷하게 자랍니다. 2살 때까지 따라잡기 성장이 안 되는 경우는 전체의 13% 정도로, 성장 속도가 정상이라도 최종 신장은 매우 작을 수 있습니다. 이때는 전문의의 진료 결과에 따라 성장호르몬 치료를 통해 최종 신장을 키우는 데 도움을 받을 수 있습니다. 한편 작게 태어난 아이들은 고지혈증, 당뇨병, 심혈관질환 등의 질병이 비교적 발생하기 쉬우므로 관심을 가지고 지켜봐야 합니다.

23 크게 태어난 아이는 커서 비만이 되나요?

크게 태어나는 아기는 분만 과정에서 여러 문제가 생길 수 있고 선천기형의 발생 빈도 또한 높은 것으로 알려져 있습니다. 작거나 크게 태어난 아이 모두에게서 향후 비만이 될 가능성이 크게 나타났지만, 크게 태어난 아이들이 얼마나 높은 확률로 비만이 되는지는 아직 정확히 밝혀진 바는 없습니다.

하지만 최근 들어 소아비만이 증가하고 있고, 어릴 때 비만인 아이가 성인이 되어서도 건강에 악영향을 받는 것으로 알려져 있으므로 주의를 기울여야 합니다.

㉔ 선천 대사이상 검사는 왜 하는 건가요?

선천 대사이상 검사는 체내 대사 과정 이상으로 나타나는 선천 대사이상 질환을 조기에 진단하기 위한 검사로, 아이가 태어난 산부인과 병원에서 퇴원하기 전 아기 발뒤꿈치의 혈액을 검사지에 묻혀 검사합니다.

대사에 관여하는 효소 이상이 원인이 되어 발생하는 선천 대사이상 증상은 뇌, 심장, 신장, 간, 안구 등 다양한 장기에 치명적인 손상을 줄 수 있습니다. 그런데 이러한 병은 보통 초기에는 그 증상이 뚜렷하지 않고 시일이 지나서야 나타나는데, 영구적인 후유증을 남길 수 있어 조기 진단으로 병의 진행을 막거나 늦추는 것이 무척이나 중요합니다.

㉕ 아기 꼬리뼈 근처에 털이 많아요

꼬리뼈 근처에 난 털은 심각한 질환을 의미할 수도 있으므로 반드시 소아청소년과를 방문해 전문의의 진료를 받아야 합니다.

신생아 대부분은 시일이 지남에 따라 몸에 난 털이 빠지는 경향이 있습니다. 하지만 시일이 지나도 꼬리뼈 근처에 난 털이 빠지지 않고 계속 남아있다면 사춘기 때 그 부위에서 염증이 생길 가능성이 있으므로 주의 깊게 관찰해야 합니다.

모유, 아기에게 얼마나 좋을까?

아기는 안전하고 평화로운 엄마의 배 속에서 나와 세상의 많고 다양한 감염에 노출된다. 하지만 태어나서 처음 먹는 초유와 이유기 때 먹는 모유를 통해 아기는 각종 유해균이나 바이러스에 대항할 힘인 면역 조절 능력을 갖출 수 있게 된다. 아쉽게도 우리나라 최근 모유 수유율은 10~20%에 머무르고 있으며 그 수치는 점차 감소해 가고 있다.

모유는 엄마가 아기에게 줄 수 있는 가장 처음이자, 건강하게 키울 수 있는 최고의 선물이다. 여러 가지 상황으로 모유 수유를 고민하는 엄마들이 있다면 이번 기회를 통해 우리 아기를 위해 꼭 알아두어야 할 모유의 성분과 장점들을 꼼꼼하게 짚어보아야만 한다.

아기에게 최고의 영양, 초유

초유는 임신 후반기부터 출산 후 길게는 일주일까지도 분비되는 모유를 말하는데 짙은 레몬색이나 노란색을 띤다. 하루에 10~40mL가 분비되는 초유는 이후의 모유와 비교해 탄수화물과 지방은 적지만 단백질, 칼슘, 기타 무기질이 많이 함유되어 있다.

무엇보다도 초유에는 면역에 유익한 성분들이 많이 함유되어 있어 각종 유해균과 바이러스에 노출된 아기에게 최우선으로 필요한, 가장 적절한 영양이라고 말할 수 있다.

🚼 모유의 면역기능

앞서 말한 것과 같이 아기는 모유를 먹음으로써 면역을 조절할 수 있는 능력을 갖출 수 있기에 각종 유해균이나 바이러스가 존재하는 감염 환경에 노출된다 하더라도 대처할 힘을 가진다. 그렇다면 모유는 어떠한 원리로 이러한 면역능력을 만들어내는 것일까?

음식물 등과 함께 엄마의 입으로 들어온 균은 장과 장 사이 막에 있는 림프샘의 림프구를 자극해 그곳에서 균을 대항할 기억을 가진 세포들을 만들어낸다. 이렇게 만들어진 엄마의 세포는 모유를 통해 아기에게 흘러들어가 아기 몸에서 면역 방어기전이 만들어지게 한다.

그뿐만 아니라 엄마의 모유를 통해 아기에게 흘러 들어간 살아있는 대식세포(일차 면역 기능을 하는 세포), 중성 백혈구, 림프구 등의 세포 또한 그대로 아기의 장관에서 살아남아 항체를 만들어내기도 한다.

특히 초유에는 갓 태어난 아기를 보호하기 위한 목적으로 균에 대한 개별적인 항감염 작용의 면역글로불린과 철 결합 단백질이 세균 번식을 막고, 항산화 효과를 증진하는 락토페린이 고농도로 함유되어 있어 초유는 아기의 면역을 위한 최고의 선물인 셈이다.

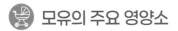 모유의 주요 영양소

모유 수유하는 엄마의 영양 상태가 모유의 영양에도 영향을 미칠까 걱정하는 엄마들이 많다. 하지만 그러한 걱정과 달리 모유의 주요 영양소는 엄마의 영양 상태에 영향을 받지 않고 거의 일정하게 유지한다.

보통 모유의 양은 하루에 750~1,000mL이고 열량은 500~600kcal이다. 모유의 수분량은 주위 환경에 따라 다양하게 변화해 아기는 적절한 수분 균형을 맞출 수 있게 된다.

모유의 여러 성분이 아기의 몸을 건강하게 만든다. 우선 카세인이라는 성분은 우유에 포함된 카세인보다 소화가 더 잘될뿐만 아니라 배변도 수월하게 만든다. 지방은 분해되어 항균 작용을 하며, 탄수화물인 유당과 올리고당 중 올리고당은 아기 장에서 정상 세균총(세균 집단)이 잘 자라게 만든다.

🤱 모유, 만성질환 예방

인슐린 의존성 당뇨병의 원인은 생후 3~6개월 사이의 분유 수유와 관련이 있다고 추정하고 있다. 이러한 당뇨병은 유전과 환경의 영향을 받아 복합적으로 작용하는 자가면역 질환으로, 미국소아과학회에서는 이럴 때 모유 수유를 적극적으로 권장하고 있다.

이뿐만 아니라 모유는 아이의 알레르기 위험을 낮추는 데에도 도움이 된다. 최소 4~6개월 이상 모유를 수유하면 식품알레르기, 아토피피부염, 천식 등의 발병 위험이 줄어들 수 있는데 만약 아이가 알레르기 고위험군이고 보충식이 필요하다면 저알레르기 분유를 먹는 것이 좋다.

 ## 뇌 신경 발달

모유를 먹은 아이는 모유의 지방이 망막과 신경조직의 발달에 중요한 역할을 해 인지발달 점수가 높다. 더욱이 모유의 긴 사슬 다불포화 지방산은 시각 기능을 발달시켜 영아 스스로 먹는 것을 조절할 수 있도록 돕는다.

 ## 엄마에게도 이로운 모유 수유

모유를 수유하면 아기는 물론 엄마에게도 좋다. 아기가 젖을 빨면 옥시토신이 분비되는데 이 호르몬은 자궁을 수축하게 만들어 출산 후의 출혈을 줄일 수 있어 이로 인해 산후 회복이 빨라지고 여러 합병증의 위험도도 적어진다. 또한 산후 비만율도 낮아지고 나이가 들어 나타나는 골다공증도 적게 발병하고 난소암이나 폐경 전 유방암에 걸릴 확률도 낮아진다.

모유 수유는 엄마의 정신 건강에도 도움을 주는데 산후 우울증에서 쉽게 벗어날 수 있게 하며 자신감을 높여 아기에 대한 사랑도 커진다.

 제왕절개와 모유 수유

제왕절개 수술을 하면 모유 수유를 할 수 없다고 생각하기도 하는데, 수술 후 마취에서 깨어나면 바로 수유를 할 수 있다. 하지만 이때는 산모가 지치고 힘든 상태이기 때문에 주위의 도움이 필요하다.

수술을 앞두고 수술 부위가 아프지 않은 자세의 수유 방법을 미리 알아둔다면 훨씬 수월하게 수유할 수 있다.

임신과 모유 수유

임신을 해도 아기가 원한다면 모유 수유를 계속해도 된다. 하지만 과거에 유산이나 출혈, 자궁통증 경험이 있거나 임신을 해도 몸무게가 늘어나지 않을 때는 모유 수유가 힘들 수도 있으므로 의사와 상담한 뒤 결정해야 한다.

모유는 아기의 평생 건강보험

모유는 아기를 보살펴 주는 엄마의 손과 같다. 효과가 바로 나타나지는 않지만 모유에는 아기 건강에 취약한 부분을 채워 건강한 아기로 만들어 줄 유익한 물질이 많이 포함되어 있다.

그 예로 갑상선 호르몬 결핍을 이야기할 수 있는데 선천성 갑상샘 저하증이 있는 아기는 초기 뇌 발달과정에 중요한 역할을 하는 갑상선 호르몬을 생산할 수 없어 뇌 발달이 지연된다. 모유에 들어있는 갑상선 호르몬은 이러한 결정적인 초기 성장 과정에 관여해 보완함으로써 모유 수유를 한 아기는 목밑샘 기능 저하가 나타난다 해도 그 증상이 심하게 나타나지 않는다. 이는 매우 드문 예이긴 하지만 이를 통해 모유 수유가 아기 건강에 얼마나 큰 건강보험 역할을 하는지 알 수 있다.

아기가 엄마 배 속에서 탯줄을 통해 영양분을 받아 커나가는 것처럼, 모유 역시 엄마 배 속을 나온 아기가 새로운 세상에 건강하게 적응할 수 있도록 엄마가 선물한 탯줄의 연장선이자 보호막이라 말할 수 있다.

🛒 올바른 엄마의 선택

분유 수유를 전혀 하지 않고 완전 모유 수유를 하는 것이 아기 건강에 가장 좋다. 그렇기에 의사는 엄마가 모유 수유를 할 수 있도록 적극적으로 격려하고 알려야 한다.

모유 수유 지침서의 권고 사항을 살펴보면 엄마의 직장 생활로 인해 태어나서 1년 동안 아기에게 모유를 수유할 수 없을 때, 완전 분유 수유로 바꾸지 말 것을 권하고 있다. 모유 수유는 아기에게 건강보험과도 같아서 꾸준하게 먹이는 것이 가장 좋지만 소량이라도 그 효과를 볼 수 있기 때문이다. 그래서 모유를 수유할 수 있는 엄마라면 아기 건강에 이로운 성분들이 풍부하게 들어있는 초유를 분만 즉시 수유하길 권하고 있다.

🛒 풍부한 영양 섭취가 필요한 수유 엄마

수유를 앞두고 있다면 고민하지 않아도 모유는 자연스럽게 분비된다. 자연은 임신과 수유 중인 아기를 보호하기 때문에 수유로 인해 엄마의 건강이 위협받는다고 해도 엄마는 아기의 건강을 위해 수유를 하려 한다.

모유의 성분은 엄마가 무엇을 먹는지에 따라 다소 변할 수 있다. 엄마가 불포화지방이 풍부한 음식을 많이 먹으면 먹을수록, 모유에도 같은 종류의 지방이 풍부해진다. 반면 엄마가 해로운 트랜스 지방을 많이 먹으면, 모유에도 이러한 성분이 증가하게 된다. 그래서 수유를 하는 엄마라면 임신 시기에 음식을 주의해 먹던 습관을 지켜나가는 것이 아기에게 가장 좋은 영양을 담은 모유를 전해줄 수 있다. 특히 엄마가 섭취한 카페인과 술은 모유로 분비되어 아기가 먹고 행동에도 영향을 줄 수 있으므로 제한해야 한다.

수유하는 엄마는 임신 때보다 적은 양이긴 하지만 두 사람을 위해 먹는다고 생각해 임신 전보다 매일 약 500kcal의 열량과 20g의 단백질을 더 먹는 것이 좋다. 수유가 인체 대사를 원활하게 만들기에 섭취하는 열량을 줄이지 않아도 되고, 분만 후에는 몸무게가 서서히 빠지기 때문에 수유기에 더 먹는다고 해서 살이 찔 걱정은 하지 않아도 된다.

수유기에는 하루에 칼슘(Ca)과 인(P)을 1,200mg씩 섭취해 골다공증을 미리 예방해야 한다. 저지방 우유 240mL를 하루에 3번 마시면 수유기에 필요한 하루 칼슘과 인뿐만 아니라 300~400kcal 열량의 24g의 단백질도 더불어 섭취할 수 있다. 인은 생선, 고기, 콩, 땅콩 같은 단백질이 풍부한 음식에 많이 들어있는데 칼슘이 부족한데 유제품을 싫어한다면 두

부, 브로콜리, 잎채소, 연어나 고등어 같은 생선을 먹으면 된다.

수유 엄마의 영양이 적당한지 궁금하다면 소아청소년과 전문의와 상의할 수도 있다. 만약 수유 엄마의 식단이 불균형해 유제품을 대체해야 한다면 탄산칼슘과 같은 칼슘 보충제를 추가해 보충하기도 한다.

🛒 채식주의자 수유 엄마

2001년, 채식주의자 수유 엄마의 아이들에게서 비타민 B12가 부족하다는 연구가 발표된 적이 있는데 채식주의자는 채소를 통해서는 섭취할 수 없는 비타민 B12가 부족하기 쉽다. 비타민 B12가 부족한 아이들은 심각한 발달 지연을 보였지만 비타민 B12를 보충하는 치료로 회복되었다.

그래서 여러 이유 등으로 채식을 원하거나 이미 채식주의자인 수유 엄마는 식단에 비타민 B12를 보충해야 하며, 아기의 건강을 위해 자신의 식단에 어떠한 영양소가 더 필요한지 전문의와 상담해야 한다.

🛒 수유 엄마 식단과 아기의 소화기관

수유 엄마가 먹는 음식은 아기의 장관에 영향을 미친다. 어떤 아기는 엄마가 먹은 음식에 반응해 장에 가스가 차거나 불편해하는 경우도 있다. 그 예로 엄마가 우유를 마시지 않자 아기가 이유 없이 울고 보채는 영아 산통이 호전된 경우도 종종 볼 수 있다.

유당이 아닌 우유 단백질이 예민한 알레르기 반응을 일으켜 영아 산통 증상이 나타나기 때문에 유당을 제거한 우유를 마신다고 해서 영아 산통이 호전되지 않는다. 우유보다는 소량의 치즈나 요구르트와 같이 발효 유제품이 아기 장을 더 편안하게 만든다.

수유 엄마가 먹는 음식 중 어떠한 음식이 아기의 배를 불편하게 만드는지는 아직도 이견이 많지만, 특정 음식을 피해야 한다는 정설은 없다. 어떤 엄마는 특정 음식을 먹지 않자 아기의 장이 불편하거나 영아 산통 문제가 해결되었다고 하는데 이처럼 식단을 바꾼 뒤에도 문제가 해결되지 않는다면 소아청소년과 전문의의 진료를 받는 것이 좋다.

모유 수유 아기에게 꼭 필요한 비타민 D 보충

모유 수유하는 아기가 비타민, 무기질 등의 영양소를 충분히 공급받을 수 있는지는 지금도 의료계의 논쟁 대상이다. 보통은 수유 엄마가 충분한 식사를 한다면 모유에도 아기에게 필요한 영양소가 풍부하다. 그러나 비타민 D는 예외로, 음식으로 섭취할 수 있는 다른 비타민들과 달리 비타민 D는 음식으로 섭취하기 힘들고 모유에도 그 양이 적다.

잘 알려져 있다시피 성인은 햇볕을 쬐어 피부에서 비타민 D를 합성할 수 있지만, 아기는 외출이 자유롭지도 않고 자외선을 차단해야 하기에 햇볕을 쬐기 힘들다. 그래서 최근 미국소아과학회에서는 신생아부터 청소년기까지의 모든 소아·청소년들에게 하루에 비타민 D 200IU를 섭취할 것을 권장하고 있다.

모유 수유 아기의 경우에는 부족한 비타민 D를 약으로 먹이는 것이 좋다. 분유 수유 아기의 경우에는 비타민 D가 강화된 분유를 하루에 500mL 섭취하면 적정량의 비타민 D를 유지할 수 있다. 분유 수유에서 이유식으로 바뀔 때나 분유 수유량이 500mL보다 적으면 비타민 D 보충이 필요하다.

모유 수유 엄마에게 꼭 필요한 영양 보충제

수유 엄마가 영양이 풍부하고 균형 잡힌 식사를 하고 있다면 영양소 대부분을 골고루 섭취한다고 봐도 된다. 만약 자신에게 부족한 영양소가 있다고 생각된다면 다음에 소개하는, 모든 수유 엄마에게 권장하는 영양 보충제를 참고하면 엄마는 물론 아기의 영양에도 도움이 될 수 있다.

철(Fe) : 모유 수유 아기에게서 가장 흔하게 보이는 영양장애는 철 결핍성 빈혈이다. 모유로 섭취하는 철분은 분유로 섭취할 때보다 흡수가 더 잘되지만, 모유에는 철분이 다소 적게 포함되어 있다. 그래서 모든 수유 엄마는 모유에서 철분이 평균 이하로 떨어지지 않도록 평소에 철분을 보충해 주어야 한다.

오메가-3(Ω-3) 지방산 : 생선에 풍부하게 함유된 오메가-3 지방산은 아기의 신경 발달은 물론 면역 증강과 수면에도 영향을 미친다. 생선이 오메가-3 지방산의 최선의 공급원이지만 임산부나 수유 엄마는 생선을 통한 수은 중독을 우려해 꺼리는 경향이 있다. 생선을 대체할 쉽고 저렴한 방법으로는 매일 어유(생선 기름)로 만든 보충제를 먹는 것이다. 매일 철과 어유를 포함한 종합비타민제를 섭취하면 비타민 결핍도 예방할 수 있다.

수유 엄마가 먹어야 할 음식

영양소	음식
칼슘	우유, 치즈, 요구르트 외 다른 유제품, 황산칼슘으로 가공한 두부, 브로콜리, 케일, 겨자, 순무, 우유식빵
아연	고기, 가금류, 해산물, 달걀, 낟알, 콩, 요구르트, 도정하지 않은 곡류
마그네슘	땅콩, 씨앗류, 콩, 잡곡류, 녹색 채소, 가리비, 굴
비타민 B6 (피리독신)	바나나, 가금류, 고기, 생선, 감자, 고구마, 시금치, 자두, 수박, 콩, 강화 시리얼, 땅콩
비타민 B1 (티아민)	돼지, 생선, 간, 도정하지 않은 곡류, 콩류, 옥수수, 원두, 낟알, 땅콩, 강화 시리얼
엽산	녹색 채소, 과일, 간, 콩깍지, 도정하지 않았거나 곡류, 콩류

수유 엄마의 식사가 모유에 미치는 영향

영양소	모유 성분에 영향을 줌	모유 성분에 영향을 주지 않음	모유 성분에 영향 여부 알려지지 않음
비타민	비타민 A 비타민 C 비타민 D 비타민 B1(thiamine) 비타민 B2(riboflavin) 나이아신(niacin) 판토텐산(pantothenic acid) 비타민 B12(cyanocobalamin)	비타민 K 엽산(folate)	비타민 E 비타민 B6(pyridoxine) 비오틴(biotin)
무기질	망간(manganese) 요오드(iodine)	나트륨(sodium) 칼슘(calcium) 인(phosphorus) 마그네슘(magnesium) 철(iron) 아연(zinc) 구리(copper) 불소(fluoride)	셀레늄(selenium)

분유, 모유를 대체할 수 있을까?

아기에게 가장 좋은 영양 공급원은 모유로, 모유는 아기에게 필요한 영양뿐 아니라 소화능력, 면역력, 대사기능을 갖춘 최고의 주식이다. 하지만 여러 가지 사정 등으로 모유를 수유할 수 없다면 소 젖인 우유를 모유와 비슷하게 만든 분유로 모유를 대신할 수 있다. 분유는 모유를 대신할 목적으로 만든 인공의 영양 공급원이기 때문이다.

이처럼 분유는 양질의 영양 공급원이지만 영양소 구성이 모유와는 차이를 보여 이로 인해 영양 불균형을 초래할 수 있다. 즉, 분유의 어떤 영양소는 모유보다 과하고, 어떤 영양소는 절대적으로 부족하기도 하다. 그래서 우유가 원료인 분유의 영양소들을 각각 분리한 뒤 모유의 영양 조성에 맞춰 재조합해 만들어지게 된다.

1살까지의 영아에게는 모유를 대체할 수 있는 영양식품으로 조제분유가 가장 적당하다. 이 조제분유는 생후 6개월부터 1살 아기의 성장과 발달에 필요한 영양을 모유와 비슷한 수준으로 공급할 수 있도록 지금까지 꾸준히 발전을 거듭해 왔다.

물론 분유가 무조건 나쁜 것만은 아니며 분유만이 가지는 장점도 있다. 분유가 모유보다 성분별로 더 좋은 경우도 있다. 예를 들어 생후 3~4개월 아기는 체내에 저장된 철분이 점차 줄어들게 되는데 이때 모유 수유 아기의 부족한 비타민 D를 분유가 보충해 줄 수 있다.

분유를 탈 때는 제품마다 내장된 계량 숟가락 크기가 다르므로 평소보다 농도가 진하거나 연해지지 않도록 주의해야 한다. 만들어놓은 분유나 개봉한 액상 분유는 변질의 위험이 있어 냉장고에서 48시간 이상 보관해서는 안 된다. 파우더 형태의 분유는 가능한 시원하고 건조한 곳에 보관하고 일단 개봉하면 4주 이내에 소비해야 한다. 냉장 보관한 액상 분유는 모유와 마찬가지로 전자레인지 등에 데워서는 안 된다.

최근에는 분유가 모유의 영양과 비슷한 수준으로 많이 개선되어 안심하고 아기에게 먹일 수 있어 죄책감이나 영양이 부족하지는 않을까 걱정하지 않아도 된다.

🍼 모유와 분유의 차이

요즘 분유는 모유와 비슷한 수준으로 맞추기 위해 여러 가지 가공법으로 개발되어 출시되고 있다. 함유량은 모유 수유의 경우 수유 시기나 수유 엄마마다 차이가 날 수 있고, 우유의 경우는 제품마다 다소 차이가 날 수도 있다.

단백질

모유 : 소화가 잘되는 알부민이 많고, 카세인이 적다.

분유 : 소화가 잘되지 않는 카세인이 80% 함유되어 있다.

지방

모유 : 고도의 불포화 지방산인 리놀렌산과 올레산이 많다.

분유 : 우유의 지방 성분은 소화 흡수가 잘되지 않고, 효율 면에서 모유
보다 떨어진다.

무기질

모유 : 칼슘, 인이 흡수가 잘되는 비율로 구성되어 있다.

분유 : 칼슘의 양이 많아 흡수가 어렵고, 철분이 모유의 절반 수준이다.

🛒 분유 수유할 때 주의 사항

분유를 수유할 때는 생후 2개월까지는 3~4시간 간격으로 하루에 6~7회 먹이고, 생후 2~4개월까지는 4시간 간격으로 하루에 5~6회, 생후 4~6개월까지는 하루에 4~5회 먹여야 한다. 다음의 표를 참고하면 알 수 있듯 아기가 생후 2개월이 되면 보통 오전 2시에 잠을 자는데 그렇게 되면 밤 10시에 분유를 거르게 되는 경우가 많이 생긴다.

생후 처음 한 달 동안, 어떤 아기는 낮에 3시간마다 먹는 것을 더 좋아하기도 한다. 하지만 그런 경우는 하루에 7회 이상을 먹게 되어 어느 정

모유와 분유의 성분 비교

성분(L당)	모유	분유	성분(L당)	모유	분유
에너지(kcal)	680	680	철분(μg)	300	460
단백질(g)	10	33	비타민 A(IU)	2,230	1,000
유청/카세인	72/28	18/82	비타민 B₁(티아민)(μg)	210	300
지방(g)	39	33	비타민 B₂(리보플래빈)(μg)	350	1,750
MCT/LCT	2/98	8/92	비타민 B₃(나이아신)(mg)	1.5	0.8
탄수화물(g)	72	47	비타민 B₆(피리독신)(μg)	93	470
유당	100	100	비타민 B₁₂(μg)	1	4
칼슘(mg)	280	1,200	엽산(μg)	85	50
인(mg)	140	920	비오틴(μg)	4	35
마그네슘(mg)	35	120	판토텐산(mg)	1.8	3.5
나트륨(mg)	180	480	비타민 C(아스코르빈산)(mg)	40	17
칼륨(mg)	525	1,570	비타민 D(IU)	22	24
염소(mg)	420	1,020	비타민 E(IU)	2.3	0.9
아연(μg)	1,200	3,500	비타민 K(μg)	2.1	4.9
구리(μg)	250	100			

출처 : 《홍창의 소아과학》, 안효섭·신희영 편, 11판

도 규칙적인 시간을 정해 먹이는 것이 좋다. 단, 정해진 시간이 되기 전에 배고파한다면 먹여도 좋지만 그렇다고 해서 아무 때나 불규칙하게 먹여서도 안 된다.

아기가 만족할 만큼 먹고 난 뒤 더 이상 젖병을 빨지 않으면 그대로 두고, 아직 분유가 남아있다고 해서 마저 먹이기 위해 강제로 먹이지 말아야 한다.

분유 1회당 최대량은 240mL이고, 평균적으로 아기가 하루에 먹어야 하는 분유의 총량은 1,000mL가 넘지 않도록 해야 한다. 만약 아기의 체중과 키의 성장이 적절하게 증가하고 있다면 추가로 수분을 섭취하지 않아도 된다. 미리 계산된 조유 처방계획에 따른 뒤 아기에게 맞도록 변형해 나가도 된다.

무엇보다 중요한 건 아기의 만족이며, 체중도 충분하게 증가하고 있다면 걱정하지 않아도 된다. 만약 아기가 배고파하고 기분이 좋지 않을 때는 분유의 양을 늘리거나 더 농축해 먹이는데, 이때 과식해 소화불량이 되지 않도록 주의해야 한다.

트림하는 방식은 아기마다 달라 엄마는 아기가 언제, 어떻게 트림해야 하는지 알아차릴 수 있어야 한다. 트림은 일반적으로 분유를 먹는 중간과 끝에 시켜야 하는데 이때 잘못하면 아기는 먹은 분유를 모두 토하고 사레에 걸릴 수도 있으니 자세를 주의해 트림을 시켜야 한다.

아기 나이별 수유 방법

연령(개월)	체중(kg)	1회 수유 양(mL)	수유 횟수
0~1/2	3.3	80	7~8
1/2~1	4.2	120	6~7
1~2	5.0	160	6
2~3	6.0	160	6
3~4	6.9	200	5
4~5	7.4	200	5
5~6	7.8	200~220	4~5

출처 : 《홍창의 소아과학》, 안효섭·신희영 편, 11판

 **특수 조제분유**

아기는 조제분유에 잘 적응하지만, 어떤 아기는 장애를 일으키기도 한다. 이러한 위장관 장애나 대사 장애가 있는 영아를 위해 시중에는 조성과 성분을 조정한 특수 분유 제품들이 판매되고 있다. 이처럼 조제분유의 일부 성분을 변형하거나 필요에 따라 제거한 분유를 특수 분유라고 한다. 아이의 상태에 따라 분유의 성분 등을 골라 먹이면 된다.

대두 단백 분유 : 유당 분해효소 부족증이나 갈락토스혈증 등의 증상이 있는 아기를 위해 개발되었다. 대두 단백 위주로 제조된 분유로, 지방은 일반 조제분유와 비슷하나 식물성 유지로 강화된 점이 다르다. 탄수화물은 유당을 포함하지 않고 설탕, 전분 등으로 구성되어 있다.

시중에 나와있는 베지밀과 같은 두유 제품과는 다르다.

저알레르기 분유(유단백 가수 분해 분유) : 우유 알레르기가 있거나 갈락토스혈증이 있는 아기를 위해 개발되었다. 알레르기를 일으킬 수 있는 우유 단백을 단백 가수 분해해 만든 분유로 탄수화물은 포도당 중합체 등으로 공급되고 유당은 포함하고 있지 않다. 지방은 식물성 지방이나 포화지방산의 한 종류인 MCT유 위주로 구성되어 있으며 필수지방산이 포함되어 있다. 이러한 장점의 저알레르기 분유는 가격이 비싼 편이며 맛이 없다는 단점이 있다.

이외에도 미숙아를 위한 분유, 저인산 분유, 선천 대사질환용 특수 분유 등이 개발되어 있다.

아기들의 다양한 유전 대사 질환만큼 그 치료 방법 또한 다양하다. 이 중 유전 대사질환 아기들을 위해 대사질환을 일으키는 물질을 제한해 병의 진행을 막고 치료 효과를 볼 수 있도록 개발된 분유가 바로 유전 대사 질환용 특수 분유이다.

모유의 분비량 조절, 어떻게 하면 될까?

갓 태어난 아기는 잠깐 깨어있다 곧 다시 잠들기 때문에 아기에게 초유를 먹이기 위해서는 아기가 깨어있는 시간인 출산 후 바로 젖을 빨게 해야 하고, 이후에는 수시로 먹이는 것이 가장 중요하다. 첫 모유 수유 시간과 생후 2일 동안의 모유 수유 횟수는, 생후 5일 동안의 모유량 증가에도 영향을 미치므로 중요하게 생각해 맞춰야 한다.

초유의 양은 하루에 50~200mL로, 다소 적지만 꾸준히 맞추다 보면 생후 3~4일에는 그 양이 증가해 6개월쯤에는 하루에 800mL가 분비된다.

모유의 열량 밀도가 낮다면 아기는 더 많은 양의 모유를 먹어 모유량이 늘어나게 된다. 예를 들어 체지방이 매우 적은 수유 엄마는 모유의 지방 함유량도 적어 열량 밀도가 15% 감소했다면 모유량은 5~15%까지 증가한다. 그래서 모유량이 부족해지지 않으려면 갓 태어난 아기에게 가능한 한 빨리, 자주 초유를 먹여야 한다. 그렇게 맞춘다면 2~4일 후에는 모유량이 증가하게 된다. 만약 태어나자마자 초유를 바로 먹일 수 없는 상황이라면 유축기나 손으로 2~3시간마다 규칙적으로 짤 수도 있다.

　모유량이 부족하다 하더라도 젖병에 분유를 타 아기에게 먹이지 말고 컵이나 튜브, 모유 생성유도기를 이용해 먹여야 한다.

　모유량이 부족하다고 느끼는 이유는 실제로는 수유 시간과 기간을 잘 조절하지 못했거나, 수시로 분유를 보충했거나, 유방울혈이 생겼거나, 신생아나 영아를 격리했을 때, 또는 수유 자세나 젖 물리는 방법이 올바르지 않았을 때이다.

🛒 모유량이 충분한 경우

- 아기가 24시간 동안 적어도 8번 이상 모유를 먹는다.
- 아기가 모유를 먹을 때 빠는 리듬이 늦어지고 꿀꺽 삼키는 소리가 난다.
- 아기가 생기가 돌고, 근육의 수축 상태가 오래 지속되며, 피부가 건강하다.
- 수유 중간중간 아기가 만족스러워 보인다.
- 아기가 24시간 동안 6번 혹은 그 이상 옅은 색 소변을 본다.
- 유방이 수유 전에는 불어있고, 수유 후에는 부드러워진다.

🛒 모유량이 부족한 경우

- 아기의 하루 체중 증가가 18g 이하이다.

- 아기는 태어난 이후 꾸준히 체중이 증가해야 하는데 출생 후 3주가 되어서도 체중이 출생했을 때와 같거나 출생체중보다 감소한다.
- 아기의 체중이 체중 증가 곡선에 따라 증가하지 않는다.
- 에너지를 유지하기 위해 아기가 잠을 오래 잔다.
- 기운이 없어 보이고, 약하고 높은 소리로 운다.
- 소변 보는 횟수가 적고, 소변 색이 진해 농축되어 보이면 정상일 수 있지만, 대변 보는 횟수가 적거나 전혀 없다면 모유량이 부족한 것일 수도 있다. 하지만 모유량의 부족을 소변과 대변만으로 판단하기는 어렵다.
- 아기가 젖에 계속 매달려 있다.
- 아기 얼굴이 걱정에 차 보이고, 피부에 주름이 잡힌다.

🛒 대소변으로 모유량 판단하기

소변이나 대변으로 신생아가 잘 성장하고 있는지 판단하기 쉽지 않다. 모유 수유를 하는 아기의 정상 배설은 태어나서 1~2일에는 하루에 평균 1~2개의 소변 기저귀를 사용하며, 출생 후 3~5일에는 하루에 평균 6개의 소변 기저귀와 3~4개의 대변 기저귀를 사용한다. 종이 기저귀로는 하루에 5개 정도이다. 생후 6주 후에는 아기 방광이 발달해 하루에 기저귀 5~6개 정도로 줄어들며, 소변 색은 흐려진다.

만약 생후 5일이 지나서도 아기의 소변 기저귀가 하루에 6개 이하라면 탈수 증상을 의심해 봐야 한다. 또한 아기가 보채거나 늘어지는지, 울음소리가 약한지, 피부의 탄력이 떨어졌는지, 입안과 눈이 건조해지는지, 앞 숨구멍이 쏙 들어가 있는지, 열이 나는지도 살펴보아야 한다. 이런 증상이 나타나면 반드시 소아청소년과 전문의의 진료를 받아야 한다.

 **모유 분비 조절**

모유의 양은 수유 아기에게 필요한 양에 맞춰 분비된다. 그래서 아기에게 수시로 모유를 먹여 유방을 비워두어야 앞으로의 모유 수유에 도움이 된다.

모유의 분비는 준비 단계와 모유 사출, 국소적으로 유방에 남아있는 모유량으로 조절된다. 프로락틴이라는 호르몬은 모유를 분비하게 만들며, 옥시토신 호르몬은 유선에서 세포를 수축하게 만들어 모유를 짜 아기가 먹을 수 있도록 한다. 이 두 호르몬 모두 아기가 모유를 빨거나, 유두 자극의 영향을 받아 작용하므로 모유 수유를 이해할 수 있는 중요한 부분이다.

프로락틴 호르몬 분비 : 프로락틴 호르몬은 하루에 7~20번, 최대 75분간 뇌하수체 전엽에서 간헐적으로 분비된다. 이 호르몬은 주기성이 있어 밤 또는 잘 때 많이 분비되는데 수유를 시작하면 그 양이 더욱 증가한다. 이러한 프로락틴 호르몬은 출산 후에 수유하지 않으면 2~3주 이내에 임신 전 수준으로 그 수치가 떨어진다.

프로락틴 호르몬의 양은 심리적인 요인과는 무관하게 오직 유두 자극의 강도에 따라 방출된다. 이 프로락틴 호르몬은 모유 분비에 꼭 필요한 호르몬이긴 하지만 그렇다고 해서 이 호르몬이 모유의 양과 정비례한다는 증거는 없어 모유량을 조절하지는 않는다.

유방에서의 국소적인 조절 : 유선에 모유가 남아있으면 그 모유로 인해 유선이 부풀어 올라 물리적인 압력 또는 화학적 물질에 의해 모유 생성을 조절하는 것으로 추정하고 있다. 그래서 꾸준하고 일정하게 모유를 수유하면 국소적인 요인이 안정적으로 분비될 수 있도록 적응해 갈 수 있다. 이런 원리로 만약 모유의 양을 늘리고 싶다면 유방에 모유가 남아있지 않도록 수시로 수유해 비워둬야 한다.

수유를 하면 젖꽃판 주위의 감각신경에서 중추신경계로 자극이 전달되어 뇌하수체 후엽에서 옥시토신 호르몬이 만들어진다. 모유 사출 반사 (milk ejection reflex)는 아기를 보고, 생각하고, 아기 목소리를 듣는 것만으로도 자극받는, 심리적 요인이 중요한 신경 내분비 반사이다. 모유 사출 반사가 이루어지면 수유 중 반대편 유방에서도 모유가 분수처럼 뿜어져 나오게 된다.

호르몬의 분비에 영향을 미치는 요인 : 음주, 심리적 요인, 소음 등은 옥시토신 호르몬 분비를 감소시키는 요인이다. 알코올은 옥시토신 호르몬이 분비되지 않도록 강력하게 억제한다. 모르핀은 동물실험을 통해 옥시토신 호르몬 분비를 방해하는 것으로 보고되고 있다.

영아기 밤중 수유는 자연스러운 발달 단계

모유의 지방과 단백질 성분은 분유와 달리 소화가 잘되고 위 배출 시간과 위장관 통과시간이 짧다. 엄마가 아기와 함께 자며 모유를 수시로 먹이면 모유량이 늘어나는데, 모유를 먹는 아기의 체중은 분유를 먹는 아기보다 더 증가하는 것으로 알려져 있다.

이 시기 신생아는 밤뿐만 아니라 낮에도 자주 수유해야 하는데 특히나 생후 1~2개월에는 모유를 자주 먹여야 엄마의 모유량도 늘어나 그 이후의 모유 수유도 쉽게 성공할 수 있다. 특히 신생아 때는 영양소를 저장할 수 있는 간이나 근육량이 적기 때문에 수시로 수유를 해 영양을 공급해줘야 한다.

밤중 수유는 아기가 엄마와 접촉할 수 있는 즐거운 시간이자 당연히 이루어져야 할 발달 단계에 속한다. 모유 수유 중 아기가 잠에서 깨는 짧고 얕은 수면 패턴은 영아돌연사증후군 등 심각한 상황을 예방하게 한다.

여러 요인으로 인해 모유와 분유 수유 아이의 수유 간격은 달라진다.

분유는 모유보다 소화가 잘되지 않기 때문에 분유 수유를 하는 아기는 밤에 더 오래 잔다. 그런 이유로 분유 수유를 하는 아기는 생후 6주 정도에는 밤중 수유 횟수가 현저하게 줄어들고 1회 수유량은 증가하게 된다.

잦은 밤중 모유 수유로 피곤함을 느끼는 엄마를 가끔 만날 수 있는데 아기가 2~4개월이 되면 밤중 수유 횟수가 훨씬 줄어들기 때문에 크게 걱정하지 않아도 된다. 모유 수유는 장점이 더 많기에 가능하다면 아기가 쉴 때는 엄마도 쉬고 아기를 돌보는 일 외의 집안일은 아기 아빠나 가족들의 도움을 받는 것이 좋다. 또한 아기에게 모유를 먹이고 키우는 일은 아주 자연스럽고, 일관되게 변화해야 한다. 억지로 하룻밤 만에 모든 습관을 고치기는 어려운 법이다.

생후 4개월 이후 아기가 한밤중에 깨어있다면 모유를 수유하기 전에 먼저 기저귀나 주위 환경이 불편하지는 않은지 보살피고, 배가 고파할 때만 모유를 먹여야 한다. 돌이 지난 아기가 밤에 지나치게 자주 수유를 한다면 보충식을 잘 먹고 있는지 확인하고 올바른 보살핌을 받고 있는지, 철 결핍성 빈혈이나 다른 질환은 없는지 확인해 봐야 한다.

배고픈 아기가 보내는 신호 알아보기

아기와 엄마는 같은 방을 써야 아기가 배가 고프다는 신호를 보낼 때마다 바로바로 모유를 수유할 수 있게 된다. 그렇게 배고픈 아기에게 즉시 모유를 수유하기 위해서는 아기가 배고프다는 신호를 어떻게 보내는지 알아둬야만 한다.

배고픈 아기가 보내는 미세한 신호들

- 아기 뺨에 손을 대면 아기가 그쪽으로 고개를 돌리고 쪽쪽 빤다.
- 젖 빠는 시늉을 한다.
- 눈을 요리조리 돌리며 사방을 둘러본다.
- 혀와 입을 움직인다.
- 조금씩 소리를 내기 시작한다.
- 손을 입으로 가져간다.
- 팔을 구부린다.
- 다리를 자전거 돌리듯이 움직인다.
- 주먹을 쥔다.
- 아기가 배가 고플 때 가장 마지막에 표현하는 행동이 바로 우는 것인데 그렇게 울다가 지쳐 바로 잠이 들기도 한다.

영유아 치아 충치

영유아 치아 충치란 아이가 젖병을 물고 자거나, 젖병에 설탕이 첨가된 음료를 넣어 먹을 때 치아 충치가 잘 생기기 때문에 이름 붙여졌다.

최근 모유를 먹는 영유아가 많아져 영유아 충치 또한 발생하는 경우가 많아졌다. 하지만 분유와 치아 충치의 연관성에 관한 연구보고는 있으나, 모유와 치아 충치 발생의 연관성에 관한 논문이나 보고는 없어 모유 수유가 영유아 충치와 관련이 있다는 증거는 없다.

영유아 충치에 관한 보고서를 살펴보면 수유 방법이나 시기로 인한 것보다는 이 닦기 등의 치아 위생, 그와 관련된 가족의 관심도 등 다른 요소가 더 중요하다고 밝히고 있다.

 ## 아기의 잠자리(모자동실)

모유를 먹이기 위해서는 아기가 배고파하는 미세한 움직임을 바로 확인할 수 있도록 아기와 같은 방을 쓰며 생활하는 것이 가장 좋다. 아기와 같이 자는 경우에는 밤중 모유 수유 시간이 3배 증가하고 수유 횟수는 2배 증가하여 수유시간이 40% 정도 늘었다는 연구보고가 있다.

아기의 잠자리 환경

1. 잘 때는 아기를 똑바로 눕힌다.
2. 다소 단단하고 편평한 요를 사용하고 푹신한 소파나 베개 등은 피한다. 무거운 이불은 피하고 쉽게 들리지 않을 정도의 얇은 이불로 아기를 덮는데 머리까지는 덮지 않게 해야 한다.
3. 아기 옆에 여분의 이불이나 베개, 헝겊인형 등을 두지 않는다.
4. 아기를 베개 위에 눕히거나 베개 옆에서 재워서는 안 된다.
5. 아기를 어른 침대 위에 홀로 두지 않는다.
6. 아기가 치아가 나기 시작하면 자기 전에 칫솔을 사용할 수 있는데 그때 불소 보충 등도 고려해 볼 수 있다.

모유 수유 아이의 대변 – 물젖과 지방

모유 수유를 하는 아기의 대변은 지방의 구조, 후유 섭취, 장운동, 수유 엄마의 영양 섭취 등 여러 요인으로 인해 묽어지는 것이 정상이다. 모유는 소화 흡수가 잘되어 대변량은 적고, 장운동을 빠르게 만들어 자주 변을 보는 경향이 있다.

모유 수유 아기의 대변은 시큼한 냄새가 나고, 색은 노랗고, 장에 상주하는 장 면역에 이로운 정상 세균의 종류도 분유 수유 아이와 다르다. 모유 수유 아기는 하루에 12번 묽은 변을 조금씩 보기도 하지만 1~2일에 한 번 배변하기도 한다.

🍼 물젖과 모유 지방과의 연관성

모유의 지방 농도는 30~50g/mL인데 이는 아기의 주된 열량원으로, 총 섭취 열량의 45~55%를 차지한다. 성인 지방 권장량이 총 섭취 열량의

30%인 것과 비교하면 상당히 높은 편이라 할 수 있다.

지방은 위에서 타액, 위와 췌장의 지질 분해효소로 가수 분해가 되어 소화가 이루어진다. 성인과 비교하면 신생아의 췌장은 아직 발달이 안 되어 미숙하므로 위와 모유의 담즙 염 의존성 지질 분해효소가 중요하다. 지방은 트라이글리세라이드라는 성분이 97~98%를 차지하는데 모유의 지질 분해효소가 이를 분해해 장 흡수가 잘되도록 만든다. 그러나 분유에 흔히 첨가하는 지방인 팜유는 팔미트산이 칼슘염을 형성하므로 대변을 단단하게 만든다.

수유하고 난 뒤 유방이 비어있으면 뇌의 뇌하수체 전엽에서 프로락틴 호르몬이 분비되어 지방을 합성하게 한다. 모유의 지방은 대부분 수유 엄마의 식사와 체지방에서 유래한 지질에서 생성된다. 모유의 지방은 수유 시간에 따라 다르게 분비되고 또 수유하는 엄마의 지방 섭취에 따라 다양해진다.

수유하자마자 나오는 전유에는 지방 성분이 2%, 수유 마지막쯤에 나오는 후유에는 6~8%이 포함되어 있다. 그래서 전유만 먹고 잠드는 아기는 후유의 지방을 섭취하지 못해 자주 깨고 자주 먹게 되어 대변이 묽고 자주 변을 보는 경향이 있다. 그래서 수유를 할 때는 아기가 후유까지 충분히 먹어 체중이 늘어나도록 만드는 일이 중요하다.

결과적으로 모유를 수유하는 아기의 대변은 지방의 구조, 장운동, 수유 엄마의 영양 섭취 등 여러 가지 요인으로 인해 묽은 것이 정상이다.

모유 수유와 아이의 성장

모유를 수유하는 아기의 성장을 알고자 한다면 아기의 키와 체중을 정기적으로 기록하고 비교해 판단해야 한다. 최근 소아청소년과 의원이나 병원에서 사용하고 있는 성장곡선의 분유 수유율은 80% 이상으로, 이 성장곡선은 분유를 수유하는 아이들을 대상으로 만든 조사라 생각해도 무리가 아니다.

그러므로 모유를 수유하는 아기의 성장은 단 한 번 측정한 체중으로 판단하기보다는 지속적인 관찰이 더 중요하다는 의미다. 즉, 어떤 아이의 성장을 성장곡선에 맞춰보니 평균 성장의 5% 미만 혹은 95% 이상으로 나왔다고 해서 그 아이 성장이 나쁘다, 좋다를 판단할 것이 아니라 지속해서 성장 과정을 추적 관찰해야 한다는 말이다.

 **체중의 증가**

정상 성장패턴은 나라와 인종에 따라 차이가 나기 때문에 성장곡선을 일률적으로 적용할 수는 없지만, 다음과 같은 계산은 아기의 정상 성장을 알아볼 수 있는 한 방법이 된다.

모유를 수유하는 아기의 정상 성장 예

체중	생후 3~4일 : 출생 체중의 5~7% 감소
	생후 10~14일 : 출생 체중으로 회복
	생후 3~4개월 : 일주일에 평균 170g(24.2g/일) 증가
	일주일에 평균 113~142g(16.1~20.2g/일) 증가도 정상으로 간주
	생후 4~6개월 : 일주일에 평균 113~142g(16.1~20.2g/일) 증가
	생후 6~12개월 : 일주일에 평균 57~113g(8.1~16.1g/일) 증가
	생후 5~6개월에는 출생 체중의 2배, 생후 12개월에는 출생 체중의 2.5배 증가
키	매월 1.27cm 자라 생후 12개월에는 출생 키보다 50% 성장
머리둘레	매월 64mm 자라 생후 12개월에는 출생 머리둘레보다 33% 증가

※ 모유 수유하는 아기의 체중, 키, 머리둘레는 만 2세가 되면 분유를 수유하는 아기와 차이가 없어진다. (부록의 '성장곡선' 표 참고)

만약 모유를 수유하는 아기가 또래보다 체중이 덜 나간다면 몸무게가 천천히 증가하는 아기인지 성장 장애인지를 구별하는 일이 중요하다.

몸무게가 천천히 증가하는 아기의 특징은 다음과 같다. 모유를 자주 먹고, 모유를 힘차게 빨고 삼키며, 엄마도 모유 사출 반사를 규칙적으로 느낄 수 있다. 또한 소변과 대변을 잘 보고, 아기가 낮에 곧잘 깨어있으며, 활동성도 좋고, 피부 탄력과 근력이 정상이며, 체중 증가가 비록 평균치보다 떨어지지만 꾸준히 늘어난다.

하지만 아기가 생후 2주가 지나서도 출생했을 때의 몸무게로 회복하지 못하거나, 생후 4개월까지 체중 증가가 1개월에 460~680g(15~22g/일) 이하일 때에는 소아청소년과 전문의의 진찰과 상담이 필요하다. 특히 모유 수유 상담을 제대로 받지 못한, 처음 임신해 출산한 엄마의 신생아 중 생후 1주 이내의 아기에게서 생명을 위협하는 탈수 현상이 나타나기도 해서 주의해 아기를 관찰해야 한다.

모유 수유 아기의 과체중

모유 수유하는 아기의 몸무게가 빨리 늘어나면 성장해서도 비만이 될 거라는 근거는 없다. 아기가 2~3세가 되면 활동량도 자연스럽게 늘어나면서 체중이 빨리 늘어나던 아이들도 날씬해지는 경향이 있다. 또한 모유를 먹는 아기는 자기 스스로 먹는 양을 조절할 수 있어 비만이 될 확률이 적다.

그래서 아기가 모유를 먹는다고 해서 비만이 되리라 걱정하지 말고 생후 첫 1년은 모유가 주 식사가 되게 하고, 보충식을 간식으로 줘서 영양을 골고루 섭취하게 해야 한다.

모유 수유 중 아이 황달,
어디가 아픈 걸까?

생후 일주일쯤의 신생아 피부와 눈동자가 노랗게 변할 때가 있다. 이때 엄마는 혹시 우리 아이의 간이나 위장관, 피부 등에 이상이 생긴 것은 아닌지 놀라 소아청소년과 의원이나 병원을 찾는다. 하지만 걱정과 달리 이런 경우 대부분은 신생아기에 나타나는 생리적 황달인 경우가 많은데, 이는 신생아 첫 1주 이내에 모유의 섭취가 부족해 생기는 경우가 많다.

초기에 나타나는 모유 수유 황달은 다른 질환이나 탈수의 증상 유무를 관찰한 뒤 모유를 중단하지 말고 더 열심히 먹여야 한다.

초기 모유 수유 황달을 예방하기 위해서는 출생 후 가능하면 빨리 모유 수유를 시작해야 하는데 하루에 10회 이상 수유하고, 엄마와 아기가 한 방에서 생활하면서 밤에도 수유해야 한다.

그러기에 앞서 '모유 수유 황달' 또는 '초기 모유 수유 황달'이라고 표현하는 신생아 황달 증상이 어떠한 것인지 더 자세히 알아두어야 당황하지 않고 대처할 수 있을 것이다.

생리적 황달과 후기 모유 황달

출산할 때 엄마 배꼽과 연결된 아기의 탯줄에서 나오는 제대 혈액의 빌리루빈치(황달 측정 수치)는 평균 1.5mg/dL로, 생후 3일경 동양인 아이는 서양인 아이보다 그 수치가 더 높아 10mg/mL까지 올라가기도 한다.

이 수치는 점점 감소해 분유를 수유하는 아기의 경우에는 생후 2주경 정상 빌리루빈 수치인 1.0mg/mL가 된다. 모유를 수유하는 아기는 빌리루빈 수치가 천천히 감소하거나 생후 10일경 그 수치가 두 번째로 최고치에 도달하게 된다.

모유를 수유하는 아기 중 3분의 2 이상의 아기가 생후 3주까지 황달이 지속되기도 하며 이때의 빌리루빈 수치는 5mg/mL 이상 상승한다. 이후 생후 3개월까지 이 수치가 지속되기도 하지만 대부분은 1개월이 지나면 없어지며 간접 빌리루빈 혈증이 되는데 직접 빌리루빈 수치는 이것의 10% 미만이 된다.

일반적으로 이 시기 신생아의 최고 빌리루빈 수치는 10~12mg/mL이며, 드물게 나타나지만 수치가 22~24mg/mL까지 증가하면 위험한 상황이라 판단된다.

 초기 모유 수유 황달이란?

보통은 모유를 수유하는 아기의 13%가 생후 일주일 이내에 혈액 빌리루빈 수치가 12mg/mL 이상 증가하는데, 이는 모유가 충분하지 않아 생

初기, 후기 모유 수유 황달 비교

	초기 모유 수유 황달	후기 모유 수유 황달
발생 시기	생후 2~5일	생후 5~10일
지속 시간	일시적(10일 이내)	1개월 후에도 지속
모유량	자주 먹지 못함 모유량이 적거나 잘 먹지 못함	모유량은 문제가 되지 않음 모유량은 충분히 많을 수 있음
배변	늦어지거나 드물다	정상
빌리루빈 최고치	≤ 15mg/mL	≥ 20mg/mL

기는 탈수 증상이나 열량 섭취의 감소 때문에 발생한다. 이는 성인이 24시간 동안 굶었을 때 빌리루빈 농도가 2배 가까이 상승하는 기아 상태 황달(starvation jaundice)과도 유사하다.

모유를 수유하는 아기에게 물이나 포도당액을 보충해 주면 모유 섭취를 감소시켜 오히려 빌리루빈 수치를 높일 수 있어 주의해야 한다.

병적인 황달이란?

병적인 황달이란 아기가 태어나 24~36시간 안에 황달이 나타나거나, 혈청 빌리루빈 수치가 태어나 24시간 이내에 5mg/dL 이상 증가한 경우, 위험인자가 없는 만삭아인데 혈청 빌리루빈 수치가 12mg/mL이거나, 미숙아의 혈청 빌리루빈 수치가 10~14mg/mL인 경우로 생후 10~14일이 지나도 지속되는 황달을 말한다.

황달 지속 상태란 아기가 태어나 28일 안에 빌리루빈 수치가 5.9mg/

mL 이상인 경우를 말한다. 이때에는 용혈성 질환, 목밑샘 기능저하증, 유전성 간 대사이상 질환이나 장폐색증과 같은 다른 원인은 없는지 꼭 감별해야 하는데 감염을 포함한 다른 원인을 찾기 위해서는 반드시 소아청소년과 전문의에게 진찰을 받아야 한다.

간혹 빌리루빈 뇌증(핵황달)이 나타나기도 하는데 이는 뇌세포 안에 간접 빌리루빈이 침착되어 생기는 신경학적인 증후군이다. 핵황달을 일으키는 혈중 농도는 정확히 알려져 있지는 않지만 건강한 만삭아나 용혈이 없는 경우라면 혈청 빌리루빈 수치가 25mg/mL 미만이면 핵황달은 거의 발생하지 않으며, 모유를 수유하는 아기에게 발생한 황달 증례 보고는 거의 없다.

🛒 초기 모유 수유 황달의 예방 및 치료법은?

황달을 예방하기 위해서는 아기가 태어나 처음으로 변을 보는 시간을 반드시 확인해야 한다. 만약 아기가 태어나 24시간 안에 변을 보지 않는다면 변을 보게 만들어야 한다.

또한 되도록 빨리, 자주 모유를 수유해야 하는데 한 번에 오래 수유하는 것보다는 짧게, 자주 수유하는 것이 황달 예방에 더 효과적이다. 물이나 설탕물, 분유를 보충해 먹이지 말고 모유 수유 양상과 함께 체중, 소변, 대변을 상세히 관찰해 지켜봐야 한다.

빌리루빈 수치가 증가해 15mg/mL에 가까워지면 일단 소아청소년과 전문의의 진찰을 받아야 한다. 그 이후 배변을 자극하고, 더 자주 모유 수유를 하고, 유축기 등으로 모유량을 증가시켜야 하는데 그때도 빌리루 빈 수치가 20mg/mL 이상이라면 신생아실에 입원해 광선 치료를 받아야 한다.

초기 모유 수유 황달이 모유의 이상과 관련이 있다는 증거는 없다. 따라서 황달 지속 기간이 6일 이상, 빌리루빈 수치가 20mg/mL, 아기의 손위 형제자매 아기들도 황달이 나타났었을 때만 일시적으로 모유 수유를 중단할 수 있다.

모유를 더 잘 먹이는 방법

아기가 모유를 먹다 스르르 잠이 든다면 다음의 방법을 써보자. 아기는 빛이 밝으면 눈을 감기 때문에 방을 어둡게 만들고, 아기포나 기저귀를 벗긴 뒤 아기와 눈을 맞추고 말을 걸어본다. 아기를 세워서 안거나, 아기의 엉덩이 쪽에서 다리를 양반다리로 만들어 엄마의 무릎 위에 앉히거나, 아기를 푹신하지 않은 편평하고 딱딱한 곳에 눕힌다.

아기 피부에 자극을 주지 말고 부드럽게 아기의 등을 문지르거나, 척추를 따라 손가락으로 짚어 올라가며 손과 발을 부드럽게 문지르고, 마사지나 목욕으로 아기와의 피부접촉 시간을 늘리고, 시원하게 젖은 수건으로 아기의 이마와 뺨을 닦아주며 손가락 끝으로 아기 입 주위를 따라 원을 그리거나 입술 위에 젖을 문지른다.

손으로 유방을 받쳐 유방의 무게가 아기 턱에 실리지 않게 만들고, 수유 중에는 젖이 쉽게 나오도록 유방을 압박해 모유의 흐름을 좋게 만든다. 아기가 빠는 흥미를 잃기 시작하면 다른 쪽 유방으로 바꾸어 수유하고, 그렇게 자세를 바꾸는 사이에 트림을 시키거나 기저귀를 갈아주고, 수유 자세를 바꾸거나 수유하는 동안 아기의 머리 위를 둥글게 마사지한다.

🍼 유방 압박

아기가 모유를 더 이상 먹지 않는다면 모유의 흐름을 계속 유지하기 위해 수유 중에 유방을 압박해 쉽게 모유 사출 반사가 일어나도록 해야 한다. 손으로 모유를 짜는 일은 생각보다 복잡하지 않아 굳이 비싼 유축기를 사용하지 않아도 된다.

아기가 모유를 더 이상 먹지 않는 경우 이외에 아기의 몸무게가 잘 늘지 않을 때, 아기에게 산통이 있을 때, 아기가 자주 먹거나 오래 먹을 때, 유두 통증이 있을 때, 유선이 반복해 막히거나 유선염이 있을 때, 아기가 잠들기 시작할 때 등의 상황이라면 아기에게 모유를 계속 먹이기 위해 유방을 압박하는 방법이 도움이 된다.

아기가 잘 먹지 않을 때는 다음 사항들을 확인해 봐야 한다.

- 아기가 엄마 유방에 잘 접촉해야 한다. 접촉이 잘되지 않으면 모유량이 많을 때만 아기가 모유를 먹을 수 있다.
- 생후 3~6주까지의 아기는 모유가 천천히 나오면 잠이 든다. 그 후에도 모유 사출 속도가 느려지면 아기는 모유 수유를 거부한다. 하지만 일부 아기는 태어나서 며칠 만에 엄마 유방을 거부하기도 한다.
- 보통은 모유를 수유할 때 유방과 아기의 접촉이 잘되지 않는데 이때

모유량이 많으면 문제가 되지 않는다.

- 아기가 모유 수유 중 잠이 든다면 유방을 지그시 눌러주어 계속해서 모유가 나오게 만들어야 아기가 잠이 들지 않고 더 많은 모유를 먹을 수 있다.

수유 방법

① 한쪽 팔로 아기를 껴안는다.

② 다른 손으로 유방을 잡는다. 엄지손가락으로 유방의 한쪽을 잡고 나머지 네 손가락은 유두에서 먼 위치의 다른 쪽 유방을 잡는다.

③ 젖을 빠는 아기의 입 모양이 열리고, 한 번 쉬고, 다시 닫히는 형태라면 모유를 잘 먹고 있다는 뜻이다.

④ 아기가 더 이상 젖을 빨지 않거나 입만 대고 있다면 유방 압박을 시도한다. 너무 세지 않은, 젖꽃판의 모양이 변하지 않을 정도의 강도로 압박한다.

⑤ 아기가 더 이상 모유를 먹지 않을 때까지 유방을 압박하고 수유가 끝나면 압력을 푼다.

⑥ 때때로 유방 압박을 멈추면 아기가 빠는 행동을 멈추기도 하는데 이때 다시 압력을 주면 빨게 된다. 만약 유방 압박을 멈추었는데도 아기가 계속 빨고 있다면 다시 압박하지 말고 잠시 기다려 본다.

⑦ ⑤번에서 '압력을 푸는' 이유는 손을 쉬게 하고, 아기에게 모유가 전달될 시간을 주기 위해서다.

⑧ 아기가 빨지 않을 때까지 유방 압박을 계속한다. 아기가 짧게 쉴 시간을 주어 사출 반사가 유발되도록 한다. 하지만 아기가 더 이상 먹지 않는다면 유방에서 아기 입이 떨어지게 만든다.

⑨ 만일 아기가 모유를 더 먹길 원한다면 다른 쪽 유방을 같은 방법으로 시도한다.

⑩ 유두 통증이 없다면 양쪽 젖을 번갈아 먹이도록 한다.

① 유두만 잡고 늘리지 말 것　② 유두를 잡아당기지 말 것　③ 양손으로 유방을 밀지 말 것　④ 컵 모양으로 쥐어짜지 말 것

⑤ C모양으로 유방을 살짝 잡는다　⑥ 손을 가슴쪽으로 누른다　⑦ C모양으로 유방을 누른다　⑧ 유방을 살짝 누르고 돌린다

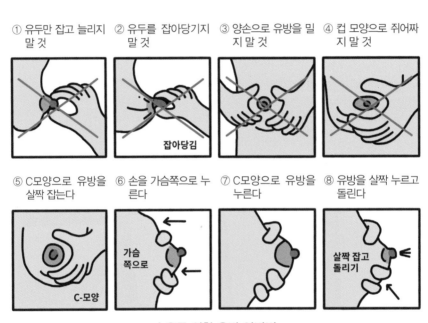

수유를 위한 유방 압박법

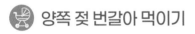 양쪽 젖 번갈아 먹이기

신생아에게 양쪽 젖을 교대로 빨게 하는 이유는 그러한 방법이 모유량

을 늘릴 수 있기 때문이다. 만약 한쪽 젖을 먹이다 너무 빨리 다른 쪽 젖으로 바꿔 먹인다면 아기는 남은 모유를 못 먹어 성장 부진이나 산통을 일으킬 수 있다.

일반적으로 아기는 양쪽 젖을 각각 10~30분 정도의 시간을 들여 먹으려 하고 그 과정에서 엄마와 아기는 나름대로의 수유 패턴을 만들어 나간다.

처음에는 한쪽 젖만 먹으려는 아기도 있다. 그럴 때는 어느 순간에 다른 쪽 젖을 빨게 만들 것인지가 문제가 되는데 그 답은 아기가 원하는 대로 하는 것이다. 즉, 아기가 한쪽 젖을 충분히 먹으면 수유를 멈추는데 이때에도 아기가 더 먹길 원하면 다른 쪽 젖을 먹이면 된다. 만일 아기의 체중이 늘지 않아 걱정이라면 의도적으로 양쪽 젖을 번갈아 먹일 수 있다.

그리고 엄마는 아기가 모유의 영양가를 흡수할 수 있는 빨기 방법과 그렇지 않은 방법을 관찰해야 한다. 물론 이를 구별하는 방법은 딱히 없지만 아기가 빠는 간격이 길다면 엄마 젖이 충분히 나온다는 증거이고, 반대로 아기가 빠는 간격이 짧다면 젖이 충분히 나오지 않는다는 연구보고가 있다.

따라서 엄마는 아기가 영양가를 흡수하는 빨기에서 그렇지 않은 방법으로 바뀔 때 다른 쪽 젖을 빨게 하는 방법을 반복해야 한다. 하지만 아기가 이 과정을 참아내지 못하거나, 구강 운동 부조화로 인해 효과적으로 젖을 빨지 못해 체중 감소가 심해진다면 이 방법은 효과를 보지 못한다.

# 아기가 갑자기 모유를 안 먹을 때

아기가 잘 먹던 모유를 갑자기 거부하는 행동은 언제든 나타날 수 있다. 이때 엄마는 보통 모유의 양이 적거나 모유에 문제가 생긴 것은 아닌가 생각할 수 있는데 이는 일시적인 현상이다.

돌 전의 아기는 스스로 모유 수유를 멈추지 않는다. 그래서 엄마는 모유 수유를 중간에 포기하지 말고 아기가 모유를 잘 먹을 수 있도록 노력을 기울여야 한다.

아기가 갑자기 모유를 먹지 않을 때는 엄마의 경우에는 생리가 시작되었거나 식사의 변화, 비누나 화장품 등을 바꾸었을 때, 스트레스를 받을 때, 아프거나 놀란 반응을 보일 때 등이고, 아기의 경우에는 귀가 아프거나 코가 막힌 경우, 치통 등이다.

이럴 때는 아기를 더 많이 안아주고 모유량을 유지하기 위해 규칙적으로 모유를 짜면서 기다려야 한다. 모유를 짜지 않으면 곧 모유량이 줄어들어 더 이상은 모유를 먹일 수 없는 상태가 되기도 하니 주의해야 한다.

수유할 때는 주변을 조용하게 만들고 엄마와 둘만 있는 환경에서 모유를 먹이는 것이 좋다. 그래도 수유가 잘되지 않는다면 일시적으로 모유를 짜서 젖병에 담아 먹일 수도 있다.

아기가 빠는 것이 충족되지 않으면 다시 엄마 젖을 찾을 수도 있으니 모유를 먹지 않는다고 해서 억지로 젖병을 물리면 그 후 아기는 모유를 잘 먹지 않게 된다.

모유 수유할 때 도움되는 정보

- 모유 수유를 할 때 엄마는 평소에 물을 충분히 마셔야 한다. 억지로 마실 필요는 없지만 갈증이 난다면 꼭 물을 마시는 것이 좋다.

- 모유 수유하는 엄마가 한약을 먹으면 아기에게도 그 한약 성분이 전달될 수도 있어 수유 기간에는 함부로 한약을 먹지 않는 것이 좋다. 성분이 확실하지 않은 한약도 많아 주의해야 한다.

- 미숙아는 물론 쌍둥이도 모유를 먹일 수 있다. 모유에는 아기들의 두뇌 발달에 필수적인 DHA가 포함되어 있어 미숙아는 모유 수유를 할수록 머리가 좋아지고, 쌍둥이는 두 아이가 동시에 열심히 젖을 빨면 모유량도 두 배가 되어 모유가 부족해지는 경우는 거의 없다.

- 아기가 장염으로 설사를 한다면 모유를 먹이는 것이 아기에게 더 도움이 되어 모유를 끊어서는 안 된다. 설사 중에 분유를 바꾸는 것도 좋지 않다. 젖은 서서히 먹이는 양을 줄여가면서 끊는 것이 좋으며, 섣불리 젖 끊는 약을 먹어서는 안 된다.

모유 짜기와 보관하기

여러 사정으로 인해 아기에게 직접 수유할 수 없다면 모유를 짜서 아기에게 먹여야 할 때도 있다. 그러한 경우는 다음과 같다.

🍼 모유 짜기가 필요한 경우

- 엄마의 질병 때문에 모유 수유를 할 수 없을 때
- 장 수술을 받은 아기에게 특별히 모유 수유가 필요한 경우
- 저출생 체중아, 극소 저출생 체중아
- 직장에 출근해야 하는 수유 엄마
- 엄마가 아기보다 먼저 퇴원하거나 아기와 떨어져 있을 때

이처럼 아기에게 모유 수유를 하지 못할 때는 가장 효과적인 방법인 모유 짜기를 선택해야 한다. 출산 후 30분에서 12시간 이내에 가능한 한 빨

리 모유를 짜기 시작해야 하는데 여기서 중요한 점은 매일 지속해서 모유를 짜 젖을 완전히 비워둬야 한다는 것이다. 이렇게 젖을 짜는 목적은 그렇게 함으로써 프로락틴 호르몬을 유지하게 만들어 젖을 완전히 비워 최대의 모유량을 유지하려는 것이다.

만약 처음 짜는 모유의 양이 적어 엄마가 실망한다면 주변에서 시간과 연습이 필요하다고 격려해야 한다. 첫 2~3일은 10~15분씩, 하루에 8~10회씩 짜는데 그렇게 하다 3~5일째에 모유량이 늘어나면 마지막 젖 방울이 나오고 나서 2분간 더 짜 젖을 완전히 비워야 한다. 밤에도 최소 한 번 이상은 젖을 짜도록 한다. 아기와 4시간 이상 떨어져 있어야 한다면 모유를 짜서 울혈을 줄여야 한다.

생후 10일에는 모유량이 500mL 이상은 되어야 한다고 알려졌지만 가장 이상적인 양은 하루에 750mL 이상이며, 한 번 짤 때 90~120mL가 적당하다. 하루 모유량이 750~900mL에 이른다면 짜는 횟수를 줄여나가도 되는데 100mL씩 최소 5번 이상 짜야 한다. 일시적으로 모유량이 줄었을 때는 더 자주, 더 오래 짜도록 한다. 더 이상 모유를 짤 필요가 없다면 3~4일 간격으로 횟수를 한 번씩 줄여 짜는 간격을 늘리거나 짜는 양을 줄인다.

모유를 직접 먹이다 일시적으로 중단해야 할 때는 나이와 상황에 맞게 선택해야 한다. 생후 6개월 이상이라면 컵으로 마시게 하고 보충식을 늘리고, 신생아기에는 유두 혼동이 오지 않도록 컵, 숟가락, 안약 병, 수유용 주사기, 손가락 등으로 수유하면 된다.

젖을 짜는 일이 처음에는 다소 서툴 수도 있지만 익숙해지면 젖 짜는 데 걸리는 시간이 수유 시간과 같아지게 된다. 조급하게 생각하지 말고 아기를 위한다 생각하며 편안하고 안정된 마음을 가지는 것이 도움이 된다.

직장 다니면서 모유 먹이기

출산 후 직장에 복귀할 예정이라면 직장에서 젖을 짤 장소와 시간이 있는지 미리 알아두어, 출근 2주 전부터는 아기가 젖병보다는 컵이나 숟가락으로 모유를 먹는 연습을 시켜야 한다. 출근 전후인 아침과 저녁에는 엄마가 직접 모유를 수유하고, 낮에는 전날 미리 짜 보관해 두었던 모유를 아기에게 먹이도록 한다.

직장에서 짠 모유는 아이스박스에 담아두었다 퇴근할 때 집으로 가져온다. 엄마는 꾸준히 모유를 짜서 보관해야 하고, 집에서 아기를 돌보는 사람은 보관한 모유를 아기에게 먹이는 방법을 잘 알고 있어야 한다. 이때에는 아기에게 모유를 계속 먹이겠다는 엄마의 의지가 가장 중요하다.

직장 등으로 엄마와 아기가 몇 시간 동안 떨어져 지낼 2주 전부터, 엄마는 젖 짜는 연습을 미리 해두어야 하고 짠 젖은 냉동 보관하는 것이 좋다. 엄마는 짧은 시간 동안 많은 양의 젖을 짤 수 있어 아무래도 이른 아침에 젖을 짜기가 가장 쉬울 것이다.

아기와 떨어져 있을 시간을 계산해 얼마나 자주, 어느 정도 양의 젖을 짜야 하는지도 계획해 두어야 한다. 보통은 4시간을 넘기지 말고, 적어도 3시간 간격으로 젖을 짤 계획을 세우고 미리 실험해 보는 것이 좋다.

조기에 직장에 복귀하게 된다면 생후 4~6주의 아기는 모유를 젖병이나 컵에 담아 먹이는 연습을 해야 한다. 하루에 최소 3번은 모유를 먹여야 아기의 건강에 이롭다.

 모유 다시 먹이기

모유 수유를 중단했다 하더라도 다시 모유를 먹일 수 있다. 입양 등으로 엄마가 임신하고 출산하지 않았다 하더라도 모유를 만들고 수유할 수 있다.

다시 모유를 수유한다는 것은 모유량이 많이 감소하였거나 모유 수유를 중단했던 엄마가 적당한 양의 모유를 다시 수유할 수 있도록 만드는 방법이다. 모유 수유를 끊은 지 얼마 되지 않았거나 아기가 생후 3개월이 안 되었다면 다시 수유할 수 있는 성공률이 높다.

우선 아기에게 모유를 다시 먹이기 위해서는 모유를 자주 빨리는 것이 좋다. 하루에 8~10회 이상 빨리고 밤에도 2회 이상을 빨리면 좋다. 유축기를 이용하여 양쪽 젖을 동시에 짜면 끊겼던 모유를 다시 수유하는 데 매우 도움이 된다.

필요한 경우 의사의 처방을 받아 약을 먹을 수도 있는데 수유 엄마의 의지와, 가족과 의사가 도와주고 격려하면 끊겼던 모유 수유가 다시 가능해질 수 있다.

 **모유를 짜는 방법**

준비 : 먼저 비누로 손을 깨끗이 씻는다. 모유를 짜기 전에는 유방을 유두 쪽으로 부드럽게 마사지하거나 뜨거운 수건을 몇 분간 덮어 놓아 모유의 흐름을 돕게 해야 한다. 모유를 짜는 동안에도 계속 마사지하면 모유의 사출 반사를 자극해 수유에 도움이 된다. 젖을 짜는 방법은 얼마나 자주 짤 것인지 등의 필요에 따라 수유 엄마와 의논해 결정하도록 한다.

손으로 짜기

① 엄마는 앉은 자세에서 앞으로 상체를 약간 기울여 손으로 유방을 받친다. 엄지손가락을 유두 윗부분에, 둘째와 셋째 손가락을 유두에서 2~3cm 떨어진 유두 아랫부분에 놓이도록 한다. 즉, 엄지와 둘째, 셋째 손가락이 6시와 12시 방향이 되도록 만들면, 바로 이 손가락 밑으로 유관동이 놓이게 된다.

② 두 손가락 사이의 젖꽃판 밑 유관동을 손등 쪽을 향해 1~2cm 정도 누른다. 셋째 손가락에서 엄지손가락으로 힘을 옮기면서 엄지손가락을 앞으로 밀어주면 유방조직의 손상 없이 유관동에 있는 젖이 비워진다. 젖꽃판 밑에 있던 모유가 유두를 통해 밖으로 흘러나온다.

③ 압박하고 몇 분이 지나면 모유가 나오기 시작하는데 처음에는 방울방울 나오던 모유가 흐르기 시작하면 뿜어 나오게 된다. 이때 손가락을 눌렀다 떼기를 반복한다. 모유가 더 이상 나오지 않으면 손가락을 젖꽃판의 다른 부위로 옮겨 압박한다.

유두를 쥐어짜면 멍이 생기고, 잡아당기면 조직 손상이 올 수 있다. 유방을 밀면 피부 통증이 생겨 주의해야 한다. 아프고 갈라진 젖을 짤 때는 따뜻한 젖병을 사용하는 것이 좋다. (115p의 '따뜻한 병으로 모유를 짜는 방법' 그림 참고)

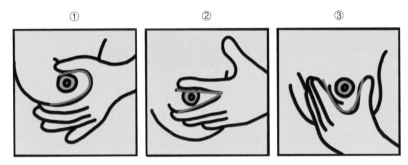

① ② ③

모유 수유할 때의 손 자세(Dancer hold)

유축기를 사용하여 짜기 : 유축기 종류는 수동식, 건전지식, 전기식이 있고 한쪽과 양쪽 유축기가 있다. 먼저 손을 씻은 뒤 유축기에 닿는 피부 주변은 비눗물이나 뜨거운 물 등으로 씻고 찬물로 잘 헹군다. 깨끗한 수건은 잘 말려 준비해 둔다.

유축기의 압력이 너무 높으면 유두에 상처를 낼 수 있어 적당한 압력을 유지해야 한다. 유축기를 사용해도 젖이 잘 나오지 않는다면 모유 사출 반사를 유도하기 위해 유방 마사지부터 시작해야 한다. 마사지를 하면 젖을 더 만들어야 한다는 신호를 엄마의 뇌가 유방으로 보내 젖이 더 많이 만들어지게 한다.

이 방법은 하루아침에 가능한 것이 아닌, 며칠에서 몇 주가 걸릴 수도 있으므로 쉽게 포기하지 말고 꾸준히 하는 것이 좋다.

 **모유의 보관**

모유 보관 용기의 사용법과 선택 : 모유는 반드시 멸균 처리된, 밀봉이 가능한 용기에 보관해야 한다. 모유를 냉동시킬 때 가장 좋은 용기는 유리나 딱딱하고 투명한 플라스틱이다. 모유백은 용기보다 용량이 적고 유축기에 직접 연결할 수 있으며 짤 때마다 씻어야 하는 번거로움이 없어 많은 사람이 사용하고 있다.

모유는 냉동 보관해도 비교적 면역성분이 잘 보존되며, 용기의 종류에 따라 큰 차이를 보이지 않는다. 모유를 냉동하면 부피가 늘어나기 때문에 모유를 용기의 3분의 2 정도만 담은 뒤 공기를 빼고 약간의 공간을 두어 입구를 봉해야 한다. 통에는 날짜를 기록하고 반드시 뚜껑이 있는 플라스틱 통 안에 밀봉된 모유백을 바로 세워 보관한다. 모유를 담은 용기는 냉동고의 가장 안쪽에 넣는데 가능하면 오래전에 냉동한 것부터 먼저 사용할 수 있도록 정리하면 좋다. 한 번에 60~120mL씩 얼리면 먹이기에 편하다.

모유 보관 기간 : 냉장고가 없을 때는 짠 모유를 서늘한 실온에서 8~10시간 동안 두어도 안전했다. 모유는 4℃에서 저장했을 때 세포를 제외한 면역학적 성분 등 중요한 모유 성분이 24시간까지 잘 보존된다.

냉장 상태의 모유는 8일까지 보관할 수 있다고는 하지만 가능하면 3일 안에 사용하는 것이 좋고 바로 먹지 않을 모유는 냉동 보관하는 것이 좋다. 냉동실이 분리된 냉장고에서는 3~4개월까지 보관할 수 있다.

모유 보관 방법

	보관 온도	보관 기간
만삭아 초유(출산 6일 이내)	27°~32℃	12시간
성숙유	15℃	24시간
	19°~22℃	10시간
	25℃	4~6시간
	30°~38℃	4시간
	냉장고(0°~4℃)	8일
	냉장고 안 냉동칸	2주
	냉장고 안 분리 냉동실	3~4개월

미숙아 또는 건강하지 않은 아기라면 먹기 바로 전에 모유를 짜서 먹여야 한다. 모유를 저장해 둘 필요가 있을 때는 살균 처리된 젖병을 사용해야 하는데 짜낸 모유의 오염을 방지하기 위해서는 모유를 짤 때마다 다른 용기에 저장하도록 한다. 저장 시간은 상온에서 4시간, 냉장고에서는 24시간을 지켜 관리해야 한다.

냉동 모유 해동 : 냉동한 모유는 냉장고에 넣어 12시간 동안 서서히 해동되게 만들어야 한다. 실내에 놔두어야 한다면 오염되지 않도록 주의하고 장시간 방치하지 않도록 해야 한다.

전자레인지로 냉동한 모유를 해동하게 되면 모유의 면역성분과 비타민 등이 파괴되고 모유도 균일하게 데워지지 않아 자칫 아기가 화상을 입을 수도 있으므로 사용해서는 안 된다. 냉동한 모유를 녹이면 24시간 정도까지는 냉장 보관이 가능하지만 다시 냉동시키지 않도록 한다. 아기가 먹다 남은 모유는 절대로 다시 냉장 보관해서는 안 된다.

보관한 모유 먹이기 : 냉동 보관한 모유는 노르스름한 빛깔을 띠기도 하는데 냄새나 맛이 이상하지 않다면 아기에게 먹여도 괜찮다. 크림 층이 분리된 모유는 상한 것이 아닌 정상적인 상태이므로 수유하기 전 조심스럽게 살짝 흔들어 주면 된다.

간혹 해동한 모유에서 비누나 기름 냄새가 날 수도 있다. 이는 지방이 많은 모유 특성상 지방이 자동 성에 제거 기능이 있는 냉장고에서 변해 비누 냄새가 나기도 하는데 몸에 해롭지는 않으니 걱정하지 않아도 된다.

반면 기름 냄새는 드문 일로, 모유의 성분 중 리파아제가 많아 생긴다. 일단 쩔은 맛이 나면 아기가 먹지 않으므로 처음 얼릴 때 테스트로 한 묶음을 냉동고에 넣어두었다가 일주일 후에 녹여보아 그때에도 기름 냄새가 난다면 젖을 짜서 냉동 전에 중탕해 리파아제를 불활성화시켜 냉동해야 한다. 중탕할 때는 공기 방울이 생길 때까지 데우거나 끓이지 않도록 주의해야 한다.

모유 수유 아기의 비타민 D와 철분 보충은?

비타민 D가 결핍되어 나타나는 구루병은 태양광선, 피부색뿐 아니라 철 결핍과 유전인자 등과 관련이 있을 것으로 예상한다. 최근 이러한 구루병 환자가 증가하고 있는데 미국에서는 비타민 D 부족에 의한 구루병이 종종 보고되고 있다. 그래서 미국소아과학회에서는 2개월 미만의 모유 수유 아기에게 하루 200IU의 비타민 D를 보충하기 시작해 청소년기에 이르기까지 비타민 D 보충이 계속되어야 한다고 권장하고 있다.

🛒 햇볕 노출에 관한 문제점

일조량은 대기 오염, 날씨, 위도, 주위 환경에 따라 다양하게 변하는데 우리나라도 서울에서의 일조량이 나날이 감소하고 있다. 비타민 D가 결핍된 산모에게서 태어난 모유 수유 아기, 채식주의자 엄마의 모유 수유 아기는 비타민 D 결핍이 발생할 수 있는 위험군이다.

예전에는 구루병을 예방하기 위해 햇볕을 많이 쬘 것을 권장하였지만 미국소아과학회와 미국 암학회에서는 최근 피부암을 예방하기 위해 태양광의 자외선 노출을 제한할 것을 권장하고 있다.

미국소아과학회의 지침은 6개월 미만 영아는 직접적인 태양광선을 쬐이지 못하도록 하고, 어쩔 수 없는 경우에는 긴 옷이나 자외선 차단제를 사용하도록 권하고 있다.

🛒 모유와 비타민 D

최근 비타민 D를 보충받지 못한 모유 수유 영아에게서 심한 구루병 발생이 보고되고 있다. 한 실험에서 수유하는 엄마에게 간유(cod liver oil)를 섭취하게 했는데 모유 성분 변화에서 비타민 A와 E는 수유하는 엄마가 많이 섭취할수록 모유의 함유량도 비례하여 많아지지만 비타민 D는 영향을 받지 않았다고 한다. 그러한 결과로 모유를 수유하는 모든 영아에게 비타민 D 보충을 권유한 연구도 있다.

미국소아과학회의 지침에 의하면 사람마다 피부색도 다르고 영아에게 필요한 일조량을 판단할 수 없으므로 적어도 생후 2개월 이내에 비타민 D 보충을 시작해야 한다고 말한다.

🛒 비타민 D 보충

분유 1L에는 400IU의 비타민 D가 함유되어 있어 아기가 하루에 500mL

의 분유를 먹는다면 하루 권장량인 200IU의 비타민 D를 섭취할 수 있게 된다. 그러므로 분유를 충분히 먹는 영아에게서는 비타민 D 보충이 필요하지 않다. 하지만 아기가 하루에 먹는 분유의 양이 500mL 미만이라면 비타민 D를 보충해 주어야 한다.

현재 우리나라에서 시판되고 있는 비타민 단독 제제로 신생아에게 적절하게 투여할 수 있는 것은 없으나 종합비타민 시럽으로 대체할 수 있다.

미국소아과학회의 비타민 D 권장 사항

- 소아의 성장과 구루병 예방을 위해 비타민 D 보충이 필요하다.
- 태양광선에 의한 비타민 D 전환 및 대사율은 인종, 지역, 쌍둥이에 따라 다양하므로 충분한 비타민 D 공급을 위한 일조량을 외부 환경 조건만으로 결정할 수 없다.
- 모유를 수유하는 아기는 최소한 생후 2개월 전부터 하루 200IU의 비타민 D 보충을 권장한다.
- 소아와 청소년이 일조량이 충분치 않고 하루 500mL 이상의 비타민 D 강화우유를 먹지 않는다면 하루 200IU의 비타민 D를 보충한다.
- 하루 500mL 이상의 비타민 D 강화우유를 먹는 소아는 비타민 D 보충이 필요하지 않다.

미국에서는 모유 수유가 증가해 구루병이 보고되고 있는데 1990년대 말 모유 수유율이 증가한 원인은 스페인계 미국인이나 유색인의 모유 수유율이 늘어났기 때문에 이러한 현상과 맞물려 해석되기도 한다. 그러나 우리나라에서도 일조량이 대기 오염 등으로 감소하고 있고 자외선 차단제가 거의 모든 화장품에 들어가 있어 비타민 D 결핍이 문제가 되어가고 있다.

비타민 D가 결핍되면 골다공증 이외에도 암, 제1형 당뇨병, 심혈관 질환과 같은 중한 질환이 발생할 가능성이 크며 비만과의 연관성도 많이 보고되고 있다. 영유아가 비타민이 결핍되면 당뇨병, 다발성 경화증, 류머티즘성 관절염, 암 등의 발생 가능성이 증가하며 성인은 암과 심혈관 질환 발생의 위험이 증가한다.

그래서 최근에는 혈중 비타민 D 농도를 반영하는 혈청 25 hydroxyvitamin D(25-(OH)D) 농도를 매년 측정할 것을 권장하기도 한다. 참고로 25-(OH)D 농도는 최소한 20~30ng/mL를 유지하는 것이 좋다.

국내에서 시행한 우리나라 영아의 비타민 D 농도에 관한 연구를 살펴보면 2~5개월간 분유를 수유한 아기와 모유를 수유한 아기들을 대상으로 비타민 D와 골밀도 검사를 이용해 뼈의 무기질 함량을 비교해 보았더니 모유 수유 아기에게서는 혈중 비타민 D 농도가 낮았으나 임상적인 구루병 환자는 없었으며 두 군간 뼈의 무기질 함량에는 차이가 없다고 하였다.

아직 우리나라에서는 어린 영아기에 먹일 수 있는 적당한 비타민 D 단독 제제가 없어 무조건 권장할 수는 없지만 대체할 종합비타민 시럽으로는 올비틸과 폴리비타민이 있다.

모유를 수유하는 아기의 철분과 비타민 D 상태는 항상 주의 깊게 살펴보아야 한다. 비타민 D 농도를 가장 잘 반영하는 25-(OH)D 검사는 고가이므로 생후 7~8개월에 알칼리 포스파타아제(alkaline phosphatase) 농도를 헤모글로빈과 B형 간염 항체검사를 할 때 같이 선별 검사하는 한편, 평소에도 아기의 손목 뼈나 관절 모양이 휘어지거나 삐뚤어지지는 않았는지 주의 깊게 관찰하는 것도 좋은 방법이다.

 ## 철분 보충

철분은 아기가 태어났을 때의 저장량이 매우 중요하다. 간에 저장된 철이 충분하다면 정상 만삭아로 태어나 모유만 수유하여도 생후 6~8개월까지는 빈혈이 거의 생기지 않는다. 그러나 철의 상태를 보는 혈액학적 지표는 모유의 철분이 초기 모유에 가장 높은 함량이었다가 점차 감소하기 때문에 생후 6~9개월의 아기에게서 가장 낮은 철분 수치를 보이게 된다.

모유의 철분은 분유와 비교해 절대적인 함량은 적지만 흡수율이 50%로, 우유의 10%, 철분을 강화한 분유에서 4% 흡수되는 것과 비교하면 높은 편이다. 게다가 모유에는 비타민 C가 많고 장내 환경이 산성이고 철분 흡수 과정을 돕기 위한 특수 전환 효소가 포함되어 있어 철분이 잘 흡수된다.

철 결핍성 빈혈의 예방을 위한 미국소아과학회의 권장 사항은 다음과 같다.

- 모유만 먹는 만삭아는 생후 4~6개월에는 하루 1mg/kg의 철분을 보충하고, 생후 6개월에는 철분 강화 보충식을 공급해야 한다.
- 생후 6개월 이후에 철분이 풍부한 음식을 섭취하지 못한다면 하루 1mg/kg의 철분을 보충한다.
- 생후 12개월 전에는 생우유를 먹이지 않는다.
- 생후 6개월 이후에는 철분의 흡수를 돕는 비타민 C가 풍부한 음식을 섭취한다.
- 돌 이후에는 철분이 충분한 음식을 먹는다.
- 생후 9~12개월 사이와 생후 18개월에는 혈색소 검사를 권장한다.
- 철분 저장량이 부족한 미숙아와 저출생 체중 아기에게 철분의 보충은 중요하기 때문에 생후 1개월부터 12개월까지는 하루에 2mg/kg의 철분을 먹이고, 돌 이후에는 철분 강화 음식을 먹도록 권장한다. 혈색소 검사는 생후 6개월, 12개월, 18개월에 권장한다.

보충식은 언제 시작하고
모유는 언제까지 먹이죠?

생후 6개월 동안 완전 모유 수유를 할 수 있으며, 보충식은 생후 4~6개월 사이에 아기의 발달 정도를 판단해 시작하면 된다.

🛒 모유 수유 아기의 보충식

'모유를 수유하는 아기의 보충식은 언제부터 필요할까'는 '언제까지 완전 모유 수유를 해야 하나'와 같은 맥락의 질문으로, 여기서 완전 모유 수유란 물이나 주스 등 어떠한 보충식도 없이 아기에게 오직 모유만 먹이는 것을 말한다.

보충식의 시작 시기를 결정할 때 반드시 생각하여야 할 문제는 영아의 성장 발육에 적절한 영양의 공급과 감염성 질환이나 알레르기의 발생 여부 등이다.

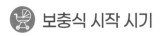 **보충식 시작 시기**

보충식의 시작 시기는 생후 6개월 이후로 보충식을 늦춰야 한다는 의견과, 생후 4~6개월 사이에 시작해도 된다는 두 주장으로 크게 나눌 수 있다. 2001년 세계보건기구(WHO)는 최소 첫 6개월 동안 아기에게 모유만 먹이는 것을 일반적인 모유 권장 사항으로 채택하였다.

한편 일부 국가에서는 생후 6개월 이후에 보충식을 시작하는 것에 이견이 분분하다. 미국소아과학회에서는 완전 모유 수유를 수유 집단의 여건에 따라 달리 적용하고 있는데 양질의 보충식 공급이 어려운 개발도상국에서는 생후 6개월에 보충식을 시작하길 권장하는 반면 선진국에서는 생후 4~6개월에 보충식을 시작할 수 있다는 견해를 보이고 있다.

6개월 권장 사항의 근거 : 세계보건기구가 생후 6개월간 완전 모유 수유를 권장하는 것은, 그 기간에 모유를 수유한다고 해서 영아의 성장발육에 불리한 점이 없었으며 생후 4~6개월에 보충식을 시작한다고 해도 특별한 장점이 없었다는 연구 결과를 분석한 자료에 근거해서이다.

생후 6개월간 모유만 먹인 영아와 생후 4~6개월에 보충식을 시작한 영아는 선진국과 개발도상국 모두의 아기들에게서 성장 발육의 차이가 없었으며 위장관 감염의 발병비율이 낮았다. 또한 만삭아와 체중이 적은 아기라도 생후 4~6개월에 보충식을 먹이는 것이 성장에 차이를 보이지 않았으며 오히려 생후 6개월 이전에 보충식을 시작한 아기에게서 발병비율이 높아지고 설사의 빈도도 2~13배나 더 높았다.

또한 6개월간 완전 모유 수유 아기에게서 위장관 감염의 빈도가 유의하게 더 낮았으며, 호흡기질환과 알레르기질환의 빈도에는 차이가 없었다. 수유 엄마는 출산 후 체중이 더 많이 감소하였고 수유 중 무월경의 기간도 더 길었다.

6개월 권장 사항의 한계 : 보충식의 시작 시기를 생후 4~6개월로 주장하는 연구자들은 위 근거들의 대조군 연구가 적었으며 특히 선진국의 영아들을 대상으로 한 무작위 연구가 매우 적으므로 더 많은 연구가 필요하다는 점을 지적한다. 또한 일부 영양소가 지역적인 특성이나 산모 또는 수유 엄마의 상태에 따라 생후 6개월 이전에 결핍이 올 수 있다는 보고도 있다.

비타민 D는 일조량과 관계가 있고, 비타민 A, B_6는 수유 엄마의 저장량이 문제가 되며, 미량 영양소인 철분과 아연은 영아의 저장량과 섭취량에 따라 부족할 수 있다. 이외에도 일반적인 권장 사항을 일률적으로 적용할 수 없는 영아도 있는데 예를 들면 알레르기 가족력이 있는 고위험군의 영아는 일반적으로 보충식을 늦게 시작하는 경향이 있는데 이는 보충식을 조기에 시작하였을 때 영유아기의 아토피피부염과 같은 알레르기질환을 증가시킨다고 알려져 있기 때문이다.

그러나 영아기 식사가 성인이 되었을 때 알레르기질환의 발병을 증가시키거나 영향을 미친다는 증거는 없다. 그러므로 고위험군에서도 영양 상태를 부적절하게 조정하면서까지 무조건 생후 6개월 이후로 보충식을 늦출 필요는 없다는 뜻이다.

한편 상대적으로 영양 요구량이 더 필요한 저출생 체중아나 미숙아는 생후 4개월 후에 고영양 보충식을 시도해 좋은 결과를 보고한 연구도 있다.

결론 : 현재까지 영아기 첫 6개월간 완전 모유 수유를 권장하는 것은 대부분의 영아에게 안전하고 모유 수유의 장점을 최대화할 수 있어서이다. 보충식은 수유 엄마와 영아의 상황에 따라 생후 4~6개월에 시작하는 개별적인 접근이 필요하다. 미량 영양소가 결핍될 수 있으므로 비타민 D나 철분 등의 보충을 권장하고 있다.

🍼 모유 수유에서 보충식 권장 사항

- 모유만으로 생후 6개월 아기의 영양은 충분하므로 영아가 먹고 싶은 만큼 모유를 충분히 먹이고, 생후 4~6개월 사이에 보충식을 미리 먹인다고 해도 특별한 장점은 없기에 억지로 보충식을 강요하지 않는다. 하지만 특수한 상황, 예를 들어 햇볕을 적게 쬐는 영아에게서는 비타민 D, 미숙아에게서는 철분이 부족할 수 있다.
- 과일, 채소, 고기, 생선, 달걀 등 다양한 보충식을 아기에게 매일 제공한다. 철분 강화 곡분은 철분이 풍부하지만 고기를 먹이면 철분은 물론 아연 등 다양한 영양소를 섭취할 수 있다.
- 영아의 식욕, 성장, 발달 부진이 의심된다면 비타민이나 무기질을 보충하고 즐거운 식사 시간이 되도록 만든다.

🍼 모유 수유 기간

　미국소아과학회에서는 모유를 수유하는 기간을 적어도 돌까지, 세계보건기구와 유니세프는 두 돌까지 먹이는 것을 기본으로 하고 있다. 모유는 1세 이후에도 먹여야 하며, 생후 6개월부터는 보충식을 시작하여 먹는 양을 늘리도록 한다. 모유는 단백질, 지방, 비타민 대부분과 같은 주요 영양원을 공급하기 때문에 아기가 1살이 넘었다고 해도 먹여도 된다.

　모유를 수유하는 아기는 생후 6~12개월에 체중이 다소 적게 나가고 날씬하다. 이는 영양부족으로 인한 것이 아니라 영아가 자신의 영양을 스스로 조절하기 때문이다.

　모유는 감염과 알레르기에 대한 보호 기능이 있다. 최근 연구 결과에 따르면 라이소자임과 같은 면역물질은 수유 기간이 길수록 농도가 증가한다고 한다. 모유의 이러한 다양한 보호 효과는 모유를 수유하는 양과 기

105
태어나서 이유 시기 전까지

간에 비례하며, 모유 수유를 중단한 후에도 그 효과가 오래 유지된다. 그래서 모유는 2세 이후의 아기에게 면역학적인 면에서 도움을 줄 수 있다.

한편 모유를 오래 먹이면 아기의 독립심이 약해진다고 걱정 아닌 걱정을 하는 일부 부모님들도 있다. 그러나 발달심리학에서는 2세가 넘은 아기에게 모유 수유를 계속하면 어머니와의 유대가 강해지고 5세에는 통솔력이 생기고 학교생활을 할 때 엄마와 떨어질 때 생기는 분리불안이 적다고 한다. 서구의 연구 결과에 따르면 모유 수유 기간이 길어질수록 아이의 인지 기능이 좋아진다고 한다.

모유는 자연적으로 끊는 것이 아기와 엄마에게 심리적으로나 신체적으로 유리하다. 프로락틴 호르몬의 분비를 억제하여 젖을 말리는 약은 뇌졸중, 경련, 사망 등의 부작용으로 인해 추천하고 있지 않다.

모유를 수유하는 엄마가
주의해야 할 것들

 ## 모유 수유와 피임, 임신

모유 수유 자체가 믿을만한 피임 방법은 아니지만 수유 간격이 6시간을 넘지 않는, 하루에 10~12회의 모유 수유는 피임 효과가 있다. 모유 수유는 출산 후 엄마의 임신 능력이 회복되는 것을 늦추는데 이러한 피임 효과는 아기가 젖을 빨 때 엄마의 중추 신경 조직에서 분비되는 프로락틴 호르몬의 효과이며, 이때에는 내분비와 생식샘 분비 호르몬도 함께 억제된다.

출산 후 아직 생리를 시작하지 않고, 아기가 생후 6개월 전이면서 모유 이외에 다른 보충식을 하지 않고, 자주 젖을 먹인다면(낮에는 수유 간격이 4시간, 밤에는 6시간이 적당) 이러한 조건에서 임신할 확률은 2% 이하이다.

모유 수유로 임신을 억제하는 가장 좋은 방법은 밤낮으로 아기에게 모유를 수유하는 것이다. 아기가 생후 6개월이 되어 단단한 음식을 먹기 시작하고 밤중 수유도 거르게 된다면 임신 가능성이 커지므로 이때는 반드시 피임을 고려해야 한다.

임신한 엄마가 잘 먹는다면 수유를 한다고 해서 태아에게 필요한 영양소를 빼앗기지는 않는다. 임신한 엄마의 모유 수유로 인한 자궁수축은 일반적으로 태아에게 위험하지 않으며 조산의 위험도 높이지 않는다. 아기가 젖을 빨면 엄마의 옥시토신 호르몬 분비가 증가하고 이 호르몬으로 인해 자궁수축을 일으킬 수는 있지만, 자궁의 옥시토신 수용체가 임신 24주까지는 활성화되지 않기 때문에 자궁수축은 일어나지 않는다. 따라서 임신 전반기의 모유 수유는 안전하며 간혹 유두 통증이 생길 수는 있다.

임신으로 인한 호르몬의 영향으로 모유 생성량이 감소하거나 맛이 변하면 아기들은 모유를 적게 먹거나 이 시기에 모유를 떼기도 한다. 임신 중 모유 수유를 중단해야 하는 때는 복통, 자궁출혈, 미숙아를 낳은 과거력 등이 있는 경우로, 이때에는 의사와 상의하여야 한다.

모유 수유는 산후 우울증과 전혀 관계가 없어 모유를 먹인다고 해서 산후 우울증이 심해지지는 않는다. 출산 후 어느 정도는 누구나 엄마가 되었다는 스트레스를 받게 되지만, 일부 산후 보살핌을 받지 못하거나 사회적, 감정적, 의학적인 원인으로 인해 산후 우울증이 심해질 수 있다.

🍼 모유 수유의 금기

모유 수유는 항암제, 방사성 동위원소 약물, 에이즈 감염 이외에는 절대적인 금기가 없다고 해도 과언이 아니다. 그러나 질환에 따라 급성일 경우에는 일시적으로 모유를 끊거나 모유를 짜서 먹여야 할 수도 있으니 병에 따라 대처하여야 한다.

수유 엄마의 질환

수유 엄마의 세균감염 : 수유를 하는 엄마가 세균성 감염에 걸렸다면 치료하는 24시간 동안은 수유를 일시적으로 중단하며, 때에 따라서는 영아에게 예방이나 경험적 항생제 치료를 할 수도 있다.

간염 : 간염의 원인이 확실해질 때까지 모유를 짜서 저장해 아이에게 먹인다.

A형 간염

A형 간염은 수유의 금기사항이 아니다. 수유 엄마의 바이러스가 배출되고 전염성이 심한 3주 이내에 진단을 받았다면 평소에 손을 자주 씻고 영아에게 면역글로불린과 A형 간염 예방 접종을 한다.

B형 간염

12시간 이내에 면역글로불린(HIG)을, 퇴원하기 전까지 B형 간염백신을 접종한다. 모유를 수유하는 아기와 분유를 수유하는 아기에게서 감염 유병률에 차이가 없으므로 아기가 태어나자마자 모유를 바로 수유하여도 된다.

C형 간염

수유 엄마가 에이즈(HIV)도 함께 감염되어 있거나 심한 간부전이 없다면 수유의 금기는 아니다.

단순포진(Herpes simplex virus)

유방에 활동성 병변이 없다면 아기에게 모유를 먹여도 된다. 하지만 유방에 병변이 있다면 병변이 완쾌될 때까지 모유를 짜서 버려야 하고, 평소 손 씻기를 철저히 해야 한다.

바리셀라 조스터 바이러스

수유 엄마가 감염되었다면 아기와 잠시 격리하고, 면역 주사제(ZIG)를 모유나 분유를 수유하는 아기 모두에게 주사한다. 유방에 병변이 없으며 영아가 면역 주사제를 맞았다면 모유를 짜서 먹여도 된다.

새 병변이 72시간 이내에 생기지 않고 딱지가 생겨 감염이 없는 경우에는 보통은 발진 6~7일 후에 다시 모유를 먹인다.

출생 1개월 이후라면 수유 엄마가 바이러스 감염에 걸렸다 하더라도 아기가 적절한 시기에 면역 주사제를 맞았다면 모유를 끊을 필요는 없다.

홍역

수유 엄마의 발진 후 72시간 동안 아기를 엄마와 단기간 격리한다. 영아에게 면역글로불린을 접종한 후 짜낸 모유를 먹인다.

결핵

활동성 결핵이 의심되는 수유 엄마는 출산 후 바로 격리해야 한다. 결핵은 호흡기 전염이 문제가 되기 때문에 모유는 결핵균을 함유하지 않으므로 모유를 짜서 아기에게 먹여도 된다. 이후 결핵을 치료하여 감염이 전염되지 않는 즉시 모유를 수유하면 된다.

결핵은 무엇보다 그 특성상 활동성 여부를 판별하는 것이 중요하다. 항결핵제 치료 2주 후에 객담에서 결핵균이 음성으로 확인되면 수유해도 된다. 만약 유방에 병변이 있다면 치료가 끝날 때까지 모유를 짜서 버리고 치료를 마친 뒤에 모유를 수유한다.

진균감염

모유 수유 중이거나 수유 후에 유방과 그 주변이 아프다면 진균(이스트)감염을 의심해 봐야 하는데 이때는 잠을 자다가도 심한 통증으로 잠을 잘 수 없기도 한다. 이럴 때 반드시 소아청소년과 전문의의 진료를 받아야 한다.

병원에서 연고제 등의 바르는 약을 처방받았다면 수유 후 유방을 물로 헹구고 마른 수건으로 닦아낸 뒤 연고를 충분히 발라준 뒤 수유하면 된다. 한쪽 유방이 아프더라도 양쪽 유방에 발라주어야 예방이 된다.

🍼 수유 엄마가 주의해야 할 음식

술 : 맥주나 포도주 한두 잔까지는 문제가 되지 않지만 과음하고 난 뒤

모유 수유를 하면 아기에게도 문제가 될 수 있다. 술을 많이 마시면 모유의 분비가 감소하여 모유 수유가 어려워지고 음주 후에 수유하는 일이 반복되면 아기의 뇌 손상을 초래할 수도 있다.

포도주 반병 정도인 250~300cc의 맥주를 마신 경우라면 최소 2시간이 지나서야 수유할 수 있으며 그보다 더 많이 마셨다면 더 오랜 시간 동안 모유를 수유하면 안 된다.

담배 : 간접 흡연이 직접 흡연보다 더 문제로, 아기 옆에서 담배를 피우면 아기가 담배를 피우는 것과 같다. 아기가 없을 때 담배를 피운다 해도 모유를 통해 니코틴, 타르가 아기에게도 전해져 피해를 줄 수 있으므로 금연해야 하며, 특히 담배를 피운 직후의 수유는 금기이다. 그뿐만 아니라 담배는 모유가 적게 나오는 원인이 되기도 한다.

커피, 녹차, 홍차 등 : 커피나 녹차, 홍차는 카페인이 포함되어 있어 너무 많이 마시면 모유를 통해 카페인이 아기에게도 전달될 수 있어 아기 심박이 빨라지거나, 보채고 잠을 자지 않을 수 있다.

수유 엄마의 유방울혈, 어떻게 하죠?

유방에서 모유가 제대로 비워지지 않으면 출산 후 3~5일 이내에 유방 울혈이 생겨 유방이 단단해지고 아프며 열감을 느끼게 된다. 유방울혈은 냉찜질, 온찜질, 양배추 잎 찜질, 초음파 등으로 치료하며 모두 유사한 효과를 보인다.

통증이 심하다면 진통제를 쓸 수도 있지만 유방울혈의 가장 좋은 치료와 예방은 아기에게 가능한 한 빨리, 그리고 수시로 모유를 먹이는 것이다.

🛒 유방울혈 예방

- 하루에 최소한 8~12회, 수시로 아기에게 젖을 먹인다.

- 생후 첫 3~4주 동안은 물이나 분유를 젖병에 담아 먹이지 않는다.

- 아기에게 모유를 먹이지 못했다면 반드시 모유를 짜낸다.

- 이유식은 서서히 시작한다.

- 수유를 하기 전에 뜨거운 물수건을 가슴에 2~5분간 올려두거나 뜨거운 물로 샤워한다.
- 온찜질 후에는 유륜(젖꼭지) 주위를 부드럽게 만들기 위해 손으로 약간의 젖을 짜낸다. 이렇게 하면 아기가 좀 더 쉽게 젖을 빨 수 있다.
- 수유하기 전에 유방을 부드럽게 마사지한다.
- 수유한 뒤에는 붓기를 가라앉히기 위해 유방을 냉찜질한다.
- 아기가 한쪽 모유만 먹으려 한다면 전동 유축기로 다른 쪽 모유를 짠다.
- 젖병이나 노리개 젖꼭지 등은 아기가 엄마 유두와 혼란을 일으켜 모유를 잘 빨지 못하게 될 수도 있으므로 사용하지 않는다.
- 따뜻한 물을 채운 대야에 몸을 앞으로 숙여 양쪽 유방이 물에 잠기도록 한다.
- 입증된 것은 아니지만 양배추 잎으로 냉찜질 효과를 볼 수 있다. 깨끗이 씻어 냉장고에 넣어 둔 양배추 잎을 유두 자리를 잘라낸 뒤 잎이 유방에 닿도록 브래지어 안에 넣는다. 2~4시간 후 잎이 시들면 새 것으로 갈아준다.
- 따뜻한 병을 이용하여 모유를 짠다. (다음 페이지의 '따뜻한 병으로 모유를 짜는 방법' 그림 참고)

 ① 입구가 지름 5cm, 용량이 1L 이상 되는 병을 깨끗이 씻어 더운물을 가득 붓고 몇 분 동안 기다린다.

 ② 뜨거워진 병을 천으로 감싼 뒤 물을 따라 버리고 병 입구를 차갑게 만든다.

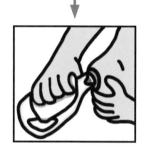 ③ 차가워진 병 입구를 유륜에 밀착시키듯 대고 단단하게 잡는다. 병이 차가워지면 병 안으로 유방이 흡입되어 모유가 나오게 된다. 모유가 흘러 나오면 병을 살짝 떼어냈다 붙였다를 반복한다.

따뜻한 병으로 모유를 짜는 방법

수유 엄마의 유두 통증, 어떻게 하죠?

아기에게 모유를 수유할 때 유두가 약간 아픈 건 당연하다고 생각하는 엄마들이 있는데 실제로도 통증을 참아가며 아기에게 모유를 먹이는 엄마들이 많다. 하지만 이 믿음은 잘못된 것으로, 정상적인 방법을 따른다면 모유를 먹이는 일은 고통스럽지도 아프지도 않다. 수유할 때 생기는 유두 통증 대부분은 잘못된 모유 수유 방법 때문으로, 올바른 수유 자세와 방법으로 젖을 물리는 것이 가장 좋은 유두 통증 예방법이다.

아기에게 처음 모유를 먹이면 유두에 약한 통증을 느낄 수 있으나 2~3일이 지나면 아프지 않고 약한 통증조차 느끼지 않는 엄마들도 있다. 어떤 상황에서도 심한 유두 통증은 정상이 아니며 젖을 물리기 힘들 정도의 고통이라면 즉시 자세와 방법을 바로잡아야 한다. 수유로 인한 유두 통증은 치료할 수도, 예방할 수도 있다.

젖을 물리기 시작하고 3일이 지나서도 아프다면 젖 물리는 방법이 잘못된 것으로, 자세를 확인하여야 한다. 통증이 느껴진다면 유두가 괜찮아 보인다고 하더라도 방치해서는 안 된다. 유두 통증의 대부분은 젖을 잘못 물려서 생기기도 하지만 아기가 생후 초반에 젖병으로 수유했거나, 젖을 늦게 먹이기 시작했거나, 젖이 심하게 불어있거나, 아기가 젖을 잘 빨지 못할 때 등의 원인으로 생길 수 있다.

> **유두 통증을 감소시키는 방법**
> • 타이레놀과 같은 진통제를 복용한다.
> • 유방과 유두에 얼음찜질한다.
> • 수유 시간을 줄이기 위해 수유하는 동안 유방을 압박한다.
>
> **유두 통증의 치료**
> • 통증의 원인을 찾고 이에 따른 적절한 치료를 시작한다.

유두에 상처가 생기면 통증이 사라질 때까지 긴 시간이 필요하므로 손상이 심해지기 전에 조치해야 한다.

젖을 물리기 전

아기에게 젖을 물리기 전에 손으로 젖을 조금 짜 유두에 바르고, 젖을 자극해 모유가 잘 나오도록 만든 뒤 사출 반사가 일어날 때까지 덜 아픈 쪽 젖으로 모유를 먹인다. 젖이 잘 흐르기 시작한다면 아픈 쪽 젖으로 바꿔 먹인다.

수유 자세

유두 통증이 생기는 가장 큰 원인은 잘못된 수유 자세 때문이다. 그래서 평소에도 수유 자세, 아기가 젖을 물고 있는 방법 등을 관찰해 바로 교정하는 일이 제일 중요하다. 유두 통증 대부분은 젖 물리는 자세만 교정해도 해결된다.

유방 압박(breast compression)

수유할 때 유방을 압박하면 아기가 젖을 빠는 시간이 줄어들게 되어 유두 손상이 빨리 회복된다. 수유하는 엄마의 모유량이 많다면 아기에게 한쪽 젖만 먹여 손상된 유두를 보호하고 빨리 회복할 수 있다.

아기가 젖을 빨면 처음에는 아프다가도 시간이 지나며 통증도 감소하지만 젖을 계속 물리면 다시금 아파지는 경우도 많다. 통증의 정도는 젖을 물리는 시간에 비례하는 경우가 많으므로 수유 시간을 줄이면 통증을 최소화할 수 있다.

수유 패드(breast pad)

종이나 면 소재의 패드를 유방에 대고 있으면 유두를 자극해 염증을 악화시킬 수 있다. 상처가 난 유두를 치료하는 가장 좋은 방법은 공기 중에 유방을 자주 드러내는 것이다.

유방 덮개(breast shell : 유두 상처 치유 촉진기)

수유하지 않을 때는 옷이나 브래지어가 유방을 마찰하지 않도록 하고,

자극을 줄이기 위해 유방 덮개를 사용할 수도 있다. 이는 통증 완화에 도움을 줄 수도 있지만 문제가 생길 수도 있다.

유방 덮개를 유방에 대고 있으면 젖이 더 많이 나와 유방 덮개가 젖으로 젖을 수도 있다. 그래서 유두에 마찰을 일으키지 않고 유방 통증도 느끼지 않도록 가능하면 큰 사이즈의 유방 덮개를 이용해야 한다. 또한 브래지어도 충분히 큰 사이즈를 착용해 유방 덮개로 인해 유방이 더 압박되지 않도록 해야 한다.

유두 상처 보호기(nipple shield)

유두 상처 보호기는 수유할 때 유두에 씌워 사용하는 것으로, 아기가 유두를 거부하면 사용한다. 유두 통증을 방지하기 위한 목적으로 사용하는 건 적절하지 않은 경우가 많은데 이것을 사용하면 후에 아기가 젖을 빨지 않으려 할 수 있으며, 젖의 분비량도 줄어들 수도 있기 때문이다.

편평 유두와 함몰 유두란 무엇인가요?

　모유를 수유할 때 아기는 입을 크게 벌려 유두와 유륜을 함께 빨기 때문에 편평 유두와 함몰 유두라 하더라도 모유 수유를 할 수 있다.

🍼 유두 모양과 젖 빨기

　아기가 젖을 잘 빨게 하기 위해서는 아기의 혀가 유관동 위를 압박할 수 있도록 유방조직을 충분히 입안에 물려 유두를 평소보다 3배 정도 더 길게 늘려야 한다. 이렇게 하려면 아기가 유두만 물어서는 안 되고 유륜과 유관동이 있는 유두 밑의 유방조직까지 입안에 가득 물어야 한다. 따라서 엄마의 유두가 적당하게 튀어나와 있는 정상 유두라면 아기가 젖을 빨기에 가장 좋다.

　수유 엄마 대부분이 이런 유두 모양이라 수유에 문제가 되지 않지만 유두의 모양과 크기는 개인차가 많아 짧고 편평하거나, 길거나, 함몰되어

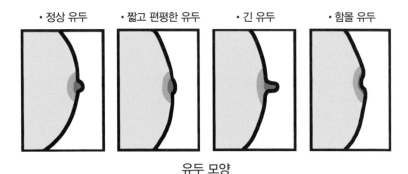

• 정상 유두   • 짧고 편평한 유두   • 긴 유두   • 함몰 유두

유두 모양

있다면 아기가 젖을 물고 빠는 일을 힘들어할 수도 있다. 젖을 제대로 물고 빠는 데 겪는 어려움은 처음 아기를 낳은 엄마의 아기에게서 더 흔히 나타난다.

물론 아기는 입을 크게 벌려 유륜을 포함한 유방을 빨기 때문에 유두의 길이나 모양이 크게 중요한 것은 아니지만 아무래도 유두가 편평하거나 함몰되어 있다면 모유 수유가 어렵다는 선입견이 생기기 쉽다.

편평 유두와 함몰 유두

임신 첫 3개월은 유두가 충분히 튀어나오지 않는 경우가 흔하지만 대부분의 산모는 임신 후반기에 유두 주위 피부에 점차 탄력이 생겨 유두가 적당히 돌출된다. 유두 신장성 검사를 통해 유두가 쉽게 잡아당겨지면 유방조직이 잘 늘어나는 상태이므로 아기가 모유를 빠는 데 문제가 생기지 않는다.

편평 유두 : 한쪽 유륜을 눌렀을 때 유두가 튀어나오지 않거나, 일반적인 자극이나 차가운 자극을 주었을 때 유두가 돌출되지 않는 경우를 편평 유두라고 한다. 유두 신장성 검사에서 유두가 쉽게 잡아당겨지면 젖을 먹일 수 있다고 생각하면 된다.

함몰 유두 : 유두 위쪽으로 2.5cm 정도 떨어진 부위의 유륜을 쥐고 짰을 때 유두가 튀어나오지 않고 오히려 더 깊이 들어가는 경우를 함몰 유두라고 한다. 유두 일부분만 함몰된 경우라면 손가락으로 잡아당겨 교정할 수 있지만, 양쪽 유두의 함몰 정도가 다른 경우라면 아기가 함몰이 심하지 않은 쪽 젖을 더 잘 먹게 된다.

편평 유두와 함몰 유두의 교정

출산 전 방법 : 함몰 유두 교정기는 일부 전문가들이 임신 마지막 수 주 동안 착용할 것을 권하기도 하지만 크게 도움이 되지는 않는다. 조산의 위험이 있다면 출산 전 유두에 어떠한 자극도 가해서는 안 된다.

출산 후 방법 : 유두가 충분히 돌출되지 않거나 함몰되어 있어 아기에게 모유를 수유하기 어려운 경우에는 소아청소년 전문의들은 다음과 같이 설명하고 권하고 있다.

• 엄마에게 아기가 어떻게 유두가 아닌 유방을 빠는지 설명한다. 아기

가 유두와 유륜을 충분히 입에 물 수 있다면 편평하게 보이거나 잘 늘어나지 않는 유두라 하더라도 젖을 먹일 수 있다고 설명한다.

- 출산 후 1~2주 이내에 유방울혈 증상이 좋아지고 아기가 젖을 빨게 되면 유두가 돌출될 수 있다고 확신시킨다.
- 유두에 자극을 주지 않기 위해 브래지어에 조그만 구멍을 뚫어 유두를 밖으로 내놓을 수 있게 한다.
- 아기가 젖을 빨 때 모유가 더 잘 나올 수 있도록 젖을 먹이기 직전에 1~2분간 손가락으로 유두를 잡아당기고, 차가운 옷이나 천에 싼 얼음을 유두에 갖다 대어 유두를 자극한다.
- 젖을 먹이기 전 몇 분 동안 유축기나 가벼운 흡인 기구 등을 사용해 유두를 뽑아내 주면 아기가 젖을 물기 훨씬 수월해질 수 있다.
- 유두가 돌출될 때까지 매일 2시간마다, 15~20분간 양쪽 유방에서 젖을 짜낸다. 처음 모유를 먹이는 며칠간은 유축기를 써도 되지만 곧 중단할 수 있게 된다.

아기에게 음악은 왜 좋은가요?

　요즘에는 출산율이 급격히 감소하고 있어 아기는 부모의 무한한 사랑 속에서 새로운 삶을 시작한다. 그런 소중한 아기를 보다 편안하고 안전하게 지키기 위한 부모의 배려와 정성은 이루 말할 수 없을 정도다. 하지만 아기가 어떠한 소리를 들어야 하는지에 대한 인식은 아직 다른 부분과 비교해 상대적으로 부족한 편이다.

　시각적 요소와 청각적 요소를 동시에 자극하는 실험에서 아기는 소리에 먼저 반응한다는 보고가 많다. 이는 태아와 영유아 시기에는 시각보다 청각이 더 중요하다는 것을 의미한다.

　시각 기능이 미약한 신생아는 상대적으로 소리에 더욱 민감해 소리의 반응 또한 뚜렷하게 나타난다. 실수로 방문을 세게 닫거나 유리컵을 깨뜨렸을 때 아기는 그 소리 자극에 심하게 놀라 울음을 터뜨리는 모습을 아기 엄마는 자주 보았을 것이다. 반면 시각적 자극으로 아기를 이렇게 울리기란 쉽지 않다.

음악이 아기에게 미치는 영향

요즘 들어 아이 부모님들은 아이의 EQ와 IQ에 관심이 높아지고 있는데 음악은 이를 계발할 수 있는 가장 쉬운 방법이라 말할 수 있다. 즉, 음악은 아기의 뇌를 직접 자극하여 정서 반응 중추에 작용한다. 음악은 뇌의 주변 조직을 강하게 자극하고, 전달시키며, 축적된 기억 흐름을 활발하게 만들고, 좌우 뇌의 조화로운 활동을 유도한다.

한편 음악은 적당한 긴장과 이완을 반복하게 만들어 아기의 정신적, 육체적 균형을 유지해 긴장 해소와 이완 작용을 돕는다. 예를 들어 활기찬 음악은 아기의 맥박 운동을 활발하게 만들어 뇌의 혈액량을 증가시켜 혈류속도를 높이고, 반대로 차분한 음악은 뇌 내의 혈류속도를 낮춰 혈액량을 감소시켜 육체적 고통을 줄이는 물질을 생산하게 만든다.

IQ와 EQ는 무엇인가요?

IQ는 지능지수로, 지적 능력을 수치로 측정하기 위해 고안된 시험으로 산출되는 점수이다. IQ는 지적 능력을 측정하는 데 객관적 지표로 이용되며, IQ가 좋을수록 학업 성취도가 높다는 연구 결과도 있다.

EQ는 1990년대에 감성 지능이란 말로 알려지기 시작하였으나 이는 객관적 지표가 아니다. 그래서 EQ가 높을수록 성공할 수 있다는 생각은 옳지 않다고 볼 수 있다. EQ는 자신과 타인의 내면적 감정을 올바르게 이해하여 상호소통을 가능하게 하는 심리적 감수성으로 정의될 수 있기에 사람과 사람 사이의 이해와 조화를 통한 만족과 행복의 개념으로 이해되어야 한다.

아기에겐 너무 편안한 엄마의 심장 박동 소리

신생아에게 엄마의 심장 박동은 가장 듣기 편한 소리이다. 엄마의 심장 박동 소리는 아기가 엄마의 자궁 안에서 청각기관이 형성된 이후 줄곧 듣던 소리이기에 태어난 아기는 신기할 정도로 엄마의 심장 박동 소리에 반응한다.

그래서 아기를 달랠 때는 아기의 귀를 엄마의 왼쪽 가슴에 밀착시켜 안아주면 아기는 엄마의 심장 박동 소리를 가장 잘 들을 수 있어 곧 심리적 안정을 찾게 된다. 규칙적으로 아기에게 엄마의 심장 박동 소리를 들려주면 아기의 지능계발에도 좋다.

태교 음악

태교 음악은 태아의 지적, 정서적인 발달을 가져올 수 있는 음악을 말하는데 임신한 엄마가 어떤 음악을 많이 들었느냐에 따라 아기의 성격이나 두뇌 발달이 크게 좌우된다. 초음파 심장 박동기 등을 이용하여 태아의 신체와 그 움직임까지 연구한 사례가 있었는데 임신 5, 6개월 정도의 태아는 감각적 존재로 발달해 소리와 말을 느끼고 반응한다고 한다.

자궁 안의 태아가 소리를 들을 수 있다는 것은 이미 의학적으로 증명된 사실이다. 태아는 양수와 복벽을 통해 소리를 듣는데 이는 마치 우리가 물속에서 물 밖의 소리를 듣는 것과 비슷하게 들릴 것이다.

태아는 청력이 발달하는 임신 후반기에 소리를 더 잘 들을 수 있지만 임신 전반기라 하더라도 태아의 발육은 엄마의 상태에 따라 좌우되기 때문에 엄마가 어떤 음악을 듣는지도 역시 중요하다.

태아의 청각 신경은 임신 6개월이면 완전히 발달하여 임신 5개월의 태아 귀 구조는 이미 어른과 같은 모양을 하고, 8개월쯤이면 한 옥타브 정도의 음을 인지해 음감을 느낄 수 있다. 이러한 청각 기능의 발달은 말과 언어의 발달에도 큰 영향을 미치는데 이는 대뇌에서 청각 기능이 먼저 발달하고 언어와 말하는 기능은 나중에 발달한다는 사실에서도 알 수 있다.

태아는 자궁 속에서 40dB의 소리를 들을 수 있다는 보고가 있다. 즉, 이 보고에서 중요한 건 태아는 엄마 배 속에서부터 소리를 들을 수 있고 이때 들었던 소리는 출생 후에도 기억할 수 있다는 점이다. 그래서 엄마 배 속에서 많이 들었던 음악은 태아의 잠재의식에 오래도록 기억된다.

조용한 음악은 아기를 안정시키고 요란한 음악은 아기를 흥분시킨다. 그래서 아름다운 자연의 소리는 마음을 안정시키고 우울하거나 침체한 마음을 활성화한다. 한편 빠른 음악은 깨어있는 상태의 뇌파를 활성화해 최상의 상태에서 생각하고 운동할 수 있게 만들고 자극적인 음악은 태아를 깨워주기도 하며 소리를 지각하는 능력을 길러주기도 한다.

태교 음악의 중요성은 여러 학자에 의해 연구됐지만 막상 임산부가 태교를 위해 음악을 선택하고자 할 때 어떤 곡을 선택하고 들어야 하는지, 그러한 전문적인 정보는 아직 부족한 실정이다.

그래서 여러 참고문헌 등을 통해 임신 개월별로 태교에 도움이 되는 음악을 정리해 보았는데 그 목록은 다음과 같다.

임신 개월별 추천 태교 음악

임신 개월	태아 발달 특징과 추천 음악
2~3개월	심장이 뛰고, 눈과 귀의 성장이 빨라져 음악 태교를 시작할 때이다. • 모차르트 교향곡 제40번 K.550 제1악장 • 드보르자크 '유머레스크' 작품 101-7 • 요한 슈트라우스 2세 왈츠 '아름답고 푸른 도나우강' 작품 314
3~5개월	소리를 전하는 내이가 완성되어 음악 태교를 본격적으로 시도할 수 있다. • 슈베르트 '송어' 등 밝은 가곡들, 피아노 오중주 작품 114, D.667 '송어' • 쇼팽 화려한 왈츠 제1번 작품 18, 피아노협주곡 제1번 작품 11, 제2악장 • 브람스 〈헝가리 춤곡〉 제1번, 제5번 등
5~7개월	태아가 엄마의 목소리를 들을 수 있어 엄마가 노래를 불러주는 것도 좋다. 소리보다는 리듬을 이해하는 시기이므로 엄마의 평온한 정서가 더 중요하다. • 모차르트 피아노소나타 K545 • 모차르트 피아노협주곡 제9번 K271, 제21번 K.467, 제23번 K.488 • 모차르트 교향곡 제39번 K.543, 41번 K.551 • 차이콥스키 발레 〈호두까기인형〉 '눈꽃 춤'
7~8개월	청각 기능이 어른의 수준으로 발달하여 태아에게 다양한 소리를 들려주는 것이 좋다. 음악 외에도 새소리, 물소리, 바람 소리 같은 자연의 소리를 들려준다. • 슈만 〈어린이 정경〉 작품 15 • 차이콥스키 발레 〈백조의 호수〉 '정경' • 모차르트 피아노소나타 제10번 K.330, 제13번 K.333
8~10개월	소리의 강약이나 차이를 명확히 인지하고 구별할 수 있어 다양한 악기의 연주. 진동의 폭이 넓은 현악기 연주 음악과 국악을 들려주면 좋다. • 모차르트 바이올린협주곡 제3번 K216, 제5번 K.219 • 모차르트 피아노소나타 제11번 K.331, 제13번 K.333 • 비발디 바이올린협주곡 〈사계〉 • 베토벤 바이올린소나타 제5번 '봄' • 쇼팽 '첼로와 피아노를 위한 서주와 화려한 폴로네즈' 작품 3

출생 후 돌이 될 때까지 IQ와 EQ에 도움이 되는 음악

모차르트 음악 중 장조로 편성된 음악 대부분이 아이들에게 들려주기 좋은 음악이다. 피아노소나타, 피아노협주곡, 바이올린소나타, 바이올린협주곡은 차분하면서도 경쾌한 리듬이나 주제로 아이들의 두뇌 회전을 활발하게 하고 정서적으로 안정되게 만든다는 연구 결과가 많이 나와있다.

그 외에도 많은 작곡가의 음악이 있지만 대표적으로 바흐나 낭만주의 음악, 특히 생상스의 〈동물의 사육제〉나 차이콥스키의 〈호두까기인형〉, 〈백조의 호수〉, 〈잠자는 숲속의 미녀〉 등은 디즈니 만화 등에도 많이 인용되었는데 그만큼 아이들에게 정서적으로 안정감을 주어 청소년이 되어서도 이런 음악을 들으면 제목은 기억하지 못한다 해도 친근감을 느낄 수 있어 IQ뿐만 아니라 EQ에도 도움을 준다고 한다. (다음 페이지의 '아이의 IQ와 EQ에 도움을 주는 클래식 음악' 표 참고)

피아노를 치면 아이의 발달에 도움이 될까?

피아노는 양손으로 건반을 눌러 소리를 내야 하므로 손의 미세 운동 발달에 도움을 주게 된다. 게다가 피아노를 통해 음악을 꾸준히 접하게 되면 청각 이외에도 뇌의 다양한 영역이 자극되어 두뇌 발달에 이로울뿐만 아니라 감정조절과 스트레스, 창의력 증진에도 도움이 된다.

아이의 IQ와 EQ에 도움을 주는 클래식 음악

작곡가	아이에게 좋은 음악
모차르트	• 교향곡 제25번 K.183, 제41번 K.550 • 피아노협주곡 제13번 K.415, 제26번 K.537 • 플루트와 하프를 위한 협주곡 K.299 • 세레나데 제13번 K.525 〈아이네 클라이네 나흐트무지크〉 • 디베르티멘토 제17번 K.334
바흐	• 관현악 모음곡 제2번 바흐작품번호 1067 • 브란덴부르크 협주곡 바흐작품번호 1046~1051 • 두 대의 바이올린을 위한 협주곡 바흐작품번호 1042 • 골드베르크 변주곡 바흐작품번호 988 • 〈토카타와 푸가〉 바흐작품번호 565
비발디	• 바이올린협주곡 〈사계〉 작품 8, L.269, 315, 293, 297 • 바이올린협주곡 〈조화의 영감〉 작품 3
파가니니	• 바이올린협주곡 제1번 작품 6 • 바이올린협주곡 제2번 '종' 작품 7
차이콥스키	• 발레 〈백조의 호수〉 작품 20 • 발레 〈잠자는 숲속의 미녀〉 작품 66 • 발레 〈호두까기인형〉 작품 71a
하이든	• 교향곡 제82번 '곰' Hb. I-82 • 교향곡 제94번 '놀람' Hb. I-94 • 현악사중주 제77번 작품 76-3, Hb III-77 '종달새' 등

수유 시기에 나타나는 문제점들

① 모유가 잘 나오지 않을 때
아기에게 보리차나 설탕물을 줘도 되나요?

아기가 태어났는데 바로 젖이 돌지 않아 부족한 모유를 보충하려는 마음에 아기에게 설탕물이나 보리차를 먹여서는 안 됩니다.

배고플까 걱정스러워 아기에게 보리차나 설탕물을 먹이면 열량이 적은 물을 먹어 물배가 찬 아기는 모유를 더욱 찾지 않게 돼 결과적으로 모유 수유가 부족해져 이로 인한 조기 모유 수유 황달이 발생할 수도 있습니다.

② 젖이 불어서 너무 힘들어요. 어떻게 해야 하나요?

유방울혈은 젖이 돌기 시작해 유방이 커지고 단단해지면서 아픈 현상으로, 분만한 지 3~5일째에 그 증상이 나타납니다. 만약 유방울혈 통증으로 참기가 힘들다면 소염진통제를 복용하거나, 하루에 8~12회 이상 자주 수유하거나, 손이나 기구를 이용해 젖을 짜주면 증상 완화에 도움이 됩니다. 중요한 점은 울혈이 있다 해도 모유 수유를 계속해야 한다는 점입니다.

　모유를 먹는 아기가 유두를 편하게 빨 수 있도록 엄마는 수유를 하기 전, 손으로 모유를 조금 짜내도록 합니다. 만약 유방에 울혈이 있다면 수유하기 전 유방에 뜨거운 물수건을 2~5분간 대고 있거나, 샤워를 할 때 더운물로 유방을 마사지하면 그러한 증상이 다소 완화되어 수유하기가 쉬워집니다. 수유 후에 유방을 냉찜질하면 붓기를 가라앉히는 데 도움이 됩니다.

③ 젖몸살인 줄 알았는데 병원에서 유선염이라고 합니다 어떻게 해야 할까요?

　유선염은 유방조직에 생긴 염증으로, 젖꼭지 상처의 세균 감염이 그 원인입니다. 이 염증으로 인해 모유가 나오는 구멍이 막히면 젖이 고여 아프고 열, 전신 쇠약감, 두통이 나타납니다. 이는 모유 수유를 할 때 흔히 나타나는 증상으로, 유선염이 생겼다 하더라도 아기에게 젖을 자주 물려 유방을 완전히 비워두는 것이 좋습니다.

　유선염 치료를 위해서는 때에 따라 항생제를 복용하기도 하고, 냉온찜질을 하면서 수분을 충분히 섭취하고 진통제를 먹기도 합니다. 이때에는 임의로 약을 끊고 치료를 중단해서는 안 되며, 의사가 정한 시기까지 약을 복용해야 합니다.

④ 엄마가 약을 먹어야 하는데, 모유 수유는 언제 다시 할 수 있나요?

　약물마다 모유 수유를 해도 되는지 안 되는지, 언제까지 젖을 짜서 버려야 하는지가 달라서 모유 수유를 하고 있다면 꼭 필요한 경우에만 약을 먹어야 합니다. 진료 후 약을 처방받아야 할 때는 자신이 모유 수유 중이라는 사실을 의사나 약사에게 이야기하여야 합니다.

약을 먹고 1시간 뒤에 다시 수유를 시작하려면 아기에게 하루에 8~10회 이상 수유하고 밤에도 2번 이상 수유하는 것이 좋습니다. 이때 젖이 잘 나올 수 있도록 유축기를 사용해 양쪽 유방의 모유를 동시에 짜내는 것이 매우 중요한 역할을 합니다.

만약 약을 먹은 뒤 다시 수유하기 힘들어졌다면 필요에 따라 모유를 다시 나오게 만드는 약을 먹기도 합니다. 하지만 그에 앞서 적극적으로 수유를 시도해 보는 것이 좋은데 그래도 수유가 불가능하다면 병원을 찾아 의사의 처방을 받는 것이 좋습니다.

모유 수유 중인데 먹어야 하는 약이 수유에 지장이 있는지 알고 싶다면 모유 수유와 약물에 관한 정보를 제공하는 마더세이프 상담센터(1588-7309)에 문의하면 도움을 받을 수 있습니다.

⑤ 짜 둔 모유는 어디에 얼마 동안 보관할 수 있을까요?

짜 놓은 모유는 냉동실과 냉장실이 구분되지 않은 가정용 냉장고는 냉동칸(-15℃)에서 2주, 냉동실과 냉장실이 분리된 가정용 냉장고는 냉동실(-18℃)에서 3~6개월, 자주 열지 않는 냉동전용 냉동고(-20℃)에서는 6~12개월 동안 보관이 가능합니다.

모유 보관용 비닐 팩은 3일 미만의 단기 저장을 위한 것이고, 냉동용 플라스틱 용기는 그보다 오래 보관할 수 있습니다.

한꺼번에 많은 양의 모유를 저장하는 것보다 60~120mL씩 저장하는 것이 좋습니다.

⑥ 미숙아로 태어난 아기도 모유로 키울 수 있나요?

배 속에서 엄마가 전해주는 여러 면역 인자를 미처 다 받기도 전에 태어난 미숙아는 그 부족한 부분을 보충하기 위해 더더욱 모유를 먹어야만 합니다. 미숙한 정도가 심한 아기라면 한동안 젖을 물리지 말고 짠 모유를 튜브로 먹이기도 합니다.

미숙아가 치료 등을 위해 병원에 머물고 있다면 엄마는 아기가 먹을 수 있도록 미리 젖을 짜두는 것이 도움이 됩니다.

7 모유 수유하는 동안은 피임이 되나요?

엄마가 생리를 다시 시작하거나, 완전 모유 수유를 하지 않고, 아기가 생후 6개월이 넘었다면 모유 수유를 한다고 해서 완벽한 피임이 되지 않습니다.

8 아기가 갑자기 젖을 안 물리고 해요. 어떻게 할까요?

잘 먹던 아기가 어느 날 갑자기 모유를 거부하기도 합니다. 이러한 현상은 보통 생후 3~4개월에 보이지만 언제든 나타나는 행동이기도 합니다.

아기가 모유를 거부하는 데에는 여러 이유가 있겠지만 그 원인을 찾아 해결한다면 다시금 모유 수유를 할 수 있습니다.

아기가 모유를 거부하는 이유는 달라진 모유의 맛 때문이기도 합니다. 엄마의 과식, 비누나 향수, 스트레스, 엄마가 앓는 유선염이나 유방암 등이 모유에 영향을 주어 맛이 달라질 수도 있습니다. 그러한 원인이라 생각한다면 아기와 엄마의 건강을 위해서라도 의사와 상의하는 것이 좋습니다.

아기는 코가 막혔거나, 치아가 나는 중이거나, 아구창 증상이 있거나, 중이염에 걸려도 모유를 거부하고 잘 먹지 않습니다. 이런 경우가 의심된다면 소아청소년과 전문의의 진료를 받아야 합니다.

아기가 모유를 거부한다고 해서 엄마까지 거부하는 것은 아니라는 마음을 가지고 모유 수유를 중단하지 말고 모유를 먹이기 위해 노력해야 합니다. 우선 아기와 둘만의 조용한 환경에서 모유를 먹이면 아기의 모유 수유에 도움이 되는데 가끔 안는 자세를 바꿔주거나 어르면 좋습니다.

⑨ 아기가 계속 젖을 넘깁니다. 검사가 필요한가요?

생후 3개월까지의 아기는 아직 장기가 완전히 발달하지 않아 정상적인 위식도 역류가 나타날 수 있어 자주 게우거나 토할 수 있습니다. 그럴 때는 병원을 찾아가기 전, 수유할 때의 자세를 바꿔보거나 수유량과 빈도의 조절, 성분이 조정된 분유 사용 등의 방법을 먼저 시도해 보길 권합니다.

생후 3개월 이전의 아기는 배부르게 먹고 나서 바로 자세를 바꾸면 쉽게 게우고는 합니다. 또한 수유 중에 공기를 많이 마셔도 쉽게 토할 수 있어 너무 굶은 아기에게 급히 수유해서는 안 됩니다.

모유를 먹일 때는 아기가 젖꼭지를 깊이 물게 만들고, 분유 수유의 경우에는 젖병을 충분히 기울여 아기가 공기를 많이 마시지 않도록 주의해야 합니다. 특히 수유 후에는 트림을 충분히 시켜주는 것이 중요한데 만약 아기가 수유를 마치기도 전에 토했다면 한쪽 젖을 먹이고 다른 쪽 젖으로 바꾸는 중간이라도 트림을 시켜줘야 합니다. 수유가 끝나도 아기가 트림을 하지 않는다면 20분 정도 안고 있거나 비스듬히 앉혀두는 것이 좋고, 수유 직후에는 아기와 놀아준다며 격렬하게 움직이게 만들어서도 안 됩니다.

위의 방법으로도 나아지지 않고 체중 증가가 더디거나, 잘 보챈다거나, 기침을 오래 한다면 반드시 검사가 필요한 증상이므로 소아청소년과를 방문해 적절한 진찰과 검사를 받아봐야 합니다.

10 아기가 토할 때 어떻게 먹여야 할까요?

아기가 토했다면 분유를 걸쭉하게 만드는 제품을 사용해 먹이면 됩니다. 쌀가루 혹은 전분 가루를 분유에 타서 먹이기도 하는데 이는 구토의 횟수는 줄일 수 있지만, 위산이 식도를 타고 올라오는 증상까지 줄일 수는 없습니다.

이유식을 먹는 아이가 토할 때는 일단 분유에 쌀미음을 몇 숟가락 정도 타서 주어도 됩니다. 많이 토하는 아기라도 컵을 사용하게 되면 대부분은 토하지 않게 됩니다.

토했지만 배는 아프지 않다면 평소와 같이 정상적인 방법으로 먹이고, 두통 또는 복통이 심하거나 적색 또는 갈색이 섞인 구토를 했다면 소아청소년과 전문의의 진찰을 받고 그 처방에 맞춰 먹이는 것이 좋습니다.

평소에도 잘 토한다면 위식도역류, 유문협착증, 장염이나 다른 병을 의심할 수도 있어 반드시 소아청소년과 전문의의 진찰을 받아보아야 합니다.

11 모유를 먹는 아기들이 빈혈이 많다는데 왜 그런가요?

건강한 신생아는 태어나서 이유식을 시작할 때까지 필요한 철분을 가지고 태어납니다. 따라서 생후 6개월까지는 완전 모유 수유만 하여도 철분 부족으로 인한 빈혈이 생기지 않습니다. 모유에 포함된 철분은 분유에 들어있는 철분보다 그 함량은 적지만 흡수율이 매우 뛰어납니다. 하지만 철분이 부족해지는 생후 6개월부터는 철분이 풍부한 고기와 푸른 채소가 포함된 이유식을 먹이는 것이 중요합니다.

생후 4~6개월이 되면 태어날 때 가지고 있던 철분이 소모되기 시작하는데 그 이후 성장이 이루어질수록 적은 수의 아이에게서 상대적으로 철 결핍성 빈혈이 생길 수 있습니다. 또한 산모의 건강이나 영양 상태가 나빴다거나, 조산으로 태어난 아기는 빈혈이 생길 수 있어 철분 공급이 필요할 수 있습니다.

12 모유를 먹는 아기가 잘 먹고 보채지도 않는데
며칠 동안 변을 보지 않아요. 변비인가요?

완전 모유 수유를 하는 생후 6개월 미만의 아기가 3일 이상 변을 보지 않는다고 초
조한 엄마들이 많은데 걱정과 달리 대부분은 시간이 지나면 좋아집니다.

아기 대부분은 1주일에 한 번 변을 봅니다. 2주 이상 변을 보지 않아 병원을 찾기도
하지만 이때도 별다른 문제가 없습니다. 그래서 3일 동안 변을 보지 않는다고 성급한
마음에 함부로 관장하는 것은 좋지 않습니다.

완전 모유 수유 아기가 위장관의 대변 정체 없이 변을 자주 보지 않는 원인은 아
직 알려지지 않았습니다.

13 정상 변인데 아기가 끙끙거리며 힘들게 변을 봐요
어떻게 해야 하나요?

아기의 소변 색이 노랗고 소변 보는 횟수가 적다면 수분 부족이 그 원인인 경우가
많아 일단 평소보다 물을 더 먹여야 합니다.

생후 6개월 이하의 건강해 보이는 아기가 부드러운 대변을 보기 전까지 적어도
10분 이상 힘을 주고 운다면 배변 장애를 의심할 수 있어 소아청소년과 전문의와의
상담이 필요합니다.

14 분유 먹는 아기가 더 잘 크는 것 같아요
분유의 영양이 더 우수한가요?

분유와 모유의 기본 영양소는 유사하지만, 그 구성 성분은 조금씩 다릅니다. 하지

만 이러한 작은 차이가 아이의 성장은 물론 평생 건강까지도 영향을 미치게 됩니다.

우유로 만들어지는 분유는 당연히 아기가 아닌 송아지 성장에 맞는 성분으로 구성되어 있습니다. 이러한 우유를 모유의 영양소에 가깝게 조절한 것이 바로 조제분유입니다. 그런 이유로 아기의 성장과 건강을 위해서는 모유를 먹이는 것이 좋고, 모유를 먹일 수 없을 때는 분유를 먹이도록 합니다.

⑮ 분유를 탈 때 어떤 물을 사용하면 좋을까요? 분유를 미리 타 놓아도 될까요?

분유는 깨끗하고 정수된 물을 사용해 타야 합니다. 분말 분유는 멸균상태가 아니기에 끓여서 식힌 70℃ 이상의 더운물에 타서 사용하도록 하고, 정수기의 찬물과 더운물을 그대로 섞어 사용해서는 안 됩니다. 뜨거운 분유는 체온에 맞게 식힌 뒤 아기에게 먹이도록 합니다.

분유는 아기가 원할 때마다 먹이기 직전에 준비해 먹이는 것이 원칙입니다. 만약 분유를 미리 타 두었다면 4℃ 이하의 냉장고에서 24시간 동안 보관 가능합니다.

분유를 다시 데울 때는 뜨거운 물이 담긴 그릇에 넣고 덥히는 중탕 방법을 활용해야 하고 전자레인지로 데워서는 안 됩니다. 또한 먹다 남은 분유는 아기의 침 등으로 오염되기 때문에 바로 버려야 합니다.

⑯ 분유를 진하게 또는 묽게 타도 될까요?

간혹가다 아기가 단단한 변을 보면 분유를 진하게 타서 먹이거나, 설사를 하면 묽게 타 먹이는 경우가 있습니다. 그러나 이는 과학적 근거가 없는 방법으로, 영아는 생리기능이 아직 미숙한 상태이기에 표준 농도를 지켜 먹여야 합니다.

17 분유 대신 생우유는 언제부터 먹일 수 있나요?

아직 장이 완전히 발달하지 않은 생후 12개월 이전의 아기는 우유 단백질로 인한 알레르기 반응으로 미세한 장 출혈을 유발할 수 있습니다. 또한 생우유는 분유보다 철분 함량이 적어 철 결핍성 빈혈을 일으킬 수 있습니다. 그래서 생우유는 생후 12개월 이후의 아기에게 먹여야 합니다. 요구르트나 치즈 등의 유제품은 생후 8~10개월 무렵부터 먹일 수 있습니다.

지방은 영아의 성장에 필요한 성분일뿐만 아니라 비타민 D 등의 지용성 비타민 흡수에도 필요한 성분이기 때문에 2살 이전의 아기에게는 저지방 또는 무지방 우유를 먹이지 않도록 합니다.

18 젖꼭지를 깨무는 아기에게 분유를 먹여도 될까요?

최소한 돌이 될 때까지는 모유를 먹이는 것이 좋기에 아기가 젖꼭지를 깨문다고 해서 모유를 끊고 분유를 먹이는 것은 권하지 않습니다.

아기가 젖니가 나기 시작하면 잇몸이 아파 젖 먹는 일이 힘들어져 엄마의 젖꼭지를 물려고 할 수 있습니다. 아기가 젖을 열심히 먹는 동안에는 아기의 혀가 아랫니와 엄마의 젖 사이에 위치하고 입술과 잇몸은 유두를 포함하여 젖꼭지 바깥쪽을 감싸듯이 덮고 있기 때문에 엄마의 젖을 물 수 없습니다. 아기가 엄마의 젖을 무는 때는 대개 아기가 젖을 충분히 먹은 뒤 배가 부른, 수유의 끝 무렵입니다. 즉, 아기가 엄마의 젖을 무는 행동은 이미 아기가 젖을 다 먹고 놀고 있다는 것을 의미합니다.

아기가 엄마의 젖을 물지 않게 하기 위해서는 아기가 씹을 수 있는 치아 발육기나 깨끗한 손수건을 물에 적셔서 냉장고 안에 넣어 차갑게 만든 뒤 젖을 먹이기 전에 아기가 씹을 수 있게 주면 그로 인해 잇몸이 근지러운 것을 덜어주게 되어 엄마 젖을 덜 깨물게 됩니다. 아니면 모유 수유를 하는 동안 엄마 손가락을 아기의 입 가까이에 두고, 아기가 수유를 끝내는 순간을 잘 포착하여 아기의 입 가장자리로 손가락을 밀어 넣어 재빨리 젖을 떼어냅니다.

아기가 규칙적으로 젖을 길게 빨아들이면서 삼키지 않고, 짧게 짧게 먹으면서 얼굴에 장난기가 돌고 산만해지면 이제 충분히 먹었다는 신호로 생각하면 됩니다. 이때 아기의 턱이 긴장하면 바로 엄마 젖을 물 수 있으므로 재빨리 엄마 손가락을 아기의 입 가장자리로 밀어 넣어 모유 수유를 끝내야 합니다.

아기가 엄마 젖을 물었을 때 젖을 갑자기 빼내려고 하면 오히려 그 행동으로 인해 엄마 유두에 심한 상처가 날 수 있고, 민감한 아기는 놀라서 이후에 젖을 잘 먹지 않으려고 할 수도 있으니 주의해야 합니다. 아기를 떼어놓으려 하지 말고 오히려 아기를 엄마 유방에 더욱 가깝게 밀착되도록 끌어안으면 아기는 코가 약간 눌리기 때문에 입을 벌리고 유두를 놓게 됩니다.

⑲ 분유는 한 번에 얼만큼, 하루에 얼마나 자주, 한 번에 얼마나 먹여야 할까요?

한 번에 먹이는 분유량, 하루에 먹이는 횟수, 한 번 먹이는 데 걸리는 시간 등 분유 수유에 일정한 법칙이 있는 것은 아닙니다.

아기가 커나가면서 일 회 수유량과 수유 간격이 점차 증가하게 되는데 보통은 생후 1~2개월 안에 아기가 원하는 일정한 패턴이 생기므로 아기에 따라 맞추면 됩니다.

한 번 먹이는 데 걸리는 시간은 대략 20분이 넘어가지 않도록 하고, 하루 수유하는 총 분유량은 1,000mL가 넘지 않도록 주의해야 합니다.

20 젖병은 어떤 것이 좋을까요?

내분비교란물질, 즉 환경호르몬 노출을 줄이기 위해서는 비스페놀A를 사용하지 않은 폴리에틸렌이나 폴리프로필렌 등의 불투명한 플라스틱 젖병을 권장합니다. 유리 젖병은 비스페놀A가 녹아 나올 염려는 없지만 무겁고 깨질 수 있어 주의해야 합니다.

21 분유 먹는 아기의 충치를 예방하려면 어떻게 해야 할까요?

끊어야 할 시기인데도 분유를 끊지 못해 잘 때도 젖병을 입에 물고 잠이 드는 아기에게서 충치를 흔히 볼 수 있습니다.

젖병은 첫돌이 지나면 끊도록 하고 늦어도 15~18개월까지는 젖병 대신 컵으로 먹을 수 있도록 훈련해야 합니다.

22 분유를 먹다 자꾸 게우면 어떻게 할까요?

게우기는 보통은 시간이 지나면 저절로 좋아지지만, 주기적으로 토하거나 토사물에 혈액이나 녹색 담즙이 섞여 나오면 반드시 소아청소년과 전문의의 진료를 받아야 합니다.

게우기를 원천적으로 예방할 수는 없지만 다음 방법을 사용하면 게우는 횟수를 줄일 수 있습니다.

- 한꺼번에 많이 먹이지 말고 소량씩 자주 먹이기
- 갑작스러운 소음, 불빛 등으로 수유를 방해하지 않기
- 수유 중간과 후에 트림시키기
- 아기를 눕힌 상태에서 수유하지 않기
- 수유 후에 바로 눕히지 말고 20~30분간 곧추세워 안고 있기
- 젖병의 젖꼭지 구멍이 너무 크거나 작진 않은지 확인하기
- 아기가 너무 배고프기 전에 수유하기
- 수유 직후 아기와 격렬히 놀아준다고 흔들지 않기
- 분유는 약간 걸쭉하게 만들어 먹이기
- 우유알레르기가 의심되면 소아알레르기 전문의와 상담한 후 유단백 가수분해한 저알레르기분유 먹이기

㉓ 분유를 먹이니 단단한 변을 보는데 변비일까요?

분유와 모유의 성분 차이로 인해 분유 수유를 하는 아기의 변은 모유 수유를 하는 아기의 변보다 다소 단단합니다. 단순히 단단한 변을 본다고 해서 변비로 진단할 수는 없으며 대변보는 횟수, 단단한 변 때문에 대변 보기가 힘든 상황 등 나이에 따른 변비의 진단기준에 부합해야 합니다.

㉔ 설사하면 설사 분유로 바꿔 먹여야 할까요?

아기가 설사를 한다고 해서 저유당 분유인 설사 분유로 무조건 바꿀 필요는 없습니다. 급성 장염 환자는 유당불내증도 발생할 수도 있는데 소장의 흡수력이 감소한 경우에만 소아청소년과 전문의의 권고에 따라 저유당 분유를 단기간 먹일 수 있습니다.

25 우유알레르기가 의심되면 콩단백 분유를 먹이는 게 좋을까요?

우유알레르기가 있는 아기는 대두에도 알레르기를 보이는 교차반응을 일으킬 수 있으므로 임의로 콩단백 분유로 바꿔 먹이는 것은 적절하지 않습니다. 전문의의 정확한 진단 후에 유단백 가수분해 분유인 저알레르기 분유를 먹여야 합니다.

26 우유알레르기가 의심되면
산양 분유를 먹이는 게 좋다고 하는데 괜찮을까요?

요즘에는 산양 분유가 마치 우유알레르기가 있는 아기에게 먹일 수 있는 분유로 인식되는 경우가 많습니다. 하지만 산양 분유는 말 그대로 산양의 젖으로 만든 분유로, 결코 우유알레르기가 있는 아기에게 안전한 분유가 아닙니다.

우유알레르기가 있는 아기는 산양 분유에도 교차 알레르기 반응을 일으킬 수 있으므로 무조건 산양 분유로 바꿔 먹이는 것은 적절하지 않으며 소아알레르기 전문의의 정확한 진단 후에 먹여야 합니다.

2장
이유 시기

언제 이유식을 시작할까?

이유 시기와 관련된 많은 연구논문을 살펴보면 너무 이르거나 늦게 시작하는 이유 모두에게서 성장 지연, 비만, 영양결핍, 발달 문제와 연관이 있다고 말하고 있다. 연구마다 약간씩 다른 의미의 해석이 있을 수는 있지만 이유의 시작 시기는 생후 4~6개월이 적당하다고 한다. 이 시기 아기 대부분은 모유나 분유 이외의 음식을 받아들일 준비가 되어 있으며 다음과 같이 고형식 먹을 준비를 하고 있다.

발달 변화 : 신생아는 빨고 삼키는 능력을 타고나는데 근육운동을 조절해 엄마 젖을 빨 수 있다. 3~6개월의 아기는 음식을 삼키고, 입 주위 근육을 세밀하게 움직일 수 있다. 이 시기의 아기는 세상을 입으로 탐색할 준비가 되어 있으며, 발달 과정상 고형식 먹을 준비를 하게 된다.

신체 변화 : 아기의 장기는 아직 성인과 같이 발달하지 못해 완전한 기

능을 하지 못한다. 그래서 생후 4개월 이전 아기의 소화기와 신장은 여러 가지 종류의 음식을 소화하고 배설하지 못하며 과다한 영양분을 처리하지도 못한다.

신장은 생후 4개월까지 새로운 음식을 받아들일 준비를 하고, 첫돌이 되면 그 크기가 두 배로 커져 다양한 영양소를 조절할 수 있게 된다.

영양적 필요 : 생후 6개월이 지나면 모유나 분유만으로는 아기 성장에 필요한 에너지가 부족해져 성장이 더디게 된다. 이때는 아기가 필요로 하는 열량뿐만 아니라 철분과 아연도 부족해지는데 이 두 미량 영양소는 아기의 발달과 건강에 절대적으로 중요한 원소이다.

산모가 임신 중에 철분과 아연을 많이 섭취하면 그 영양소는 아기의 몸에도 저장된다. 출생 수개월 후에는 그렇게 저장된 미량의 영양소가 고갈되는데 그 시기에 아기는 다양한 음식을 통해 부족해진 영양소를 섭취해야만 한다. 철분과 아연 등의 영양소가 강화된 분유를 먹는 아기에게는 큰 문제가 없으나 이유기가 시작되면 미량 영양소가 풍부한 음식을 먹는 것이 중요하다.

4개월 이전에는 왜 고형식을 먹이지 않을까?

아기에게 음식을 먹이는 이유는 단순히 열량만을 공급하기 위함이 아닌 영양과 사랑을 주는 행위이자 아기의 새로운 발달과정을 지켜보는 과정이다.

고형식을 먹을 정확한 나이가 정해져 있는 것은 아니지만, 생후 4개월 이전의 아기에게 고형식을 강요해 먹여서는 안 된다. 그 이유는 우선 그 시기의 아기는 아직 장기가 발달되지 않아 액체가 아닌 음식을 먹을 준비가 안 되었을뿐만 아니라, 익숙하지 않은 질감의 음식에 질식하기 쉬워서이다. 또 다른 이유로는 일찍 고형식을 하고 자주 먹는 아기일수록 음식을 더 많이 먹는다는 결과 때문이다.

전통적으로 부모는 빨리 자라는 아기가 건강함의 척도라 생각하기도 하지만 최근에는 영아기 체중이 지나치게 증가하면 자라서 비만의 위험이 커진다고 인식되고 있다. 좋은 식습관은 어릴 때부터 시작되어야 하고, 영아기에 열량을 과잉 섭취하지 않는 습관을 만들어야 한다.

처음 먹이기

첫 이유식으로 좋은 선택은 아기가 먹기 편하고 철분과 아연이 보충된 시리얼과 같은 영양 강화 곡물이다. 처음에는 모유나 분유로 희석하여 묽게 만들어 먹이고 점점 물기를 줄여 먹이면 된다.

희석하여 묽게 만든 시리얼은 젖병보다는 숟가락이나 손가락에 묻혀 먹이는 것이 좋다. 시리얼을 젖병에 넣어 먹이면 아기가 더 잘 잔다는 생각은 이미 여러 연구에서 잘못된 것으로 밝혀졌고, 오히려 아기가 불필요한 열량을 더 섭취하게 된다고 한다.

🍼 안전하게 고형식 먹이기

고형식을 먹는 일은 아기에게도 매우 새로운 도전이기도 하다. 하지만 어떤 음식은, 특히 단단하고 둥근 음식은 아기가 먹고 사레가 들거나 질식하기 쉽다. 그 외에도 생후 첫 1년 동안 아기에게 먹여서는 안 되는 음식은 핫도그, 견과류, 포도, 건포도, 생당근, 팝콘, 둥근 사탕 등이다.

이외에도 음식은 항상 으깨거나 삶아 체에 걸러내어 덩어리가 생기지 않도록 만들어 사레와 질식을 예방해야 한다.

아기는 아직 너무 뜨겁거나 찬 것을 잘 먹지 못해 체온 정도로 미지근하게 만들어 먹이라는 견해도 있지만, 아기 입안이 화상을 입지 않을 정도로 적당히 따뜻하게 또는 적당히 차게 만들어 주면 좋다.

만약 전자레인지로 음식을 데워 사용하려 한다면 음식 일부분만 뜨거워질 수 있으니 데운 음식을 잘 섞어 확인한 후 먹여야 한다.

🍼 새로운 음식은 한 번에 한 가지씩

아기가 시리얼을 먹기 시작해 새로운 음식을 시도하려 할 때 가장 좋은 원칙은 3~7일 동안 새로운 음식을 한 가지씩 먹여보는 것이다.

새로운 음식은 다른 것과 섞지 말고 하나씩 따로 만들어 주는데 이런 방법은 아기가 어떤 음식에 알레르기가 있는지 알 수 있다. 만약 가족력으로 알레르기가 심하다면 새로운 음식을 더 천천히 시도하면 된다.

음식을 먹은 직후에는 아기에게 구토, 설사, 가스 등의 소화기 증상이나 숨을 잘 쉬지 못하는 호흡기 증상, 얼굴이나 몸에 피부 발진이 생기는 지 잘 관찰해야 한다. 만약 특정 음식을 먹은 뒤에 이러한 증상이 반복해서 나타난다면 아기에게 그 음식은 피하고 소아알레르기 전문의와 상담하여야 한다.

🤾 쉽게 하기

아기가 이유식 먹는 것을 싫어한다면 단순히 아직 준비가 안 되어 있을 뿐이니 걱정하지 않아도 된다. 고형식을 먹을 준비가 된 아기는 고개를 잘 가누고 의자에 앉을 수 있고 독립성과 운동 조절 기능이 발달한다.

음식을 향해 손은 뻗기 시작하며 물건을 입에 집어넣기도 한다. 또한 어른이 먹는 행동에도 관심을 보이며 밥 먹는 어른의 숟가락을 따라 쳐다보고 어른이 먹을 때 따라서 먹는 시늉을 하기도 한다. 숟가락으로 음식을 받아먹고 난 뒤에도 음식을 혀로 뱉어내지 않는다.

이 시기는 아기가 고형식 먹는 방법을 배우는 때이기에 이유식으로 열량을 보충하는 것보다는 새로운 경험을 만들어주는 것이 더 중요하다. 그래서 아기에게 빨리 이유식을 먹이고 싶은 마음에 강제로 먹이지 말고 아기가 익숙해질 때까지 천천히 기다려주는 마음이 필요하다.

시간이 지날수록 아기의 운동 조절 능력은 더욱 발달해 곧 혼자서도 잘 먹을 수 있게 된다. 생후 7, 8개월쯤의 아기는 손바닥보다는 손가락을 더 잘 사용할 수 있게 되어 음식이나 물체를 잘 잡을 수 있고, 손과 눈이 발달해 한 손에서 다른 손으로 물체를 옮겨 줄 수도 있게 된다.

이때는 아기에게 숟가락으로 음식을 먹게 하고, 뚜껑에 주둥이가 달린 쮸쮸컵을 사용해 물을 마시게 하며, 쉽게 집을 수 있는 음식을 직접 손가락으로 집어 먹게 하면 아기의 섬세한 운동 능력을 발달할 수 있게 만든다.

아기는 한 번에 많은 양의 이유식을 먹지 않는데 불필요하게 많이 먹는 습관은 좋지 않으므로 한 번 먹일 때 한 숟가락 혹은 두 숟가락 정도로 시작한다.

👶 영양가 있는 음식을 올바르게 선택하자

아기가 먹어야 할 음식에 특별한 순서가 정해져 있는 것은 아니지만 아기가 자라 새로운 음식을 먹을 때는 그 당시 아기에게 필요한 영양소를 먹여야 한다.

모유나 분유는 아기에게 필요한 완전한 영양을 공급하도록 설계되어 있지만, 아기가 다양한 음식을 먹기 시작해야 할 때 먹는 음식은 영양상으로 불완전할 가능성이 크다. 그래서 이유기는 영양상으로 취약한 시기이다.

이유기에 시리얼 다음으로 아기에게 추천할 음식은 비타민과 미네랄이 풍부한 채소를 삶아서 거른 것과 과일이다. 다시 한 번 말하지만 특정한 순서대로 이유할 필요는 없지만 아기에게 과일만 먹인다든가, 한 가지 종류의 채소만 먹이기보다는 반드시 영양 균형을 먼저 생각해야 한다.

하지만 이때 주의할 점은 만약 아기에게 채소보다 과일을 더 자주 먹인다면 아기는 일찍 음식의 단맛을 알게 되어 채소의 미묘한 향과 맛에 익숙해질 기회를 놓치게 된다. 초록색 브로콜리, 주황색 당근이나 고구마와 같은 짙은 색 채소는 비타민 A와 C가 풍부하여 아기의 영양을 위해 좋은 음식이다.

이유식을 시작할 때 새로운 음식을 한 번에 하나씩 추가해 먹인다면 아기에게 어떤 음식에 알레르기가 있는지 확인할 수 있다.

보충식 초기 음식으로 비타민과 단백질뿐만 아니라 철분과 아연이 풍부한 고기가 좋다. 어떤 부모는 성인은 고기를 적게 먹는 것이 좋다는 생각으로 아기에게 고기 먹이기를 걱정스러워하기도 한다. 또 채식주의자는 종교적 혹은 윤리적인 이유 등으로 아기에게 고기 먹이기를 꺼린다.

채식주의자라도 더할 나위 없이 건강할 수 있지만 소아청소년과 전문의로서 말하자면 고기는 중요한 영양소를 효과적으로 공급할 수 있어서 영아나 소아에게 채식만 먹여서는 안 된다. 만약 아기가 고기를 먹지 않는다면 시리얼, 철분이나 아연이 첨가된 음식을 추가하면 된다.

또한 비타민 C는 채소에 포함된 철분의 흡수를 돕기 때문에 초록색 채소와 함께 감귤류의 과일을 첨가해도 좋다. 만약 이유식 시기에 영양학적으로 결핍이 의심된다면 진찰을 받아 증상을 확인하고 약으로 철분과 아연의 보충을 고려해야 한다.

그 외 단백질의 중요 공급원은 두부, 달걀, 땅콩버터 등인데 콩을 제외한 다른 음식들은 알레르기의 흔한 원인이 되므로 아기에게 처음 먹일 때 주의해 관찰해야 한다.

요구르트 역시 단백질이 풍부하여 이유식의 초기 음식으로도 추천하는

데, 이는 단맛이 가미되지 않은 무가공 요구르트나 삶아서 으깬 과일이 첨가된 요구르트를 말한다.

정리해 말하자면 이유식을 먹일 때에는 아기에게 새로운 음식을 천천히 시도해야 하므로 보충식 첫 주에 먹이면 좋은 음식은 영양 강화 시리얼이나 쌀미음 정도이다. 시리얼을 먹이고 나면 채소와 과일, 단백질이 풍부한 음식, 다른 곡물류 등을 매일 골고루 조절할 수 있다.

아기에게 고형식을 시작하는 일은 음악을 작곡하는 것과 비슷하다고 생각하면 된다. 채소와 과일을 리듬처럼 첨가하고, 단백질 공급원이 멜로디를 만든다. 결국 이 구성 요소들 모두가 함께 조화를 이루는 것이 목적이다. 이것이 소위 영양 균형이 고른 좋은 식사를 말한다.

여기에 소개하는 표에 이유 시기에 필요한 중요 영양소가 풍부한 음식을 정리해 두었으니 이유식을 만들 때 참고하면 도움이 될 것이다.

중요 영양소가 포함된 식품

비타민 A	아스파라거스, 브로콜리, 멜론, 피망, 케일, 시금치, 토마토, 당근, 살구, 바나나, 복숭아, 자두, 고구마
비타민 C	아스파라거스, 브로콜리, 멜론, 피망, 케일, 시금치, 토마토, 오렌지, 감자, 딸기, 귤, 양배추, 꽃양배추
칼슘	요구르트, 브로콜리, 청어, 자몽, 케일, 시금치, 치즈, 참치
철분	철분 강화 시리얼, 삶아서 말린 콩, 붉은 고기, 닭, 칠면조 고기, 달걀, 녹황색 채소, 말린 과일, 간
아연	아연 강화 시리얼, 삶아서 말린 콩, 붉은 고기, 닭, 칠면조 고기, 달걀, 요구르트, 땅콩버터

2장

처음부터 좋은 습관 들이기

이유식은 한 번에 한 가지 음식만을 더해, 결국에는 아기가 이유식으로 다양한 음식을 경험하는 데 그 목적이 있다. 다양한 음식은 우리의 인생을 풍요롭게 만들뿐만 아니라 건강을 위해서도 이롭다.

식습관은 대부분 매우 어린 나이인 2살 이전에 형성된다. 모유에서 단맛을 느낀 아기는 성장할수록 모유의 단맛 이외에 다양한 맛을 경험하고 받아들일 수 있게 되는데 이러한 아기의 호기심은 이후의 평생 건강을 위해서도 매우 중요하다.

이 시기는 아기가 먹는 것을 조절할 수 있는 유일한 시기이자, 과일과 채소가 식사의 큰 부분을 차지하게 만들 기회이며, 새로운 음식으로 미각을 발달시킬 수 있는 계기가 된다.

비행기가 날아 아기 입으로 착륙하는 시늉으로 밥을 먹이는 예전의 식사 놀이는 자칫 우습게 보일지도 모르지만, 이는 숟가락으로 음식을 먹는다는 중요한 메시지를 담고 있다. 만약 아기에게 먹이는 일이 아기와 엄마 모두에게 귀찮은 일이 되어버린다면 아기는 앞으로도 음식을 부정적으로 생각하고 느끼게 된다.

아기는 성인의 행동을 배우며 자라난다. 만약 이 시기에 아기가 새로운 음식과 먹는 방법에 잘 적응하지 못하고 있다면 아기의 긴장을 풀어주고, 먹는 일은 즐거운 행동이라 느끼게 만들어 새로운 음식을 웃으며 긍정적으로 받아들일 수 있게 해야 한다.

🍼 우리 아기의 음식을 직접 만들어 먹여야 하나요?

건강을 걱정하는 사람이라면 자연의 음식을 찾고 트랜스 지방, 염분, 설탕을 가미한 가공식품을 피한다. 이런 생각을 하는 사람은 자신의 아기에게도 자연스럽게 직접 만든 음식을 먹이는 것이 좋다고 확신한다. 그런데 이런 생각과 신념이 정말 옳을까?

아기를 위한 이러한 질문은 그리 단순히 정의할 수 있는 문제가 아니다. 대부분 제대로 만든 이유식에는 설탕이나 염분을 첨가하지 않는다. 게다가 판매되고 있는 아기 음식이나 시리얼에는 영양소뿐만 아니라 영아에게 결핍되기 쉬운 철분과 아연 등을 포함하고 있다. 이러한 고가의 이유식을 구입한다면 분명 아기에게 이롭겠지만 굳이 사들여 먹이지 않더라도 다른 음식을 통해서도 아기에게 필요한 비타민과 무기질을 공급할 수 있다.

어떤 아기 부모는 꼼꼼하게 직접 고른 재료를 다듬고 삶아서 음식을 준비하는 과정을 좋아하기도 한다. 만약 이렇게 자신이 직접 아기에게 음식을 만들어 먹이고 싶다면 전문의와 상의해 부족할 수 있는 철분이나 아연을 보충해 주어야 하는데 시럽 형태로 철분과 아연을 보충할 수 있다.

또한 아기 음식은 단순히 어른이 먹는 음식을 곱게 갈아 만들지 않는다. 간혹 아기 음식을 직접 만들어 먹이는 부모님 중에는 성인이 먹는 음식처럼 첨가물이 들어있거나, 상대적으로 만들기 쉬운 고탄수화물 음식을 만드는 경향이 있다.

만약 이유식을 직접 만들 생각이라면, 아기가 먹을 여러 가지 음식을 만드는 일이 많은 시간과 노력이 필요하다는 것을 알고 시작해야 한다. 아기에게 한 번에 한 가지 음식을 먹여야 한다는 사실을 명심하고 곡류에만 국한되지 말고 단백질과 과일, 채소를 적당한 비율로 섞어 먹여야 한다.

아기의 건강에는 신선한 혹은 얼린 채소를 삶아서 걸러 만든 이유식과, 설탕과 염분이 첨가된 통조림 가공 음식보다 생과일이 더 좋다.

어른에게 좋은 음식은 아이에게도 좋다?

종종 어린 영아가 감염의 증상이 없는데도 심한 설사를 하는 경우를 본다. 이는 아기 부모가 어른에게 좋은 것이 아기에게도 좋을 것이라 믿고 아기에게 저지방 식사를 먹여 생긴 증상이다.

이러한 저지방 식단은 탄수화물이 지나치게 많고 단백질과 지방이 위험할 정도로 낮은 식사다. 지방은 단순히 복부와 허벅지에 쌓여있는 비활성 물질만이 아니며, 성장하는 아기에게 꼭 필요한 필수지방산도 있다.

또한 부모가 아기에게 두유, 다이어트 음료, 채식 위주 식사와 단백질

제한, 한약 치료 및 성인과 같은 식이 조절을 하게 만들어 위험한 결과를 초래하는 예도 있다. 아기를 먹인다는 말은 어른과 같은 것이나, 같은 방식으로 먹여야 한다는 뜻이 절대 아니다.

아기의 음식은 어른의 입맛에 맞게 만들어서는 안 된다. 과거에는 엄마의 기호에 맞게 단맛과 향을 가미하여 아기 음식을 만들 때도 있었지만 요즘에는 대부분의 아기 음식에 첨가제가 들어있지 않다. 실제로도 첨가제나 향과 설탕이 포함되지 않은 단순한 음식은 아기의 영양을 위해서나 건강을 위해서도 더 좋다. 성인에게는 너무 무미한 맛이라고 생각될지 모르나 아기는 아직 성인처럼 까다로운 입맛이 발달하지 않아 음식에 향이나 맛을 가미하지 않아도 된다.

사실 이 시기는 아기가 어른이 즐기는 지방이나 염분, 단맛을 가미하지 않고 자연 그대로의 음식 맛을 즐길 수 있는 습관을 들일 유일하고도 마지막 기회다. 그래서 부모님은 아기를 위해 음식을 직접 만들고, 만약 구입해야 할 때는 첨가제나 향, 설탕이 가미되지 않은 것을 선택해야 한다, 또 음식에 설탕을 첨가하기보다는 과일 같은 자연의 단맛으로 만족하게 만들어야 한다.

🧒 주스는 적당히 먹이자

부모들은 아기에게 쉬지 않고 무언가를 먹이고 싶어 해서 잠이 들기 전의 아기에게도 무언가 빨아 먹을 것을 주기 위해 주스를 만들어 먹이려 한다. 그러나 100% 생과일 주스조차도 과당이 농축되어 있어 충치를 유발할 수 있는데 이 충치 증상을 우유병증후군이라 한다.

주스를 많이 마시면 과체중을 유발하기도 하고 설사를 하기도 해서 주스를 물 대신으로 생각해서는 안 된다. 아기를 위해서는 주스는 소량만 먹이거나 아예 주지 않는 것이 좋다. 사실상 아기는 모유 혹은 분유를 먹기 때문에 덥고 건조한 기후라 하더라도 물을 더 마실 필요가 없다.

100% 주스가 비타민 C를 많이 함유하고 있다 할지라도 아기는 신선한 제철 과일을 직접 걸러서 만들어 먹여야 한다. 생후 첫 6개월은 어떠한 주스도 먹이지 말고, 생후 6~12개월 사이의 아기에게는 하루 120~150mL 이하의 양만 먹인다.

아기용 주스나 100% 주스는 설탕을 따로 첨가하지 않은 것을 골라 젖병이 아닌 컵으로 먹여야 한다.

아기의 유제품 선택은?

생우유는 아기의 위장을 자극하여 미세한 장 출혈을 일으키고, 음식으로 섭취한 철분의 흡수를 방해하기도 하여 종종 심한 빈혈 증상을 보이는 아기가 병원을 찾기도 한다. 생우유의 유당은 소화하기가 어려울뿐만 아니라 단백질이 많이 함유되어 있어 아기의 신장에 손상을 줄 수 있다.

요즘에는 소화하기 쉬운 형태로 미리 처리해 나온 분유도 시중에 나와 있지만, 생후 1년이 되지 않은 아기에게는 절대로 생우유를 먹여서는 안 된다.

우유 이외의 더 좋은 대체 식품은 무가당 요구르트로, 요구르트 안의 살아있는 세균은 유당의 소화를 도와 우유보다 소화가 더 잘되도록 만들어 준다. 그리고 요구르트는 우유와 같은 액체가 아니므로 아기는 우유보다 더 적은 양을 먹게 된다. 순한 맛 치즈 역시 요구르트처럼 좋은 대체 식품이다. 아기에게 치즈를 먹이면 우유보다 적은 양을 먹일 수 있어 유당, 단백 성분이 과다해지지 않아 더욱 좋다.

이유기의 모유 수유 또는 우유병 수유

수유 아기가 먹는 고형식은, 영아기 초기 열량 섭취 대부분을 차지하는 액체 수유를 보충하는 의미에서 보충식이라고 한다. 그래서 모유 수유는 보충식을 시작한 후에도 여전히 아기의 건강을 위한 최상의 선택이다. 모유는 여러 장점을 가질뿐만 아니라 몇몇 연구를 통해 모유 수유를 오래 할수록 과체중이 될 위험이 감소한다고 밝혀졌다.

이 시기 이상적인 모유 수유 방법으로는, 엄마는 아기에게 서서히 고형식을 먹이면서도 만 1살까지는 모유 수유를 지속해야 한다. 그러나 현실에서 직장에 다니는 엄마가 아기가 1살이 될 때까지 모유 수유를 지속하기 쉽지 않다.

직장에 다니는 엄마가 모유 수유를 계속하고 싶다면 직장에 보육시설이나 모유 수유실이 있는지 확인해 언제든 아기에게 모유를 수유하거나 유축하여 저장할 수 있어야 한다.

앞으로도 더 많은 사람이 이러한 필요성을 깨닫고 환경을 요구하게 된다면 사회적인 여건 또한 개선될 것이다.

159
이유 시기

 모유 수유를 지속하고 싶다면

만약 1년간 모유 수유를 계속하고 싶다면 보충식을 분유보다는 고형식으로 만들어 먹여야 한다. 이유식을 하는 동안 모유 수유하는 아기는 비타민 D와 철분, 아연의 보충이 필요하다.

분유를 먹인다면

생후 1년 동안 아기에게 모유를 수유할 수 없다면 젖병에 분유를 담아 먹이거나, 뚜껑에 주둥이가 달린 쮸쮸컵으로 먹이면 된다.

생후 1년까지 분유 수유를 할 수 있다며 아기가 완전히 고형식만 먹을 때까지도 분유 수유가 가능하다. 분유 대부분에는 비타민 D, 철분, 아연이 포함되어 있으며 모유보다 열량이 높아 분유를 먹는 아기라 하더라도 생후 6개월 이전에 반드시 고형식을 시작할 필요는 없다.

분유는 대부분 그 성분이 표준화되어 있으나 가능하면 철분과 아연 성분이 강화된 것을 고르는 것이 좋다. 아기가 알레르기 증상을 보이거나 부모가 알레르기가 있는 경우라면 저알레르기 분유를 선택할 수 있다.

다른 음료

모유나 분유는 아기가 필요로 하는 모든 수분 공급이 가능해 따로 물을 먹일 필요는 없고, 생우유나 다른 음료가 아기의 분유를 대체할 수도 없다. 실제로 아기에게 쌀미음 우유나 생식을 먹여 아기가 심각한 영양 장애가 발생한 예도 종종 있다.

집 밖에서의 식사에도 주의하자

부모가 직면하게 되는 가장 큰 문제 중 하나는 아기가 집이 아닌 곳에서 먹는 음식으로 적당한 영양소를 얻을 수 있는지다. 주로 집에서 생활하게 되는 영아기에는 이것이 크게 문제 되지 않지만, 아기가 어린이집과 같은 육아 시설에 가게 될 때는 아기가 온종일 먹는 음식에 관심을 가져야 한다.

아기를 육아 시설에 보낼 때 : 그곳에서 아기에게 어떤 음식을 먹이는지, 한 번에 먹이는 양은 얼마나 되는지를 미리 알아보아야 한다. 만약 아기가 먹어서는 안 될 음식이 나오거나, 마음에 들지 않는 음식이 나와 대체할 수 있는지도 알아보아야 한다.

고형식을 먹을 수 있는 아기라면 모유 또는 분유와 함께 철분과 아연이 강화된 시리얼과 단백질 공급원, 과일, 채소가 첨가되는지도 확인해봐야 한다.

걸음마 하는 아기라면 설탕이나 소금이 첨가되지 않은 작은 빵 조각이나 고기, 과일 조각, 치즈 등을 먹여도 된다.

어린이집이나 아기를 돌보는 사람이라면 아기에게 억지로 많이 먹이지 말고, 아기 각자의 요구량과 나이에 맞는 양을 고려해 먹여야 한다.

이유기 때 영양 보충은 어떻게 하죠?

어떤 나이의 소아라 하더라도 비타민 D 결핍의 위험이 따르는데 특히 규칙적으로 햇볕을 쬐지 않거나 비타민 D 강화 유제품을 먹지 않는다면 결핍 위험이 크다고 볼 수 있다. 그래서 미국 소아영양학회에서는 출생부터 사춘기까지의 소아에게 비타민 D 보충을 권장하고 있다.

성인이 되면 그 요구량이 더 다양해지는데, 영아기 아기 대부분은 햇볕을 많이 쬐지 않고 비타민 D가 강화된 생우유를 마시지 않으므로 비타민 D 보충이 특히 중요한 시기이다. 이러한 비타민 보충제가 모유 수유 아기보다 덜 필요한 분유 수유 아기라 할지라도 자라나면서 분유 수유량이 줄어들게 되면 보충해 줘야 한다.

이유식 시기의 아기가 모유 혹은 분유와 아기 시리얼, 단백질 공급원, 과일과 채소 등을 통해 비타민과 무기질을 충분히 먹고 있다면 비타민 D 이외의 영양 보충제는 따로 필요하지 않다. 하지만 소아 발달이 중요한 시기에 일부 영양소가 부족해지면 그로 인해 성인이 되어서도 건강에 영향을 미칠 수 있다.

만약 아기가 먹는 음식의 영양이 고르지 않을까 걱정된다면 소아청소년과 전문의와 상의하여 필요한 비타민 시럽과 무기질 영양 보충제를 먹일 수 있다.

성장은 건강의 지표이다

모든 아이는 각자 자기만의 고유의 속도로 발달하고 성장하기에 작은 차이는 걱정할 필요 없다.

내 아기를, 개월 수에 맞는 성장곡선과 비교해 보는 것은 불완전한 방법이기는 하지만 쉽게 알아볼 수 있는 건강 지표로서 유용하다. 대부분은 부모의 키가 아기의 키를 결정하지만 적절한 영양 공급과 건강이 성장에 영향을 준다. 그렇다면 왜 적절한 성장이 중요할까?

자궁 안에서, 하나의 세포에서 시작해 사람의 외형을 갖춰 자라기까지의 과정은 유전자에 정해진 특별한 프로그램에 따라서 이루어지지만, 아기가 태어나 성장에 꼭 필요한 물질은 섭취한 음식의 영양소로부터 나온다.

그래서 영아기 때는 마치 건물의 기초를 만드는 것과 같이 성인의 몸을 이루는 기초공사 기간이다. 만약 이 시기에 필요한 무기질이나 단백질을 적절하게 공급하지 못한다면 건강의 기초공사를 부실하게 짓는 것과 같다.

아기가 잘 자라지 못한다는 말은 곧 영양결핍을 의미한다. 성장이 지연

되면 면역체계를 망가뜨릴 수 있으며 감염에 잘 걸리게 된다. 그것은 아연 결핍의 징후일 수 있으며 인지 장애와 다른 회복 불가능한 건강 장애를 일으키게 된다. 여러 연구를 통해 저출생 체중아와 생후 1년이 되어도 체중이 적게 나가는 아이는 성인이 되어서 심장질환 발생이 증가한다는 사실이 확인되었다.

저체중 영아는 역설적으로 성인기에 복부 지방의 양이 더 많아지는 소위 사과 모양의 복부비만으로, 당뇨나 고혈압의 위험도가 증가하는 경향이 있다. 이러한 영향은 저체중아로 태어나 급격하게 체중이 증가하는 영아에게서 현저하게 나타나곤 한다.

부모는 항상 아기가 빨리 자라지 않는다고 걱정한다. 이것도 중요한 문제지만 최근 우리 사회의 진정한 문제는 너무 작아서라기보다는 과체중이기에 나타난다. 요즘에는 점점 더 어린 나이 때부터 과체중과 비만이 된다. 이러한 현상은 우리가 생각하는 건강한 아기가 오히려 너무 과체중이 될 위험성을 가진다는 것을 의미한다.

체중을 줄이기 위해 노력해 본 사람이라면 누구나 알 수 있듯이 과체중이야말로 치료하기 어려운 문제다. 적당한 영양 섭취와 운동의 필요성을 알고 있는 성인조차도 체중을 줄이고 유지하는 일에 초인간적인 노력이 필요하다는 것을 안다. 그래서 우리는 비만아가 쉽게 날씬해질 것을 기대해서는 안 된다.

아기는 다른 어떤 나이의 소아보다도 정상적으로 체지방이 많을 때다. 그러나 최근 연구에 의하면 키와 비교해 지나치게 과체중인 아기는 성인이 되어서도 비만, 당뇨, 고혈압과 같은 문제에 봉착하게 된다. 여러 연구에서 주로 분유 수유와 연관하여 체질량지수(BMI)가 높은 영아에게서 성인기에 비만과 당뇨의 발생 위험이 증가한다고 하였다.

내 아기의 성장이 정상인지 확인하는 가장 좋은 방법은 성장곡선을 정기적으로 확인하는 것이다. 하지만 그로 인해 너무 수치에 연연해 강박적으로 내 아이가 비정상이라고 생각하지는 말자. 내 아이의 키와 체중이 성장곡선의 25에서 75 백분위 수 안에 들어온다면 정상으로 생각할 수 있다.

그러나 아이의 키와 체중이 같은 개월 수의 다른 아이의 정상 백분위 수와 맞아야 하고, 키와 체중의 비율도 맞아야 한다. 예를 들어 체중이 75 백분위 수라면 키가 30 백분위 수 이하여서는 안 된다. 작게 태어난 아기는 급성장기인 영아기에 체중이 키 성장보다 더 빨리 증가하여 키와 체중 비율의 균형이 깨질 것이다.

만일 키와 체중이 균형을 이루면서 자란다면 정상으로 생각하고, 체중이 계속 키의 성장과 비교해 빨리 늘어난다면 아기가 필요량보다 많이 먹고 있는 것일지도 모른다. 이 경우 아기가 먹는 양, 시간, 종류를 소아청소년과 전문의와 상의해야 한다.

또 하나 명심할 점은 성장곡선을 볼 때 모유 수유 아기와 분유 수유 아기는 약간 다르다는 사실이다. 모유 수유 아기가 처음 2~3개월은 더 빨리 자라는 것처럼 보이지만 그 이후에는 분유 수유 아기가 평균적으로 키와 체중이 더 나가게 된다. 참고로 표준성장곡선은 분유 수유아를 기준으로 하고 있다.

 **안전하게 고형식 먹이기**

- 아기 대부분은 4~6개월이면 고형식을 먹을 준비가 되어 있다. 준비가 안 된 아기라면 억지로 시작해서는 안 된다.
- 한 번에 한 가지씩 새로운 음식을 먹인다.
- 고형식은 아기용 시리얼부터 시작하고 삶은 채소와 과일, 단백질을 첨가한다. 가능하다면 모유 수유를 계속하고, 분유 수유를 한다면 첫돌까지는 먹여야 한다.
- 중요한 성장기에 먹을 새로운 음식은 영양성분이 좋아야 한다. 아기는 특히 철분과 아연이 풍부한 음식이나 강화된 음식, 영양 보충제 등으로 영양에 부족함이 없어야 한다. 비타민 D 보충제도 영아기 때 권장한다.
- 아기가 어릴수록 좋은 식습관을 들이기 쉽다. 식사 시간을 즐겁게 만들고, 식사 때마다 새로운 먹는 방법을 찾아내고, 절대로 많이 먹도록 강요해서는 안 된다.
- 소아성장곡선은 건강과 영양의 지표이다. 만약 아기의 키와 체중이 불균형하다면 아이의 식사를 어떻게 변화해야 할지 소아청소년과 전문의와 상담하여야 한다.

첫돌까지의 영양

태어나서 첫 1년간의 정상적인 성장 과정은 아기 건강뿐만 아니라 성

생후 첫 1년간 단계별 이유식 방법과 식품들

식품	4~6개월	7~8개월	9~10개월	11~12개월
모유나 철분강화 분유	짧게 자주 먹임(하루 4~6회 또는 하루 900~1,000mL)	하루 3~5회 또는 하루 900~1,000mL	원하는 대로(하루 3~5회 또는 하루 900~1,000mL)	원하는 대로(하루 3~4회 또는 하루 700~900mL)
조리 형태	죽상(요구르트)	혀로 부술 수 있는 것(두부 정도)	잇몸으로 부술 수 있는 것(바나나)	이와 잇몸으로 씹을 수 있는 것(밥)
시리얼과 빵	철분강화 아기용 시리얼(하루 2~5 스푼을 모유 또는 분유에 섞어서)	철분강화 아기용 시리얼(하루 3~5스푼)	아기용 시리얼 또는 따뜻한 시리얼(하루 5~8스푼), 작은 조각의 토스트 또는 크래커	단맛이 가미되지 않은 따뜻하거나 차가운 시리얼(하루 1/4~1/2컵), 빵, 밥, 파스타(하루 1/2컵)
과일 주스	먹이지 않음	아기용 주스 또는 비타민 C가 강화된 어른용 주스(하루 60~120mL 이하)	모든 100% 주스(하루 60~180mL 이하)	모든 100% 주스(하루 60~180mL 이하)
채소	먹이지 않음	거르거나 즙을 낸 노랑, 주황, 녹색 채소(하루 60~120mL 크기의 1/2~1그릇 또는 1/2컵)	즙을 내거나, 조리하거나, 얼린 채소(하루 1/3~1/2컵)	조리한 야채 조각(하루 1/2컵)
과일	먹이지 않음	거르거나 즙을 낸 과일(하루 60~120m의 1/2~1그릇 또는 1/3~1/2컵)	껍질을 벗긴 으깬 과일 또는 부드러운 과일 조각(하루 1/3~1/2컵)	껍질을 벗기고 씨를 뺀 신선한 과일(하루 1/2컵)
단백질	먹이지 않음	플레인 요구르트(과일이나 사과 소스와 혼합 가능), 소고기를 곱게 갈아 만든 진한 국물(하루 3~4스푼)	소고기 살코기, 닭고기, 생선, 달걀 노른자, 요구르트, 순한 치즈, 조리한 말린 콩(하루 3~4스푼)	작은 조각의 소고기, 닭고기, 생선, 달걀, 치즈, 요구르트, 조리한 말린 콩, 땅콩버터(하루 4~5스푼)

* 스푼은 테이블 스푼(15mL)을 말한다.

인 건강을 위해서도 무척 중요하다.

첫돌이 될때까지 아기는 여러 가지 다양한 음식으로 식사를 하게 된다. 표를 보면 이 시기의 보충식은 채소, 과일, 시리얼, 곡류, 단백질 공급원이 균등하게 배분되어 있다. (앞 페이지의 '생후 첫 1년간 단계별 이유식 방법과 식품들' 표 참고)

일반적인 음식의 비율이나 시간 간격은 아기 개개인에 맞추어 다양하게 고려되어야 한다. 아기의 요구에 맞추어 음식을 더 주거나 덜 줘야 하고, 적절하게 먹는지 알아보려면 성장을 지켜보아야 한다.

첫돌 이후에는 아기 음식에서 성인이 먹는 고형식으로 옮겨갈 수 있다.

이유식 할 때 꼭 지켜야 할 것들

 이유식은 꼭 만들어 먹이자

이유식 초기에는 모유나 분유만으로도 충분하고, 생후 6개월이나 7개월부터는 쌀죽에 채소, 과일, 고기를 첨가할 수 있는데 이것으로 이미 영양 걱정을 절반 이상 해결한 셈이다. 시판 분말 이유식이나 선식은 어쩔 수 없는 경우에 먹일 수는 있지만 권장하지는 않는다. 이유식은 부모가 직접 만들어 먹이는 것이 여러 가지 면에서 장점이 많다.

이유식을 너무 어렵게 생각하지 말고 음식을 익혀 갈아준 뒤 묽게 만든다고 편하게 생각하자.

부모가 만든 이유식은 아기에게 새로운 맛과 냄새, 촉감을 느끼게 만드는데 이로써 다양한 오감을 이용한 경험은 두뇌와 미각의 발달에 도움을 준다. 이러한 모든 자극은 결국 아기가 밥을 잘 먹게 만들어 쌀죽부터 시작해 밥으로 자연스럽게 넘어가게 만든다.

이유식을 만들 때는 아기의 정서를 안정시켜 줘야 한다. 아기는 부모가 즐겁게 이유식을 만드는 모습을 보는 것 자체로 행복과 안정감을 느끼고, 이번엔 무엇을 먹을까 하는 기대감으로 부모와의 유대가 더 풍부해진다.

생후 4개월까지는 이유식을 먹이지 말자

어떤 아기 엄마, 아빠는 이유식을 일찍 먹여야 아기가 잘 큰다고 생각하기도 한다. 하지만 생후 4개월 이전에는 아기 장이 아직 발달하지 못해 미숙하고 면역체계가 미약하므로 이때 먹이는 이유식은 별로 득이 없다고 밝혀졌다.

그래서 생후 4개월 이전에는 모유, 분유, 소량의 물 외에는 먹이지 말아야 한다. 생후 4개월이 되어도 무조건 이유식을 시작하는 것보다는 아기마다 성장발달이 조금씩 다르므로 아기가 고형식을 소화할 수 있는 신체적 준비가 되었는지 잘 살피고 시작하는 것이 중요하다.

어느 시기에 어떤 것을 어떻게 먹이고, 먹여서는 안 될까

이유식을 할 때 중요한 점은 어느 시기에, 어떤 것을, 어떻게 먹이는 게 좋고 또 먹여서는 안 되는 기본 흐름을 파악하고 꾸준히 노력해야 한다는 것이다. 일부 아기 부모님들은 이유식 먹이기를 며칠 하다가 잘되지 않으면 그만두고, 그러다 또 며칠하고 이런 식으로 반복하는데 그래서는 안 된다.

무리하지 말고 물 흐르듯이 때가 되면 시작할 건 시작하고 끊을 것은 끊어야 한다. 가장 중요한 것은 아기가 신체적, 정서적으로 이유식을 할 준비가 되어 있는지다. 아기와 전쟁하듯이 이유식을 먹여서는 안 된다는 말이다.

이는 잘못하면 먹는 일은 괴로운 것이라는 인식을 아기에게 심어줄 수 있으니 항상 아기와 대화하면서 즐거운 마음으로 여유를 가지고 먹여야 한다.

쌀죽으로 시작하기

쌀죽은 이유식을 시작하기에 가장 좋은 음식으로, 미국에서도 라이스 시리얼로 이유식을 시작한다. 일부 아기에게서 쌀 알레르기를 일으키는 예도 있지만 쌀은 대체로 알레르기 반응을 잘 일으키지 않고 알레르기를 잘 일으키는 밀에 포함된 글루텐이란 단백질도 없어 안전하다. 어떤 엄마, 아빠는 아기에게 국수나 라면을 주기도 하는데 이 시기 아기에게 먹여서는 안 된다.

쌀죽을 이유식으로 줄 때는 처음에는 10배 죽으로 시작하는데, 쌀과 물 비율을 1대 10으로 맞춰 쌀 10g에 물 100cc를 넣으면 된다. 물 대신 모유나 우유를 넣어도 좋지만 과일 주스는 넣어서는 안 된다.

쌀 이외의 곡식을 섞을 때 기본적으로 주의해야 할 사항은 처음부터 한꺼번에 여러 가지 곡식을 섞지 말고 먼저 다섯 가지 식품군을 확보한 뒤 곡식 종류를 섞어 나가는 것이 좋다. 하지만 선식처럼 갈아주는 것은 좋지 않은데 여러 가지 곡식을 섞은 이유식은 자칫 아기가 알레르기를 일으킬 수 있으므로 이유식 초기에는 섞어주는 것을 피해야 한다.

이유식을 먹이더라도 모유나 분유는 꼭 먹여야 한다

이유식을 먹더라도 아기의 주식은 아직 모유나 분유이기 때문에 생후 6~12개월 아기에게는 하루에 최소 500~600cc 이상의 모유나 우유를 먹여야 한다.

분유는 아기 몸무게에 따라 다르지만 하루에 960cc 이상은 먹이지 않는 것이 좋다.

과일 주스는 생후 6개월부터

몸에 좋다고 생각해 생후 3개월 아기에게 과일 주스를 먹여도 좋은지 물어보는 부모님들이 있다. 물론 과일에는 섬유질과 각종 비타민, 무기질이 풍부하여 아기에게 꼭 필요한 식품이다. 하지만 잘못하면 아기를 평생 괴롭히게 될지도 모르는 알레르기를 일으키거나, 과일 주스의 단맛에 익숙해진 아기가 밋밋한 맛의 채소나 고기가 들어간 이유식을 잘 안 먹으려 할 수도 있다.

그런 이유로 과일 주스는 생후 6개월 이후에 시작하는 것이 좋다. 생과일을 갈거나 익혀서 으깨는 이유식은 생후 4개월부터 먹일 수 있다.

👶 이유식은 숟가락으로 먹인다

이유식의 주된 목적 중 하나가 아기의 음식 씹는 능력을 기르고자 함인데 우유 먹듯이 젖병 등에 이유식을 넣어 먹이면 아기는 그 능력을 배울 수 없을뿐더러, 사레 들기 쉽고, 너무 많이 먹게 되어 비만이 되기 쉽다.

생후 8개월이 되면 아기 손에 숟가락을 쥐여줘 스스로 이유식 먹는 연습을 시키도록 한다. 숟가락 사용은 아기가 손의 움직임을 배우는 과정에서 두뇌에 자극을 많이 주어 두뇌 발달에도 도움이 된다. 이때 움푹 파인 큰 숟가락보다는 아기가 먹기 쉬운 작고 깊지 않은 숟가락을 사용하는 것이 더 좋다.

👶 아기를 앉혀 이유식을 먹인다

이유식을 눕혀서 먹이면 아기가 먹다 목이 막힐 수도 있고 사레에 걸릴 수도 있다. 이유식은 부모님의 허벅지에 아기를 앉힌 뒤 푸근하게 안고 먹이기 시작하는 것이 가장 좋다.

아기가 자라 머리를 가누고 기댈 수 있으면 의자에 앉혀서 먹일 수도 있는데 간혹 미끄러지기도 해서 꼭 안전띠를 한 뒤에 먹여야 한다.

👶 새 음식은 한 번에 한 가지씩 2~3일 간격을 두고 추가한다

아기가 새로 추가한 음식으로 만든 이유식을 먹고 알레르기 반응을 일

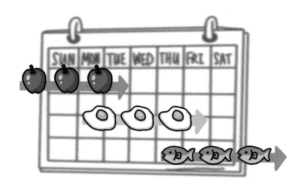

으킬 수 있어 이유식에 새로운 음식을 추가할 때는 한 번에 한 가지씩, 소량을 넣고 초기에는 4일, 생후 8개월부터는 2~3일 간격을 두고 첨가해야한다. 아기가 새로 첨가한 음식에 적응하기 힘들어하면 1주일마다 한 가지씩 첨가하는 것이 좋다.

🍼 이유식과 알레르기

이유식을 먹는 아기가 이상 반응을 보이는 경우가 간혹 있다. 아기가 이상 반응을 보이면 부모님들은 그 음식을 평생 아이에게 먹이면 안 되는 것으로 생각하는 경우가 많다.

아기가 특정 음식이 들어있는 이유식을 먹고 이상 반응을 보인다면 먼저 소아알레르기 전문의의 진단을 받아야 한다. 하지만 진단 결과 알레르기 반응이 아닌 조금 토하는 등 심각하지 않은 반응을 보였다면 그 음식을 다시 먹여볼 수도 있다.

이런 경우 그 음식을 1~3개월 동안은 먹이지 말고 아기가 잘 먹는 음식에 섞어 조금씩 먹여볼 수 있다. 더 늦은 9~12개월 뒤에 다시 시도해 봐도 된다.

알레르기가 의심되는 경우

식품알레르기는 음식물에 포함되어 있는 단백질 성분이 아기의 몸에 맞지 않으면 발생한다. 특정 음식을 처음 먹을 때 우리 몸은 이것이 내게 맞는지 아닌지 구별하게 되는데 이때 맞지 않다고 판단이 내려지면 '알레르기 감작' 된 후 알레르기 반응을 일으키게 된다. 어떤 음식을 태어나서 처음 먹었을 때 별다른 반응을 보이지 않다 한참 뒤에 알레르기가 생기는 경우도 많다.

다음은 알레르기가 의심되는 경우 나타나는 증상들이다.

- 얼굴이나 팔다리 등 전신이나 일부 피부에 발진이나 습진이 생긴다.
- 이유식에 특정 음식을 넣었는데 그때마다 토한다.
- 물기가 많은 변을 하루에 8번 이상 본다.
- 피가 섞인 설사를 계속한다.

이유식, 어떤 순서로 어떤 재료를 먹여야 하나요?

🤱 4~6개월(이유식 초기)

이유식은 쌀죽으로 시작하는데 한 번에 한 가지씩 음식을 추가한다. 쌀죽을 며칠 먹이다가 고기를 잘게 썰어 으깨 넣어 먹이고, 그다음엔 이파리 채소와 노란 채소를 추가한다.

고기는 생후 4~6개월부터 먹일 수 있는데 모유 수유를 하는 아기는 생후 6개월부터 이유식에 고기를 넣는 게 좋다. 아토피피부염이 있는 아기는 알레르기 검사에서 고기가 음성으로 나왔다면 이유식에 첨가해도 좋다.

이유식을 하기 시작하면 아기의 변도 달라지는데 변이 딱딱해지고 색깔도 다양해진다. 이유식에 함유된 당분과 지방 때문에 대변 냄새가 심해지기도 하고 방귀 냄새도 제법 독해진다.

갑자기 설사나 변비가 생길 수도 있는데 건강에 별다른 이상이 없다면 시간이 지나면서 해결된다. 설사를 한다면 그 전에 과일이나 채소를 너무 많이 먹이지는 않았는지, 섬유질을 너무 많이 먹이지는 않았는지를 확인해보고 변비가 심할 때는 수분을 충분히 보충해 주면서 섬유질이 많은 음식을 먹여야 한다.

7~8개월(이유식 중기)

늦어도 생후 6개월부터는 아기에게 고기를 먹여야 하는데 생후 7개월이 되면 이유식에 다섯 가지 식품군이 골고루 들어간 음식을 만들어 줘야 한다. 아기가 이유식으로 씹는 연습을 해야 해서 고기는 완전히 갈아 주지 말고 잘게 썰어서 으깨어 먹이는 것이 좋다. 돌 전까지는 이유식에 간을 하지 않아야 한다.

이유식을 먹일 때는 수유와 이유식을 간격을 두지 말고 연달아 먹여야 한다. 액체 음식은 컵에 담아 먹이는 연습을 시작하고, 이유식을 먹을 때는 돌아다니지 말고 한자리에 앉아 먹도록 습관을 들이는 것이 중요하다.

생후 8개월이 되면 아기 스스로 먹는 연습을 시켜야 하는데, 이유식을 자기 스스로 손으로 집어 먹게 하거나 작고 깊지 않은 숟가락을 쥐여줘야 한다.

9~12개월(이유식 후기)

이 시기의 이유식은 양도 많아지고 덩어리도 더 많아야 한다. 아기 혼

자서 이유식 먹는 연습을 하여야 하고 스스로 숟가락으로 이유식을 먹을
수 있도록 연습해야 한다. 액체 이유식은 꼭 컵으로 먹게 하고, 짠 음식은
먹이지 않도록 해야 한다.

아기가 곧잘 이유식을 잘 먹는다면 상대적으로 모유나 분유는 이전보
다 적게 먹이도록 한다.

🐣 13~15개월 이상(이유식 완료기)

아기가 이유식을 먹다 흘릴까 걱정하기보다 스스로 먹게 해야 한다. 아
기 혼자 이유식을 먹는다는 행위는 아기의 성장 과정에서 신체적으로나
정신적으로 매우 중요하다. 그래서 이유식 먹는 시간과 음식 종류는 부
모가 정해줘야 하지만, 얼마나 먹는가는 아기에게 맡겨야 할 부분이다.

이 시기 아기들은 일시적으로 먹는 양이 줄어들 수 있는데 특별한 이상
이 없다면 시간이 지나면서 해결된다.

🐣 어떤 것부터 먹여야 할까요?

이유식 초기에 먹여도 좋은 음식 : 이유식에 처음 섞을 채소로는 양배추
와 같은 이파리 채소, 호박, 브로콜리, 완두콩, 강낭콩, 고구마, 감자 등이
좋다. 감자나 고구마는 이유식 초기에 먹을 채소로 좋긴 하지만 채소라기
보다는 밥 종류로 생각해 그 양을 고려해야 한다.

셀러리나 케일, 순무, 양파 등은 그 맛이 강해 아기들이 처음 먹기 힘들

어 해서 이유식 재료로는 적합하지 않다. 하지만 아기가 잘 먹는다면 섞어 먹어도 괜찮다.

이유식 초기에 먹이지 말아야 할 음식 : 시금치, 배추, 당근 등의 채소는 질소 화합물인 질산염 함량이 높아 생후 6개월 이전의 아기에게는 심각한 빈혈을 일으킬 수 있어 초기 이유식에는 넣지 않는 것이 좋다. 이런 채소는 오래 보관할수록 질산염의 양이 증가하기 때문에 냉장고에 며칠씩 보관한 뒤, 이유식을 만들 때 넣으면 그만큼 더 위험하다.

통조림으로 가공한 이런 채소는 질산염 농도를 측정해 만들기 때문에 이유식에 사용할 수 있지만, 통조림보다는 신선한 채소가 몸에 더 좋다. 그런데도 꼭 이런 채소를 사용해야 한다면 사오자마자 바로 손질해 이유식으로 만들어 아기에게 먹이고, 남은 것은 어른들이 먹으면 된다.

🍼 고기는 생후 4~6개월에 먹인다

고기는 철분 보충을 위해 생후 6개월부터는 꼭 먹여야 하는데, 고기국물만 먹이지 말고 기름기 없는 부위의 고기를 먹여야 한다.

이유식 초기에는 고기를 푹 익혀 부드럽게 갈아 먹이고, 생후 7개월부터는 완전히 갈지 않아 덩어리가 약간 씹히는 정도로 만들어 먹이는 것이 좋다. 고기를 물에 익힌 후 잘게 썰어서 갈아주는 것도 좋다.

닭고기는 소고기와 비교해 부드럽고 소화가 잘되고 맛도 좋아 아기들이 좋아한다. 닭고기를 익힐 때 나온 육수는 이유식 만들 때 사용하면 좋다.

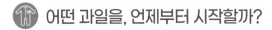

어떤 과일을, 언제부터 시작할까?

과일에는 아기에게 필요한 섬유질과 여러 종류의 비타민이 풍부하게 들어있어 아기 건강에 도움을 주는 식품이지만 그렇다고 해서 일찍 먹일 필요는 없다.

비타민 C는 수소가 첨가된 아스코르브산과 수소가 제거된 다이하이드로 아스코르브산, 이 두 가지가 있다. 채소와 과일에는 이 두 가지가 균형 있게 들어있지만, 대부분 아스코르브산만 들어있는 영양제는 과일을 대체하지 못하기 때문에 아기에게 영양제를 먹이는 것보다는 음식을 골고루 먹이는 일이 중요하다. 물론 아기가 동·식물성 음식을 잘 먹지 못한다면 철분과 아연, 비타민 B_{12}, 비타민 C 등이 함유된 비타민제를 먹일 수 있다.

아기가 생후 5~6개월이 되면 처음엔 사과, 배, 자두, 살구 등의 과일을 먹을 수 있는데 좀 더 신맛이 나는 귤이나 오렌지는 다른 과일을 먹고 난 뒤에 먹는 것이 좋다. 딸기, 토마토는 알레르기를 잘 일으키는 과일로, 아기가 먹고 나서 이상 반응은 없는지 잘 살피는 것이 좋다.

이유식 중기까지는 과일의 씨를 모두 제거하고 껍질을 벗겨 익혀 먹여야 한다. 신맛이 나지 않는 잘 익은 것으로 골라 먹이면 되는데 간혹 신맛이 난다고 해서 꿀을 발라주는 부모님들이 있는데 돌 전의 아기에게 필요 이상의 당 섭취 등이 문제가 되기 때문에 절대 꿀을 먹여서는 안 된다. 당도가 높은 과일은 아기에게 설탕을 먹이는 것과 같아서 가능하면 당도가 낮은 과일을 선택해 먹이는 것이 좋다.

과일즙을 낼 때는 믹서기나 강판을 사용하는 것이 좋다. 간혹 녹즙기로 과일즙을 짜서 아기에게 먹이는 부모님들이 있는데 녹즙기로 즙을 내고 버리는 찌꺼기에는 아기들이 꼭 섭취해야 하는 섬유질이 풍부하기에 녹즙기로 즙을 내는 것을 추천하지 않는다. 아기가 커가면 과일을 즙을 내지 않고 그대로 먹이면 된다. 4살 이전의 아이에게 포도알을 통째로 먹이면 기도를 막아 질식할 위험이 있어 피해야 한다.

과일은 가능하면 익혀서 먹이는 것이 좋은데 사과를 익혀 먹으면 변비에 걸릴 수 있어 변비가 있는 아기라면 주의해야 한다. 바나나는 익히지 않고도 그냥 먹여도 좋다. 바나나를 아기에게 줄 때는 껍질에 검은 반점이 보이고 속이 약간 노란 잘 익은 바나나를 골라 잘게 자른 뒤 분유에 섞어 먹이면 좋다. 충분히 익지 않은 바나나는 변비를 유발하게 만들어 변비가 있는 아기에게는 주의가 필요하다.

자두에는 섬유질이 풍부하고 소르비톨과 이사틴이라는 자연 변비제가 함유되어 있어 변비 치료에 도움을 준다. 그뿐만 아니라 소르비톨은 장에서 흡수되지 않는 당알코올로 변비 치료에 유용하다. 그래서 서양에서는 서양자두인 플럼을 변비 치료제로 사용하기도 한다.

과일 주스는 언제 먹일 수 있나요?

과일 주스는 생후 6개월 이후에나 먹일 수 있다. 여기에서 말하는 과일 주스는 집에서 직접 과일을 통째로 강판이나 믹서에 갈아 주는 것이 아니라 시중에서 파는 주스를 말한다. 주스 중에서도 신맛이 강한 귤이나 오렌지로 만든 주스는 다른 과일 주스를 시작하고 난 뒤에 먹이는 것이 좋다.

아기에게 처음 과일 주스를 먹일 때는 티스푼으로 한두 숟가락만 먹여보도록 하고, 하루에 많이 먹인다 해도 50cc 정도가 적당하다. 돌까지는 하루에 120cc 정도 먹이고, 돌이 지난 1~6살 아이에게는 하루에 120~180cc 정도만 먹여야 한다.

과일 주스를 먹일 때 주의 사항

가능하면 아기에게는 100% 무가당 과일 주스를 먹이는 것이 좋다. 시중에는 과일 주스가 아닌 과즙음료도 판매하고 있는데 여기에는 설탕이 많이 함유되어 있고, 인공감미료나 카페인이 들어있기도 해서 주의가 필요하다.

그래서 이유식 초기에 아기에게 혼합 주스나 시럽이 들어있는 주스를 먹이면 곤란하다. 먹이기 전에 반드시 성분표를 보고 단일 성분으로 된 것을 골라 먹이고 개월 수에 맞는 과일을 잘 골라 먹여야 한다.

아기가 먹고 남은 주스는 잘 밀봉해서 냉장고에 보관해야 한다. 침이 들어간 음식은 잘 상하기 때문에 다시 먹여서는 안 된다.

과일 주스를 많이 먹으면 배는 부르지만 영양이 별로 없고, 또 높은 당도 때문에 열량이 높아 성장기 아이들에게는 그리 좋은 음식은 아니다. 그래서 이런 과일 주스를 너무 많이 먹으면 영양상 심각한 불균형을 초래하여 키도 잘 자라지 않을 수 있고, 과일 주스를 마셔 배가 부르면 모유나 분유를 적게 먹게 되어 유지방 부족으로 두뇌 발달에 문제를 유발하거나 비만의 위험성도 있다.

🍼 달걀은 어떻게 먹이죠?

생후 4~6개월에는 달걀 노른자부터 먹일 수 있는데 이때에는 완전히 익혀서 먹여야 한다. 달걀 흰자는 노른자를 먹은 그다음 1~2개월 뒤부터 먹이는 것이 좋다. 특히 주의할 점은 달걀은 알레르기를 잘 일으키기 때문에 이유식에 첨가할 때는 그 이상 반응을 주의 깊게 살펴야 한다.

아기에게 달걀을 먹일 때는 이유식에 얹어 주어도 좋고 스크램블로 만들어 줘도 좋고 분유에 풀어서 줘도 좋다. 처음에는 소량 먹이기 시작해 그 양을 서서히 늘려나가는 것이 좋다. 간혹 잘 먹던 아기가 갑자기 달걀을 거부해 분유나 이유식에 섞어 먹이려는 부모님이 있는데 이 경우에는 아기가 나중에 분유나 이유식까지도 거부할 수 있어 주의해야 한다.

🍼 돌 지난 아기라도 달걀은 일주일에 3개까지

영양이 뛰어난 달걀이라고 해도 아기에게 너무 많이 먹이는 것은 바람직하지 않다. 어떤 아기는 맛 때문에 달걀 노른자만 먹기도 하지만, 달걀 노른자에는 콜레스테롤이 많이 들어있어 성인병의 원인이 될 수 있다.

달걀을 깨뜨릴 때는 깨끗한 곳에 대고 두들겨 깨야 한다. 덜 익은 달걀은 살모넬라균 등에 의해 식중독을 초래할 수 있어 주의가 필요하다.

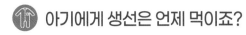 아기에게 생선은 언제 먹이죠?

생선은 생후 4~6개월부터 먹일 수 있는데 늦어도 돌 전에는 먹기 시작해야 한다. 아기에게 고기를 먹이는 것이 중요하기 때문에 이유식을 먹일 때는 처음에는 쌀죽으로 시작해서 고기, 채소, 과일 순으로 한 가지씩 첨가하여 먹인 후 생선을 첨가해도 좋다.

생선은 너무 많이 먹이지 말고 일주일에 2번 정도 먹이는 것이 좋다. 이유식을 위해 생선을 요리할 때는 절대로 간을 하지 않도록 주의해야 하고, 짠 굴비 같은 생선은 아기에게 줘서는 안 된다.

아기에게 먹이기 전에는 생선에 남은 가시가 없는지 잘 발라서 완전히 익혀서 먹이는 것이 중요한데 아기에게 익히지 않은 생선회 같은 것은 절대 먹여서는 안 된다.

생우유나 요구르트는 언제 먹이죠?

생우유는 돌 전의 아기에게 먹이면 장에 출혈을 일으킬 수 있고 알레르기가 생기기 쉬워 돌이 지난 이후에 먹여야 한다. 또한 우유에는 철분 함량이 적기 때문에 아기가 우유를 많이 먹게 되면 다른 음식의 섭취를 방해해 쉽게 빈혈을 일으킬 수 있다.

돌이 지난 후에는 하루에 400~500cc를 먹이는 것이 좋고, 4세 미만은 480cc, 4~9세 600cc, 9세 이상은 720cc 정도를 먹이는 것이 좋다.

아기 영양에 도움을 줄까 해서 우유보다 치즈를 먹이는 부모님도 많은데 치즈보다는 우유를 먹이는 것이 좋다. 우유에는 치즈보다 비타민 A, 비타민 D, 인(P)이 많고 콜레스테롤이 적다. 특히 국내 치즈 제품에는 소금이 너무 많이 들어있어 2세 이전의 아기들이 먹기에는 적합하지 않다. 참고로 유아용 치즈 18g 한 장에는 0.5g의 소금이 들어있는데 이는 1~3세 권장 소금 섭취량인 2g의 4분의 1이나 된다.

우유알레르기가 있는 아기를 제외하고 일반적으로 두유는 권장하지 않는데 두부는 생후 7개월부터 먹일 수 있다.

요구르트는 생후 8개월부터 먹일 수 있다. 무가공 플레인 요구르트가 아닌 단맛이 나는 요구르트를 먹일 때는 주의가 더 필요한데 이 맛에 익숙해진 아기는 분유나 모유보다 요구르트만 먹으려 하기 때문이다. 이런 경우에는 차라리 일시적으로 요구르트를 끊는 것이 좋다.

밀가루 음식은 언제 가능할까?

아기에게 건강상 다른 이상이 없는 경우라면 밀가루 음식은 생후 4~7개월 사이에 먹일 수 있다. 쌀을 먼저 잘 먹이고 난 뒤에 밀가루 음식을 먹이는 것이 좋은데 마카로니, 파스타, 스파게티 등은 잘 익혀 부드럽게 요리해 주면 생후 9~12개월에 먹일 수 있다.

돌 지난 아기의 권장 음식

생우유, 꿀, 견과류, 토마토, 딸기 등은 돌 이후에 먹일 수 있다. 다만 꿀에는 식중독균 위험이 있어 끓는 물에 탄다고 해도 안전하지 않기 때문에 주의가 필요하다.

우리나라 부모님들은 아기에게 미역국을 많이 먹인다. 미역에는 요오드가 많이 들어있어 아기의 뇌 발달에는 도움을 주지만 너무 과잉 섭취하게 하면 아기의 목밑샘 기능에 문제를 일으킬 수 있어서 주의해야 한다.

소금을 제외한 참기름, 깨, 올리브유 등은 생후 9개월부터 아기에게 소량 먹일 수 있는데 가능하면 돌 전에는 아무런 간을 하지 않고 먹이는 것이 좋다.

이유식, 언제, 얼마나 먹여야 할까?

처음 이유식을 먹일 예정이라면 아기나 부모님 모두 기분 좋은 상태에서 이유식을 시작하는 것이 여유 있고 안정적으로 먹일 수 있어서 오전 시간을 추천한다.

이유식은 수유 직후나 직전에 먹이는 것이 좋은데 그래야 아기가 한 번에 먹는 양이 늘어나고, 규칙적인 식사 시간도 정할 수 있어 아기의 식습관을 바로잡을 수 있다. 단 이유식을 처음 먹일 때는 모유나 분유를 조금 먹인 후 첫 이유식을 먹이고 다시 모유나 분유를 먹이는 것이 좋다. 그래야 낯설어 이유식을 잘 먹지 못하는 아기의 배고픔을 막을 수 있다.

이유식 중기인 생후 7~8개월 무렵에는 하루에 이유식을 2번 먹이고, 이유식 후기인 생후 9개월 이후가 되면 하루에 3번 먹이고 간식도 먹여야 한다.

이유식 중기부터는 이유식을 먹이는 사이에 간식을 1회 정도 먹게 하는 것이 좋다. 간식은 잘 익혀 잘게 자른 고구마, 감자, 잘 구운 식빵 조금, 아기용 비스킷 등을 주면 된다.

이유식, 하루에 몇 칼로리나 먹여야 할까?

생후 6~8개월 아기가 하루에 섭취해야 할 평균 열량은 620kcal 정도인데, 그중 490kcal 정도의 열량은 모유나 분유에서 얻는다. 모유나 분유 100cc당 열량 67kcal를 계산하면 답이 나온다. 이 시기까지는 모유나 분유가 주식이 되어야 한다.

생후 9~12개월 아기는 하루에 700kcal 정도를 섭취해야 하는데 이때는 이유식 양은 더 늘리고 모유나 분유의 양은 조금씩 줄어들게 된다. 모유나 분유는 400kcal 정도 먹고, 나머지 300kcal는 이유식과 간식으로 보충해야 한다.

아기가 돌이 되면 하루에 900kcal 정도를 섭취해야 하는데 이 시기에는 모유나 분유보다는 이유식과 다른 음식이 주식으로 자리 잡게 된다. 한 끼에 많은 경우 300kcal 정도를 섭취하는데 밥을 반 공기(150kcal) 정도 먹고, 고기도 하루에 30~40g을 먹는 것이 좋다. 간식은 하루에 2~3번 주면 되는데 간식의 열량은 이유식의 3분의 1을 넘지 않도록 주의해야 한다.

이유식 단계별 먹거나 피해야 할 식품

식품	가능 여부	초기 (4~6개월)	중기 (7~8개월)	후기 (9~12개월)	완료기 (13~15개월)
곡류	가능한 식품	쌀, 찹쌀, 오트밀	쌀, 차조, 현미	곡류 대부분 가능	곡류 대부분 가능
	피해야 할 식품	밀, 보리, 현미	밀가루		
육류	가능한 식품	소고기	소고기, 닭고기	소고기, 닭고기	육류 대부분 가능
	피해야 할 식품	기름기 부위	기름기 부위		
생선	가능한 식품	생후 4~6개월부터는 생선을 먹을 수 있는데 돌 전에는 먹기 시작하고, 일주일에 2~3회 먹는다.			
	피해야 할 식품	민물고기, 참치 등 큰 생선, 짠 굴비, 조개 등			
유제품	가능한 식품	섭취 금지	섭취 금지	플레인 요구르트	생우유, 치즈
	피해야 할 식품			생우유, 치즈	저지방 우유
콩류	가능한 식품	완두콩, 강낭콩	콩류 대부분 가능	콩류 대부분 가능	콩류 대부분 가능
	피해야 할 식품				
채소	가능한 식품	양배추, 브로콜리, 호박 등	채소 대부분 가능	채소 대부분 가능	채소 대부분 가능
	피해야 할 식품	시금치, 당근, 배추 등			
과일	가능한 식품	사과, 배, 자두, 딸기, 토마토 등	사과, 배, 자두, 딸기, 토마토 등	사과, 배, 자두, 딸기, 토마토 등	과일 대부분 가능
	피해야 할 식품	과일 주스			
달걀	가능한 식품	노른자	노른자, 1~2개월 후 흰자	노른자, 흰자	
	피해야 할 식품	흰자			
견과류 유지류	가능한 식품	섭취 금지	견과류	참기름, 땅콩, 올리브유	견과류 대부분 가능
	피해야 할 식품		알레르기 주의		땅콩버터

* 식품알레르기가 있는 아기일 경우에는 식품을 시작할 수 있는 시기가 달라질 수 있다.

Q&A

이유 시기에 나타날 수 있는 문제들

① 이유기 보충식은 어떤 형태로, 얼마나 자주 먹여야 하나요?

이유기는 편의상 이유기 초기, 중기, 후기로 나눕니다. 이유기 초기 1~2개월 동안인 생후 4~6개월 아기에게는 걸쭉한 반유동식 형태로 만들어 하루에 한 번 먹이면 됩니다. 시판하는 이유기 보충식을 이용할 때는 반고형 제품을 선택하는 것이 좋고, 분말 형태는 젖병에 타서 먹이지 말고 미음같이 개어서 숟가락으로 떠먹입니다.

이유식 중기는 생후 7~8개월로, 아기가 혀로 으깰 수 있는 반고형식을 하루에 두 번 먹이고 부족한 양은 모유나 분유로 보충합니다. 이유식 후기에 해당하는 생후 9~12개월에는 잇몸으로 으깰 수 있는 고형식을 하루에 세 번 먹이며 이유기 보충식 양이 충분해지면 보충식을 먹인 후 모유나 분유는 먹이지 않아도 됩니다.

점점 모유나 분유 섭취 횟수를 줄여나가 하루에 400~650mL를 아침과 밤에만 먹입니다. 이유식 완료 시기인 생후 13~15개월이 되면 어른과 같이 하루에 식사 세 번과 오전과 오후에 두 번의 간식을 주면 됩니다.

2장

2 이유기 보충식을 시작하고 나서 모유나 분유를 언제 끊어야 하나요?

이유기 보충식을 시작하더라도 아기에게 모유나 분유를 일단 계속 먹여야 합니다. 이유식 초기와 중기에는 보충식으로 영아의 영양 필요량을 충분히 공급할 수 없으므로 모유나 분유를 병행해 먹여야 하고, 이유식이 완료되는 1세 아기에게는 모유나 분유를 우유로 대체할 수 있습니다. 그러나 이유기 보충식을 시작한 후에도 모유 수유는 오래 할수록 여러 면에서 좋은 점이 많아 가능하면 생후 24개월까지 모유 수유를 계속하도록 합니다.

3 이유기 보충식을 직접 만들어 먹일 때 무엇을 주의해야 하나요?

우선 위생관리를 철저히 해 이유식을 만들어야 합니다. 한 번 먹을 만큼만 만들어 바로 먹이는 것이 좋고, 먹고 남은 음식은 아기에게 다시 먹이지 않아야 합니다. 이유식에 성인 음식에 사용하는 첨가물인 설탕, 소금 등을 넣어서도 안 됩니다.

이유기 초기와 중기에는 서서히 영양을 보강하여 이유 후기에는 곡류 외에도 다섯 가지 식품군이 골고루 포함된 보충식을 만들어 먹여야 합니다. 아기에게 부족해질 수 있는 영양소, 철과 아연이 풍부한 음식인 고기, 생선 등을 먹여야 하는데 특히 모유 수유하는 아기는 철 결핍 위험이 커져 생후 6개월 아기에게는 소고기 등을 먹여야 합니다.

이유식을 시작할 때는 한 번에 한 가지 음식만 만들어 먹여야 하며 새로운 음식을 첨가할 때는 일주일 간격을 두고 아기가 구토, 설사, 발진 등 음식의 반응 여부를 주의 깊게 살펴보아야 합니다.

4 철분 공급을 위한 가장 좋은 이유기 보충식 재료는 어떤 것이 있나요?

철분이 풍부한 음식으로는 붉은 고기, 간, 달걀 노른자, 철분 강화 시리얼, 콩, 녹황색 채소, 말린 과일 등이 있습니다. 동물성 식품에 들어있는 철분이 식물성 식품에 들어있는 철분보다 흡수율이 더 높으므로 붉은 고기, 간 등을 선택해서 이유식을 만들어 먹이는 것이 좋습니다.

5 이유기 보충식을 하는 모유 영양아에게 보충해 주어야 하는 영양소는 무엇이 있나요?

철 결핍은 모유 수유를 하는 생후 6개월 이상인 아기가 이유기 보충식을 하지 않으면 발생할 수 있는데, 이 경우에는 아기에게 이유식으로 철 보충을 해줘야 합니다.

비타민 D는 모유만 장기간 섭취하거나, 이유기 보충식을 늦게 시작하거나, 햇볕에 노출이 적은 아기에게 보충해 줘야 합니다.

생후 4~6개월 아기의 체내에는 아연 저장량이 충분하지만, 생후 7개월 아기는 엄마의 아연 상태와 상관없이 모유 내 아연 농도가 점차 감소하게 되어 이유기 보충식을 제대로 하지 않고 모유 수유만 한다면 아연 보충이 필요할 수도 있습니다.

6 분유 수유를 하는 아기에게 보충해야 할 이유기 영양소가 있나요?

시중에서 판매되고 있는 분유에는 대부분 철분이 강화되어 있으므로 건강한 만삭아일 경우라면 철분을 따로 보충할 필요는 없습니다.

최근 뼈 건강뿐 아니라 암, 알레르기 면역질환 등을 예방하는 중요한 영양소로 대두되고 있는 비타민 D의 경우에는 전문의와 상담 후 보충할 수도 있습니다.

⑦ 아기가 이유식을 잘 먹지 않을 때는 어떻게 해야 하나요?

아기가 1세가 될 때까지 다양한 음식을 접하게 만드는 건 건강한 식습관을 형성하는 데 중요합니다. 그래서 아기가 새로운 음식을 먹을 때는 거부감이 생길 수 있고 음식을 먹는 새로운 과정을 습득해야 하므로 인내심을 가지고 한 가지 음식을 10번 이상 여러 번 먹여보려는 노력이 필요합니다.

아기가 배가 고플 때를 잘 파악하면 이유식을 잘 먹일 수 있습니다. 아기가 포만감을 느낄 때까지 먹이고 그 이후에는 더 먹길 강요하지 말아야 합니다. 정해진 시간과 장소에서 이유기 보충식을 주어야 하며, 아기가 이유식을 먹으러 30분 이상 식탁에 오지 않는다면 밥상을 치워서 불규칙한 식사 시간을 만들지 않게 해야 합니다.

같은 음식 재료라 하더라도 질감과 맛을 다르게 변형해 이유식을 만들거나, 다른 음식과 섞어 만들어보는 시도도 좋은 방법입니다. 또한 먹을 때는 먹는 것에만 집중하고 다른 것에 관심을 두지 않도록 만들어야 하므로 아기가 TV나 스마트폰을 보면서 이유식을 먹어서는 안 됩니다.

이유식을 먹이는 동안에는 부모님이 아이와 눈을 맞추고, 대화하고, 웃고, 신체 접촉을 하면서 즐거운 시간을 갖는 것도 아기의 건강한 식습관에 도움을 줍니다.

⑧ 이유기에 먹일 수 있는 음식은 어떤 것이 있나요?

초기 이유기 보충식으로는 쌀미음이나 죽을 권장하며 점차 철분과 아연이 풍부한 육류, 비타민과 미네랄이 풍부한 과일, 채소 등을 부드럽게 만들어 먹입니다.

이유기 중기에는 수분 함량이 많고 먹기 쉬운 으깬 감자로 조리된 야채류, 밥알 형태가 남아있는 으깬 죽, 주 1회 정도의 담백한 참치캔, 다진 부드러운 고기 등을 먹입니다.

고기, 닭, 날달걀 등은 가능한 한 자주 먹이고 차, 음료수, 주스는 먹이지 않는 것이 좋습니다. 특히 소금 뿌린 김과 같이 가공된 식품이나 조리된 음식은 바람직하지 않습니다.

단맛이 전혀 가미되지 않은 집에서 만든 무가당, 무첨가 요구르트는 단백질, 칼슘이 풍부하고 소화가 잘되기 때문에 이유기 초기에도 먹일 수 있습니다. 생후 10개월 이전의 아기에게 시판 중인 요구르트를 먹여서는 안 됩니다.

꿀은 보툴리즘 등의 식중독 위험성이 있으므로 1세 이후의 아기에게 먹여야 합니다. 생선은 불포화 지방산과 단백질의 좋은 공급원이므로 주 2회 먹일 것을 권장합니다.

⑨ 침 흘린 피부가 빨갛고 가려워하는데 왜 그런 건가요?

아기가 이가 나기 시작하면 침을 많이 흘리게 되고, 이유식을 먹게 되면 음식 등이 입과 턱 주변에 묻어 자극에 의한 접촉성 피부염이 발생했을 가능성이 큽니다.

⑩ 아토피피부염이 있는 아기의 이유식은 언제 어떻게 시작해야 하나요?

아토피피부염이 있다 해도 음식에 특별한 문제가 없다면 일반 아기들과 마찬가지로 생후 5～6개월에 이유식을 시작하여도 됩니다.

단 식품알레르기 증상이 확인되었다면 알레르기 검사를 받아 어떤 음식에 문제를 일으키는지 알아보아 증상 재발 예방을 위해서라도 알레르기 원인 음식을 제한하도록 하고 있습니다. 또한 이유식을 시작할 때 하루에 한 가지씩 새로운 음식을 넣어 2일 정도 아기 반응을 살펴보면서 음식과 알레르기의 관계를 확인해야 합니다.

식품알레르기 발생 예방을 위해서는 모유 수유를 최소한 6개월 동안은 지속할 것을 권장하고 있습니다.

⑪ 우유알레르기가 있습니다. 유제품은 언제쯤 먹일 수 있을까요?

우유알레르기는 1세 전후 아기는 60%, 2세 아기는 70%, 3세 아기는 80% 확률로 그 증상이 사라지는 경우가 많으므로 이 기간에는 가능하면 유제품 섭취를 금하게 하고 모유 수유나 완전 가수 분해 분유인 저알레르기 분유를 권장합니다.

하지만 모유 수유를 하는 엄마가 섭취하는 우유, 달걀, 등푸른생선, 밀, 견과류 등은 모유를 통해 아기에게도 전달되기 때문에 주의해야 합니다.

유제품을 제한하면서 6~12개월에 한 번 혈액검사 등을 받는 것이 바람직하며 결과에 따라 다시 먹여보아 시험을 해보도록 합니다. 이때 증상이 나타나지 않으면 유제품 제한을 중단하고 그 증상을 관찰해야 합니다.

⑫ 알레르기가 걱정되는 아기의 이유기 보충식은 언제 시작하나요?

알레르기질환 발병 위험이 큰 아기는 일반적으로 이유기 보충식을 늦게 시작해야 한다고 생각할 수 있습니다. 그러나 고형식의 이유식을 늦게 시작한다고 해서 알레르기를 예방하는 것은 아니며 오히려 영양 상태를 악화시켜 아기의 건강을 해칠 수 있으므로 생후 5~6개월에는 이유기 보충식을 시작해야 합니다.

⑬ 아기가 초점을 맞추지 못하고 멍하니 바라보는 것 같아요

아기는 눈앞의 물체 특히 엄마의 얼굴을 주시할 수 있습니다. 그러나 신생아기에는 눈의 초점을 맞추는 능력이 아직 충분히 발달하지 않기 때문에 움직이는 물체를 주시하는 것은 생후 1~2개월이 지나고 나서야 가능합니다.

⑭ 아기가 소리에 반응하지 않는 것 같아요

아기가 소리를 구별하거나 소리가 나는 방향을 알 수 있게 되는 시기는 생후 5~6개월이 지나서야 가능합니다.

신생아기에는 큰 소리에 깜짝 놀라기는 하지만, 생후 3개월이 지나면 눈을 깜박이고, 생후 4개월이 되어서야 소리가 나는 쪽으로 시선을 돌리게 됩니다. 하지만 아기가 늘 들어서 익숙해진 소리에는 반응하지 않을 수 있습니다.

⑮ 아기가 밤에 갑자기 심하게 자지러지게 웁니다 어떻게 해야 하나요?

생후 3~4주가 되면 건강하던 아기가 갑자기 얼굴이 벌게지면서 다리를 배 쪽으로 바짝 끌어당겨 자지러지게 우는 경우가 있습니다. 주로 저녁이나 밤중에 2~3시간씩 달래기 힘들 정도로 심하게 누가 꼬집는 듯이 계속 울어대는 경우가 있는데 그러다 지쳐서 잠이 들고 나면 낮 동안에는 별일 없듯 지내다 저녁 무렵이나 밤, 비슷한 시간에 맞춰 다시 심하게 울기 시작합니다. 이렇게 영아 산통으로 우는 아기의 배는 대부분 가스가 차서 불룩해져 있는데 아기가 울 때 들어간 공기 때문입니다.

이 시기의 아기가 뚜렷한 이유 없이 오랫동안 달래기 힘들 정도로 우는 경우, 이를 영아 산통이라 부릅니다. 의학적으로도 그 원인이 복부인지 다른 신체 부위인지 확실히 밝혀지지 않았지만 우유알레르기, 장의 부적절한 움직임, 심리적 요인이나 사회적 요인들도 거론되곤 합니다.

아기에게 신체적 질환이 있지는 않은지 병원에 가서 진료를 받고 별다른 이상 소견이 없다면 당황하지 말고 아기가 울 때마다 달래주도록 합니다.

아기가 심하게 울 때는 모유나 분유를 한 번에 많이 먹이지 말고, 아기를 안고 걸어보거나, 아기가 안정을 찾는 진공청소기나 드라이어 소리를 옆방에서 듣게 하거나, 포대기나 담요로 싸서 흔들어 주는 것이 도움이 됩니다.

아기에게 알레르기 증상이 있다면 전문의와 상담한 뒤에 단백가수분해 분유인 저알레르기 분유를 시도해 보는 것도 도움이 될 수 있습니다.

영아 산통 울음은 보통 생후 6주 시기의 아기에게서 가장 심하게 나타나고 생후 12주부터는 감소합니다.

⑯ 옹알이를 하지 않고 불러도 반응이 없어요

아기 대부분은 생후 2~3개월 때부터 옹알이를 시작해서 생후 7개월 이후에는 음절에 가까운 소리를 내고, 생후 10~12개월에는 '엄마'와 '아빠'를 말할 수 있게 됩니다.

그런데 아기가 만 2세가 되어서도 적절한 말을 하지 못한다면 반드시 그 원인을 찾는 검사를 받아보아야 합니다. 아기가 옹알이를 하지 않고 불러도 반응이 없다면 청각장애 및 신경질환의 가능성이 있으므로 소아청소년과 전문의의 진료를 받는 것이 좋습니다.

17 언제부터 엄마, 아빠 목소리를 알아듣고,
언제부터 엄마, 아빠 얼굴을 알아보나요?

아기들은 생후 6개월이 되어서야 겨우 엄마와 아빠를 어렴풋이 인식하고, 생후 8~9개월은 넘어야 비로소 부모에 대한 애착이 형성되기 시작합니다. 생후 3~6개월경부터는 아기와 부모 간에 상호작용이 관찰되며 생후 6~12개월이 되면 비언어성 의사소통이 가능해지지만 이는 개인차가 있습니다.

18 아기 띠는 어떤 것을 사용하는 게 좋을까요?

생후 6개월 이전의 아기는 머리와 허리를 받쳐줄 수 있는 구조의 아기 띠를 사용하는 것이 좋습니다. 그러나 생후 4개월 이하의 아기에게 너무 부드러운 주머니 형태의 아기 띠는 질식의 위험이 있으므로 아기 띠 선택과 사용 과정에 주의하여야 합니다.

앉는 형태의 캐리어는 생후 6개월 이후에 아기가 목을 충분히 가누고 허리를 버틸 힘이 생겼을 때 사용해야 합니다.

19 보행기는 언제부터 사용할 수 있나요?
걸음마 하는 데 도움이 되나요?

보행기는 생후 6~8개월 정도부터 사용할 수 있는데 그 전의 아기는 몸을 잘 가누지 못해 몸이 기울어져 무리가 가거나 사고가 생길 수 있습니다. 일찍 걷게 하려는 목적에서 아기를 보행기에 태우기도 하지만, 그러면 오히려 걷기가 늦어지게 됩니다.

턱이 있는 곳이나 계단에서 보행기가 뒤집히거나 굴러떨어져 아기가 골절이나 머리에 외상을 입기도 하고, 보행기를 딛고 식탁보를 당기거나 식탁에 놓인 그릇이나 가전제품을 건드려 화상을 입을 수도 있습니다. 물에 빠지거나, 높은 곳에 있는 위험한 물건을 건드려 위험 물질에 중독될 수도 있고, 보행기와의 충돌로 높은 곳에 둔 물건이 떨어져 아기가 심하게 다칠 수도 있습니다.

이처럼 보행기로 인한 사고로 아기가 다치는 경우가 빈번해 가능하면 보행기는 사용하지 않는 것이 좋습니다.

20 두 돌인데 알아듣기만 하고 말을 못 해요

아기가 생후 24개월 정도가 되면 수십 개에서 백여 개 정도의 단어를 구사할 수 있게 됩니다. 일반적으로 이 시기까지 아기가 한 단어도 말하지 못한다면 언어평가를 받아보는 게 좋습니다. 그로 인해 언어 지연의 원인인 열린 입천장갈림, 심하게 짧은 혀, 자폐증, 지적 장애, 청각장애 등 장애를 일찍 발견하는 예도 있습니다.

그러나 이러한 문제 없이 알아듣기는 잘하지만 표현하는 언어가 지연되어 말을 하지 못하는 예도 있으므로 언어평가로 정확한 진단을 받아보는 것이 좋습니다.

21 발음이 부정확해요

아기 발음이 부정확한 원인은 다양한데 성대가 마비되거나 입천장이 찢어졌다면 발성이나 발음(조음)장애가 발생하고 콧소리를 냅니다. 그 외에도 설소대가 짧거나 이상이 있는 경우, 혀의 운동이 덜 발달해도 발음이 부정확할 수 있습니다.

그러므로 혀, 입술, 치아, 입천장, 코 등의 발음을 만드는(조음)기관에 문제가 없는지 검사를 받아봐야 합니다. 안면구조 이상이라면 전문의의 치료를 받아야 하고, 조음기관이 성숙하지 못한 경우라면 언어치료를 받아야 합니다.

㉒ 설소대가 짧은데 수술을 해야 하나요?

혀의 아랫면과 입의 바닥을 연결하는 막인 설소대가 짧으면 혀의 운동이 제한되는데 아기가 최대한 혀를 내밀었을 때 혀끝이 W 모양이 되거나, 혀를 들어올렸을 때 하트 모양이 되는 것으로 진단할 수 있습니다.

설소대가 짧다고 해서 젖을 먹거나 말을 하는 데에 지장을 주는 경우는 흔하지 않으며 2살이 되기 전에 길어지기도 합니다. 따라서 특별한 치료가 필요하지 않은 경우가 대부분입니다. 하지만 간혹 수유가 힘들거나, 2살이 되어서도 혀가 길게 나오지 않아 정확한 발음이 되지 않는다면 수술을 받는 것이 좋습니다.

보통은 아기가 돌이 지났다 하더라도 단설소대는 전신 마취 없이 간단하게 설소대를 잘라주는 수술을 할 수 있고 통증 또한 예방주사보다 아프지 않습니다. 수술 후 혀를 움직이고 침이 나오기 때문에 다시 붙는 경우는 거의 없습니다.

㉓ 아이들에게 매년 기생충 약을 먹여야 하나요?

요즘 아이들도 기생충이 있나요? 하고 묻는 부모님들이 많은데 아기에게도 기생충이 생길 수 있습니다.

기생충이라면 일반적으로 회충, 요충, 십이지장충 등을 말합니다. 기생충 대부분은 눈으로 잘 보이지 않지만 요충은 아이들 항문 근처에서 하얀 실같이 꿈틀거리는 모습을 볼 수 있어 부모님들이 발견하고 놀라서 응급실이나 소아청소년과로 방문하는 경우가 많습니다.

예방을 위해서는 화장실을 다녀온 뒤 손을 꼭 씻고 변기는 항상 청결하게 관리해야 합니다. 특히 유아원 같은 곳에서 가끔 집단으로 요충이나 회충이 발견되는 경우가 있으니 화장실을 청결하게 유지하고 소독하는 것이 중요합니다.

최근에는 과거와 달리 기생충이 많이 줄어 예방 목적으로 기생충 약을 권하지는 않아 아이에게 매년 기생충 약을 먹일 필요는 없습니다. 다만 해안가나 강 근처에 거주하는 경우라면 기생충 약을 예방적 차원에서 고려해 볼 수는 있습니다.

민물 생선은 날로 먹지 않게 하고, 가족 중에 감염자가 있다면 반드시 소아청소년과 전문의와 상의하세요. 만약 아이에게 요충감염이 있다면 요충 약은 가족 모두 2번 이상은 먹어야 합니다. 어떤 경우에는 3주일 간격으로 3회를 먹어야 재발을 확실하게 막을 수 있습니다.

24 아기가 감기에 걸린 것 같은데 처방 없이 약국에서 약을 사 먹여도 되나요?

정상적인 아이라면 일 년에 감기를 6~8회 정도 걸릴 수 있습니다. 하지만 아이가 6세 미만이라면 감기약이라도 간단히 생각하지 말고 반드시 의사의 처방을 받은 약을 먹여야 합니다.

아이가 6세 이상이라도 의사의 처방 없이 약을 산다면 약국에서 용법과 부작용에 대한 정확한 설명을 듣고 보호자가 정확한 용법을 지켜 아이에게 복용시키는 것이 중요합니다.

이전 혹은 현재 다른 질환이 있다면 의사의 처방을 받아 약을 먹는 것이 안전합니다. 감기 증상으로 보여도 다른 질환의 초기 증상과 비슷한 경우가 많으므로 진료를 받는 것이 바람직합니다.

25 중이염이나 폐렴에 자주 걸리는데 면역에 문제 있는 건가요?

중이염은 감기에 걸렸을 때 가장 흔하게 걸리는 합병증 중 하나입니다. 아기가 감기를 치료하는 도중 합병증으로 중이염이 생겼을 때는 중이염 치료를 위해 어른들처럼 이비인후과에 가지 말고 소아청소년과 전문의 진료를 받는 것이 좋습니다.

아이는 어른보다 중이염에 걸리기가 쉽습니다. 아이는 어른보다 귀 내부로 이어지는 이관(유스타키안 튜브)의 길이가 어른보다 짧아 입안의 인두에서 귀로 균이 들어가기 쉽기 때문입니다.

중이염이나 폐렴에 자주 걸리면 보통은 아이에게 자주 반복되는 감염이 있다고 우려하지만, 대부분 아이의 면역력은 정상입니다. 중이염이나 폐렴을 효과적으로 예방하고 싶다면 아이에게 폐구균과 독감 예방접종을 꼭 맞혀주는 것이 좋습니다.

아이의 증상으로 막연히 불안해하거나 걱정하지 말고 먼저 소아청소년과 전문의와 상담하는 것이 좋습니다. 상담한 뒤 아이의 면역력에 이상이 있을 것으로 의심되면 단계적으로 검사를 진행하게 됩니다.

㉖ '영아돌연사'가 종종 뉴스에 나오는데 어떻게 예방할 수 있나요?

영아돌연사는 어떠한 검사나 조사로도 사인이 밝혀지지 않는 영아 사망으로, 영아돌연사 예방을 위해서는 아기의 잠자리 환경 관리가 중요합니다. 아기가 최소한 돌이 되기 전까지는 등을 바닥에 대고 눕는 자세로 아기를 재웁니다. 너무 덥지 않게 하고, 잠자리 바닥은 단단하게 정리하여 머리나 얼굴까지 덮이지 않게 하고, 아기 주변에 푹신하거나 헐렁한 침구류, 물건을 두지 말아야 합니다.

간혹 술이나 약물을 복용한 부모가 아이와 함께 자다 무의식적으로 아이를 팔이나 다리 등으로 눌러 질식시키는 사례가 있어 부모는 아이와 같은 방에서 함께 자더라도 잠자리는 무조건 따로 써야 합니다. 흡연 또한 절대 해서는 안 됩니다.

이유 시기에 나타날 수 있는 문제들 – 잠자기

(1) 우리 아이는 얼마나 자야 충분히 잔 것인가요?

아이가 자고 난 뒤 기분 좋은 상태로 생활할 수 있는 정도가 아이의 적절한 수면시간입니다. 아이가 피곤해하거나 잠이 부족해 생기는 정서적 문제들, 즉 짜증 내고 변덕스러워지거나 산만해지는 행동을 한다면 미리 알아채고 도움을 주어야 합니다. 생후 1년간은 아기들에 따라 수면시간에 많은 차이를 보일 수 있지만 평균적인 수면시간은 아래와 같습니다.

> **생후 0~2개월 :** 10~19시간(평균 13~14.5시간), 미숙아일수록 더 많이 잡니다.
> **생후 2~12개월 :** 밤 9~12시간, 낮 3~4시간, 총 12~13시간 동안 잡니다. 생후 2개월일 때 2~4번의 낮잠을 자는데 생후 12개월이 되면 하루 1~2번으로 줄어듭니다.
> **생후 12개월~3세 :** 아침잠은 없어지고, 밤 9.5~10.5시간, 낮 2~3시간, 총 12~14시간 동안 잡니다.
> **3~5세 :** 밤 9~10시간, 낮잠은 가끔 한주에 몇 번 자다 차츰 줄어들게 됩니다. 4세 아이의 26%, 5세 아이의 15%만이 낮잠을 잡니다.
> **6~12세 :** 24시간 동안 총 9~10시간 동안 잡니다.
> **12~18세 :** 생리적으로는 9시간~9시간 15분 정도의 수면시간이 필요합니다.

② 낮잠은 몇 살 때까지 재워야 하나요?

정상적으로 1~2세에는 낮잠을 포함해 11~ 14시간 동안 잠을 자는데 낮잠은 1.5~3.5시간 정도 잡니다. 아기를 밤에 일찍 재우기 위해서는 오후 4시 이후에는 낮잠을 재우지 않는 것이 좋습니다. 3~5세 즈음에는 하루에 낮잠을 포함해 총 10~13시간을 자고, 5살 이후에는 낮잠을 자지 않습니다.

③ 아기가 잠들 때 눈을 움직여요

아기는 생후 3개월까지 꿈을 꾸면서 잠을 자는 꿈수면 잠이 들게 됩니다. 꿈 수면 시에는 빠른 눈동자의 움직임이 동반되며 눈동자의 움직임뿐만 아니라 흔히 배냇짓이라고도 부르는 얼굴을 찡그리기도 하고 웃거나 젖을 빠는 것 같은 표정을 짓기도 합니다. 이는 어린 아기들에게서 볼 수 있는 정상적인 수면 특징이므로 걱정할 필요 없습니다.

④ 아기가 밤낮이 바뀌었어요

생후 12주까지의 아기는 밤낮의 구별이 없으므로 2~3시간마다 자다 먹다 하는 양상을 정상적으로 보일 수 있습니다. 그 이후 차츰 빛에 반응하여 낮에는 깨어있는 시간이 많아지고 밤에는 주로 자게 됩니다.

이 시기에 수면 교육이 제대로 이루어지지 않는다면 앞으로도 밤에 놀고 낮에 자는 경우가 생겨 아기 엄마까지도 밤낮이 바뀌어 곤란할 수 있습니다.

따라서 생후 3개월 이상의 아기는 낮에 환한 곳에서 재우고 밤에는 어두운 곳에서 재워 외부 환경 주기와 아기의 일주기를 맞추어주는 것이 필요합니다. 이때 그 주기를 빨리 맞추기 위해 서두르게 되면 아기와 엄마 모두 스트레스만 받게 됩니다.

아기가 서서히 아침 햇빛을 받게 하고 야간에는 수유 횟수를 줄여 아기의 밤낮 주기를 빨리 정착시키는 것이 무척 중요합니다.

밤에 아기가 배고파 운다면 아기를 완전히 깨워서 먹이기보다는 조명을 최소한으로 어둡게 밝혀 조심스럽고 천천히 먹이는 것이 좋습니다.

⑤ 어떻게 눕혀서 재우는 것이 좋을까요?

아기가 잠자는 밤이나 낮이나 언제나 등을 바닥에 대고 똑바로 눕혀야 하고, 바닥의 요나 매트리스는 너무 푹신해서는 안 됩니다. 신생아에게 베개를 사용하는 것은 권장되지 않습니다.

⑥ 언제까지 아기를 데리고 자도 되나요?

아기를 부모 방에서 함께 재우는 것이 좋은지 아니면 다른 방에서 따로 재우는 것이 좋은지에 대한 논의는 가정마다, 또는 동서양 문화에 따라 많은 차이를 보이고 있고 저마다의 장단점이 존재하는 문제이기 때문에 명확한 정답은 없습니다.

중요한 것은 아기가 부모와 같은 방에서 잔다고 하더라도 스스로 잠들 수 있도록 훈련하는 것입니다. 부모와 매일 같은 침대에서 같은 시간에 자던 아이가 어느 날 갑자기 다른 방이나 떨어져서 잘 수는 없습니다. 어릴 때부터 꾸준하게 다른 침대나 요에서, 반드시 정해진 시간에 아이가 먼저 잘 수 있도록 수면 환경을 조성해야 합니다. 이러한 수면 훈련은 아기가 생후 3개월 이전에 시작하여야 쉽게 습관화할 수 있습니다.

생후 12개월 이내의 아기를 부모와 같은 침대나 요에서 함께 자는 것은 질식의 위험성을 증가시키므로 같은 방에서 자더라도 꼭 다른 침대나 요를 사용하여 따로 자야 합니다.

⑦ 아기를 잘 재우려면 어떻게 해야 할까요?

원칙적으로는 아기를 재운 다음에 눕히는 것이 아니라 아기가 졸려 할 때 눕혀서 스스로 잠들게 해야 합니다. 아이 스스로 잠들 수 있는 능력을 키워 나가도록 부모가 도와주는 것이 중요합니다.

마찬가지로 아기가 밤에 자다 깨어 울 때도 부모는 즉각적인 반응을 피하고 먼저 아기를 살펴본 후 반응하는 것이 좋습니다. 그러기에 앞서 아기가 졸려 하는 신호를 알아두세요.

아기들은 졸릴 때 보채거나 울고 눈을 비비기도 하며 허공을 응시하기도 하고 귀를 잡아당기기도 합니다. 아기가 이런 신호를 보일 때 잠자리에 가만히 내려놓으면 아기가 쉽고 빠르게 잠들 수 있습니다.

아기를 밤에는 어둡게, 낮에는 환한 곳에서 지내게 해주세요. 아기가 밤에 더 오래 잘 수 있도록 밤에는 불빛을 어둡게 해서 활동을 최소한으로 만들고, 낮에는 활동적으로 아기와 놀아주고 수유 시간과 활동 시간을 규칙적으로 만들어 깨어있도록 해야 합니다. 즉, 부모님은 아기와 함께 아기 재우기 활동을 개발해야 합니다. 이는 특별한 활동이 아니라 매일 같은 시간에 목욕하고 옷 갈아입히고 안아주고 노래를 불러주는 등의 잠재우기 활동을 20~30분 동안 늘 같은 순서로 진행하는 것입니다.

아기가 졸려 하기 시작하면 잠자리에 내려놓아 스스로 잠들게 해야 합니다. 매일 규칙적으로 같은 시간에 같은 순서로 하다 보면 생후 몇 주 정도의 아기일지라도 잠자기 전 이와 같은 활동에 적극적인 반응을 보여 잠들 준비를 하게 됩니다.

그러나 아기가 극도로 보챈다든지, 달래지지 않을 때는 영아 산통 또는 위식도역류증, 호흡곤란 등의 의학적인 문제로 인한 반응일 수도 있어 이때는 반드시 소아청소년과 전문의와 상의해야 합니다.

8 아기가 젖꼭지를 물어야만 자는데 자면서 먹여도 되는지요?

생후 12주 이내의 아기는 자다가 깨서 먹고 또 자기를 반복하지만, 그 이후에도 습관적으로 자면서 먹게 하면 아기 스스로 잠들기 어려워할 수 있어 아기가 깨어있는 시간에만 먹이고 잠이 들면서 모유나 분유를 먹지 않도록 해야 합니다.

아기가 얼마 먹지도 않고 엄마 젖꼭지를 물고 잠들어 버린다면 이는 젖이 필요한 것이 아니라 잠드는 데 젖꼭지가 필요하게 버릇이 든 것이며 이는 고무젖꼭지를 물어야 자는 버릇과도 마찬가지입니다.

아기의 고무젖꼭지 사용은 좋은 수면 습관을 들이는 데 바람직한 방법은 아니지만 영아돌연사증후군을 예방할 수 있다는 보고도 있어 장단점을 함께 가지고 있습니다.

9 밤새 자주 깨서 울어요

어떤 나이의 아이라도 자다가 4~6회 정도는 깨곤 합니다. 그런데 정작 문제는 자주 깨는 것이 아닌 다시 스스로 잠들지 못하는 경우입니다. 이는 보통 잘못된 잠자기 훈련으로 인해 발생하는데 특히 부모가 아기와 함께 잘 때 안아주거나 두드리며 재울 때의 자극이 수면 조건으로 굳어져 정상적인 야간 각성 때마다 같은 자극이 필요하게 됩니다.

이에 대한 치료 또는 예방으로 가장 중요한 것은 아기의 일정한 수면시간과 규칙적이고도 올바른 잠재우기 활동을 몸에 익히도록 만드는 데 있습니다.

10 아기가 자기 전에 바닥에 머리를 찧어요

자기 전 아기의 머리 박기 행동은 수면과 연관된 율동성 운동장애 중 하나입니다. 보통은 잠에 곤히 떨어지기 전에 이런 이상한 행동들이 나타나는데 깊게 잠들면 없어졌다 밤에 깼을 때 다시 잠들면서 반복되기도 합니다.

아기가 이러한 행동을 하는 이유는 단지 잠을 청하기 위한 일시적인 행위로 설명되나 아직 분명히 밝혀지지는 않았습니다.

특별한 치료 없이도 대부분은 저절로 좋아지기 때문에 그때까지는 다치지 않도록 두꺼운 요를 아기 주위에 깔아주는 것이 좋습니다.

11 잠들 때 팔다리를 여기저기 까딱거리면서 움직여요

이러한 행동은 아기가 잠들기 시작할 때 정상적으로 나타날 수 있는 작은 움직임입니다. 이 증상으로 잠들지 못할 정도가 아니라면 질환으로 간주하지는 않습니다. 어린 아기라면 아기 담요로 몸을 꼭 싸주는 것도 도움이 됩니다.

12 밤마다 다리가 아프다고 주물러 달라고 해요
잘 때 발을 가만히 두질 못해요

아기가 누워서 자려고 할 때마다 다리에 벌레가 기어가는 느낌이 들거나 전기가 오는 느낌, 누가 긁고 있는 느낌, 통증 등이 계속 느껴져 다리를 계속 움직이거나 두들기거나 문지르고 싶은 충동을 지속하여 잠드는 데 힘이 들고 많은 시간이 걸리게 되는 것을 하지불안증후군이라고 합니다. 이는 계속 움직이고 싶은 충동 여부로 성장통과 구분될 수 있습니다.

⑬ 아이가 입을 벌리고 자면서 심하게 코를 골다가 숨이 멎어요

코를 심하게 골거나 중간에 숨이 멎었다가 이리저리 구르며 입으로 숨을 쉰다면 수면과 연관된 호흡 장애를 의심해야 합니다. 전형적인 폐쇄성 수면무호흡증은 수면 중에 기도가 닫혀 반복적으로 짧은 시간 동안 무호흡증이 발생하는 상황을 말하며 소아에서는 부분적으로 막히는 경우가 더 많습니다.

대부분은 큰 편도와 아데노이드(코 편도) 때문에 일어나는 경우가 많은데 특히 과체중인 아이들에게서 더 흔하게 발생합니다. 그 외에 땀을 흘리며 자거나, 엉덩이를 들고 엎드려 자기, 고개를 뒤로 젖히고 자는 모습을 보이기도 합니다.

수면무호흡증을 지속하면 초등학생 전 아이들은 성장과 발달에 문제가 생기기도 하고 집중력도 차츰 떨어지고 산만해지는 경향을 보이며 고학년이 되어서는 학교에서 졸거나 학업성적이 떨어지기도 하며 거친 행동 등을 보이기도 합니다.

우리 아이 예방 접종 제대로 알자

연령대로 보면 어린이가 감염 질환의 발병률이 가장 높다. 지금도 세계적으로 연간 수백만 명의 어린이들이 세균 또는 바이러스 감염병과 관련된 질환으로 사망하고 있다. 이러한 감염병 발생의 예방 대책은 감염원과 그 경로 차단, 살균 및 소독 등 일차적으로 위생 개선이 필요하지만 무엇보다 가장 중요한 예방은 예방 접종이다.

예방 효과와 안전성

예방 접종의 효과는 과거 유행이 반복되었던 천연두를 박멸시켰고, 소아마비, 디프테리아, 홍역, 백일해, 파상풍, 결핵 등에 의한 감염병 발생률을 현저히 감소시켰다.

예방 효과란 예방 접종 후 병원체가 체내에 들어왔을 때 침입한 병원체로부터 방어되는 효과를 의미한다. 이 효과는 특정 세균이나 바이러스에 면역이 충분히 생성하도록 자극하는 백신의 항원성, 항체의 지속성 등에 따라 다르게 나타난다. 즉, 백신의 예방 효과가 낮다면 접종은 권장되지 않는다.

예방 접종의 안전성 또한 무엇보다 중요한데 아무리 효과가 좋다 해도 접종에 의한 이상 반응이 나타나거나 후유증이 심하면 그 예방 접종은 피하게 되고, 아무리 효과가 좋고 안전하여도 자연 감염의 증상이 심하지 않거나 질병 발생률이 매우 낮은 경우라면 예방 접종의 유용성은 낮아진다.

🧑 수동면역과 능동면역

면역이 생긴다는 것은 인체가 외부 물질, 즉 바이러스나 세균, 이물질 등을 인식하여 이를 제거할 수 있는 능력을 말하는데 면역은 기본적으로 수동면역과 능동면역으로 구분한다.

수동면역은 다른 사람이나 동물에게서 이미 만들어진 항체를 투여받아 얻게 되는 면역이다. 수동면역은 항체를 투여받는 즉시 효과를 기대할 수 있는 장점이 있으나 그 효과는 일시적이며 수주에서 수개월의 시간이 지나면 소실되는 단점이 있다. 예를 들면 모체로부터 태반을 통해 태아에게 전달되는 항체가 대표적이고 그 외에도 정맥 주사용 면역글로불린, B형 간염, 파상풍, 홍역, 공수병 등에 특이항체 면역글로불린 등이 있다.

능동면역은 숙주인 인체의 면역체계를 이용하여 방어 능력을 갖추도록 하여 감염병을 예방하는 것인데 수동면역보다는 지속 기간이 길며 평생 면역을 기대할 수 있다. 즉, 예방 접종이 대표적인 능동면역 수단이다. 체내의 면역 반응만 적절히 유발해 자연 감염 시 숙주인 인체의 방어항체를 상승하거나 특이 면역세포인 T림프구의 기억 활성을 유지하여 예방하는 것이다.

백신 항원의 종류

약독화 생백신 : 이 백신은 병을 일으키는 야생 바이러스나 세균을 실험실에서 반복 배양하거나 특별한 공정을 통해 변형시켜 만든 것이다. 인체에 투여되었을 때 증식이 가능하여 면역체계를 자극함으로써 능동면역을 유도할 수 있지만 질병은 일으키지 못한다.

소량만으로도 면역력을 기대할 수 있는 장점이 있지만 열이나 빛에 노출되면 백신에 포함된 병원체가 손상되어 충분한 면역 효과가 나타나지 않을 수도 있는 단점이 있다. 예를 들면 홍역·볼거리(유행성 이하선염)·풍진의 3종 혼합백신인 MMR, 대상포진, 일본뇌염, 독감 생백신 등이 있다.

불활성화 백신 : 이 백신은 병원체를 배양한 후 열이나 화학 처리를 통해 사멸시켜 만든 것으로, 인체 내에서 증식할 수 없어 감염 질환을 일으킬 수 없으며 인체 내 항체의 영향을 받지 않는다. 그러나 충분한 면역 효과를 위해서는 많은 양을 투여하여야 하며 여러 차례 접종해야 하고, 면역력을 지속시키기 위해서는 추가 접종이 필요하다. 예를 들면 A형 간염, 일본뇌염, 폐구균, 수막염구균, 장티푸스균 백신 등이 있다.

🧍 예방 접종의 분류

　예방 접종은 필요성에 따라 기본 접종, 선택 접종, 선별 접종, 임시 접종 등 네 가지로 분류한다. 이러한 구분은 고정된 것이 아니라 백신 효과와 질병의 변화에 따라 변경될 수 있다. 예를 들어 인플루엔자(독감) 백신은 과거에는 독감으로 인한 합병증의 빈도와 사망률이 높은 집단인 고령자와 질환이 있는 환자들에게만 추천하는 선별 접종이었으나 최근에는 생후 6~59개월 아이도 기본 접종 대상에 포함되었고 소아·청소년들에게는 선택 접종으로 분류하고 있다.

　최상의 접종 효과를 얻기 위해서는 권장하는 접종 나이와 간격을 잘 지켜야 한다. 최소 접종 나이보다 어린 시기에 접종하거나 최소 접종 간격보다 짧게 접종하면 면역 반응이 불충분하게 나타날 가능성이 크다. 따라서 최소 접종 간격보다 짧게 접종했다면 그 잘못된 접종은 접종 횟수에 포함하지 말고 그 잘못된 접종으로부터 최소 접종 간격 이상의 간격을 두고 다시 접종하여야 한다. 보통 4일 이내의 접종 간격 단축은 단축 인정 기간이라고 하여 인정하는 경향이 있는데 보통 5일 이상 단축되었으면 잘못된 접종으로 간주한다.

🧍 지연 접종

　백신 대부분은 권장되는 접종 횟수를 완료하면 항체 형성에 영향을 주지 않으므로 접종이 지연되었더라도 처음부터 다시 접종할 필요는 없다.

예방 접종의 분류

기관	분류	정의
대한소아과학회	기본 접종	일정 지역(국가 포함) 감염병 역학 상황 상 시행해야 할 예방 접종 예 : BCG 백신, B형 간염 백신, DTaP, Tdap, Td, 폴리오 백신, 일본뇌염 백신, MMR, 수두 백신, 인플루엔자 백신(생후 6∼59개월 소아), 폐구균 단백결합 백신(생후 60개월 미만 소아), A형 간염 백신
	선택 접종	기본 접종에는 포함되지 않으나 소아에게 추천되는 예방 접종 예 : 로타바이러스 백신, 인유두종바이러스 백신, 인플루엔자 백신(생후 60개월 이상의 건강한 소아)
	선별 접종	지연 감염 노출 시 중증 감염이 발생할 수 있는 고위험군 환아들이나, 감염 발생 위험에 노출된 대상자들에게 필히 시행해야 할 예방 접종 예 : Hib(생후 60개월 이상의 고위험군), 폐구균 단백결합 백신(생후 60개월 이상의 고위험군), 폐구균 다당 백신(고위험군) 인플루엔자 백신(생후 60개월 이상의 고위험군), 장티푸스 백신(고위험군), 수막구균 단백결합 백신(고위험군)
	임시 접종	정기적인 접종 이외에 돌발적 유행이 예상될 때 실시하는 예방 접종
질병관리청	국가 예방 접종	국가가 권장하는 예방 접종으로 접종 대상이 되는 모든 사람에게 접종해야 하는 백신 예 : BCG 백신(피내용), B형 간염 백신, DTaP, Tdap, Td, 폴리오 백신, Hib 폐구균 단백결합 백신, 일본뇌염 백신, MMR, 수두 백신, A형 간염 백신, 인플루엔자 백신(우선 접종 권장대상자) 폐구균 다당 백신(고위험군), 장티푸스 백신(고위험군)
	임시 예방 접종	국가가 감염병 발생의 급격한 증가나 신종 전염병 발생을 예방하기 위하여 임시로 시행하는 예방 접종 예 : 홍역, 풍진(MR) 백신(2001년), 신종 인플루엔자 백신(2009년), 코로나 백신(2021년)
	기타 예방 접종	국가 예방 접종에 속하는 백신 이외의 백신 예 : BCG 백신(경피용), 폐구균 다당 백신, 로타바이러스 백신, 인유두종바이러스 백신, 수막구균 단백결합 백신, 대상포진 백신

DTaP : 디프테리아, 파상풍, 백일해 백신; Hib : b형 헤모필루스 인플루엔자 백신; MMR : 홍역, 볼거리(유행성 이하선염), 풍진 백신; Td : 청소년 성인용 파상풍, 디프테리아 배신; Tdap : 청소년 성인용 파상풍, 디프테리아, 백일해 백신

출처 : 대한소아과학회 예방접종지침서 제8판 2015

첫 접종 시작 시기와 현재 나이에 따라 전체 접종 횟수가 달라지기 때문에 지연된 각 백신에 따라 따라잡기 접종 일정에 대해서는 소아청소년과 전문의의 상담이 필요하다. (앞 페이지의 '예방 접종의 분류' 표 참고)

예방접종력을 모르거나 불분명한 경우

예방 접종 수첩 외에 다른 곳에 예방 접종 기록을 남겼는지 확인하고 기록이 없다면 예방 접종을 받지 않은 것으로 간주하여 나이에 맞게 접종해야 한다.

제조 회사가 다른 백신의 교차 접종

예방 대상 질환이 같은 경우, 일부 백신에서는 다른 제조사라 하더라도 교차 접종 후 면역 획득과 이상 반응에 별다른 문제가 없는 것으로 알려져 있다.

그러나 아직 모든 제조사가 공통으로 면역성, 독성, 안전성에 대한 표준화가 이루어지지 않고 있고 또한 교차 접종에 관한 연구보고가 없어 가능하면 같은 제조사 백신을 접종하는 것이 좋다.

독감백신 3가와 4가의 차이

현재 출시된 독감백신은 3가와 4가로 구분하고 있는데 어떤 차이가 있을까. 3가 백신은 독감을 일으키는 인플루엔자 A형 바이러스 2종(H1N1, H3N2)과 B형 바이러스 1종(빅토리아)을 예방할 수 있는 항원이 포함되어 있다. 4가는 3가 백신에 또 다른 B형 바이러스 1종(야마가타) 항원을 추가했다. 3가에 포함되지 않은 B형 바이러스가 유행하고, B형 바이러스 두 종류가 동시에 유행하면서 보다 폭넓은 예방 효과를 위해 4가 백신의 필요성이 제기됐다.

B형 인플루엔자 바이러스가 유행한다고 해도 증상이 가벼워 건강한 성인이라면 3가 백신만으로도 충분하다. 다만 초등학생 이하 어린이에게서는 그해에 유행하는 바이러스에 따라 백신 접종을 고려해야 한다.

4가 백신은 무료 접종이 가능한 3가 백신보다는 독감 예방 범위가 넓어 결과적으로 독감 발병 확률이 낮지만, 가격이 상대적으로 비싸다는 단점이 있다.

백신 접종 후 과민반응

백신 접종과 관련된 과민반응은 백신의 성분이 원인이 되어 나타나는데 즉시형 과민반응과 지연형 과민반응으로 발생한다.

즉시형 알레르기 반응

일반적으로 백신 성분 중 단백은 대부분 달걀과 젤라틴(gelatin)을 의미하는데, 드물게 효모(yeast) 또는 라텍스를 말하기도 한다.

달걀 단백에 의한 알레르기 반응 : 현재 홍역이나 볼거리(유행성 이하선염) 백신, 일부 공수병 백신은 닭배아섬유모세포조직 배양에서 생산하지만 여기에 포함된 달걀 단백의 양은 미미하다. 그래서 달걀 알레르기가 있는 소아들의 경우 심한 전신성 과민반응이 있어도 아나필락시스 쇼크의 위험성은 낮으며, 백신에 대한 피부반응 검사를 시행해도 알레르기 반응을 예측할 수는 없다. 따라서 달걀 알레르기가 있는 소아라 하더라도 MMR 백신 접종이 가능하다.

하지만 달걀을 이용하여 생산된 인플루엔자 생백신이나 불활성화 백신은 달걀에 아나필락시스 쇼크 가능성이 있는 아이의 경우에는 접종해서는 안 된다.

젤라틴에 의한 알레르기 반응 : 일부 백신, 즉 MMR, 수두, 대상포진, 일부 인플루엔자, 공병 백신의 경우에는 안정제로 젤라틴을 포함하고 있다. 그렇기 때문에 젤라틴에 대한 알레르기 병력이 있는 아이라면 젤라틴이 포함된 백신 접종 이후 아나필락시스 쇼크가 나타날 수 있다.

라텍스에 의한 알레르기 반응 : 일부 백신의 용기 또는 주사기에는 라텍스가 포함되어 있다. 만약 아이에게 라텍스 알레르기가 있다면 백신이나 주사를 맞기 전 의료진에게 이러한 사실을 알려야 한다.

지연형 과민반응

대부분의 백신에는 소량의 항생제가 포함되어 있는 경우가 많은데 일부 아이에게서는 이러한 물질로 인해 지연형 알레르기 반응이 발생하여 구진이나 두드러기 등이 나타날 수 있다.

이외에 극히 일부의 아이에게서 알루미늄이나 치메로살에 의한 알레르기 반응이 나타날 수도 있다.

어린이가 건강한 대한민국

	대상 감염병	백신종류 및 방법	횟수	출생~1개월이내	1개월	2개월	4개월
국가예방접종	결핵	BCG(피내용) ❶	1	BCG 1회			
	B형간염	HepB ❷	3	HepB 1차	HepB 2차		
	디프테리아 파상풍 백일해	DTaP ❸	5			DTaP 1차	DTaP 2차
		Tdap/Td ❹	1				
	폴리오	IPV ❺	4			IPV 1차	IPV 2차
	b형헤모필루스인플루엔자	Hib ❻	4			Hib 1차	Hib 2차
	폐렴구균	PCV ❼	4			PCV 1차	PCV 2차
		PPSV ❽	–				
	홍역 유행성이하선염 풍진	MMR ❾	2				
	수두	VAR	1				
	A형간염	HepA ❿	2				
	일본뇌염	IJEV(불활성화 백신) ⓫	5				
		LJEV(약독화 생백신) ⓬	2				
	사람유두종바이러스 감염증	HPV ⓭	2				
	인플루엔자	IIV ⓮	–				
기타 예방접종	로타바이러스 감염증	RV1	2			RV 1차	RV 2차
		RV5	3			RV 1차	RV 2차

● **국가예방접종** : 국가에서 권장하는 필수예방접종(국가는 「감염병의 예방 및 관리에 관한 법률」을 통해 예방접종 대상 감염병과 예방접종 실시기준 및 방법을 정하고, 이를 근거로 재원을 마련하여 지원하고 있음)
● **기타예방접종** : 예방접종 대상 감염병 및 지정감염병 이외 감염병으로 민간 의료기관에서 접종 가능한 유료 예방접종

❶ **BCG(결핵)** : 생후 4주 이내 접종
❷ **HepB(B형간염)** : 임신중 B형간염 표면항원(HBsAg) 양성인 산모로부터 출생한 신생아는 출생 후 12시간 이내 B형간염 면역글로불린(HBIG) 및 B형간염 백신을 동시에 접종하고, 이후의 B형간염 접종일정은 출생 후 1개월 및 6개월에 2차, 3차 접종 실시
❸ **DTaP(디프테리아·파상풍·백일해)** : DTaP-IPV(디프테리아·파상풍·백일해·폴리오) 또는 DTaP-IPV/Hib (디프테리아·파상풍·백일해·폴리오·b형헤모필루스인플루엔자) 혼합백신으로 접종 가능
❹ **Tdap/Td(파상풍·디프테리아·백일해/파상풍·디프테리아)** : 만 11~12세 접종은 Tdap 또는 Td 백신 사용 가능하나, Tdap 백신을 우선 고려
　※ 이후 10년 마다 Td 재접종(만 11세 이후 접종 중 한 번은 Tdap으로 접종)
❺ **IPV(폴리오)** : 3차접종은 생후 6개월에 접종하나 18개월까지 접종 가능하며, DTaP-IPV(디프테리아·파상풍·백일해·폴리오) 또는 DTaP-IPV/Hib(디프테리아·파상풍·백일해·폴리오·b형헤모필루스인플루엔자) 혼합백신으로 접종 가능
　※ DTaP-IPV(디프테리아·파상풍·백일해·폴리오): 생후 2,4,6개월, 만 4~6세에 DTaP, IPV 백신 대신 DTaP-IPV 혼합백신으로 접종할 수 있음. DTaP-IPV/Hib(디프테리아·파상풍·백일해·폴리오·b형헤모필루스인플루엔자): 생후 2,4,6개월에 DTaP, IPV, Hib 백신 대신 DTaP-IPV/Hib 혼합백신으로 접종할 수 있음
　※ 혼합백신 사용시 기초접종 3회를 동일 제조사의 백신으로 접종하는 것이 원칙이며, 생후 15~18개월에 접종하는 DTaP 백신은 제조사에 관계없이 선택하여 접종 가능
❻ **Hib(b형헤모필루스인플루엔자)** : 생후 2개월~만 5세 미만 모든 소아를 대상으로 접종, 만 5세 이상은 b형헤모필루스 인플루엔자 감염 위험성이 높은 경우(겸상적혈구증, 비장 절제술 후, 항암치료에 따른 면역저하, 백혈병, HIV감염, 체액 면역 결핍 등) 접종하며, DTaP-IPV/Hib(디프테리아·파상풍·백일해·폴리오·b형헤모필루스인플루엔자) 혼합백신으로 접종 가능

❼ **PCV(폐렴구균 단백결합)** : 10가와 13가 단백결
❽ **PPSV(폐렴구균 다당질)** : 만 2세 이상의 폐렴 충분한 상담 후 접종
　※ 폐렴구균 감염의 고위험군
　　– 면역 기능이 저하된 소아: HIV 감염증, 만성신 림프종, 호치킨병) 혹은 고형 장기 이식, 선천
　　– 기능적 또는 해부학적 무비증 소아: 겸상구
　　– 면역기능은 정상이나 다음과 같은 질환을 이식 상태
❾ **MMR(홍역·유행성이하선염·풍진)** : 홍역 유행 MMR 백신으로 일정에 맞추어 접종
❿ **HepA(A형간염)** : 1차 접종은 생후 12~23개 간격이 다름) 간격으로 접종
⓫ **IJEV(일본뇌염 불활성화 백신)** : 1차 접종 후 7~
⓬ **LJEV(일본뇌염 약독화 생백신)** : 1차 접종 후
⓭ **HPV(사람유두종바이러스) 감염증** : 만 12세에
⓮ **IIV(인플루엔자 불활성화 백신)** : 접종 첫 해는 2회 접종을 완료, 이전에 인플루엔자 접종을 접종이 필요할 수 있으므로, 매 절기 인플루엔

* 예방접종도우미 누리집(https://nip.kdca.go.k

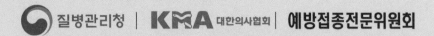

표준예방접종일정표(2021)

12개월	15개월	18개월	19~23개월	24~35개월	만4세	만6세	만11세	만12세
DTaP 4차					DTaP 5차			
							Tdap/Td 6차	
IPV 3차					IPV 4차			
Hib 4차								
PCV 4차								
			고위험군에 한하여 접종					
MMR 1차					MMR 2차			
VAR 1회								
	HepA 1~2차							
IJEV 1~2차				IJEV 3차		IJEV 4차		IJEV 5차
LJEV 1차				LJEV 2차				
							HPV 1~2차	
	IIV 매년 접종							

종은 권장하지 않
군을 대상으로 하며 건강상태를 고려하여 담당의사와

억제제나 방사선 치료를 하는 질환(악성종양, 백혈병,

증, 무비증 혹은 비장 기능장애
질환, 만성폐질환, 당뇨병, 뇌척수액 누출, 인공와우

MMR 백신이 가능하나 이 경우 생후 12개월 이후에

종은 1차 접종 후 6~12(18)개월(제조사에 따라 접종

접종을 실시하고, 2차 접종 후 12개월 후 3차 접종

접종하고, 2가와 4가 백신 간 교차접종은 권장하지 않
이 필요하며, 접종 첫 해 1회 접종을 받았다면 다음 해
6개월~만 9세 미만 소아들도 유행주에 따라서 2회
원사업 관리지침*을 참고
) 예방접종 지침

● 백신 두문자어

백신종류	두문자어	백신
결핵	BCG(피내용)	Intradermal Bacille Calmette-Gúerin vaccine
B형간염	HepB	Hepatitis B vaccine
디프테리아 · 파상풍 · 백일해	DTaP	Diphtheria and tetanus toxoids and acellular pertussis vaccine adsorbed
	Td	Tetanus and diphtheria toxoids adsorbed
	Tdap	Tetanus toxoid, reduced diphtheria toxoid and acellular pertussis vaccine, adsorbed
디프테리아 · 파상풍 · 백일해 · 폴리오	DTaP-IPV	DTaP, IPV conjugate vaccine
폴리오	IPV	Inactivated poliovirus vaccine
b형헤모필루스인플루엔자	Hib	Haemophilus influenza type b Vaccine
디프테리아 · 파상풍 · 백일해 · 폴리오 · b형헤모필루스인플루엔자	DTaP-IPV/Hib	DTaP, IPV, Haemophilus influenzae type b conjugate vaccine
폐렴구균	PCV	Pneumococcal conjugate vaccine
	PPSV	Pneumococcal polysaccharide vaccine
홍역 · 유행성이하선염 · 풍진	MMR	Measles, mumps, and rubella vaccine
수두	VAR	Varicella vaccine
A형간염	HepA	Hepatitis A vaccine
일본뇌염	IJEV	Inactivated Japanese encephalitis vaccine
	LJEV	Live-attenuated Japanese encephalitis vaccine
사람유두종바이러스 감염증	HPV	Human papillomavirus vaccine
인플루엔자	IIV	Inactivated influenza vaccine

1세부터
6세까지

첫돌 이후 아이를 위한 음식 선택 Ⅰ

아이는 스스로 자신이 얼마나 먹어야 할지를 이미 알고 있어서 부모는 아이에게 무엇을 먹여야 할지를 결정하고 신경 써야 한다.

걸음마기의 아이를 돌본다는 건 쉬운 일이 아니다. 그래서 부모는 아이가 원하는 것을 달라며 떼를 쓸 때 아이를 달래기 위해 음식을 사용하는 경우가 많다. 하지만 이런 방법은 결과적으로 아이가 자극적인 사탕이나 과자, 탄산음료를 많이 접하게 만들 수 있다.

많은 아이가 단것이나 인스턴트식품을 좋아하고 이것을 더 먹을 수만 있다면 무슨 일이든 하려 한다. 그렇게 원하던 음식을 먹은 아이는 부모를 이겼다고 생각하고, 독립심을 느끼고, 건강에 좋은 음식을 먹는 일은 벌을 받는 것이라 느끼게 된다.

아이는 자신에게 좋은 선택이 어떤 것인지 아직 모르는 나이이기 때문에 아이가 심하게 저항하더라도 부모는 아이가 무엇을 먹으면 좋은지, 또 무엇을 먹으면 안 되는지를 결정해야 할 책임이 있다.

걸음마기 아이가 독립심이 커져 자신이 먹을 음식을 결정하려 할 때, 부모는 아이 스스로 제한된 몇 가지 음식 안에서 선택할 수 있는 결정권을 주는 것이 좀 더 민주적인 방법이다. 엄마가 선택한 건강에 좋은 음식과 아이가 먹고자 하는 인스턴트식품을 놓고 서로 싸우기보다는 엄마가 제시한 건강에 좋은 음식 두 가지 중 하나를 아이가 선택할 수 있도록 하는 것이 바람직하다.

그래서 아이에게 식사와 간식을 줄 때도 이유식처럼 신경 써서 다양하게 만들거나 준비해 보자. 어른 음식을 만들다 남은 것으로 아이 식사를 만들지 말고 아이 식사에 자주 들어가야 할 음식에 초점을 맞추어 식단을 짜보도록 한다. 아이에게 항상 같은 음식을 만들어 주지 말고 다양한 음식을 만들어 아이가 여러 가지 맛을 경험할 수 있도록 만들어야 한다.

걸음마기 아이의 음식 변덕을 다루는 법

아이가 걸음마기가 되면 특정한 한 가지 음식을 좋아하여 많이 먹거나, 아예 거부하는 변덕이 생겨 음식을 골고루 먹이려는 부모와 종종 싸우게 된다. 이는 호기심 많은 걸음마기 아이의 아주 정상적인 변덕이니 너무 걱정하지 않아도 된다.

조심스럽게 아이가 다른 음식도 먹어볼 수 있게 유도해 보고, 부모가 선택한 음식을 아이가 한두 입이라도 먹는다면 그다음엔 아이가 좋아하는 음식을 먹게 하자. 또는 아이가 먹고자 하는 음식보다 좀 더 영양가 있는 비슷한 음식으로 대체해 먹이도록 하고, 아이가 새로운 음식을 한두 입이

라도 먹도록 시도해 보고 먹으면 칭찬해 주도록 하자. 결국 이런 과정을 통해 대부분의 걸음마기 아이는 음식 집착을 버리고 누그러져 새로운 음식을 다시금 찾게 된다.

편식하는 아이가 먹는 음식이 영양상으로 완전하지 않다고 생각되면 비타민과 무기질 영양 보충제를 먹여야 한다. 예를 들어 아이가 고기를 좋아하지 않는다면 철분과 아연 결핍 가능성이 커지므로 나이에 맞는 용량의 영양 보충제를 먹여야 한다. 편식하는 아이에게는 비타민과 무기질이 강화된 시리얼을 먹여도 좋다.

아이가 자라날 때마다 아이에게 무엇을 먹일지 결정하고 통제하는 일은 어렵다. 그러나 이제부터의 부모 역할은 아이가 완강히 저항한다 해도 아이가 가능한 최선의 영양가 있는 음식을 먹게 만드는 일이다.

이 일은 유치원이나 어린이집 등에서 나오는 음식에서도 마찬가지로 적용된다. 그곳에서 우리 아이에게 무슨 음식을 주는지 확인하고, 적절하지 않다고 생각되면 집에서 만든 음식을 준비해 전달하거나, 바람직한 식단을 요구해야 한다.

🍼 과일과 채소를 강조하라

좋은 단백질, 탄수화물, 지방의 공급원을 고르는 일은 건강식을 만들 때 매우 중요한 과정이지만, 이때 흔히 놓치게 되는 것이 과일과 들나물이다.

만약 지금 우리가 먹는 식단에서 과일과 채소를 더 많이 먹게 된다면 질병의 위험을 낮추고 건강하게 오래 살 수 있다. 그래서 이 혼란스러운 걸음마기 아이의 영양에서도 딱 한 가지를 더해야 한다면 그것은 역시 식단에 과일과 채소를 가능한 한 많이 넣는 것이다. 이로 인해 좋은 식습관뿐만 아니라 필요한 비타민과 무기질을 공급하기에도 좋기 때문이다.

신선한 채소, 냉동 채소나 통조림 채소의 모양을 변형하지 말고 그대로 아이에게 주어 아이가 음식의 원래 가진 모양과 맛에 익숙해지게 해야 한다. 그리고 다시 말하지만 여기서 말하는 과일은 주스를 말하는 것이 아니다. 과일 역시 그대로 먹는 것이 가장 좋고 단맛이 가미되지 않은 통조림 과일, 사과 소스 혹은 말린 과일 역시 달콤한 과일 주스나 사탕보다 몸에 더 좋다.

만약 걸음마기 아이가 채소와 과일을 먹으려 하지 않는다면 만드는 방법을 달리해 좋아하는 음식에 섞어보자. 예를 들면 마카로니와 치즈에 브로콜리나 콩을 섞거나, 녹인 치즈에 빵과 채소를 준다. 당근과 사과를 땅콩버터와 함께 주어보자. 아이 식사로 감자보다는 단호박이나 고구마를 주면 비타민 A 전구물인 베타카로틴을 더 많이 섭취할 수 있게 된다.

만약 특정 들나물만 접시에 가득 남았다면 변형하거나 다른 요리법을 시도해 보자. 나물을 두 갈래로 갈라 작게 자르든가, 채소를 갈아 쌀이나 파스타 혹은 으깬 감자 위에 얹고 소스를 뿌리자. 그러나 이때에도 설탕이나 소금을 첨가하지 말고 대신 요구르트나 토마토소스, 치즈, 사과 소스, 땅콩버터, 콩 소스 등과 함께 채소와 과일을 주는 것이 바람직하다.

아이 음식은 최대한 달콤한 맛을 제한하여야 하지만 디저트로는 복숭아에 요구르트를 얹거나, 딸기와 푸딩을 함께 줄 수 있다. 모든 식사와 간식에 조금씩이라도 과일과 채소가 포함되도록 해야 한다.

처음에 성공하지 못했다고 포기하지 말자

걸음마기 아이에게 브로콜리를 먹도록 시도해 보았겠지만 아이는 먹지 않고 던지거나 고개를 돌려버렸을 것이다. 하지만 그렇다고 해도 아직 포기하지 말자.

커피에 중독되다시피 해 매일 마셔야 하는 어른이라 하더라도 커피를 처음 맛보았을 때부터 좋아하진 않은 것처럼 우리 입맛은 후천적으로 습득하는 것이며. 사람들은 보통 5~10번 정도 먹어봐야 새 음식에 익숙해진다고 한다.

아이 부모는 종종 아이가 처음 먹어보는 음식을 거부했다고 해서 포기하는 실수를 많이 한다. 그러나 이는 아이가 새로운 음식에 익숙해지려는 데 전혀 노력하지 않은 행동이다. 아이가 음식을 거부했다 하더라도 다음 날 브로콜리를 녹인 치즈 혹은 파스타와 같이 요리하거나 조금만 익혀 요구르트 소스와 함께 줘서 아이가 먹길 시도해 보자.

첫돌 이후 아이를 위한 음식 선택 II

천연 곡물을 일찍 시작하라

대부분의 아이 부모는 천연 곡물(찧지 않은 곡물 또는 도정하지 않은 곡물) 또는 통곡물 음식은 어른들을 위한 것이고, 정제한 밀가루에 단맛을 첨가하고 건강에 안 좋은 지방이 함유된 간식을 아이를 위한 것으로 생각한다. 아마도 시중 매장의 아이용 음식 중 천연 곡물로 만들어진 것이 없고, 오히려 성인들을 위한 건강식으로 천연 곡물로 만들어진 시리얼이나 빵 등과 같이 섬유질이 많은 음식을 주로 팔아서 그렇게 생각하는 것 같다.

우리의 생각과 달리 아이가 1~2세가 될 때까지는 곡물을 찧어 먹어야 한다. 1~2세 아이에게 권장할 수 있는 천연 곡물 음식으로는 천연 곡물 시리얼, 옥수수나 밤 죽, 통밀빵이나 크래커, 현미, 통밀 파스타, 보리 수프 등이 있다.

천연 곡물을 사기 위해서는 포장지에 '밀가루'가 아닌 '통 곡식'이라 써

있는지를 확인한 뒤 구입해야 한다. 또는 섬유질의 함유량을 확인하면 되는데 한 번 먹는 양에 최소한의 섬유질이 포함되어야 한다.

최근에는 건강에 관심이 높아져 식료품 판매점의 건강식품 판매대가 점점 더 인기를 얻어 맛있는 천연 곡물 간식이나 시리얼을 고르기 더 쉬워졌다. 그러나 건강식품을 사야 한다는 강박관념에 사로잡혀 오히려 건강에 해로울 수 있는 식품을 비싼 돈을 주고 사지 않도록 주의해야 한다. 예를 들면 과자나 단맛이 나는 시리얼을 유기농 혹은 자연 당을 사용했다고 홍보하는 제품 같은 것들이다. 유기농 설탕 역시 우리 몸에서 설탕과 똑같이 작용한다.

우리나라에서 쓰는 통곡물이라는 말은 천연 곡물이나 통, 곡물로 혼용하여 사용되고 있으니 구입할 때 주의가 필요하다.

성장을 위해서는 단백질과 지방이 꼭 필요하다

걸음마기의 아이는 돌 전과 비교해 성장곡선이 완만하긴 하지만 여전히 성장하고 있으므로 단백질이 필요한 때이다. 이 시기의 아이는 모유나 분유 수유를 끊기도 해 이제는 모유나 분유를 통해 단백질을 섭취할 수 없는 아이는 이유기와 마찬가지로 앞으로는 매일 먹는 식사에 단백질 공급원이 포함되어 있어야 한다.

아이가 돌이 지나면 부모님은 아이에게 생우유를 먹이기 시작하는데 이때 아이에게 유당불내성이나 알레르기 반응이 있는지를 유심히 관찰하여야 한다. 요구르트는 영아와 걸음마기 아기에게 좋은 음식이지만 대부분의 요구르트에는 설탕이 첨가되어 있으므로 플레인 요구르트에 신선한 과일이나 사과 소스를 곁들여 먹이는 것이 좋다.

걸음마기 아이는 고기, 달걀, 치즈와 같은 유제품을 섭취해야 하는데 발효 유제품은 생우유보다 소화 장애가 적다. 좀 더 다양한 단백질 공급원으로는 조리한 콩, 두부, 편두, 땅콩버터, 견과류 버터가 있다. 이러한 음식은 비타민과 무기질이 풍부할뿐만 아니라 아이가 성인이 되어서 건강에 좋은 단백질 음식을 선택할 수 있게 한다.

지방은 농축된 물질로, 소량으로도 몸에 오래 남는 특징이 있으며 우리 몸에 에너지를 공급하고 인체조직과 여러 화학 물질을 만드는 필수 영양소이다. 그래서 생후 2년 동안은 아이에게 지방을 제한하지 말고 먹여야 한다.

아이의 지방 제한 여부에 관한 연구 결과에서도 영아와 걸음마기 아이에게는 지방을 제한하지 않는 것이 좋다고 말하고 있다. 그래서 태어나서 2살까지의 아이에게는 전유, 즉 지방이 그대로 포함된 유제품을 먹이는 것이 좋다.

우리는 체중 조절의 중요성과 어느 나이에서나 과식하지 않아야 건강하다고 알고 있다. 이러한 인식으로 인해 과다한 체지방은 곧 식사를 통한 지방 과잉섭취로 동일시하기 때문에 부모님은 아이에게 먹여야 할 지방과 관련해 혼란스러운 마음을 가질 수 있다. 그러나 유아기 아이에게 지나치게 지방 섭취를 제한하면 성장을 방해하고 심지어 질병을 유발할 수 있는 문제가 생긴다.

아이 대부분은 달걀, 우유, 치즈, 요구르트, 고기, 견과류와 같이 지방과 단백질이 함께 포함된 음식을 먹어야 한다. 그래서 따로 지방 섭취를 위해 아이에게 버터나 기름을 더 먹일 필요는 없다.

🍼 설탕과 소금을 계속 제한하라

아이들을 위한 가공 음식 대부분에는 설탕과 소금이 가미되어 어른의 입맛에 맞게 만들어져 있다. 최근에는 이러한 가공 음식들이 변하고는 있지만 어른들은 여전히 자신에게 맛이 없는 음식은 아이도 맛없어 한다고 오해하고 있다.

설탕과 소금에 길들여진 입맛은 보통 만성질환의 위험을 높이는 대량의 가공식품을 유도하고 천연 곡물, 과일, 채소와 같은 건강에 좋은 음식을 추방하고 있다. 우리는 이미 설탕과 소금이 넘치는 음식에 길들어 있고 그래서 점점 더 그러한 음식을 끊기 어려워지고 있다.

부모는 걸음마기 아이에게 소금과 설탕을 최소한으로 제한함으로써 아이가 이러한 습관에 아예 빠지지 않게 만들 수 있다. 적어도 짠맛과 단맛을 맛보는 시기는 최대한 미루는 것이 좋다.

아이가 자연적인 단맛과 천연 향을 맛보게 하기 위해서는 딸기, 사과, 오렌지, 바나나, 망고, 수박, 파인애플, 키위, 건포도, 살구와 같은 신선한 과일을 경험하게 해줘야 한다. 설탕 덩어리 음식을 아이에게 주는 것보다는 차라리 무가당 통조림 혹은 말린 과일을 후식으로 제공하는 것이 낫다.

과일 주스는 옥수수 시럽이나 설탕이 첨가된 과즙 주스보다는 100% 과일 주스가 건강에는 더 좋지만 100% 과일 주스 역시 식이섬유가 풍부한 생과일을 대체할 수는 없다. 또한 과일 주스로 만든 달콤한 젤리와 과일 스낵은 그와 비슷한 양의 설탕이 첨가된 가공식품보다 건강에는 더 좋겠지만 이 역시 생과일을 대체할 수는 없다. 가공식품은 과일로 만들어졌다 해도 실제 음식의 맛을 느끼고 인지하게 하지는 못한다.

여기에서 요점은 '맛'이라는 사실을 기억하자. 자연식품, 가공식품 혹은 인공감미료를 넣은 음식은 여전히 설탕의 단맛을 흉내 내 만든 음식이고, 이것들이 아이의 입맛을 단맛에 길들이게 만든다.

게다가 가공식품에 포함된 염분은 우리가 집에서 조리하며 첨가하는 염분의 양과는 비교가 되지 않을 만큼 많아 음식의 염분량을 줄이는 가장 좋은 방법은 우리가 먹을 음식은 직접 조리해 먹는 것이다.

간편한 가공식품들은 직접 요리할 시간이 없는 아이 부모들을 유혹하고 있다. 이제부터라도 아이를 위해 성인용 가공 음식 대신, 준비하기 쉽고 간단한 자연 그대로의 음식을 강조해야 할 때다.

건강에 좋은 식사 환경을 조성하자

부모는 아이가 식사하는 환경을 선택할 의무가 있다. 영아와 걸음마기 아이는 일정하게 정해진 곳에서 먹는 습관을 들이는 일이 중요하다. 제멋대로, 잘못된 식습관은 영양을 골고루 섭취하는 데 방해가 되며 과체중의 요인이 된다. 아이를 스마트폰이나 TV 앞에 앉혀 놓고 밥을 먹이지 말고 일정한 시간과 장소에서 식사나 간식을 먹는 습관을 들여야 한다. 식사 시간에 아이를 의자에 앉혀 먹게 하면 돌아다니며 먹을 때보다 덜 어지르게 된다.

걸음마기의 아이는 산만하다. 부모와 보호자는 아이가 음식을 쏟거나 엎을 것을 미리 예상하고 예방하는 차원에서 대처하는 것이 최선이다. 예를 들어 아기 의자 밑에 천을 깔아 놓으면 어지른 것을 쉽게 치울 수 있다.

걸음마기의 아이는 상호작용 과정을 통해 먹을 때는 어떻게 그릇과 수저를 잡고 음식을 떠야 하는지 알게 되고 결국에는 혼자서 먹을 수 있게 된다. 아이는 이 시기에 원인과 결과에 대한 모든 것을 배우게 되는데 음식을 떨어뜨리거나 뭉개면 어떤 일이 벌어지는지, 어떤 행동이 부모를 기쁘게 혹은 화나게 하는지, 음식의 색깔과 질감이 어떻게 다른지 등을 배우게 된다.

식사와 간식 시간은 아이가 상호작용의 교훈을 얻게 되는 좋은 기회이기 때문에 아이가 탐색하고 독립적으로 발달할 수 있는 분위기에서 식사 과정을 배울 수 있도록 도와주어야 한다.

숟가락을 잘 못 다룬다고 할지라도 아이에게 아이 전용 플라스틱 포크나 숟가락을 쥐게 하고 생후 15개월의 아기는 젖병보다는 컵으로 주스를 따라 마시게 해야 한다. 음식의 이름을 가르치고, 과일이나 채소의 색깔, 모양이나 질감을 아이와 이야기하자. 식사는 하기 싫은 따분한 일이 아니라 아이가 음식과 영양에 긍정적인 마음과 호기심을 갖게 만드는 학습 과정이다.

식사 시간에는 아이가 완전히 먹는 일에만 집중할 수 있도록 해야 하지만, 아이가 15~20분의 긴 식사 시간 내내 집중할 것이라는 기대는 하지 말자. 아이의 식사 시간은 어쩔 수 없이 혼란스럽고 힘들지만, 부모는 적절한 행동을 가르치는 것과 아이가 음식을 즐기는 것 사이를 잘 조절해 균형을 맞춰야 한다.

걸음마기 아이를 위한 빠르고 간단한 간식

아이는 온종일, 자주 먹기 때문에 간식은 아이의 하루 영양에서 중요한 부분을 차지한다. 그래서 아이에게 영양가 없는 과자가 아닌 비타민이나 무기질, 식이섬유가 포함된 음식을 간식으로 줘야 한다.

아이에게는 열량이 없거나 낮은 간식을 주기보다는 다음에 소개하는 음식을 줘야 한다.

- 치즈 조각

- 과일 조각

- 요구르트와 신선한 딸기 혹은 복숭아

- 통밀 크래커

- 사과 조각과 땅콩 버터

- 완숙 달걀

- 생당근이나 전자레인지에 살짝 돌려 부드럽게 만든 당근 조각

- 통밀 빵조각과 크림치즈 혹은 토마토소스

- 옥수수 밀전병 조각과 볶은 콩과 녹인 치즈

- 당분을 넣지 않은 사과 소스

첫돌이 지난 아이의 영양 관리

　지금까지 알아본 아이가 먹어야 할 영양 공급에 대한 부분은 다행히 쉬운 편이었다. 모유와 분유는 특별히 많은 생각을 하지 않아도 아기에게 거의 완벽한 영양을 공급하였다. 돌 이후의 아이 부모는 아이가 모유나 분유에 의존하던 영양을 새롭게 공급해 줘야 하므로 그 역할을 배워야만 한다. 이유기 시기는 아기뿐만 아니라 부모 역시 과도기이자 배우는 과정이다.

　돌 이후 아이의 영양 공급은 마치 안전 그물망을 치지 않은 높은 건물 위에서 일하는 것과 같다. 이 시기는 아이에게 완전한 영양을 공급할 수 있는 음식을 올바르게 선택하는 일이 전적으로 부모에게 달려있어 매우 중요하고 또 조심스러운 시기이다. 부모는 절대 쉽지 않은, 아이의 영양사 역할을 맡아 해내야 한다. 모유 수유와 고형식을 시도하는 시기가 끝나, 새로운 식사가 영양소를 제대로 제공하지 못한다면 유아기 아이는 영양 불량, 비타민과 무기질이 부족한 시기를 겪게 될 것이다.

🍼 걸음마기 아이의 입맛

바쁜 부모라면 걸음마기의 아이에게 '어떤 음식이든 쉽게 준비할 수 있는 음식을 잘 먹이고, 나이별 시판 이유식과 영양 보충제를 먹이는 것만으로 충분하지 않을까?'라고 말하기 쉽다. 이는 아이가 좋은 식습관을 형성하고 건강식의 맛을 알게 만드는 것도 중요하지만 영양 공급이 그만큼 중요하다고 생각해서 나온 말일 것이다.

하지만 현실적으로 생각해 보자. 아이가 샐러드에 설탕을 뿌려야만 먹거나 편식을 막을 방도가 없다고 해서 방치해서는 안 된다. 위기는 기회가 될 수도 있다. 이 시기에 부모는 아이의 평생 식습관을 건강하게 바꿀수 있다. 유아는 부모가 어떻게 먹는지 보고 배우므로 건강한 식습관은 전적으로 부모에게 달려있다.

왜 어떤 사람은 단것을 좋아하고 또 어떤 사람은 짠 것을 좋아할까? 왜 어떤 사람은 과일을 맛있게 먹고 또 어떤 사람은 아이스크림을 찾을까? 우리의 음식 선호도는 매우 복잡하고 여러 가지 영향을 받는다. 개인의 유전적 요인에 의해서 특정 음식을 선호하게 되고, 음식 맛은 환경과 요식업자의 아이디어에 의해 최근의 유행에 영향을 받기도 한다.

연구 결과 식습관은 영아기와 초기 소아기에 이미 형성되며, 이는 어른이 되었을 때의 음식 취향과 선택에도 영향을 미친다고 하였다. 부모는 아이에게 좋은 음식을 고르는 것뿐만 아니라 어떻게 맛을 찾아내는지, 그리고 어떻게 즐기는 것인지를 가르쳐야 한다.

🍼 약간의 규칙

부모가 아이에게 좋은 음식을 먹는 습관을 서서히 길들이게 만들 때 규칙을 만들고 "이건 안 돼."라고 말하게 된다. 그래서 걸음마기에 부모가 아이에게 밥을 먹이려고 노력하다 보면 자주 아이와 싸우게 된다. 아이가 우리가 주고 싶어 하는 음식만 먹길 원한다면 얼마나 좋을까?

걸음마기 아이가 독립성을 가지게 되어 의견을 말하기 시작하면 우리는 아이가 신생아일 때 얼마나 막강한 힘을 휘둘렀는지 알게 될 것이고, 이제 그 관계가 무너지는 것을 느끼게 될 것이다. 물론 부모와 아이의 음식에 대한 견해가 항상 일치하는 것이 아니기 때문에 약간의 규칙은 정해야 한다.

- 아이는 한 번에 얼마만큼 먹을지, 언제 자신이 배가 부른지를 결정할 의무가 있다.
- 부모는 아이가 먹는 음식과 환경을 결정할 의무가 있다.

부모는 아이가 무엇을 먹는지보다는 먹는 양에 초점을 맞추게 되지만 사실은 그 반대여야 한다. 그리고 부모는 이 관계에서 아이가 어떤 음식을 어떠한 환경에서 먹게 할 것인지를 결정하는 중요한 의무를 수행해야 한다. 이로써 부모는 어린아이를 가르치는 일이 얼마나 어려운지를 알게 될 것이다.

첫돌 후, 먹는 습관의 변화

생후 첫 1년 동안 아기는 체중이 3배나 늘어나는 급격한 변화를 겪는다. 하지만 다음 1년 동안은 그보다 체중 변화가 급격하진 않아 출생체중의 4배 정도로 늘어나게 된다. 많은 부모는 이 시기의 아이가 갑자기 적게 먹고, 먹는 일에 흥미를 잃었다고 걱정한다. 하지만 이는 대부분 성장에 필요한 연료량이 줄었기 때문이다.

개인차는 있으나 유아는 생후 첫 1년 동안 6.8kg의 체중이 늘게 되고, 25cm 정도 키가 큰다. 그러나 첫돌 이후 1년간은 3.4kg의 체중이 늘고, 13cm 정도 키가 큰다.

첫돌이 지난 아이는 한 번에 먹는 양이 갑자기 줄어드는데 이때 부모는 아이가 매 식사 때마다 얼마나 먹는지를 눈으로 직접 확인하고 자칫 당황할 수도 있지만, 이것 역시 정상이다. 연구에 따르면 아이가 걸음마기가 되면서 식사 사이사이에 불규칙하게 먹을지라도 아이는 스스로 하루에 먹는 양을 조절할 수 있고 총 칼로리 섭취는 거의 일정한 것으로 나타났다고 한다. 단 식욕 부진이 며칠씩 지속되거나 아이가 정상적으로 자라지 않는다면 걱정해야 한다.

반대로 아이가 여전히 잘 자라고 있다면 더 먹으라고 강요하지 말아야 한다. 아이가 점심을 잘 안 먹었다면 나중에 간식을 더 많이 먹을 것이다. 그러나 건강에 좋은 음식을 거부하고 달콤한 간식으로 넘어가려 한다면 달콤한 음식은 하루에 조금씩 먹는 것으로 아이 식습관을 길들여야 한다. 만약 그렇지 않으면 아이가 식사를 거부하고 달콤한 간식만 먹을 것이다.

아이의 위는 작기 때문에 한 번에 많은 양의 음식을 먹을 수 없어 하루에 여러 차례 음식을 나눠주는 것이 좋다. 보통은 하루 세 끼 음식에 두 번의 간식을 끼워주는 것이 통상적이다. 간식은 아이의 하루 영양에 중요한 부분이므로 간식시간에 과자나 사탕, 콘칩과 같은 인스턴트식품에 빠지게 해서는 안 된다. 식사 사이의 간식은 과일이나 채소와 같이 건강에 좋은 음식을 먹는 기회로 생각해야 한다.

우리 중 다수는 자라면서 부모에게 그만 먹으라는 말을 듣거나 벌을 받은 경험이 있을 것이다. 그러나 이와 같은 육아 방법은 바람직하지 않으며 자칫 좋은 식습관을 형성하는 데 나쁜 영향을 미칠 수 있다. 아이는 본능적으로 배가 부르면 그만 먹게 되어 있지만 이후 몇 년이 지나면 많은 아이는 과식을 배우게 된다. 이런 아이는 훗날 과체중을 조절해야 하고 소아 비만도 걱정해야 할지도 모른다. 즉, 부모의 잔소리와 벌로 인해 훗날 아이가 과식을 배우게 될 수도 있다.

가장 중요한 것은 걸음마기 아이는 본능적으로 자신이 얼마만큼 먹어야 할지를 결정할 수 있고 부모는 그러한 아이의 결정을 존중해야 한다는 점이다.

일일 섭취량과 성장

걸음마기 아이가 먹는 것을 본 부모는 그 모습에 자칫 혼란스러울 수도 있지만 아이 대부분은 온종일 평균 필요량을 섭취한다. 물론 아이 부모는 우리 아이가 잘 먹는지 또 잘 자라고 있는지 걱정하는 것은 당연하다.

하지만 지금의 부모는 특히 아이가 너무 많이 먹지는 않는지, 먹는 것을 충분히 소비할 만큼 움직이고 있는지 걱정한다. 이럴 때는 성장곡선을 참고하는 것이 좋은데 성장곡선에 아이의 체중과 키를 정기적으로 기록하여 아이의 키와 체중의 백분위 수를 같은 나이와 성별인 아이의 평균과 비교할 수 있다. (부록의 '성장곡선' 표 참고)

특히 부모가 평균보다 키가 작거나 크다면 아이의 성장도 남들과 다르지 않을까 걱정하지는 말자. 무엇보다 부모는 아이의 키와 체중의 불균형에 주의해야 한다. 예를 들면 체중이 키보다 2 백분위 수 단계 이상 높은 경우 과체중을 의미한다. 만약 아이가 높은 곡선을 유지하다 갑자기 떨어지거나 올라간다면 반드시 소아청소년과 전문의와 상의해야 한다.

다음 페이지의 표에 걸음마기 아이들이 하루에 먹는 음식에 대한 일반적인 지침을 정리해 두었다. 이를 확인해 참고하면 도움이 될 것이다.

걸음마기 아이가 먹어야 할 식품

식품	하루 필요량	먹어야 할 식품 양
우유와 유제품	4번 (우유 총 2컵)	• 생우유 반 컵, 저지방 우유 혹은 초콜릿 우유 혹은 칼슘 강화 두유 반 컵 • 요구르트 반 컵, 치즈 30g, 푸딩 반 컵, 치즈피자 1조각, 조제분유 2스푼
소고기, 생선, 닭고기, 땅콩버터, 조리한 말린 콩, 그 밖의 단백질 식품	2번 (총 100g)	• 30g 분량 : 달걀 1개, 조각 치즈 1장, 익힌 말린 콩, 완두콩, 강낭콩 반 컵, 땅콩버터 2스푼, 닭살코기, 소고기 1조각, 런천 미트 2조각, 핫도그 1개, 치즈피자 1조각, 흰 치즈 1/4컵, 기름을 제거한 참치 1/4컵, 두부 반 컵 • 100g 분량 : 닭가슴살 1/2, 닭다리 혹은 닭 넓적다리살 1개, 소고기 혹은 생선 1조각
곡물류, 빵, 시리얼, 밥, 파스타, 그 밖의 탄수화물	4~6번	• 1회 분량 : 빵 1조각, 작은 비스킷 1개, 롤빵, 머핀, 크래커 6개, 햄버거 빵, 핫도그 빵 반, 밥 반 컵 혹은 파스타, 조리한 시리얼 반 컵 • 권장 식품 : 천연 곡물 시리얼, 통밀 파스타, 빵
과일	2번	• 1회 분량 : 신선한 과일 반 조각 혹은 컵 통조림과일 1/4~1/2컵 • 권장 식품 : 오렌지, 베리류, 멜론, 살구, 복숭아, 귤, 바나나 조각
채소	3번	• 1회 분량 : 신선한 채소 혹은 통조림 채소 1/2컵 • 권장 식품 : 토마토, 피망, 양배추, 시금치, 당근, 콩, 완두콩, 과즙음료, 고구마, 브로콜리

두 돌 이후
아이의 식습관 길들이기

걸음마기인 두 돌 이후의 아이는 많이 움직이며 말을 하기 시작하고 활발하게 먹는다. 이렇게 아이가 새로운 성장을 하며 배우는 것들은 부모에게도 새로운 도전 과제가 된다.

아이는 이 시기에도 모유 수유를 계속하긴 하지만 일반적으로는 가족의 식사 시간에 함께하며 완전한 고형식만 먹게 된다. 따라서 이 시기에 부모는 아이에게 평생 지속할 수 있는 건강한 식습관을 형성하게 만들어 아이가 건강하고 행복하게 살아갈 수 있게 해야 한다.

두 돌이 지나면 아이는 다양한 음식을 먹을 수 있게 된다. 하지만 아이가 성인이 먹는 음식을 잘 먹을 수 있게 되었다 하더라도 아이 성장에 필요한 특별한 영양 요구량이 있다. 아이는 단순히 작은 어른이 아니므로 어른의 식습관이 아이에게 그대로 적용되는 것은 아니다.

아이는 성장하기 위해 풍부한 영양소가 필요한데 성장에 필요한 칼슘, 비타민 및 무기질의 요구량은 오히려 어른보다 더 높다. 다행히 아이가

2살이 되면 그 전과는 달리 성장이 완만히 늘어나므로 이 성분들이 결핍될 가능성은 희박하다. 그러나 이 시기 아이가 영양이 더 풍부한 식사를 하게 되면 더 건강한 성인으로 성장해 나갈 수 있다.

아이는 어른이 생각하는 것보다 먹는 양이 적다. 두 돌 이후 아이는 자신이 언제 배가 고파 언제 먹어야 할지, 또 어떤 음식을 얼마나 먹어야 하는지를 스스로 알게 된다. 하지만 부모는 아이가 충분히 먹지 않았다고 생각해 더 먹으라고 아이를 어르고 달래기도 한다.

부모는 아이가 스스로 식사량을 조절할 수 있다는 것을 믿고 아이가 배가 불러 더는 먹지 않는다면 이를 칭찬해 주고 따라야 한다. 물론 이는 쉽지 않은 일로 부모는 아이의 식습관에 대해 늘 걱정하곤 한다.

최근 5살 아이를 대상으로 한 연구에서 잘 먹는 아이와 잘 먹지 않는 아이의 식습관을 비교한 적이 있다. 연구자는 잘 먹지 않는 아이가 밥을 많이 먹지는 않지만 간식을 주로 먹는 것을 발견하였다. 실제로 두 비교군 아이들의 영양학적인 차이는 없었다. 즉, 아이가 식사량이 적다면 밥을 더 자주 먹이거나 간식을 먹일 수도 있다.

간식은 아이 식사의 많은 부분을 차지하는 일종의 '작은 식사'로, 간식은 단순히 포만감을 유지하는 음식이 아니다. 간식은 아이가 과일, 채소, 단백질 식품 등을 더 먹게 만들어 영양 균형을 맞출 좋은 기회이다.

🍼 몸에 좋은 음식을 먹는 것보다 올바른 식습관이 중요하다

아이에게 영양이 풍부한 음식을 제공하는 일은 무엇보다 중요하다. 그런데 최근 나쁜 식습관, 음식에 대한 잘못된 태도, 좌식 생활 습관으로 인하여 아이들의 건강이 큰 위협을 받고 있다.

아이가 먹는 음식도 중요하지만, 식사의 사회적 면과 행동 습관 역시 무척이나 중요하다. 이를 증명하듯 잘못된 생활 습관과 연관된 질환이 늘어나고 있는데 이는 아이에게 더 심각한 상황을 초래할 수 있다.

어른이 되어 건강과 질병의 위험인자에 대해 걱정할 때는 이미 어려서부터의 습관이 몸에 배어있게 된다. 우리는 이미 어릴 때부터 선호하는 음식이 있으며, 하루 중 언제, 얼마나 앉아서 먹을 것인지 습관화됐다. 아이가 어른이 되고 난 뒤 이러한 잘못된 행동 습관을 바꾸려고 노력하는 것보다는 아이에게 처음부터 건강한 생활 습관을 익히게 만드는 것이 바람직하다.

단순히 좋은 음식 한두 가지를 고르는 것이 영양의 전부라면, 자녀의 영양에 대해 걱정할 필요가 없다. 음식에 대한 태도와 행동, 영양의 사회 환경적 영향을 다루는 일이 부모에게는 더 까다로울 수 있다. 그러나 부모의 영양 지식은 자녀의 식단에 직접 적용되는 문제이기 때문에 부모는 아이에게 아이의 영양 균형에 맞는 음식을 제공하기 위해 시도해야 할 일이 몇 가지 있다.

🍼 편식하는 아이 달래기

두 돌에서 5살 사이의 아이는 새로운 음식을 먹을 때마다 주저하곤 하지만 이 시기는 아이가 다양한 음식을 맛봐야 하는 중요한 때이다. 다양한 식단은 두 가지 이유에서 중요하다. 우선 음식을 골고루 먹으면 비타민과 무기질 섭취가 풍부해진다. 또한 아이는 다양한 음식을 맛보는 경험을 통해 새로운 음식에 대한 두려움을 극복할 수 있게 된다.

아이가 새로운 음식 한 가지에 익숙해지기 위해서는 10번 정도의 시도가 필요하다. 새로운 음식을 아이에게 꾸준히 만들어주는 건 아이가 편식하지 않는 습관을 들이는 데 필요한 과정이지만 절대 강요해서는 안 된다.

부모는 아이에게 채소 같은 건강한 음식을 먹으라고 말하는 대신에, 아주 작게 조각낸 채소를 여러 번 나눠 줘 아이가 쉽게 먹게 만드는 방법이 좋다. 아이가 좋아하는 접시에 음식을 담거나 아이가 좋아하는 음식이나 양념과 함께 섞는 것도 좋은 방법이다.

이렇듯 부모는 아이가 새로운 음식과 친해지게 만들기 위해 꾸준한 노력이 필요하다.

🍼 식습관 길들이기

식사는 사회생활의 일부분이며 우리는 밥을 먹을 때에도 적절한 식사 예절을 따른다. 우리는 그동안 하루에 몇 번 식사할 것인지 정했고, 식사를 위한 가구를 준비했고, 음식을 그릇에 담아 누구부터 줄 것이지 등에 대한 예절을 만들었다.

하지만 이제는 그러한 고정화된 식사 예절이 많이 사라져가는 느낌이 든다. 최근에는 온종일 음식을 접할 수 있고, 학교 가는 길이나 출근길에 간단히 아침을 먹기도 한다. 식사 때마다 식탁에 앉는 일은 일부에게만 해당하는 드문 일이 되어버렸다.

요즈음에는 가족 형태도 다양해져 부모 모두 종일 직장에서 일하는 가정도 있고, 시간제 일을 하며 아이를 돌보는 가정도 있다. 일과 육아의 병행이 힘들어 음식을 직접 요리해 가족들과 함께 식사하는 시간이 줄어들어 가고 있다. 이렇게 생활양식이 빠르게 변화하면서 아이의 건강과 영양에 문제가 발생하게 된다.

우선 아이의 아침 식사를 살펴보자. 요즈음 아이들은 다른 식사보다 아침 식사를 거르는 경향이 있다. 아침 식사는 아이에게 다양한 비타민과 무기질을 제공하여 아이가 온종일 유치원이나 학교에서 활발하게 지낼 수 있게 만든다. 만약 부모가 항상 아침 식사를 준비할 수 없다면 빠르고 영양가 있는 대체 음식을 찾기 위해 노력해야 한다. 예를 들면 간편한 시리얼로 아침 식사를 대체할 수 있는데 아침 식사용 시리얼은 일반적으로 비타민과 무기질이 강화되어 있고 우유, 과일, 과일 주스와 함께 먹을 수 있다.

아이는 2~3살이 되면 어떤 상황에 어떤 음식을 먹어야 하는지뿐만 아니라 언제, 어디서 음식을 먹어야 하는지를 배운다. 이처럼 아이에게 규칙을 가르치는 일은 아이가 올바른 식습관에 길들게 할 수 있으며 건강을 유지할 수 있게 한다.

한 연구에서 컴퓨터나 TV를 보면서 식사하는 가정의 아이들이 더 많은 열량의 음식을 먹게 되어 과체중이 되기 쉽다는 결과를 발표하였다. TV나 스마트폰을 보면서 먹으면 자신이 얼마나 먹는지 몰라 앞에 놓인 음식을 한없이 먹게 된다. 그래서 좋은 식습관을 길러주기 위해서는 부모는 아이가 식탁에서 정해진 식사와 간식만을 먹게 해야 한다.

아이는 주의를 집중하는 시간이 짧고 앉아있는 것보다 나가서 노는 것을 더 좋아하긴 하지만 아이가 먹든 안 먹든 간에 식사 시간, 최소한 10~15분 동안은 밥상에 앉아있도록 교육해야 한다.

집에서 음식 만들기

대부분 가정에서는 식비 지출의 3분의 1을 외식으로 소비하고 있다. 외식 음식은 그 특성상 집에서 먹는 음식보다 열량, 지방, 소금, 설탕이 많이 포함되어 있다.

소아와 청소년을 대상으로 한 국민건강조사에서는 소아의 30%가 패스트푸드를 먹는다고 답했다. 패스트푸드를 먹는 아이는 그렇지 않은 아이와 비교해 열량이 높은 지방, 탄수화물, 설탕을 더 많이 섭취하게 된다.

그런 이유로 아이는 물론 어른들의 건강을 위해서는 외식보다 집에서 직접 만든 식사가 가장 이상적이다.

아이를 요리에 참여시켜라

아이에게는 세상 모든 것이 새로운 자극이며, 아이는 음식을 비롯한 모든 것을 배워나가는 중이다. 그래서 부모는 아이에게 우리가 무엇을 먹고 있는지를 알려줘야 하며 이를 부모가 스스로 보여줄 때 아이는 청소년기에서 어른으로 성장해 가면서 올바른 지식을 가지게 된다.

만약 아이가 냉동식품이나 식당 음식 위주로 먹고 있다면 이런 음식은 원래 어떤 형태인지, 음식 재료는 어디에서 어떻게 자랐는지를 알지 못하게 된다.

아이에게 몸에 좋은 음식을 먹게 만드는 방법 중 하나는 아이와 같이 요리하는 것이다. 슈퍼마켓에서도 아이를 교육할 수 있는데 채소나 과일을 골라 그것이 어디에서 자라고, 식물의 어느 부분이며, 만들 수 있는 음식에는 어떤 것들이 있는지를 맞히며 부모와 함께 요리를 준비하도록 하자.

다른 나라 음식을 만든다면 요리뿐 아니라 그 나라 문화도 함께 배울 수 있다. 그렇게 요리를 준비하면 아이는 음식을 알아갈뿐만 아니라 새로운 음식을 쉽게 받아들이고 맛있게 먹게 된다. 새로운 것을 아이에게 가르치는 일은 인내가 필요하지만 그만한 가치가 있다.

부모는 음식을 만들고 먹는 행동 자체가 하나의 교육이라는 사실을 종종 잊곤 한다. 아이에게는 먹는 것도 배우는 과정이다.

식사에 심리적인 요인이 작용한다

부모가 겪게 되는 육아의 어려움 중 하나는 음식의 영양가뿐만 아니라 아이의 음식에 대한 감정이다. 부모는 종종 아이에게 몸에 좋은 음식을 먹이기 위해 달콤한 음식을 사용해서 달래곤 한다. 하지만 아이에게 몸에 좋은 음식을 강조하면 할수록 부모는 아이의 음식에 더 완고해진다.

예를 들어 아이에게 달콤한 음식을 강압적으로 먹지 못하게 하면 아이는 달콤한 음식은 먹어서는 안 되는 것으로 받아들여 오히려 반대의 효과가 날 수 있다. 아이는 금지된 음식을 먹는 것이 자신의 독립심을 고취하는 방법으로 생각할 수도 있기 때문이다.

부모는 편식하는 아이를 지나치게 엄격하게 대할 수 있다. 하지만 사람은 누구나 좋아하는 음식과 싫어하는 음식이 있다. 어떤 특정 음식을 먹지 않는다고 해서 그 일이 다른 사람에게 비웃음당할 행동은 아닌 것처럼, 아이도 몸에 좋은 음식을 먹으며 음식에 대해 싫고 좋음을 느끼고 선택할 권리가 있다.

이때 부모가 할 일은 아이에게 특정 음식을 먹도록 강요하는 것이 아니라 영양 균형이 맞는 식사를 차려주어 아이가 올바른 식습관을 자연스럽게 형성하게 만드는 것이다.

두 돌이 지난 아이를 위한 영양은?

일반적으로 영양 균형을 맞춘 식사란 세 가지 영양소인 탄수화물, 지방, 단백질이 골고루 섞여있는 다양한 식단을 말한다. 비타민, 무기질과 식이섬유를 함유한 과일, 채소, 콩류 같은 식물성 음식이 이에 해당한다.

누구나 선호하는 음식이 있으므로 영양 균형을 맞춘 식사란 특정 음식을 많이 먹고 특정 음식을 제외하라는 말이 아니다. 선호하는 음식이 탄수화물이 풍부한 파스타나 지방과 단백질이 풍부한 달걀, 치즈, 소고기 같은 음식이든 아니든 누구나 좋아하는 음식으로 식탁을 가득 채우고 싶어한다. 그래서 영양이 잘 갖추어진 식사를 실천하기란 정말 어렵다.

잡지나 신문의 건강 기사를 살펴보면 특정 음식이 질병을 예방하고 몸에 활기를 준다는 등 의학적 장점을 강조하는 내용이 많다. 한 종류의 음식을 전부인 것처럼 다루는 기사는 '영양 균형을 맞춘 식단'이라고 포장하지만 정작 체중감량을 위한 기획 기사가 대부분이고 기존의 영양 균형이 좋은 식단 기사는 구석으로 밀린다.

몸에 좋은 음식, 식단에 어떻게 첨가하는지가 중요하다

영양 균형이 잘 잡힌 좋은 식단을 유지하기 위해서는 우선 무엇을 먹을지를 고민해야 한다. 영양이 고른 식단을 만들기 위해서는 먹을 음식을 종합적으로 생각하고 매끼 식사마다 전체적인 영양소를 생각하면서 재료를 식단에 첨가해야 하는데 이를 현실적으로 실천하기는 어렵다.

그렇다 보니 매끼 식사마다 몸에 좋다는 특정 음식을 찾게 되면 실제로 어떤 영양소가 부족한 상태인지는 고려하지 않고 비타민 강화 과자나 단백질 셰이크 같은 건강식을 먹게 된다.

아이의 식단에서도 마찬가지다. 예를 들어 칼슘은 아이의 성장과 발달을 위해 중요한 요소이기에 유제품은 아이 식단에서 빠질 수 없다. 양질의 단백질도 필요한데 식물 단백질뿐만 아니라 동물 단백질도 필요하다.

영양 균형이 잘 잡힌 식단을 찾기 이전에 2살에서 8살 아이가 주로 먹는 음식 상위 10가지를 먼저 살펴보도록 하자.

1. 우유
2. 빵
3. 케이크, 쿠키, 도넛
4. 소고기, 돼지고기 등 육류
5. 인스턴트 시리얼
6. 청량음료
7. 치즈

8. 감자칩, 콘칩, 팝콘

9. 설탕, 시럽, 잼

10. 닭고기 등 가금류

이 음식 모두가 나쁘다는 말이 아니다. 여기에 적힌 우유는 좋은 단백질과 칼슘을 제공한다. 고기 또한 양질의 단백질을 제공하고, 빵과 시리얼은 아이에게 필요한 에너지와 비타민, 무기질을 함께 제공한다.

단 여기서 주의해야 할 점은 각각의 음식이 아닌 이 음식들이 식단에서 어떻게 구성되는지이다. 요즘 아이들은 필요 이상의 열량을 섭취하고 있어 소아 과체중과 비만이 급증하고 있다.

건강한 아이를 위한 영양 전략

체중 조절과 신체활동이 건강의 기본 : 건강을 위해서는 적정한 체중을 유지하고 활동적으로 생활하는 것이 매우 중요하다. 체중 조절과 신체활동은 건강한 영양 상태를 유지하기 위한 밑바탕이 되기 때문이다. 이는 단순히 겉모습만을 이야기하는 것이 아닌 아이가 활기차게 생활할 수 있도록 격려해야 한다는 뜻이다.

또한 아이가 훗날 성인병에 걸리지 않도록 어릴 때부터 값싸고 열량 높은 음식의 유혹에서 벗어나 건강한 식습관과 바른 생활 습관을 기를 수 있도록 부모가 도움을 줘야 한다.

좋은 탄수화물이 몸을 건강하게 만든다 : 같은 곡물이라 하더라도 가공된 형태에 따라 영양이 달라진다. 예를 들면 탄수화물이 풍부한 식품으로는 식빵, 시리얼, 파스타, 밥 등이 있다. 이뿐만 아니라 쿠키, 컵케이크, 토스트, 과자처럼 매우 다양한 형태의 탄수화물 제품도 있다. 때때로 이런 것들은 영양가는 낮지만 비타민, 무기질, 식이섬유를 함께 섞어 마치 영양이 풍부한 것처럼 그럴듯하게 과대포장하기도 한다.

슈퍼마켓에서 가장 흔히 살 수 있는 곡물류는 영양학적으로 이미 가치가 없을 정도로 가공된 상태다. 감자와 찧은 곡물은 우리 몸에서 설탕처럼 작용하는 단순 탄수화물이다. 찧지 않은 곡물은 입자가 크고 구조가 복잡한 탄수화물로 구성되어 있어 양질의 영양을 제공하고 인체의 소화와 대사를 좋게 만든다.

우리 아이가 건강한 영양 상태를 유지하게 만들기 위해서는 부모가 좋은 곡물류를 잘 알고 선택해야 한다.

건강한 지방을 선택하라 : 탄수화물, 단백질과 함께 지방은 우리에게 없어서 안 될 필수영양소다. 하지만 고열량의 지방을 많이 먹으면 살이 찌기 때문에 아이의 식단에서 지방을 제한하는 것이 좋다.

그렇다고 모든 지방을 제한한다면 아이의 식단에서 자칫 좋은 지방까지도 배제할 우려가 있다. 실제로 많은 음식에 지방이 섞여있어 쉽게 제한할 수도 없지만 부모는 아이를 위해 건강에 좋은 지방을 선택해야 한다.

양질의 단백질을 선택하라 : 아이 식단에서 고기와 유제품은 일차적인 단백질 공급원이다. 이 모든 식품이 좋은 단백질 공급원이지만 동물 단백질이 식물 단백질보다 더 양질의 단백질을 공급한다. 일반적으로 고기와 유제품이 안 좋은 식품이라 취급받게 된 이유도 식물성 식품보다 해로운 지방이 많기 때문이다.

양질의 단백질과 양질의 지방을 적절히 섭취하기 위해서는 아이는 저지방이나 무지방 유제품과 고기를 먹어야 하며 아이 식단은 식물성과 동물성 단백질 모두 고르게 구성해야 한다.

신선한 과일과 채소를 많이 먹자 : 어떤 아이라도 매일 채소와 과일을 조금이라도 더 먹으면 몸에 이롭다. 채소나 과일, 그 종류가 무엇이든지 많이 먹으면 먹을수록 몸에 좋다고 강조하고 싶다. 그래도 어떤 과일과 채소를 먹을지 선택이 중요하다. 과일과 채소는 우리 몸에 좋지만 비타민, 무기질, 섬유소의 구성은 각각 모두 다르기 때문이다.

일부 과일과 채소는 먹기 쉽게 가공돼 영양가가 떨어진 형태도 있다. 찧은 곡물처럼 가공한 과일과 채소도 영양 기능이 떨어질 수 있다.

설탕과 과잉 지방을 제한하라 : 설탕과 지방은 버터나 사탕 같은 형태로 음식에 농축되어 있으며 우유, 고기, 곡물류를 비롯한 다른 식품군에도 포함되어 있다. 그래서 음식을 고를 때는 지방과 설탕의 함량표시를 꼼꼼히 살펴야 한다.

예를 들면 달콤한 시리얼과 무설탕 시리얼, 일반 우유와 탈지분유, 일반 요구르트와 무설탕 요구르트, 과일 통조림과 생과일, 저지방 치즈와 체다치즈 중 설탕과 지방의 함량이 없거나 적은 제품을 선택해야 한다.

하지만 대부분의 식품 설명서에는 설탕과 지방의 양이 잘 표기되어 있지 않다. 땅콩버터나 비교적 설탕이 적게 함유된 과일잼을 바른 샌드위치를 한 번 예를 들어보자. 천연 과일에 들어있는 당분은 영양표시 라벨에 표시되지 않으므로 총 당의 양이 얼마인지 잘 모른다. 땅콩버터 대부분과 빵에도 설탕이 추가로 첨가되어 달게 만들어진다.

그래서 아이는 달콤한 음식을 따로 먹을 필요가 없다. 과일잼을 바른 샌드위치로 매일 아침 식사를 한다면 성인 당뇨의 첩경이 될 수도 있다.

영양제가 좋은 식사를 대신할 순 없다 : 많은 부모는 아이가 식사만으로도 충분히 비타민과 무기질을 먹고 있는지 걱정해 아이에게도 영양제가 필요한 것은 아닌지 불안해한다. 영양제가 특정 영양소를 섭취하게는 만들겠지만 그렇다고 해서 좋은 식사를 대신할 수는 없다.

음료도 음식이다 : 요즘 아이들은 다양한 종류의 달콤한 음료수를 많이 마시는데 이러한 음료수는 아이에게 과량의 열량과 설탕을 섭취하게 만든다.

음료수는 고형음식만큼 중요하다. 그래서 아이에게 음료수를 먹일 때는 다른 음식을 먹일 때와 같이 좋은 음료로 대체할 수는 없는지 알아보고 주의해야 한다.

아이가 한 번 먹는 음료 양은 언제나 일정하게 정하고 생수, 우유, 주스 같은 건강에 좋은 음료로 대체하도록 해야 한다.

'1인분'과 '1회분'을 착각하지 말 것 : 대부분의 사람은 1인분의 양과 1회 분량 사이의 개념에 혼란스러워 한다. 그래서 보통은 제품 뒤에 표기된 식품 함량 설명서를 읽을 때 '제품 1개당 몇 회분'이라는 문구에 주의해야 한다. 이를테면 우리가 흔히 살 수 있는 작은 과자 한 봉지는 1회 분량이 아니라 2~3회 분량이다. 그러한 사실을 놓치고 우리는 생각보다 많은 양을 섭취한다.

곡물류는 더 그러한데 우리는 곡물류를 1회 분량 이상으로 먹게 된다. 곡물 1회 분량은 식빵 한 조각이나 시리얼 30g 정도다. 그러니 샌드위치 하나를 먹는 것은 곡물 2회 분량을 먹는 것이고, 45g이 나가는 작은 개인용 시리얼 한 상자는 곡물 1.5회 분량을 먹는 것과 같다.

아이를 키울 때 꼭 필요한 주의 사항

아이를 키우다 보면 다양한 상황에 직면하게 됩니다. 아이가 갑자기 열이 날 때, 넘어져 피가 났을 때, 별안간 이가 빠졌을 때 등 아이에게 일어날 수 있는 사고의 종류와 그 가능성은 무궁무진합니다.

이번에는 아이를 키울 때 알아두면 좋을 상식 몇 가지를 정리해 알려드리려고 합니다.

① 어린이집은 몇 개월 때부터 보내도 되나요?

아이가 처음으로 단체생활을 할 때 받는 스트레스는 상당하며 이때는 분리불안 장애가 생겨 어린이집에 적응하기 힘들어하기도 해 무조건 어린이집에 일찍 보내는 것은 바람직하지 않습니다. 어린이집에 보내는 시기는 전문가마다 차이는 있지만 3살 이후에 보내는 것이 바람직합니다.

② 언제부터 대소변 가리는 훈련을 시키는 것이 좋을까요?

아이에 따라서 차이가 있으나 대부분은 2~3살에 대소변을 가리기 시작합니다. 아이가 다음과 같은 신호를 부모에게 보내면 대소변을 가리기 시작할 때가 되었다고 보면 됩니다.

- 낮 동안 또는 잠자고 나서 적어도 두 시간 동안 기저귀가 젖지 않는다.
- 장운동이 규칙적이고 언제쯤 용변을 볼지 알 수 있다.
- 표정이나 몸동작, 몇 마디 말로 소변이나 대변이 마렵다는 것을 눈치챌 수 있다.
- 간단한 지시를 알아듣고 따라 할 수 있다.
- 아이가 화장실에서 여기저기 걸어 다니고, 옷 벗는 데 협조적이다.
- 기저귀가 젖어 있으면 싫어하고, 갈아 달라고 한다.
- 화장실 또는 어린이용 변기를 사용하게 해달라고 한다.
- 아이가 큰 아이용 속옷을 사 달라고 한다.
- 혼자서 행동하고 싶어 한다.
- 아이가 대소변을 가리고 기뻐하거나 즐거워한다.
- 어른이나 자기보다 큰 아이들의 행동에 관심을 보이고 따라 한다.

③ 아이가 대소변 가리기를 거부할 때는 어떻게 할까요?

우선 아이에게 심리적인 문제는 없는지 살펴봅니다. 아이는 이사, 놀이방이나 유치원 변경, 부모의 이혼, 동생의 출생 등의 급격한 변화가 생겼을 때 대소변 가리기를 거부하기도 합니다. 예를 들어 학교에 입학하기 전의 아이들은 소변을 덜 누거나 대변 보기를 오랫동안 하지 않아 심각한 변비가 생기기도 합니다. 이렇게 아이가 큰 변화를 겪고 있는 시기라면 대소변 가리기를 잠시 쉬어보는 것도 방법입니다.

또한 아이가 대소변 가리기를 잘 이해하지 못한 경우라면 천천히 다시 설명해 주거나 행동으로 시범을 보여주는 것이 필요합니다. 혹시 자신이 거부하면 엄마, 아빠가 어떻게 행동할지 궁금해서 거부하는 건 아닌지, 어린이용 변기 사용을 무서워하거나 싫어하지는 않는지, 부모가 너무 심하게 강요하고 있는 건 아닌지를 생각해 봐야 합니다.

그 외 변비 또는 다른 염증성 질환이 있는 경우에도 대소변 가리기를 거부하기도 하니 평소에도 잘 관찰해야 합니다.

④ 남자 아이인데 소변을 서서 보도록 할까요, 아니면 앉아서 누게 할까요?

이 질문에 정확한 답은 없습니다. 걸음마를 배우는 남자 아이의 경우라면 어린이용 변기를 사용할 수 있을 때까지는 앉아서 소변을 보게 합니다. 아이가 만 2살 반이나 3살이 되면 자연스럽게 남녀 역할에 호기심이 많아지면서 아빠나 형들이 하는 행동을 따라 하면서 서서 소변 보는 법을 배우게 됩니다.

⑤ 밤에 오줌을 자주 싸요

낮 소변 가리기는 4살쯤에 완성되고, 밤 소변 가리기는 늦어도 만 5~7살에 완성됩니다. 소아 야뇨증은 저절로 좋아지지만 드물게 당뇨병, 요충감염, 요붕증, 신부전 등이 원인인 경우도 있어 소아청소년과 전문의의 진료를 받는 것이 좋습니다.

무엇보다 중요한 것은 오줌을 싸는 행동은 아이의 잘못이 아니므로 나무라지 말고 자기 전에 반드시 소변을 보게 하고 밤에 아이가 깨면 소변을 보게 합니다. 자기 전에는 설탕이나 카페인이 들어있는 음료는 먹이지 말아야 합니다. 기저귀는 채우지 않는 것이 좋고 새 옷으로 갈아입히기 전에 소변을 보게 합니다.

⑥ 아이가 소변을 너무 자주 봐요

아이가 평소보다 더 자주 소변을 보려고 하거나 갑자기 소변을 보려고 하고 오줌을 지린다면 주간 요실금 증상을 의심할 수 있는데 이는 과민성 방광이 원인이 되어 나타납니다. 다른 흔한 요인으로는 심리적인 요인, 변비, 요로감염, 신경학적인 문제가 있을 수 있습니다. 특히 과민성 방광인 경우, 여자 아이가 오줌을 참으려고 발뒤꿈치 위에 꿇어 앉는 행동을 보이기도 합니다.

이러한 증상은 시간이 지나면 좋아지기도 하지만 증상이 지속된다면 소아청소년과 전문의의 진료와 검사를 받아 원인 질환을 찾아야 합니다.

⑦ 아이가 설사할 때 굶기는 것이 좋은가요?

아이가 설사를 한다고 해서 무조건 굶기면 설사 치료에 결코 도움이 되지 않습니다. 굶기면 일시적으로 설사량은 줄어드는 것처럼 보이지만 탈수 및 영양 상태가 더 악화되어 결국은 회복되기까지 더 오래 걸리게 됩니다.

보통 성인들이 설사할 때 먹곤 하는 기능성 음료나 이온 음료, 스포츠음료 등은 아이들에게는 권해서는 안 됩니다. 이들 음료는 대부분 나트륨과 당분 비율이 설사 환자 상태에 잘 맞추어져 있지 않고 지나치게 당분이 많으며 전해질은 부족합니다. 맛을 내기 위해 다량 첨가된 성분이 설사를 일으키거나 악화시키는 경우가 많아 설사하는 아이에게는 권하지 않습니다.

무엇보다 중요한 것은 아이가 왜 설사를 하는 것인지를 정확히 알고 치료해야 한다는 점입니다. 설사 원인에 따라 처방받는 설사약도 달라질 수 있으므로 아이에게 아무 설사약이나 먹여서는 안 됩니다.

8 귀지를 정기적으로 파 주어야 하나요?

귀지는 자연적으로 탈락해 몸 밖으로 천천히 배출되므로 정기적으로 귀지를 파 줄 필요는 없습니다. 면봉을 사용하면 오히려 귀지를 안으로 밀어 넣거나 외이도나 고막에 손상을 줄 수 있습니다.

드물지만 귀지에 의해 외이도가 완전히 막혀 청력감소, 귀 압박감, 어지러움, 귀 울림, 통증 등의 증상이 나타날 수 있는데 이럴 땐 병원을 찾아 귀지 제거를 하는 게 좋습니다.

9 귀지를 파다가 피가 났는데 계속 보채고 귀를 만져요 어떻게 해야 하나요?

귀지를 파는 도중에 피가 났다면 외이도가 손상되었거나 외상성 고막 파열이 되었을 수도 있으므로 24시간 안에 병원을 방문해 상처 부위를 확인하는 것이 좋습니다.

아이를 키울 때 꼭 필요한 주의 사항
― 발열

(1) 아이가 열이 날 때, 체온은 어떻게 재는 것이 정확한가요?

체온은 체온계의 종류, 재는 부위, 재는 시간에 따라 다르게 측정됩니다. 여기서는 우리가 집에서 흔히 준비할 수 있는 체온계를 알아보고 종류마다 어떠한 장단점이 있으며 어떻게 체온을 재야 하는지 체온 측정법을 알아봐야겠습니다.

고막 체온 측정법 : 빠르고 간편하며 안전한 데다 외부 온도에 영향을 덜 받는다는 장점이 있지만, 항문이나 입에 넣어 측정하는 방법보다는 덜 정확합니다.

고막 체온을 측정하기 전, 추운 날 야외에서 오래 머물렀다면 집에 돌아와 15분이 지난 후에 측정해야 합니다. 정확한 측정법은 아이의 귀를 당긴 후 체온계를 삽입하고 2초 정도 고정하여 체온을 측정해야 합니다.

겨드랑이 체온 측정법 : 직장 또는 구강 체온 측정법보다 덜 정확하지만 안전하고 측정하기 쉽고 편합니다.

겨드랑이가 건조한 상태에서 체온계의 끝을 겨드랑이에 놓고 아이의 팔꿈치를 가슴에 닿게 한 뒤 체온계를 고정한 후 체온을 측정하면 됩니다.

디지털 체온계 : 비싸지 않아 가장 널리 사용되고 있으며 가장 정확하게 체온을 측정하는 방법입니다. 유리 체온계는 수은이 포함되어 있어 체온계가 깨지면 수은에 노출될 위험성이 있어 추천하지 않습니다. 플라스틱 스트립 형태의 체온계는 체온을 정확히 측정하지 못해 역시 추천하지 않습니다.

② 해열제는 언제 먹이나요?

발열은 아이에게 가장 흔한 증상 중 하나입니다. 그러나 부모님들은 아이가 열이 날 때마다 당황하며 언제, 어떻게 해열제를 먹여야 하는지 늘 고민하게 됩니다.

부모 대부분은 아이가 항상 정상 체온을 유지해야 한다고 생각합니다. 그래서 열이 약간 난다거나, 심지어 열이 나지도 않는데 해열제를 먹이는 일도 있습니다. 심지어는 잘 자는 아이를 깨워 해열제를 먹이기도 하지요.

보통은 아이의 체온이 38.3℃ 이상일 경우에 해열제를 복용하라 권고하고 있지만 아이가 열이 나도 보채지 않고 힘들어하지 않는다면 굳이 잘 자는 아이를 깨워가면서까지 해열제를 먹일 필요는 없습니다.

③ 아이가 갑자기 열이 날 때 어떻게 열을 떨어뜨리는 것이 좋을까요?

열을 치료하는 가장 큰 목적은 정상 체온 유지가 아닌 아이가 힘들어하지 않게 만드는 것이 주요한 목적입니다. 그러므로 아이가 열이 난다면 우선 해열제를 먹이도록 합니다. 해열제는 열을 떨어뜨릴뿐만 아니라 진통에도 효과가 있어 상태를 호전시켜 아이를 편하게 만들어줄 수 있기 때문입니다.

그러나 해열제를 먹는다고 당장 열이 떨어지는 것은 아닙니다. 그래서 미지근한 물로 아이의 몸을 닦아주는 방법이 각 가정에서 치료법으로 사용되고 있습니다. 이 방법은 체온을 빨리 낮춰야 할 때 도움이 되지만 아이가 보채고 이런 방법을 싫어해 거부하거나 몸을 부르르 떨면서 힘들어한다면 일단 몸 닦기를 중지하고 아이를 먼저 진정시키는 일이 중요합니다.

몸을 닦을 때 얼음물이나 알코올을 사용해선 안 됩니다.

④ 해열제를 먹였는데도 열이 안 떨어집니다 해열제를 또 먹여도 되나요?

많은 부모가 아이에게 해열제를 먹이자마자 바로 정상 체온으로 돌아오길 기대합니다. 그래서 해열제를 먹이고 바로 열이 떨어지지 않으면 다시 해열제를 먹여 하루 복용량을 초과하는 예도 있습니다. 이런 행위는 자칫 약물 부작용을 초래할 수도 있어 아이의 체중에 맞는 정확한 양과 투약 간격을 지켜가며 복용케 하는 것이 중요합니다.

해열제는 복용하고 난 뒤 30~60분 후에 그 효과가 나타납니다. 그러므로 해열제를 먹이고 난 뒤 어느 정도 시간이 지난 후에 그 효과를 판단해야 합니다. 따라서 해열제를 먹인 후 정상 체온으로 회복되지는 않지만 체온이 약간 떨어지며 아이가 덜 힘들어한다면 굳이 해열제를 연이어 먹이지 않아도 됩니다.

⑤ 신생아가 열이 날 때 어떻게 해야 하나요?

신생아가 열이 난다는 것은 아기가 매우 위험한 세균에 감염되었을 가능성을 방증

합니다. 그래서 신생아가 열이 날 때는 해열제를 먹여 체온이 떨어지는 것을 지켜봐서는 안 되고 그 원인을 반드시 밝혀야 하는데 이럴 땐 입원해 항생제 치료가 필요한 경우가 대부분입니다.

따라서 아기가 항문 체온 측정 기준으로 38℃ 이상의 발열이 나타났다면 우선 물을 먹이고 입고 있는 옷과 덮고 있던 이불을 벗긴 뒤 15~30분 후 다시 체온을 측정해 봐야 합니다.

그래도 계속 열이 난다면 아이가 아파 보이지 않더라도 소아청소년과 의사의 진료를 받아야 합니다.

아이의 사고, 상처

① 아이가 다쳐서 피가 납니다. 어떻게 해야 하나요?

우선 피를 멎게 한 뒤 수돗물로 상처를 깨끗하게 닦아낸 후 응급실로 내원해야 합니다. 출혈을 멎게 하는 가장 좋은 방법은 상처 부위를 직접 압박하는 것으로, 가능한 상처 부위를 심장보다 높게 두고 거즈나 깨끗한 수건 등으로 상처 부위를 강하게 오랫동안 눌러줍니다. 출혈이 많아 걱정될 때는 압박을 유지한 채 즉시 119로 연락하거나 응급실로 내원해야 합니다.

한편 상처 난 피부에는 항생제 연고를 발라주는 것이 상처 치유 및 합병증 예방에 도움이 됩니다. 한 가지 성분보다는 복합 성분의 연고를 발라주는 것이 더 효과적인데 흔히 접할 수 있는 항생제 연고로는 후시딘, 마데카솔 연고 등이 있습니다.

② 아이가 놀다 넘어져 상처가 났어요 상처 치유 밴드를 붙여도 되나요?

시중에서 구입할 수 있는 상처 치유 밴드는 맑은 진물을 말하는 삼출물을 동반하는, 작고 깨끗하게 벗겨진 상처에 부착해 사용할 수 있습니다. 이 밴드는 삼출물을 흡수해 상처를 아물게 하고 새살이 돋는 것을 돕습니다.

상처 치유 밴드는 염증반응이 가라앉고 상피가 일차적으로 자라나기 시작하는 3~5일간 떼지 않고 붙여두면 상처 치유에 도움이 될 수 있습니다. 피부에 상처가 나면 진물이 마르면서 딱지가 생기고, 그 딱지가 상처를 보호할 동안 그 밑으로 새살이 돋게 됩니다. 상처 치유 밴드는 이러한 딱지의 역할을 대신해 2차 외상이나 딱지가 떨어져 생기는 출혈을 방지하고 상처에서 나는 냄새를 없애는 등의 도움을 주게 됩니다.

만약 밴드 밖으로 상처의 진물 등이 배어 나오거나 흐른다면 형식이나 콜로이드와 같이 두꺼운 제재를 사용하거나, 일반 거즈 드레싱을 사용해야 합니다. 그러나 이러한 제재들은 더 많은 습기를 제공함으로써 흉터 조직을 연화하고 증상을 완화한다는 보고는 있으나 실제로 흉터의 크기가 감소하는지는 아직 확실히 밝혀진 바 없습니다.

그러므로 상처에 오염이 심하거나 이미 농이 나올 만큼 감염이 진행됐다면 임의로 밴드를 사용하지 말고 응급실을 찾아가는 것이 좋으며, 앞서 말했듯 깨끗한 진물이 나오는 작은 상처에만 임의로 밴드를 사용하면 됩니다.

③ 아이가 코피를 흘립니다. 응급실에 가야 하나요?

우선 아이가 코로 숨을 쉴 수 없을 정도로 코볼을 엄지와 검지로 꽉 틀어쥐고 5분 이상 압박해야 합니다. 그렇게 코피가 멎었다면 굳이 응급실에 갈 필요는 없습니다.

그러나 이런 조치에도 코피가 30분 이상 계속 멈추지 않는다면 바로 응급실을 찾아 가야 합니다.

코를 후비지도 않았고 다치지도 않았는데도 반복적으로 코피가 나거나 평소에도 몸에 멍이 잘 들면 혈액 응고 등의 문제가 있을 수도 있으니 소아청소년과 전문의 진료와 함께 혈액검사를 받아보는 것이 좋습니다.

④ 아이가 발이 겹질려 발목이 부었어요 어떻게 대처하는 것이 좋을까요?

이럴 땐 골절이 되었을 수도 있으므로 우선 다친 다리로 딛지 않게 해야 합니다. 그러나 겹질린 후 곧바로 통증이 사라지고 잘 걸을 수 있다면 굳이 병원에 가지 않아도 됩니다. 단 걷기 어려울 정도로 통증이 있고 부어오른다면 해당 부위의 인대 손상 또는 인대 부착 부위의 골절이 있을 수 있으므로 X-ray 촬영을 하는 것이 좋습니다.

초기 부종이 있다면 우선 누워서 다리를 심장보다 높이 올린 뒤 얼음찜질을 병행하면 부종과 통증이 가라앉고 회복도 빠르게 이뤄질 수 있습니다.

얼음찜질은 얼음과 물을 섞어 수건이나 비닐 혹은 플라스틱 봉지에 싸서 하면 됩니다.

⑤ 아이가 팔을 다쳐 심하게 붓고 움직이지도 않습니다

골절이 의심된다면 팔이나 다리를 억지로 움직이거나 잡아당겨서는 절대로 안 됩니다. 꺾인 부위를 바로 잡아서도 안 됩니다. 우선 발견된 상태 그대로 부목을 대어줘야 하는데 부목을 댈 때는 다친 부위 주변에 완충재를 넣어주는 것이 좋습니다. 그럴 상황이 안 되거나 잘 모르겠다면 119에 연락해 도움을 받는 것이 좋습니다.

한편 5살 이하의 어린이는 어른이 팔을 잡아당기거나 혼자 놀다 팔이 땅겨지는 경우, 특히 생후 6개월 이상의 아기가 팔을 몸 아래에 두고 빼지 못한 채 뒤집기를 시도했을 때 뼈가 인대 부위에서 빠지는 '부분 탈구'가 일어날 수 있습니다. 이땐 골절일 수도 있으므로 응급실을 찾아 먼저 증상을 확인하는 것이 좋습니다. 하지만 뼈가 인대에서 빠진 것이라면 병원에서 단순히 치료할 수 있습니다.

⑥ 아이를 안고 있다 떨어트렸어요
아이가 바닥에 머리를 부딪쳤는데 어쩌죠?

아이가 의식소실, 구토, 보챔 등의 증상이 없고, 머리에도 상처가 전혀 보이지 않고, 1m 이하의 높이에서 떨어졌으며, 보호자가 볼 때 아이가 이전과 다름없는 행동과 일상생활을 한다면 머릿속 출혈이나 머리뼈 골절이 되었을 가능성이 매우 낮지만 이런 경우는 의료진이 판단하는 것이 가장 안전하므로 병원을 찾아 진료를 받아보는 것이 좋습니다.

⑦ 아이가 다쳐서 치아가 빠졌어요. 치과에 가야 하나요?

치아가 빠진 상처 부위를 우선 식염수나 수돗물로 씻고 거즈나 솜을 이용해 치아가 빠진 부위를 지혈해야 합니다. 빠진 치아는 치아 접합수술 등 치료에 도움을 받을 수 있으므로 우유에 담가 가능한 한 빠르게, 적어도 2시간 안에 가까운 치과 또는 응급실로 내원하면 됩니다.

치아를 우유가 아닌 수돗물이나 생수, 알코올 등으로 씻으면 치아의 뿌리 세포가 손상돼 치료하기 어려울 수도 있으므로 주의해야 합니다. 이때 빠진 치아의 뿌리 부위, 즉 잇몸 속에 들어있는 부위를 만져서도, 외부에 접촉하게 해서도 절대 안 됩니다.

8 이물질이 피부에 박혔을 때 부모가 직접 뽑아도 되나요?

작은 이물질이 손으로 뽑을 수 있을 정도로 튀어나와 있으면서 이물질의 원래 크기를 알고 있다면 제거를 시도해 볼 수 있습니다. 하지만 이물질이 이미 상처에 깊이 박혀 상처 밖의 튀어나온 이물이 짧거나 나온 부분이 없는 경우, 박힌 이물의 크기나 모양을 모르는 경우라면 제거하려 하지 말고 박힌 상태 그대로 119에 연락하거나 응급실을 찾아가야 합니다.

9 뜨거운 물에 데어 피부가 빨갛게 되었는데
꼭 병원에 가야 하나요?

우선 열을 차단해 피부가 추가로 손상되는 상황을 막아야 하는데 15~20분 정도 흐르는 수돗물을 이용하여 화상 부위의 온도를 낮춥니다.

만약 옷을 입고 있는 상태에서 데었다면 벗기는 데 오히려 시간이 걸릴뿐더러 벗기는 도중 추가 손상이 생길 수 있으므로 통증이 사라질 때까지 옷 위로 흐르는 수돗물을 이용하여 상처 부위의 온도를 낮춰야 합니다. 얼음은 혈관을 수축시켜 순환장애를 유발할 수 있으므로 권장하지 않습니다. 이후 깨끗한 거즈나 손수건 등을 수돗물에 적셔 상처 위를 살짝 덮은 후 내원하면 됩니다.

뜨거운 물에 데어 물집이 생겼다면 터뜨리지 말고 병원을 찾아가는 것이 좋습니다. 밴드나 반창고 등을 강하게 압박해 붙이면 자칫 물집이 터질 수도 있으니 상처 부위를 살짝만 덮어줘야 합니다.

소아 화상은 반드시 병원에서 진료받아야 하는데 특히 얼굴, 손, 발, 회음부 화상이나 물집이 생긴 경우라면 반드시 병원에 가야 합니다. 또한 다음 날 화상이 더 깊어질 수 있으므로 병원에 재방문해 상처와 증상을 확인하는 것이 좋습니다.

10 아이가 콘센트에 감전되어 손에 상처가 났어요
어떻게 해야 하나요?

손상 정도에 따라 생명이 위험할 수도 있으므로 모든 감전 손상은 119에 연락하거나 바로 응급실로 가야 합니다. 감전 손상의 경우에는 그 특성상 부모도 같이 감전될 수 있으니 아이가 감전된 것 같다면 반드시 전원이 차단되었는지를 먼저 확인한 후 아이와 접촉하여야 합니다.

가정 내 240V 이하의 전압에서 약하게 화상의 흔적이 있는 경우라면 응급실에서 기본 검사를 받은 뒤 퇴실하면 됩니다. 그러나 두 곳 이상의 전기 손상 흔적이 있는 경우라면 전기가 심장을 관통하여 심장 근육 손상으로 인해 부정맥을 유발할 수도 있으므로 단기간 심전도 모니터링을 포함한 입원 관찰이 필요합니다.

11 아이가 추운 놀이터에서 놀더니
손가락이 찌릿찌릿하다고 합니다. 동상인가요?

손가락이 창백해지면서 감각이 떨어지거나 찌릿한 통증은 있지만 손가락이 보통 때처럼 부드럽게 만져진다면 다른 사람이나 자신의 따뜻한 피부에 문지르면서 따뜻한 실내로 이동해야 합니다.

드문 일이긴 하지만 손가락 색이 창백해지거나 파랗게 되면서 살이 얼음처럼 딱딱하게 느껴지기 시작하면 피부 깊숙이 동상이 심해진 상태이므로 119에 구조를 요청하거나 응급실을 찾아가야 합니다.

실제로 이환 부위의 색이 변하고 딱딱해지면서 감각이 없는 경우라면 따뜻한 환경으로 이동하기 전까지 추운 환경에서 임의로 해동을 하려 한다면 피부나 근육에 손상을 줄 수 있기 때문에 절대로 시도해서는 안 됩니다.

12 아이가 물에 빠져 얼굴이 잠겼었어요. 병원에 안 가봐도 될까요?

얼굴이 물에 잠겼으나 물 밖으로 나온 후 캑캑대지 않고 기침을 하지 않는다면 굳이 병원을 찾을 필요는 없습니다. 그러나 기침을 하거나 캑캑거리거나 입술이 파래지거나 토하거나 두통을 호소한다면 병원에 가는 것이 좋습니다.

아이가 물에 빠졌을 때 의식이 없고 숨을 쉬지 않는다면 깊은 물에서는 구조자가 오히려 위험할 수 있으므로 우선은 물 밖으로 나와 인공호흡을 2회 시행하고, 인공호흡 후에도 호흡과 의식이 돌아오지 않는다면 심폐소생술을 시행하면서 119에 연락해야 합니다.

13 개에게 물렸는데 어떻게 해야 하나요?

즉시 상처를 지혈하고 흐르는 수돗물에 잘 씻어줍니다. 이때에는 광견병을 의심해야 해서 사람을 문 개를 관찰하는 일이 매우 중요해져 개의 소재를 반드시 파악하고 있어야 합니다.

광견병의 잠복기인 10일 동안 사람을 물었던 개를 관찰해 광견병의 증상이 나타나지 않는다면 광견병의 위험은 없습니다. 개 주인이 있고 개의 광견병 예방 접종 병력이 확실하다면 광견병에 걸릴 위험은 매우 낮습니다.

파상풍 예방 접종 후 5~10년이 지났다면 상처의 상태에 따라 파상풍 예방 접종을 해야 하며, 항 파상풍 항체 주사를 맞아야 할 수도 있습니다.

14 뱀에 물렸어요. 독을 빨아내야 하나요?

뱀에게 물렸을 때는 대부분은 뱀을 잡으려고 하다 또 물리게 되므로 뱀을 잡으려

하지 말고 가능한 한 빨리 도망가 더는 물리지 않도록 행동하는 것이 가장 중요합니다.

입으로 상처 부위의 독을 빨아서는 안 됩니다. 상처 부위에 뱀 이빨 자국이 명확하게 두 개 나 있거나 잘 모르겠다면 우선은 독사로 간주하고 즉시 119에 연락하거나 응급센터를 찾도록 하고 독사가 아닌 경우라도 상처의 감염, 파상풍 감염 등의 위험이 있으므로 의사의 진료를 받아야 합니다.

팔이나 다리를 물렸을 경우 절대로 피가 통하지 않을 정도로 세게 묶어서는 안 됩니다. 뱀에 물린 상처에 피가 통하지 않는 손상까지 더해져 다리를 절단해야 하는 경우도 생길 수 있기 때문입니다. 현장에서는 손가락 한 개가 들어갈 정도로 느슨하게 묶거나 다친 사람이 고통을 느끼지 않을 정도로 세게 묶는 방법을 적용할 수 있으나 압력이 지나칠 때 추가 손상이 발생할 수 있습니다.

15 해파리에게 쏘였어요. 어떻게 해야 하나요?

해파리에 쏘이면 정신을 잃을 수도 있으므로 즉시 물 밖으로 나와야 하며 통증이 있는 부위에 무언가가 묻어있다면 만지지 말아야 합니다. 물로 씻으면 독주머니가 터지면서 피부 손상이 심해질 수 있으므로 가능한 한 빨리 4~6% 아세트산(식초)을 적어도 30초 이상 흘려 제거해야 합니다.

손으로 문지를 때도 독주머니가 터질 수 있으므로 문지르지 말고 흘려서 제거해야 합니다. 만약 식초가 없다면 베이킹소다액을 대신 이용할 수도 있습니다.

해파리에 쏘이면 흔히 매우 심한 통증이 오래갈 수 있으므로 45℃ 정도의 따뜻한 물 또는 20분 정도 견딜 수 있는 가장 뜨거운 온도의 물로 온찜질을 합니다. 온찜질은 통증이 사라질 때까지 계속해도 됩니다.

16 모기에 물렸는데 심하게 부었어요. 어떻게 해야 하나요?

열이 나거나, 물린 부위에 통증이 있거나 빨갛게 변하며 주변보다 매우 뜨겁다고 느껴지고 눌렀을 때 통증을 호소할 때는 2차 세균감염의 가능성이 있으므로 반드시 병원을 방문해야 합니다. 아토피피부염이나 알레르기가 있는 아이의 경우에는 더 심하게 붓는 경우가 많으므로 즉시 치료하길 권하고 있습니다. ('8장 모기 알레르기' 참고)

17 눈에 샴푸나 비눗물이 들어갔을 때 어떻게 하면 좋을까요?

눈에 샴푸나 비눗물이 들어가면 눈의 이물감, 눈물, 통증 등의 증상이 사라질 때까지 흐르는 물로 씻어내 줍니다. 15분 이상 씻어내도 증상이 계속된다면 가까운 안과나 응급센터에 방문하여 진료를 받는 것이 좋습니다.

18 눈에 뜨거운 물이 들어간 것 같아요
아이가 눈을 잘 못 뜨는 것 같은데 어떻게 해야 하나요?

눈은 매우 예민한 부위라서 보통 뜨거운 물체에 의해 눈에 자극이 생기면 순간적으로 눈이 감기면서 안구 자체가 위로 돌아가기 때문에 눈꺼풀 화상을 입는 경우가 대부분입니다. 하지만 물체가 튀는 속도가 매우 빠른 경우에는 각막 손상을 입을 수도 있으므로 주의해야 합니다.

19 눈에 가정용 화학제품이 들어간 것 같아요. 어떻게 해야 하나요?

산이나 알칼리 등의 화학약품이 눈에 들어가면 매우 위급한 응급 상황으로, 무조건 사고 현장에서 2L 이상의 생리식염수 또는 수돗물로 약품이 모두 씻겨나갈 때까지 눈을 충분히 적시면서 119에 연락하거나 세척 후 응급센터를 찾아가야 합니다. 병원에 갈 때는 화학약품 병을 가져가 의료진이 약품의 정확한 조성을 확인할 수 있도록 해야 합니다.

㉑ 이물질을 삼켰어요. 어떻게 해야 하나요?

호흡곤란, 보챔, 침 흘림, 연하곤란, 구토, 토혈 등의 증상을 보이면 식도에 이물질이 끼어있거나 박혀있어 막고 있는 증상이므로 즉시 응급실을 찾아 내시경으로 제거해야 합니다.

만약 이미 이물질이 위 속으로 넘어갔다면 대부분 문제없이 대변으로 나오게 되지만 수은 배터리, 두 개 이상의 자석, 열려있는 옷핀 등은 위에 들어갔다고 하더라도 안전을 위해 제거하는 것이 좋습니다. 또한 날카롭거나, 25cm 이상의 이물질 등은 반드시 제거해야 합니다.

㉑ 음식이 목에 걸려 아이가 숨을 못 쉬는데 어떻게 해야 하나요?

음식으로 기도가 완전히 막히면 기침도 하지 못하고 말이나 소리도 내지 못합니다. 아이가 기침하거나 말을 할 수 있다면 계속해서 음식물이 나올 때까지 기침을 지속해서 시켜야 합니다. 기침을 할 수 없거나 소리를 내지 못한다면 우선 119에 연락하고 1살 이하의 아기는 등 두드리기와 흉부 압박과 같은 가슴 밀어내기를 각각 5회씩 이물질이 나올 때까지 반복합니다.

성인과 1세 이상의 소아는 의식 여부와 상관없이 하임리히법인 복부 밀어내기를 시행하면서 구조대원이 올 때까지 기다립니다. 비만이 심하거나 임신 후기 등으로 하

하임리히 법(Heimlich maneuver, 기도폐쇄처치법)

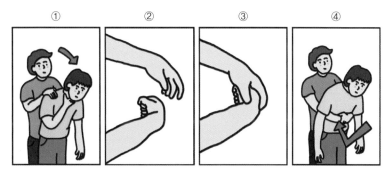

하임리히 법 순서

우선 아이 뒤에서 양팔로 허리를 감싸듯 안고, 한 손은 주먹을 쥐고 다른 한 손은 주먹을 쥔 손을 감싼다. 이후 주먹을 아이의 명치와 배꼽 중간 부분에 대고 빠르게 위로 밀쳐 올린다. 기도에 걸린 이물질이 입을 통해 밖으로 배출될 때까지 같은 동작을 여러 번 반복한다. 아이가 비만일 경우에는 가슴 밀기 또는 흉부 압박을 실시해야 한다.

1세 이하 또는 체중이 10kg 이하인 영아의 경우에는 명치를 밀쳐 올리는 동작 대신 아이 얼굴이 아래로 향하도록 허벅지 위에 아기의 머리를 가슴보다 아래로 향하도록 엎드려 눕힌 후 손바닥 밑부분으로 어깨뼈 사이에 있는 등의 중앙부를 5회 정도 세게 두드려 준다.

특히 아이가 이물질을 삼켰을 때 어른이 아이 입안에 손을 넣어 이물질을 꺼내려고 하다가는 자칫 안으로 밀어 넣을 수 있으므로 주의해야 한다. 이때는 손가락을 측면으로 깊숙이 넣은 다음 밖으로 훑어내는 것이 좋다.

아이가 의식을 잃었다면 즉시 주위에 도움을 청하고 119에 신고해야 하는데 맥박이 뛰지 않는다면 심폐소생술을 실시해야 한다.

1세 이하 영아	어린이	성인

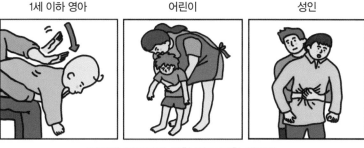

연령별 이물질에 의한 기도 막힘 대처법

임리히법 시행이 어려운 경우에는 환자의 아래쪽에서 가슴 밀어내기를 시행해야 합니다. (앞 페이지의 '하임리히 법' 참고)

나이와 상관없이 의식을 잃으면 바닥에 눕히고 입안을 들여다보아 이물질이 보이면 제거하고 보이지 않는다면 손을 입속에 집어넣지 말고 바로 흉부 압박을 시행합니다.

㉒ 목에 생선 가시가 걸린 것 같아요. 어떻게 해야 하나요?

응급센터를 방문하여 먼저 생선 가시가 목이나 식도 부위에 걸려있는지 확인해야 합니다. 음식 등을 억지로 꿀떡 삼키게 하는 방법은 생선 가시를 아래쪽으로 밀어 넣어 더 위험한 부위에 박히게 할 수 있고, 구토를 유발할 수도 있으므로 그러한 조치를 하지 말고 병원을 찾아가는 것이 좋습니다.

㉓ 귀에 벌레가 들어간 것 같아요. 어떻게 해야 하나요?

귀에 들어간 벌레가 살아있는데 귀에 불빛을 비추거나 귀 후비게 등으로 벌레를 자극하면 벌레가 움직이거나 귀 안을 쏘아 오히려 귀를 더 다치게 만들 수 있습니다. 이럴 때는 즉시 응급센터를 찾아 귓속의 벌레를 마비시킨 후에 제거해야 합니다.

이런 상황에서 사람들이 흔히 걱정하는 것처럼 귀에 들어간 벌레가 머릿속을 뚫고 파고드는 일은 잘 일어나지 않습니다.

㉔ 가정용 화학제품을 먹은 것 같아요. 어떻게 해야 하나요?

실제로 아이가 화학약품을 먹는 것을 보지 못하고 의심만 되는 경우라면 일단 어느 정도를 먹었는지를 추정해야 합니다. 반드시 해당 용기를 병원에 가져가 원래 있던 양에서 어느 정도가 비었는지를 확인해 보아야 합니다.

만약 해당 용품의 이름이나 성분을 모르겠다면 치료 또한 상당히 지연되어 아이의 예후에 좋지 않은 영향을 미칠 수 있습니다.

어떻게 해야 할지 잘 모르겠다면 119로 전화하여 도움을 받을 수 있습니다.

㉕ 세제를 마셨어요. 어떻게 할까요?

세제는 대부분 4% 이내의 농도로 희석되어 판매되기 때문에 표백 살균제는 구강 점막에 가벼운 발적 및 통증을 일시적으로 일으키는 정도로 끝나는 경우가 많습니다. 따라서 아이가 세제를 마셨다면 충분한 수분을 섭취하게 하는 등의 방법을 추천합니다.

하지만 아이가 세제를 어느 정도로, 어떻게 마셨는지 잘 모르거나 매우 많은 양을 마셨을 경우, 또는 복통, 연하곤란, 연하통, 흉통, 복통 등의 증상을 보인다면 내시경 검사가 필요할 수 있어 이럴 때는 아이에게 아무것도 먹이지 말고 바로 병원에 가야 합니다.

4장

아이의 영양

아이에게 좋은 영양은 어른의 영양과 완전히 다르다

아이는 몸이 작은 것 이외에 어른과 현저하게 다른 점이 많다. 아이는 성장과 발달을 계속해 끊임없는 변화를 겪고 있는 상태로, 이미 성장이 끝난 성인의 신체와는 그 요구 조건이 다르다. 따라서 소아 영양의 첫 번째 우선순위는 아이가 올바르게 자라고 성장할 수 있도록 영양을 공급하는 일이다.

영양의 기본 원칙은 성인과 아이가 비슷하지만 아이가 가진 성장 특성으로 인해 차이를 보인다. 물론 성인 영양의 기본 원칙은 소아 영양의 연구에도 적용된다. 예를 들면 어떤 식품은 나이와 관계없이 심혈관계에 도움이 되고, 암을 예방하기도 하며, 건강한 대사 활동을 가능하게 한다. 하지만 성장과 발달이라는 특수한 상황에서는 적용되지 않을 수도 있다.

아이는 성장과 발달 단계에 따라 어른과는 다른 비타민, 무기질, 지방, 단백질 등을 필요로 한다. 다음은 아이의 영양 권고 사항으로, 성인과는 차이를 보인다.

육류와 유제품 : 영아와 소아는 성장함에 따라 많은 양의 단백질을 필요로 하는데 육류는 단백질의 좋은 공급원이다. 성인은 포화 지방산의 섭취를 줄이는 것이 좋지만 아이에게는 육류와 유제품의 섭취가 매우 중요하다.

특히 2세 미만의 영유아는 지방 요구량이 많으므로 첫 2년 동안은 저지방이 아닌 우유를 섭취해야 한다.

칼슘 : 아이들의 뼈는 꾸준히 자라고 튼튼해지는 과정을 거치는데 이는 건강한 골격을 형성하기 위한 기초공사인 셈이다. 이런 이유로 아이들에게서 칼슘의 요구량이 많은데 유제품은 성인보다 아이에게 더 좋은 공급원이다.

비타민, 무기질, 영양 보충제 : 성인은 하루에 한 번 종합비타민을 복용하기도 하지만 영유아는 성장 시기에 따라 비타민에 대한 요구도가 높다. 나이에 따라서는 하루에 한 번 복용하는 종합비타민이 영양 균형이 좋은 식사에서 얻는 여러 영양소를 대체할 수 없다.

우리가 흔히 듣곤 하는 일반적으로 알려진 건강 상식은 아이를 대상으로 하는 것이 아니기 때문에 자녀들의 건강한 식생활을 위해서는 부모님들이 스스로 찾아 공부하려는 자세가 중요하다.

언론에 알려진 체중감량을 위한 최근 유행하는 다이어트 상식은 성인에게만 적합한 것으로, 그러한 방법은 영유아에게 중요한 영양소가 제한되어 있어서 이러한 다이어트 방법을 소아에게 적용하면 심각한 결과를 초래할 수 있다. 그래서 성인의 영양과 건강에 관한 공인된 내용이라고 하더라도 소아에게 이를 바로 적용할 수는 없다.

요즈음 아이들은 골고루 먹지 않는다

최근 많은 사람이 영양과 관련된 정보에 많은 관심을 기울이고 있다. 영양에 관한 소식은 연일 톱뉴스가 되고, 체중감량을 위한 다이어트 방법이 화제에 오르내리며, 영양과 건강 관련 잡지와 홈페이지들은 연일 인기가 많다. 하지만 이러한 관심에도 불구하고 오늘날 우리의 식단은 위기 상태이며 그 결과 아이의 식단마저 위협받고 있는 상황이다.

불과 얼마 전까지만 해도 소아 영양의 주된 관심사는 아이들이 먹는 음식의 양과 성장이었지만 요즈음 아이들은 과식으로 인한 영양 불균형 상태이다. 역설적으로 요즘 아이들은 고열량 식사는 많이 하지만 실제 성장에 필요한 영양소는 부족한 상태이다. 아이가 섭취하는 음식의 양이 증가했을뿐 아니라 음식 종류도 바뀌었는데 이제 사람들은 정제된 음식, 완성품인 음식을 구입하고 있고 요리도 하지 않는다.

미국에서 6~11세 아이들의 식사 변화를 조사했는데 우유, 빵, 소고기, 돼지고기, 달걀, 콩은 덜 먹고 탄산음료, 과즙음료, 감자튀김, 크래커, 탈지유, 치즈, 사탕은 더 많이 먹는다고 한다. 아이들의 선호 음식 목록에서 신선한 과일은 14번째, 감자를 제외한 채소는 순위인 30번째에도 들지 않는 것으로 나타났다. 이는 무엇을 의미하는 것인가?

부모들은 포화지방을 감량하라는 최근 영양 권고 사항에 따라 아이들의 식사에서 우유와 소고기를 줄이고 있다. 하지만 이러한 음식 대신 아이들은 무엇을 먹고 있을까? 바로 설탕이 과량 함유된 음료가 우유를 대신하고 있어 아이들의 과식과 체중 증가를 증폭시키고 있다. 또한 아이 식이에서 간식이 차지하는 비율은 증가하는 반면 실제 필요한 영양소의 섭취는 감소하고 있다. 이러한 경향은 부모나 우리 사회가 아이에게 필요한 영양이 무엇인지를 모르고 있다는 현실을 보여주는 것이다.

부모는 아이에게 좋은 단백질, 철분, 아연과 비타민의 공급원인 고기 섭취를 제한해 줄이게 만들고, 나쁜 음식으로 그 자리를 대체하는 결과를 초래하였다. 문제는 이렇듯 우리가 가진 영양에 대한 지식이 단편적이라는 사실이다.

특정 기준에서 일부 내용을 임의로 선택해 적용하면 어떤 음식이 좋고 나쁜지 단편적인 지식만을 알게 된다. 단편적인 지식만으로는 실제로 우리가 여러 음식을 함께 먹었을 때 어떠한 것이 건강한 식단인지 아닌지 알 수 없게 된다.

아이가 지금 먹는 음식이 평생 건강을 좌우한다

아이의 영양은 아기가 태어난 후가 아닌, 엄마 배 속에서 만들어질 때부터 중요하다. 임신 중 산모의 건강한 영양 상태는 태어난 아기의 건강에도 지대한 영향을 미치게 된다. 게다가 자라나는 아이에게 건강한 음식을 제공하는 것은 아이의 성장 과정에서 영양의 필요량을 충족시킬뿐만 아니라 성인이 되었을 때의 건강에도 많은 영향을 미치게 된다.

 세 살 때 식습관이 여든 간다

어른이 되면 누구나 건강한 식생활을 하려고 노력하지만 이를 실제로 실천하기는 매우 힘들다. 누구나 간식을 줄이고, 열량이 높은 음식을 덜 먹으려 결심하지만 맛있는 음식 앞에서 무너진 경험이 있을 것이다.

우리는 습관대로 행동하는 경향이 있다. 그래서 부모는 아이를 위해 자신이 내리는 결정이 그들의 입맛, 선호하는 음식, 음식 습관을 형성하게 만든다. 이렇게 만들어진 습관은 청소년과 성인의 습관으로 자리잡게 될 것을 인지하고 노력해야 한다.

이러한 습관은 성인이 된 후에도 지속되고 잘못된 식습관을 바로잡기 위한 수많은 시행착오에서 벗어나게 할 수 있다.

- 아이가 어릴 때부터 여러 건강식을 경험하면 아이는 다양한 입맛을 느낄 수 있게 되어 결과적으로 인공적으로 가미한 맛이 아닌 천연의 맛을 더 선호하게 된다.
- 규칙적인 식사 시간과 간식시간으로 군것질과 과식을 막는 훈련을 할 수 있다.
- 교육을 통해 아이가 스스로 건강과 좋은 음식에 대한 긍정적인 자세를 가질 수 있게 한다.
- 아이를 건강하게 키우려면 음식을 많이 먹지 않게 하고, 배가 부르면 그만 먹도록 교육하는 것이 중요하다.

생활 습관으로 인한 질병은 어릴 때 만들어진다

예전에는 어릴 때부터 노년의 건강까지 걱정해야 한다고 생각하지 않았었다. 성인 시기의 건강을 유지하기 위해 어려서부터 식습관부터 고치지도 않았다. 그러나 상황이 바뀌었다.

심각한 문제를 일으키는 당뇨병, 비만, 심혈관 질환 위험인자인 고혈압, 고콜레스테롤혈증, 동맥경화증은 어릴 때부터 비정상적인 상황에서 신체의 자가 조절 능력이 떨어져 생기게 된다.

어릴 때 비만인 아이는 커서도 성인 비만이 된다. 어렸을 때 잘못된 식습관으로 동맥이 막히고, 콜레스테롤이 증가하며, 인슐린에 내성이 생긴 아이는 성인이 되었을 때 이미 되돌릴 수 없는 만성 성인병이 시작된다. 이런 건강상의 문제가 발생하지 않도록 부모는 어릴 때부터 아이의 식습관을 바로잡는 일이 중요하다.

질병에 유전적으로 취약한 사람도 있으나 대부분은 잘못된 식습관과 운동 부족에서 비롯된다. 아이의 키와 체중을 정기적으로 평가하여 비만이 되지 않는지 확인하고, 질환 예방에 좋은 식사와 활동적인 건강한 생활 습관에 잘 적응하게 만드는 것이 중요하다.

좋은 음식, 나쁜 음식의 과학적인 근거가 무엇인가요?

아이를 어떻게 키우고 뭘 먹여야 할지에 관한 정보는 어디에서 얻을까? 부모, 친척, 책, 인터넷, 신문, TV 등에서 이러한 정보를 얻을 수 있겠지만 정확한 근거 없이 막연하게 옳다고 생각하는 정보도 있다. 이것들은 과연 과학적인 근거가 있는 것일까?

우리가 알고 있는 지식의 과학적인 근거를 찾는 것은 매우 어렵다. 이를 위해서는 수년간에 걸친 많은 연구가 이루어져야 하는데 이런 과정은 많은 인내가 필요하다. 최종 연구 결과가 나오기 전 일부 결과가 언론에 먼저 발표되어 혼란을 유발하는 예도 많다.

예를 들어 보면 처음에 우리는 지방이 나쁘다고 들었지만, 그 후 특정 지방만 나쁘다는 것이 밝혀졌다. 어떤 기사에서는 카페인이 위험하다고 하지만 수개월 후에는 카페인이 어떤 질병을 예방할 수 있다고 듣게 된다.

그래서 우리가 날마다 무엇을 먹을까 결정을 내려야 할 때는 수십 년간의 자료를 기다릴 시간이 없다. 하지만 학자들은 신중해서 충분한 검증 없이 섣불리 결론을 내리지 않고 여러 차례 검증된 결론도 다시 한 번 의심해 본다.

식품이 우리 건강에 어떻게 영향을 미치는지 연구하는 과정은 매우 복잡하다. 다수의 사람을 대상으로 장기간의 추적 연구를 시행한 후에야 그 차이점을 발견할 수 있다. 추적 연구처럼 수천 명을 대상으로 한 수십 년간의 연구를 통해서야 비로소 성인의 건강과 식습관에 관한 중요한 사실들이 밝혀진다.

결과를 말하자면 사람들이 가지는 궁금증들을 원하는 대로 신속하게 해결할 수는 없다. 어린이 영양에 관한 정보는 더 구하기 힘든 실정인데 아이를 대상으로 실험하고 연구하기는 현실적으로 더 힘들기 때문이다.

우리의 건강한 식생활을 위해서는 영양에 대해 열린 시각을 갖추고 난

후, 이에 관한 많은 연구와 실천을 해야 할 필요성이 있다. 그러한 과정은
우리의 건강한 사회를 위해, 또한 우리의 아이들을 위한 먹거리의 토대
가 만들어지기 때문이다.

GOOD

BAD

아이의 균형 식단, 탄5·지3·단2를 기억하세요 - 탄수화물 Ⅰ

우리가 매일 섭취하는 음식 대부분은 다량 영양소인 탄수화물, 지방, 단백질로 구성된다. 다량 영양소는 음식 대부분을 차지하는데 신체 에너지를 공급하고 세포와 조직을 유지하고 성장하는 데 필요하다. 반면 비타민과 무기질은 미량 영양소로, 인체에는 적은 양이 필요하며 에너지로 쓰이지는 않지만 인체의 기능 유지를 위해 필요하다.

소아의 균형 식단은 탄수화물 50%, 지방 30%, 단백질 20%의 비율로 다양한 음식을 섭취해야 한다. 수치상으로는 매우 간단해 보이지만 실제로는 많이 혼동하게 된다.

우리는 지난 수십 년간 저지방식의 장점을 강조해 들어왔으나 수년 전부터는 그 유행이 바뀌어 저탄수화물과 고단백식이 더 강조되고 있다. 소고기를 동맥경화의 주범으로 생각해 왔던 사람이 이제는 햄버거를 빵 없이 소고기만 먹어야 한다고 주장하고 있다. 아직도 많은 사람이 건강에 좋은 식사는 다량 영양소 세 가지 중 한 가지를 선택해 먹는 것이라 오해하고 있다.

우리가 가지는 첫 번째 오해는 한 가지 다량 영양소를 지나치게 섭취하면 뚱뚱해진다고 믿는 것이다. 사실은 어떤 종류의 음식이든지 장기간 과잉 섭취하면 에너지 불균형이 오고 체중은 증가한다. 체중을 유지하기 위해서는 '무엇을' 먹느냐보다는 '얼마나' 먹느냐가 중요하기 때문이다.

두 번째 오해는 체중을 줄여야 건강에 좋다고 생각하는 것이다. 시중에서 유행하는 다이어트는 건강한 영양 섭취와는 거리가 멀다.

그렇다면 탄수화물, 지방, 단백질의 다량 영양소를 섭취하기 위해서는 어떤 식품을 골라 먹어야 가장 건강하게 섭취하는 것일까?

'건강하게 음식을 선택하여 먹는다'라는 말은 식품군 모두를 골고루 먹는다는 것과는 다르다. 아이의 건강한 식습관의 첫걸음은 영양 균형이 바로 잡힌 음식을 아이가 골고루 먹는 것이다. 즉, 아이에게 건강한 음식

을 공급하기 위해서는 영양 표시 라벨과 그 재료의 성분을 제대로 알아야 한다.

유행과 상관없이 아이에게는 탄수화물이 필요하다

탄수화물은 인체에서 쉽게 소화되어 몸을 움직이게 만드는 중요한 연료 공급원으로, 에너지의 50% 이상을 공급한다. 쌀, 옥수수, 감자 등이 공급원이다.

최근에는 탄수화물을 적게 먹어야 하는 다량 영양소로 공공연히 인식되고 있어서 여러 업체에서는 저탄수화물 음식을 제조, 광고하고 있으며 심지어는 저탄수화물 빵까지도 출시되고 있다.

그러나 아이들에게는 유행과 상관없이 에너지가 매우 필요한 시기이기 때문에 탄수화물은 아이에게 가장 중요한 에너지 공급원이다. 그래서 아이들은 다량의 탄수화물을 섭취한다. 탄수화물은 쌀밥, 잡곡밥, 통밀빵뿐만 아니라 탄산음료와 사탕에도 많아 설탕이 들어있는 음식을 많이 먹는 아이는 필요한 열량 대부분을 탄수화물에서 얻게 된다.

탄수화물의 성분은 마치 레고 블록처럼 작은 당분이 사슬로 연결되어 있다. 가장 작은 단위는 단순당인데 포도당, 과당, 갈락토스는 가장 작은 단순당으로, 혼자 다니거나 짝을 이루거나 아주 많이 결합하여 있다.

설탕은 자당이라고도 하는데 포도당과 과당이 짝을 이룬 것이며 사탕수수와 사탕무, 메이플 시럽, 당밀, 파인애플, 당근에 많다. 유당은 젖당이라고도 하며 포도당과 갈락토스로 이루어져 있다. 맥아당은 엿기름에 많으며 두 개의 포도당이 짝을 지어있다.

식물은 전분이나 녹말의 형태로, 동물은 글리코겐 형태로 저장한다. 이러한 당류는 모두 체내에서 분해돼 포도당이 되어 우리 몸에서 연료로 쓰인다.

단순당이 열 개 이상 모여 연결되어 있으면 다당류이다. 식이섬유는 식물에 있는 다당류로, 사람이 먹어도 소화되지 않는다. 수용성 식이섬유는 콩, 과일, 귀리 등에 있으며 물에 용해되어 대장 세균에 의해 분해된다.

불용성 식이섬유는 채소와 곡물에 많으며 물에 용해되지 않고 소화기를 통과한다. 이들은 에너지 공급원은 아니지만 인체에서 장운동이나 혈당조절, 심장질환 등의 예방에 중요한 역할을 한다.

하지만 식이섬유를 과도하게 섭취하면 영양흡수를 방해하여 빈혈이나 골다공증 등의 부작용이 나타날 수 있으니 주의가 필요하다.

이로운 탄수화물과 해로운 탄수화물

탄수화물이 소화되면 포도당으로 분해되어 혈관으로 흡수된 뒤 전신으로 퍼지게 된다. 인체는 혈중 포도당 농도(혈당)를 일정하게 유지하려고 한다. 그런데 식후 혈당이 너무 높으면 췌장에서 인슐린이 분비되어 포도당이 세포로 운반되고 연료로 쓰이게 된다. 포도당이 혈액에서 세포로 들어가게 되면 인슐린 농도는 떨어진다. 반대로 혈당이 너무 낮으면 간에서 저장된 포도당을 꺼내어 일정하게 혈당을 유지한다.

작고 단순한 탄수화물은 더 빨리 소화 흡수된다. 설탕과 같은 단순당은 혈당을 빨리, 높게 올리는데 그렇게 인슐린이 많이 분비되면 단순당을 먹기 전보다 혈당은 더 낮아진다. 그래서 단순당을 먹으면 인슐린은 마치 롤러코스터처럼 갑자기 높아진 혈당을 빨리 떨어뜨리도록 작용하여 더 빨리 배가 고파진다. 인체에서 포도당을 더 보충해야 한다고 신호를 보내기 때문이다.

이렇게 오래 지내다 보면 인체는 더는 인슐린 신호에 반응하지 않는 '인슐린 저항성'이 나타난다. 인슐린 저항성은 최근 아이들에게서도 증가하고 있는 2형 당뇨병의 전 단계다.

반면 크기가 큰 복합 탄수화물은 분해되는 데 더 오래 걸린다. 탄수화물이 천천히 소화 흡수될수록 혈당을 일정하게 유지하여 쉽게 배고프지 않으므로 인슐린도 안정적으로 분비된다.

탄수화물이 식품에 어떻게 저장되어 있는가도 소화되는 속도에 영향을 미친다. 예를 들면 과일의 과당은 세포 안에 갇혀있어 소화되는 데 시간이 걸리지만, 정제한 과당은 바로 혈액으로 흡수된다. 전분 중에서도 감자의 전분은 느슨하게 저장되어 있어 바로 소화되지만, 곡물이나 다른 채소의 전분은 세포에 단단하게 저장되어 있어 소화하기 힘들다. 전분은 요리하면 전분을 포함한 세포가 부드러워지고 서로 쉽게 떨어져 나가 더 소화되기 쉽다.

식이섬유는 체내에서 소화되지 않는 탄수화물이지만 다른 음식의 소화에 관여한다. 만약 식사 중에 수용성 식이섬유를 같이 먹는다면 음식이 위장관을 천천히 통과하게 된다. 수용성 식이섬유가 수분과 함께 섞이면 끈끈한 겔 상태가 되어 다른 음식들과 뒤섞이며 더 천천히 장관을 통과하게 된다. 이러한 식이섬유로 인해 위장관 내 음식이 끈끈하게 점성이 높아지면 포만감이 생겨 쉽게 배고프지 않고 체내 인슐린의 반응을 둔화하게 한다.

또한 식이섬유를 섭취하면 심장병을 예방할 수 있는데 식이섬유를 특히 도정하지 않은 곡물로 많이 섭취하는 사람은 심장병에 걸릴 확률이 훨씬 더 낮아진다는 연구 결과가 있다. 이는 식이섬유가 풍부한 과일, 채소, 콩, 곡물을 많이 먹는 사람이 심장병의 원인인 포화지방이 많은 음식을 적게 먹는 경향과도 연관이 있을 것이다.

게다가 식이섬유는 혈중 콜레스테롤을 직접적으로 낮추는 효과도 있다. 수용성 식이섬유가 콜레스테롤이 풍부한 담즙산을 감싸서 콜레스테롤이 혈액으로 흡수되는 것을 막기 때문이다.

설탕을 많이 먹으면
아이를 행동 과다로 만든다는데 사실일까?

많은 연구자가 이 의문을 풀어보려 했으나 아직 정확히 밝혀진 바는 없다. 그렇다면 주의력 결핍, 과다행동 장애(attention deficit hyperactivity disorder, ADHD)를 가진 아이가 설탕을 섭취하면 증상은 더욱 악화할까?

다양한 연구가 있었지만 아직 그와 관련된 연관성을 증명하지는 못했다. 오히려 어른들이 가진 설탕 섭취에 대한 무의식적인 편견으로 아이의 행동을 제대로 판단하지 못했다는 연구 사례가 있다.

한 연구에서 아이에게 설탕이 아닌 음식을 줬다. 그리고 한 그룹의 부모에게는 아이에게 설탕을 주었다고 하고, 다른 그룹의 부모에게는 아이에게 설탕이 아닌 다른 음식을 주었다고 이야기했다. 그 결과 자녀가 설탕을 먹었다고 들은 부모는 설탕이 아닌 음식을 먹었다고 들은 부모보다 자녀를 더 행동 과다로 판단했다고 한다.

과학적으로 설탕을 섭취하면 인체의 인슐린이 반응해 포만감과 배고픔의 감정을 어지럽힐 수 있다. 이러한 포만감과 배고픔이 아이의 집중력, 기분, 학업 성취에 영향을 미칠 수 있다. 그러나 설탕 섭취가 아이의 행동에 미치는 직접적인 영향은 미미하다.

퍽퍽할지언정 아이에겐 도정하지 않은 곡물이 좋아요 - 탄수화물 Ⅱ

옛날 우리 조상은 도정하지 않은 곡물을 통채로 먹으며 비타민, 식이섬유, 단백질, 탄수화물을 섭취했다. 그러나 시대가 바뀌어 점점 부드러운 감촉을 선호하게 되면서 곡물을 도정하기 시작했다. 로마 시대부터 상류층에서는 도정한 밀가루를 먹은 기록이 있으며, 20세기에는 제분 기술의 발달로 누구나 흰밀가루를 먹을 수 있게 됐다.

흰밀가루에는 탄수화물만 있지만 통밀가루에는 비타민 B군, 무기질, 식이섬유 등이 더 함유되어 있다.

세계 인구의 절반은 쌀을 주식으로 한다. 쌀 낟알의 껍질, 즉 쌀겨에는 식물성기름, 식이섬유, 비타민 B군이 풍부하나 도정 과정에서 이러한 좋은 성분은 다 떨어져 나가고 백미에는 거의 탄수화물만 남는다.

이렇게 도정한 백미와 흰색 밀가루를 먹으면 비타민 B군 결핍성 질환을 일으키게 된다. 이러한 결핍을 막기 위해서 제조업자는 도정하고 난 뒤 비타민과 무기질을 더 강화한 제품을 만들기도 하지만 이때에도 식이섬유는 여전히 부족한 상태다.

가공식품은 대부분 흰색 밀가루와 도정한 곡식으로 만들어지며 포도당이나 과당과 같은 단순 당이 첨가된다. 과당이 많은 옥수수 시럽이 시판되면서 과당 소비가 증가했는데 청량음료와 과일향 음료는 과당을 많이 첨가한 음료로, 설탕 섭취의 주범이다.

도정하지 않은 식품이 건강에 좋다고 알려지며 도정하지 않은 곡물의 수요는 점점 더 늘어나고 있다. 이제는 도정하지 않은 곡물은 건강식품으로 인식돼 통밀, 현미, 잡곡, 통밀이나 현미로 만든 빵과 과자 등은 더 비싸게 팔리고 있다.

최근에는 비싸기는 하지만 통밀빵, 통밀 파스타, 잡곡빵, 귀리 등처럼 아이를 위해 적절히 도정하지 않은 곡물로 만든 대체 음식을 찾을 수 있다. 어렸을 때부터 아이에게 다양한 음식을 접하게 만드는 일은, 한 번 자리 잡은 아이의 입맛을 바꾸기보다 훨씬 쉽다.

🍴 인공감미료 사용의 문제점

음료, 요구르트, 과일 통조림 등 많은 식품에는 설탕 대신 사카린, 아스파탐과 같은 인공감미료가 첨가되고 있다. 이 인공감미료는 설탕보다 더 달지만 우리 몸에 흡수되지 않아 열량이 없고 음식의 열량과 설탕 섭취를 줄이면서도 달콤한 맛을 낸다. 그렇다면 아이가 이러한 인공감미료가 들어있는 케이크나 과자를 먹어도 괜찮을까?

아이의 인공감미료 섭취에 대한 문제점을 살펴보면 가장 중요한 것은 인공감미료를 사용한 음식을 많이 먹게 될 때 달콤한 설탕 맛에 길들여지는 사실이다. 아이의 영양과 식습관에서 강조하고 싶은 것은 어릴 때부터 입맛을 건강하게 길들여 건강한 식습관을 유지하게 만드는 것이다.

인공감미료를 사용하면 열량은 없어도 달콤한 음식과 음료수에 길드는 것은 마찬가지이다. 그래서 인공감미료가 첨가된 음식은 아이의 건강한 식습관을 방해한다.

인공감미료는 열량이 없으므로 '달콤한 음식을 많이 먹어도 좋다'고 은연중에 허락하는 것과 같다. 즉, 아이에게 인공감미료 첨가 음식을 먹인다는 것은 아이에게 달콤한 맛과 과식을 허락하는 것이나 마찬가지이다.

바람직한 음식은 과일과 같은 자연적인 단맛, 계피나 바닐라와 같은 향료를 넣은 음식이며, 설탕이 들어있는 음료나 식품은 가능한 한 적게 먹는 것이 좋다.

🍼 식이섬유는 얼마나 먹는 게 좋을까?

아이는 하루에 1,000kcal당 14g, 즉 19~25g의 식이섬유를 섭취하는 것이 좋다. 어린 영아는 일일 권장량 안에서 최소한의 양으로, 활동적이거나 고학년 아이라면 일일 권장량 안에서 최대의 양으로 맞춰 섭취할 것을 권장하고 있다.

 이로운 탄수화물 선택하기

우리가 섭취하는 열량의 반 이상은 탄수화물에서 얻는다. 탄수화물은 인체를 움직이는 연료로 쓰이지만 올바르게 선택하여 먹는다면 더 많은 역할을 할 수 있다.

최근 상위 10위 안에 드는 열량원은 케이크, 과자, 청량음료, 감자칩, 시럽, 잼 등이다. 이런 음식은 모두 빨리 소화되어 단순당으로 바뀌어 연료로 쓰이지만, 천천히 소화되어 인슐린 반응을 완화할 수 있는 복합 탄수화물, 비타민, 식이섬유가 없다.

아이는 물론 성인도 건강하게 탄수화물을 섭취하게 만들기 위해서는 몸에 좋은 탄수화물을 선택해 가족의 식단을 함께 바꿔야 한다.

가공식품을 제한한다 : 음식을 가공할수록 단순 당이 증가하게 된다. 감자칩이나 감자튀김은 껍질 없이 전분만 남는다. 과일 주스 음료와 잼은 과일에 포함된 식이섬유가 제거되고 과일의 당분만 농축된다. 그래서 식품은 가공하지 않거나 최소한으로 가공된 것을 선택해야 한다.

도정하지 않은 식품을 고른다 : 흰 쌀밥뿐만 아니라 대부분의 과자, 국수, 빵 등은 도정한 쌀과 밀로 만들어진다. 가공식품의 표시라벨에 밀이라고 써있는 것 중 대부분은 도정한 곡물로 만든 것이기에 통밀, 현미, 잡곡으로 표시된 것을 골라서 먹도록 한다.

가공식품도 통밀가루, 통귀리가루 등 도정하지 않은 것을 고르면 되는

데 처음에는 매장에서 찾기 어려울 수 있으나 좋은 제품을 발견했다면 그 다음에는 구매하기 한결 쉬워진다.

튀김은 생각조차 하지 않는다 : 감자는 껍질에 식이섬유, 비타민, 무기질 이 많다. 그래서 껍질을 제거한 감자는 주로 쉽게 소화되는 탄수화물, 전 분이 대부분이라 하얀 빵과 같다고 생각하면 된다. 더구나 감자튀김이나 칩 종류의 과자는 이러한 소화되기 쉬운 전분을 튀겨 놓은 것으로, 결코 건강식이 될 수 없다.

식이섬유는 어떻게 찾을까? : 도정하지 않은 곡물과 과일에는 식이섬유 가 포함되어 있다.

설탕은 어느 정도 먹을까? : 아이가 섭취하는 많은 식품에는 설탕이 숨 어있다. 단맛이 나지 않는 땅콩버터에도 설탕이 첨가되어 있으며, 아침에 많이 먹는 시리얼에는 비타민과 무기질을 따로 첨가한 제품도 있지만 보 통은 도정한 곡물인 데다 설탕이 많이 첨가되어 있다.

식품의 표시라벨을 보고 설탕이 얼마나 들어있을지 알아내기란 굉장히 어려운 일이다. 하지만 표시라벨의 설탕 함유량을 확인하는 습관을 들이 면 비교적 빨리 익숙해질 수 있다. 먼저 통밀, 현미, 잡곡 등 도정하지 않 은 곡물이 있는지 확인하고 설탕 함량을 확인하면 된다.

식품별 식이섬유 함유량

식품	식이섬유 함유량(g)	식품	식이섬유 함유량(g)
흰 쌀밥 1공기	1.2	생 당근 1개	2.0
현미밥 1공기	7.0	건포도 시리얼 1컵	5.0
사과 1개	3.3	무과화 바 1개	0.7
검은 콩 1/2컵	7.5	오트밀 죽 1팩	2.8
김 1장	0.6	통밀 크래커 1개	0.6
콩나물 1접시	1.6	오렌지주스 1컵	0.5
옥수수빵 1개	1.5	오렌지 1개	3.0
흰 빵 1개	0.6	껍질째 구운 감자	4.4
통밀빵 1개	2.0	삶은 브로콜리 1컵	4.4

지방 섭취는 나쁘다?
선택하기 나름입니다 - 지방

사람들은 지난 수십 년간 지방을 성인병의 주범으로 지목하며 저지방식을 하기 위해 노력해 왔다. 그러나 아이들의 경우는 다르다. 아이는 하루에 섭취하는 열량의 30%를 지방으로 섭취해야 한다. 지방은 에너지 공급원이면서도 콜레스테롤, 호르몬, 담즙 등을 만들고, 성장하는 아이의 인체를 구성하는 중요한 다량 영양소이기 때문이다.

아이가 먹어야 할 지방은 그 종류가 중요하다. 성인이 만성질환 예방을 위해 지방의 종류를 선택한다면, 아이는 '바람직한 지방'을 섭취하는 것이 더 중요하기 때문이다. 아이의 건강을 위해서는 권장량을 넘지 않도록 지방 섭취를 제한하고, 포화지방과 트랜스 지방은 가능한 한 적게 섭취해야 한다. 영유아기에는 주식인 모유로 총열량의 50%를 지방으로 섭취하는데 생후 24개월 이후부터는 지방 섭취를 서서히 줄여나가기 시작해 아이가 5~6세가 되면 성인 수준인 하루 총열량의 30% 수준으로 지방을 섭취하는 것이 바람직하다.

# 지방, 성장기 아이에게 필수

지방은 지방산으로 만들어진 물질을 모두 일컫는 말이다. 지방산은 수소, 산소, 탄소원자로 이루어지며 그 배열이나 위치 결합 여부에 따라 명칭이 다르다. 지방은 종류에 따라 장기간 인체에 미치는 영향이 각기 다른데 식품에는 포화 지방산, 단일 불포화 지방산(MUFA), 다중 불포화 지방산(PUFA), 트랜스 지방산(전이 지방산)과 같은 네 가지 종류의 지방산이 있다.

지용성 비타민인 비타민 A, D, E, K는 장내에서 지방에 의해 녹아야만 흡수되기 쉽다. 이 중 리놀레산과 리놀렌산은 필수지방산으로, 인체 기능에 꼭 필요한 여러 가지를 만들어낼 수 있다.

지방이 많은 음식은 대체로 맛이 좋고 이러한 지방은 성장하는 아이에게 꼭 필요하다.

콜레스테롤, 지방과 건강

고지방식과 성인병의 관계에서의 핵심은 혈중 콜레스테롤 농도이다. 콜레스테롤은 왁스 같은 물질로, 성호르몬인 에스트로젠과 테스토스테론을 만든다. 콜레스테롤은 인체 세포막의 주 구성 성분이며, 세포 기능을 유지하게 만드는 중요한 물질이다. 이는 고기, 생선, 달걀 노른자, 우유 등 동물성 식품에 많이 들어있으나 우리 몸에서도 만들어낼 수 있으므로 꼭 음식으로 섭취할 필요는 없다.

콜레스테롤이 혈액에 지나치게 많으면 심장질환의 원인이 되는데 이를 이동하게 만들려면 운반 단백질이 필요하다. 저밀도 지질 단백(LDL)은 간에서 다른 부위로 콜레스테롤을 운반하며 고밀도 지질 단백(HDL)은 다른 부위에서 간으로 운반한다.

나쁜 저밀도 지질 단백은 간에서 콜레스테롤을 불러내 동맥벽에 침착되고 플라크를 형성하여 피의 흐름을 방해한다. 결국 혈액이 응고되어 플라크에 침착되면 동맥을 막는 동맥경화증이 생겨 심장 발작과 뇌졸중을 일으키게 된다. 이때 착한 고밀도 지질 단백은 혈관에 돌아다니는 콜레스테롤을 간으로 운반하여 혈류에서 제거한다.

콜레스테롤과 포화지방 섭취의 제한이 중요하다는 것은 이미 잘 알려진 의학상식이다. 그러나 영유아 시기부터 이러한 동맥경화증을 걱정하는 부모는 없을 것이다. 그렇다면 이러한 의학 상식은 아이에게 어떤 의미가 있을까?

동맥경화증이나 심장질환은 성인이 되기 전에 발병하지는 않지만 이미 어린 시절부터 조금씩 진행되어 온 결과가 성인이 되었을 때 나타나는 것일 수도 있다. 실제로 어린아이 때도 동맥벽에 지방이 길게 축적되기 시작하며 여기에 계속 지방이 더 쌓이면서 수년간 동맥경화성 플라크로 커질 수 있다.

어릴 때부터 성인이 될 때까지 콜레스테롤 농도를 추적 관찰한 연구에서도 비슷한 경향을 유지하고 있다. 대규모 심장 연구에서도 혈중 콜레스테롤 농도가 상위 5번째에 속했던 아이의 70%는 12년 후 상위 10번째에 속해 있었으며, 하위 5번째에 속했던 아이의 70%는 여전히 하위 10번째였다. 이 실험을 통해 소아기 건강 양상이 성인이 되어서도 지속되는 것을 보여주고 있다.

한 가지 주의해야 할 점은 콜레스테롤이 많은 음식을 먹는 것이 곧바로 혈중 콜레스테롤 농도를 올리지 않는다는 것이다. 역학 연구에서는 콜레스테롤이 높은 음식을 섭취하는 것과 혈중 콜레스테롤 농도는 그 상관성이 미약하다고 보고하고 있다. 하지만 달걀은 콜레스테롤이 꽤 많은 음식으로, 아이는 적당량을 먹는 것이 좋다.

반면 지방은 혈액 내 콜레스테롤 농도를 결정하는 데 중요한 역할을 한다. 고지방식이 심장병 발병의 주범이라는 것은 이미 잘 알려져 있다. 그러나 모든 지방이 그런 것은 아니다. 지방 나름대로 중요함이 종류마다 다르며 건강하게 선택하여 각자의 특성을 잘 살려야 한다.

우리 몸에 해로운 지방

포화지방과 트랜스 지방은 고콜레스테롤혈증과 심장병을 일으키는 대표적인 해로운 지방이다. 그렇기에 이에 대해 자세히 알아볼 필요가 있다.

포화지방 : 포화지방은 고기와 유제품뿐 아니라 야자유와 코코넛 기름 등에도 많다. 지방산이 일렬로 길게 사슬 모양으로 딱딱하게 결합하고 있으며 실온에서 고체의 형태가 된다.

지난 몇 년간 콜레스테롤은 심장병의 주범으로, 첫 번째 사망 원인이었다. 포화지방이 많은 음식을 먹는 나라에서는 심장병 환자가 많았으며, 역학 연구 또한 포화지방이 많은 음식을 먹으면 동맥경화증과 심장병이 유발할 확률이 높다고 그 결과를 증명하고 있다.

포화지방이 많은 음식을 섭취하면 콜레스테롤이 많은 음식보다 훨씬 더 혈중 콜레스테롤을 높이는데 저밀도와 고밀도 콜레스테롤을 동시에 올린다.

트랜스 지방 : 트랜스 지방은 포화지방보다 더 해로운 지방이다. 나쁜 저밀도 지질 단백-콜레스테롤을 높일뿐만 아니라 착한 고밀도 지질 단백-콜레스테롤을 적극적으로 낮추기 때문이다.

트랜스 지방은 자연적으로 존재하는 물질이 아니며 불포화 식물성 지방을 실온에서 고체 형태인 포화지방처럼 만드는 과정에서 생겨났다. 대표적으로 마가린을 들 수 있다.

마가린은 식물성 기름이지만 버터처럼 만들기 위해 가공한 제품으로, 식물성 기름을 수소와 함께 가열하는 경화 과정에서 만들어진 경화유(hydrogenated or partially hydrogenated oil)다. 경화유는 트랜스 지방을 의미하는데 이러한 가공과정에서 만들어진 트랜스 지방은 마가린, 쇼트닝, 가공식품인 도넛, 패스트리 등의 빵 종류, 과자, 튀김, 패스트푸드(예 : 감자 튀김)에 많이 들어있다.

가공식품의 영양표시라벨에 트랜스 지방을 명시해야 하는 법규는 아직 없다. 하지만 최근에는 사람들 사이에서도 트랜스 지방에 대한 경각심이 높아져 식품 업체에서는 트랜스 지방을 없애거나 감소시키기 위하여 노력하고 있다.

4장

트랜스 지방이 포함되지 않은 마가린이 출시되고 있으며, 트랜스 지방을 제거한 과자를 만드는 식품 업체도 생겨나고, '무 트랜스 지방'을 광고하는 과자도 나타났다.

가공업체는 트랜스 지방 함량을 명시해야 하며, 경화유는 가공식품에서 될 수 있는 한 추방해야 한다.

🫕 착한 지방

단일불포화 지방과 다중불포화 지방은 심장에 해로운 지방이기도 하지만 고콜레스테롤혈증과 싸우는 착한 지방이기도 하다.

단일불포화 지방 : 불포화지방은 구불구불한 구조로, 실온에서 액체 상태, 즉 기름 상태이며 식물에서 얻는다. 지방은 해로운 것으로 여겨지고 있지만 이 불포화지방은 심장에 이로운 지방이다.

불포화지방은 해로운 저밀도 지질 단백-콜레스테롤(LDL-C)을 낮추고, 이로운 고밀도 지질 단백-콜레스테롤(HDL-C)을 높인다. 식물성 기름은 단일불포화 지방과 다중불포화 지방이 섞여있다. 채종유(유채꽃 기름), 땅콩기름, 올리브유에는 특히 단일불포화 지방이 많다.

다중불포화 지방 : 인체 건강을 위한 가장 중요한 기름으로, 필수지방산이며 오메가-3 지방산과 오메가-6 지방산이 있다(n-3, n-6 지방산으로 표시하기도 한다). 이 필수지방산은 인체에서 합성되지 않으므로 음식으로 섭

취해야 한다.

이는 인체에서 중요한 기능을 하는데 화학적 신호전달, 세포의 성장과 구조를 유지하는 데 꼭 필요하다. 모유에 특히 풍부하게 포함되어 있으며 분유에도 포함되어 있다.

아이가 모유나 분유 수유 시기를 지나 고형식을 먹게 되면 다중불포화 지방이 많이 포함된 옥수수기름, 콩기름, 등푸른생선(참치, 연어), 도정하지 않은 곡물, 씨앗으로 음식을 만들어 섭취하게 해야 한다.

🍼 지방이 아이를 뚱뚱하게 만든다는 오해

지방 섭취가 아이를 뚱뚱하게 만들까? 이는 의학상식을 지나치게 단순화시켜 대중에게 전달하는 과정에서 생겨난 오해다. 우리가 섭취한 열량만큼 인체가 소모하는 것이 중요하고, 그로 인해 건강한 체중을 유지하는 게 중요하다. 어떤 음식이든 많이 섭취하고 쓰지 않는다면 체중은 늘기 마련이다.

지방은 에너지가 밀집되어 있어 같은 양이라 하더라도 단백질이나 탄수화물보다 거의 두 배 이상 열량을 섭취하게 된다. 당연히 고지방 음식을 먹으면 같은 양의 저지방식보다 훨씬 더 많은 열량을 섭취하게 된다.

더구나 과잉 지방은 다른 영양소와는 비교가 되지 않는 가장 효율적인 방법으로 우리 몸에 저장된다. 탄수화물과 단백질을 인체에 저장하는 과정은 비효율적이므로 잘 저장되지 않는다. 대신 너무 많이 섭취하면 다 써버리기 위해 노력이 필요하다. 반면 과잉지방은 에너지로 쓰이지 않고 그대로 인체의 지방조직으로 축적된다.

그래서 아이에게는 고지방 식품은 제한하는 것이 좋은데 비만이 되기 쉬운 아이는 지방 섭취를 줄여야 한다. 그러나 우리의 식탁에서 지방을 완전히 빼는 일은 위험하며, 오히려 그 대신 당분이 많은 고열량 간식을 먹게 되는 경우가 많아 역효과가 생길 수 있다.

또 하나 주의해야 할 것은 음식의 열량과 한 번에 먹는 양을 같이 생각해야 한다는 점이다. 예를 들면 저지방 치즈를 많이 먹는 대신 일반 치즈를 조금 먹는 것이 열량 섭취도 적고 맛도 있다. 견과류는 몸에 좋은 지방이 풍부한 간식이지만 당근이나 과일보다 열량이 더 높아 조금씩 간식으로 먹기에는 적당하다.

물론 아이에게 꼭 저지방 식품을 먹여야 하는 것은 아니며, 한 번에 먹는 양을 적절하게 조절하는 것이 무엇보다 중요하다. 또한 저지방 음식이 모두 저열량은 아니며 영양이 풍부한 것도 아니다. 많은 저지방 가공식품이 밀가루와 설탕을 다소 많이 넣고 있다.

그런 이유로 영양 표시라벨을 꼭 확인해 지방이 적은 대신 설탕으로 인한 열량이 더 많아지지는 않는지 비교하는 습관을 길러야 한다.

지방 제품 또는 한 그릇당 지방 함량

한글 표기	영문 표기	한 그릇당 지방 함량
무지방	Fat free	지방 0.5g 미만
저지방	Low fat	지방 3g 미만
지방 감소	Reduced fat 혹은 less fat	원래 음식보다 25% 감소
라이트	Light 혹은 lite	원래 음식의 1/3 열량 또는 지방 50% 감소
무포화지방	Saturated fat free	포화지방 0.5g 미만
저포화지방	Low saturated fat	포화지방 1g 미만이며 포화지방으로 얻는 열량 15% 미만
포화지방 감소	Reduced saturated fat 혹은 less saturated fat	원래 음식보다 25% 감소
무콜레스테롤	Cholesterol free	콜레스테롤 2mg 미만이며 지방 2g 미만
저콜레스테롤	Low cholesterol	콜레스테롤 20mg 미만이며 포화지방 2g 미만
콜레스테롤 감소	Reduced cholesterol 혹은 less Cholesterol	원래 음식보다 25% 감소 포화지방 2g 미만
살코기 (고기, 닭, 해물)	Lean	지방 10g 미만, 포화지방 4.5g 미만, 콜레스테롤 95mg 미만
순 살코기 (고기, 닭, 해물)	Extra Lean	지방 5g 미만, 포화지방 2g 미만, 콜레스테롤 95mg 미만

4장

건강하게 단백질 선택하기
- 단백질

단백질은 고기를 비롯한 동물성 식품과 견과류, 콩류, 곡물과 같은 식물성 식품에 풍부하다. 단백질은 인체를 움직이는 연료로 쓰이지 않으며 인체 기능을 원활하게 만드는 다량 영양소이다. 단백질은 인체를 만들뿐 아니라 세포의 모든 화학적인 기능과 활성, 모든 인체 활동에 필요해 아이에게는 적당량의 단백질 섭취가 무엇보다 중요하다.

아이가 성장하는 데는 마치 집을 지을 때 나무, 철강, 벽돌, 시멘트 등이 필요한 것처럼 단백질이 적절하게 공급되어야 인체가 자라고 제 기능을 할 수 있다. 음식으로 섭취한 단백질은 우리 인체에 들어와 아미노산으로 분해되어 인체를 만드는 데 쓰인다. 이때 적절한 양의 질 좋은 단백질이 골고루 필요하며 아이에게 권장되는 단백질 섭취는 성인의 기준과는 다르다.

그래서 영아와 소아는 적절한 양의 단백질이 꾸준히 공급되어야 한다. 인체는 단백질을 저장할 수 없으므로 꾸준히 공급되어야 성장에 지장이 없다. 성인과 달리 성장하고 있는 아이는 아미노산이 필요한 성장 부위에 직접 전달돼 새로운 단백질을 만드는 신호를 전달한다. 그래서 아이가 단백질을 먹으면 성장을 자극하는 효과가 바로 나타나는 것이다. 생후 1개월까지 섭취한 단백질의 3분의 2가 성장에 쓰이고, 생애 첫 수년 동안은 거의 90%가 인체를 유지하는 데 쓰인다.

단백질은 아이의 성장에 꼭 필요하기는 하지만 필요 이상으로 많이 먹는다고 해서 키가 더 크거나 튼튼해지는 것은 아니다. 인체는 항상 이들을 정밀하게 조절하고 있어 하루 총 섭취 열량의 20%까지 단백질을 공급하여 성장을 지켜준다.

반면 아이가 단백질을 과잉 섭취하게 되면 더 위험하다. 과잉단백질은 신장에서 요소로 분비되고 오래 지속하면 신장에 부담을 준다. 그래서 성인들에게 유행하는 고단백 다이어트는 아이들에게는 매우 위험하다.

아이는 양질의 단백질이 필요하다

단백질은 분해되어 인체를 만드는 벽돌인 아미노산을 만드는 중요한 영양소이다. 필수아미노산은 인체에서 만들지 못하기 때문에 반드시 음식으로 섭취해야 한다. 필수아미노산을 모두 함유한 음식은 완전 단백질이라고 하며, 불완전 단백질은 필수아미노산이 한 가지 이상 부족한 것을 말한다.

아이는 6살이 될 때까지 성장에 필요한 필수아미노산 요구량이 많으며, 비필수 아미노산은 인체를 유지하기 위하여 사용한다. 이처럼 어린아이에게는 단백질의 종류가 중요하고 단백질의 질에 따라 식품을 구분할 수 있다. 그래서 단백질은 소화 흡수가 잘되고 아미노산 구성이 아이의 요구 조건과 얼마나 잘 맞는가가 중요하다.

이상적인 단백질 공급원은 거의 완전하게 소화 흡수되면서 필수아미노산이 골고루 적당량 들어있어야 한다. 동물성 식품인 달걀, 우유, 고기, 생선은 95%까지 소화 흡수되며 아미노산 구성이 인체 요구 조건을 만족시킨다.

반면 견과류, 곡류, 콩, 대두 등에 들어있는 식물 단백질은 일부 아미노산이 부족하다. 여러 종류의 식물 단백질을 함께 섭취한다면 부족한 단백질을 상호 보완할 수 있으나 아이가 유제품과 달걀 등 동물 단백질을 먹지 않고 식물 단백질로만 필수아미노산을 골고루 섭취하기란 쉬운 일이 아니다.

단백질이 풍부한 동물성 식품에는 아이가 적게 먹어야 하는 해로운 포화지방도 많이 들어있다. 이러한 모순을 어떻게 해결할 수 있을까? 일반적으로 성인에게 적합한 식단으로는 고기와 유제품보다는 콩과 견과류 위주의 식물성 식품을 권하고 있다. 성장이 끝난 성인에게는 심장질환을 예방하는 것이 양질의 단백질 공급보다 더 중요하기 때문이다. 그러나 아이는 성장기이기 때문에 양질의 동물 단백질을 공급하는 것이 더 중요하다.

 **건강에 좋은 단백질 선택하기**

유제품과 고기를 먹으면서도 포화지방 섭취를 낮출 수 있는 여러 가지 방법이 있다. 아이가 2~3세가 지나면 무지방이나 저지방 우유를 먹인다. 단 24개월이 지난 뒤 시작해야 하며 저지방 요구르트나 치즈와 같은 저지방 유제품이 좋다.

삼겹살, 베이컨, 닭고기 껍질 등은 먹여서는 안 되며, 고기를 고를 때는 기름이 눈처럼 박혀있는 것은 피하고 살코기 부위, 예를 들면 엉덩잇살이나 뒷다릿살을 고른다. 요리할 때는 버터나 돼지기름 대신 식물성 기름인 채종유, 올리브유를 쓰도록 한다. 요리 방법은 튀김보다는 볶은 것이 좋고, 볶은 것보다는 찜이나 조림을 하는 것이 좋다.

흰 고기인 닭고기와 생선류가 붉은 고기인 소고기, 돼지고기보다 포화지방이 적어 아이에게도 좋다. 성인은 가능하면 붉은 고기는 적게 먹어야 하지만 붉은 고기에는 성장이 빠른 3세 이전의 영유아에게 꼭 필요한 철분과 아연이 풍부하게 들어있다는 점을 기억해야 한다. 생선은 양질의 단백질과 심장병을 예방하는 불포화 지방산, 특히 아이의 뇌와 시력 발달에 꼭 필요한 오메가-3 지방산이 풍부하다.

오염된 바다로 인해 생선에는 수은이 침착되어 있는데, 특히 큰 생선이 그러한 경우가 많다. 사람에게는 문제가 되지 않을 만큼의 양이지만 태아와 영유아에게는 문제가 될 수도 있다. 그래서 미국 식약청과 환경보호국에서는 임신부, 수유부, 가임 여성과 어린아이는 동갈삼치, 황새치 그리고 옥돔 등의 대형어류를 먹지 말길 권하고 있다. 참치통조림 중 흰색 날

개다랑어(white albacore tuna)에는 수은 함량이 많다는 사실을 알아야 한다. 참치통조림은 싸고 좋은 단백질 식품이지만 날개다랑어 참치에는 일반 참치보다 수은 함량이 더 높다.

소아 채식주의의 문제점과 주의 사항

부모가 완전 채식주의자이거나 유제품과 달걀은 먹는 채식주의자일 경우에는 자녀를 성인과 같이 식생활을 제한하여 먹여도 될까?

어린아이가 성장하기 위해서는 질 좋은 단백질을 섭취해야 하므로 적당량의 고기, 달걀, 유제품은 이상적인 식품이다. 더구나 영유아는 먹는 음식량이 아주 적기 때문에 양질의 음식 선택이 무엇보다 중요하다.

동물성 식품의 열량과 단백질은 식물성 식품보다 훨씬 더 많아 영유아가 식물성 식품만으로 필요한 영양을 얻는다는 건 실제로는 거의 불가능하다. 아이가 태어나서부터 수년 동안은 절대로 채식 위주로 먹여서는 안 된다.

전통적으로 채식을 해오고 있는 사람들은 콩, 곡물, 단백질이 풍부한 채식을 오래전부터 강조해 오고 있다. 그러나 그러한 지식 없이 아이들의 식사에서 고기와 유제품을 제외한다면 심각한 단백질 결핍을 불러올 수 있다.

굳이, 어쩔 수 없이 채식을 해야 한다면 아래의 내용을 참고해야 한다.

• **유제품을 먹인다** : 영유아에게 고기는 먹이지 않더라도 최소한의 양

질의 단백질 공급원인 달걀과 유제품은 먹여야 한다.

- **다양하게 먹인다** : 아이가 콩류, 견과류, 채소를 골고루 먹도록 해야 한다. 다양한 단백질을 공급하여야 필수 아미노산이 결핍되지 않는다.
- **콩단백에만 의존하지 않는다** : 고기와 유제품 대체 식품은 대부분 콩으로 만들어진다. 모습은 햄버거, 핫도그 등으로 보여도 콩단백일 뿐

식품별 단백질과 지방 함유량

식품	단백질 (%)	포화지방 (%)	단일 불포화지방 (%)	다중 불포화지방 (%)
85% 살코기 소고기 85g	22	5	5.6	0.4
구운 콩 통조림 1/2컵	6	1.5	0	0.2
저지방 치즈 1/2컵(유지방 1%)	14	0.7	0.6	0
체더치즈 28g	7	6	2.7	0.3
닭가슴살 반 개	30	1	1	0.7
달걀 1개	6	1.5	2	0.7
익힌 연어 85g	17	1.5	4.5	2
얇은 살코기 햄 2쪽	11	1	1.3	0.3
저지방 우유 1컵(유지방 1%)	8	1.5	0.7	0.1
땅콩버터 15mL	4	1.5	4	4.3
냉동 완두콩 1/2컵	4	0	0	0.3
껍질째 구운 감자 1개	5	0	0	0.1
열대 트레일믹스 1/2컵	4	6	1.7	3.6
단단한 두부 1/4모(약 30g)	6.5	0.5	0.8	2
플레인 저지방 요구르트 240g	12	2	1	0.1

출처 : USDA's Nutrient Data Laboratory

이다. 아이에게 단백질은 콩으로만, 또는 다른 한 종류의 채소만 먹여서는 안 된다. 콩에는 피토에스트로젠(phytoestrogen)이라는, 체내에서 에스트로젠 호르몬의 역할을 미약하게 할 수 있는 물질이 들어있기에 콩만 먹여서는 안 된다.

- **식물 단백질은 많은 양이 필요하다** : 고기와 유제품을 먹이지 않는 식단에서는 아미노산을 충분히 공급하기 위해 단백질이 풍부한 식품을 상대적으로 더 많이 먹어야 한다. 부모는 매 끼니와 간식에 적어도 하나 이상의 단백질 음식이 포함되도록 노력해야 한다.

아이를 위해
어떻게 식품을 고를 것인가?

성장기 아이가 탄수화물, 지방, 단백질 등을 골고루 먹는 것도 중요하지만 양질의 공급원을 고르는 일 또한 이에 못지않게 중요하다. 아이가 성인이 되어서도 건강하게 음식과 식품을 선택할 수 있고, 식습관까지 올바로 가질 수 있는 식품을 고르도록 한다.

각 영양소에 대한 설명은 따로 언급할 수밖에 없으나 사실 많은 식품에는 모든 영양소가 골고루 들어있다.

다음은 건강하게 식품을 고르는 방법이다.

🍳 탄수화물, 단백질, 지방 건강하게 선택하기

• 아이 식단은 탄수화물 50%, 단백질 20%, 지방 30%의 균형을 맞추도록 노력한다.

• 크기가 큰 복합 탄수화물과 식이섬유는 혈당 상승과 인슐린 반응을

완화하고, 비타민과 무기질을 공급하며, 소화와 콜레스테롤 농도에 좋은 효과가 있다. 공급원은 도정하지 않는 곡물, 과일, 채소에 많으며, 가공과정이 적을수록 많다.

- 아이의 음식에 의외로 설탕을 넣은 것이 많다. 가능한 음식을 가공하지 말고 그대로 먹으며, 과일과 같은 천연식품을 먹인다.
- 지방은 적절한 양으로 이로운 지방이 함유된 식품을 선택한다.
- 건강에 좋은 다중 불포화 지방이 많은 자연식품을 먹인다.
- 영양 성분표시를 항상 점검하여 경화유, 트랜스 지방이 없는 것을 고른다.
- 동물성 식품은 아이 성장에 필요한 질 좋은 단백질을 공급하지만, 포화지방이 많은 부위의 육류와 유제품은 피해야 한다.

곡류, 빵, 과자, 시리얼 고르기

- 영양 성분표시를 주의하여 봐야 한다.
- 도정하지 않은 통밀가루, 현미, 보리, 조, 잡곡을 고른다.
- 식이섬유를 함유한 것을 고른다.
- 경화유를 사용하지 않은 식품, 즉 트랜스 지방이 없는지 확인한다.
- 설탕 함유량을 비교한다.
- 통밀 파스타나 통밀가루와 흰밀가루를 50 대 50으로 섞은 파스타를 선택한다.
- 잡곡 식빵, 통밀빵 등을 고른다.

- 흰쌀밥은 잡곡밥이나 도정하지 않은 보리, 조, 현미, 흑미, 기장, 콩 등의 곡물로 바꾼다.

유제품과 고기 고르기

- 고기는 살코기를 고르고 가끔은 불포화 지방이 많은 생선을 먹인다.
- 저지방 유제품을 먹게 하고 고지방 제품은 가능한 한 적게 먹인다. 예를 들어 버터나 치즈, 생크림 등을 요리 위에 조금만 뿌려 향만 나게 한다.
- 시판하는 바나나우유, 초코우유, 딸기우유 등에는 설탕이 많이 들어 있다. 가능한 저지방 우유를 과일과 함께 갈아준다.

식물성 단백 공급원(견과류, 콩, 대두 등)

- 간식과 요리에 견과류와 콩을 첨가하여 불포화 지방산 섭취를 늘린다.
- 땅콩버터는 트랜스 지방과 설탕이 없는 '가공되지 않은 천연제품'으로 고른다.
- 콩 가공식품보다는 껍질 콩, 두부, 콩을 그대로 요리에 활용한다. 가공식품에는 소금과 설탕이 첨가되어 있다.

잼, 젤리, 과일 통조림

- 과일향이 아닌 천연 과일로 만든 제품을 고른다.
- 설탕 함량을 확인해 설탕이 적게 들어있는 제품을 구입한다.
- 무설탕 사과 소스, 말린 과일 등 설탕이 적게 들어있는 것을 구입한다. 신선한 과일을 그대로 먹는 것이 좋으며 설탕 대신 요구르트나 오트밀 등과 함께 먹으면 좋다.

기름과 유지

- 다중불포화 지방이 많은 식물성 기름, 올리브유, 채종유, 홍화씨 기름 등을 쓴다.
- 버터나 마가린 대신 식물성 기름을 사용한 음식이나 제품을 고른다.
- 마가린은 트랜스 지방이 없는 것이 아니면 구입하지 않는다. 빵은 버터 대신 올리브유와 함께 먹는다.
- 가장 중요한 것은 가공식품을 먹지 않는 것으로, 가공식품이 편리하기는 하지만 자연 그대로 요리하여 먹는 것이 건강에 가장 좋다.

과일과 채소

영양학적으로 과일과 채소가 건강에 이롭다는 것은 예로부터 전해진 지혜이며, 과학적으로도 확실하게 증명된 사실이다. 그래서 건강에 이로운 과일과 채소는 아이의 식단에 적절히 포함되어야 한다.

과일과 채소가 건강에 좋은 식품임에도 불구하고 인구의 4분의 3은 하루 5번 섭취하라는 권장량을 지키지 못하고 있다. 요즘 미리 포장된 편리한 가공식품의 수요가 많아지면서 자연식품인 과일과 채소는 점점 더 등한시되고 있다. 과일이나 당근 한 조각을 원하는 사람은 점점 더 줄어들고 있지만 설탕, 소금과 지방을 무제한 첨가한 가공식품은 우리의 입맛을 유혹하며 점점 더 많은 사람이 원하고 있다.

아이들이 이런 가공식품을 많이, 빨리 접할수록 자연스럽고 은은한 단맛과 짠맛, 과일과 채소의 질감보다는 가공식품의 강한 향과 질감에 더 익숙하게 된다. 이런 이유로 아이에게 일찍부터 과일과 채소를 접하게 하여 자연의 향과 맛에 익숙해지도록 돕는 것이 부모가 자녀의 미래 건강을 위해 할 수 있는 가장 중요한 일이다. 물론 아이뿐만 아니라 가족 모두가 건강에 좋은 과일과 채소를 많이 섭취하는 것이 좋다.

🍼 과일, 채소와 건강

과일과 채소는 두 가지 이유로 아이의 건강에 매우 중요하다.

첫째, 아이에게 필요한 비타민, 무기질과 다른 영양소들이 식물에 많이 포함되어 있다. 과일과 채소를 먹지 않고는 비타민 C, 비타민 A, 칼륨과 엽산을 충분히 섭취할 수 없다. 과일과 채소는 아이가 성장하는 데 필요한 다양한 영양소를 공급한다.

둘째, 과일과 채소를 많이 섭취하면 만성질환의 발생이 더 낮아진다는 연구가 보고되었다. 어린아이의 건강이 지금 당장 위협받는 것은 아니지만 현재의 식습관이 성인이 되어서도 건강한 식습관의 든든한 기초가 되기 때문이다.

과일과 채소는 암과 심혈관 질환의 예방, 건강한 대사기능과 소화, 체중 조절 등 다양하게 우리의 건강을 지킨다. 과일과 채소는 어떻게 암, 심혈관 질환, 건강한 대사기능과 소화, 체중을 조절하는지 자세히 알아봐야 한다.

암 예방 : 과일과 채소가 풍부한 식단은 특정한 암 발생을 감소시킨다. 건강하고 정상적인 세포가 조절되지 않는 암세포로 바뀌는 과정은 어떤 원인물질이 세포의 DNA를 훼손할 때 시작된다. 항산화물은 모든 세포의 대사산물이나 발암물질인 유리기를 적극적으로 찾아내서 중화시킨다.

과일과 채소는 비타민 C와 A를 포함한 항산화물의 풍부한 공급원이며 식물에 존재하는 수백 가지의 다른 화학성분이 비슷한 방법으로 DNA 손상을 막는다고 생각된다.

심혈관계 건강 : 과일과 채소를 많이 먹는 사람일수록 심장질환과 뇌졸중의 발생 위험이 낮다고 알려졌다. 성인 남녀를 대상으로 한 대규모 연구에서도 과일과 채소, 특히 비타민 C가 풍부한 채소와 녹색 잎 채소를 다량 섭취하면 심혈관 질환의 위험도를 낮추는 효과가 있다고 보고되었다. 또한 과일과 채소는 혈중 콜레스테롤 수치를 낮추는 기능도 있는 것으로 보인다.

건강한 대사와 소화 : 과일과 채소는 식이섬유의 중요한 공급원으로, 혈중 콜레스테롤 수치를 낮추고 변비를 예방한다. 식이섬유는 식물의 세포벽에 있는데 우리 몸에서는 소화할 수 없으므로 장내에 식이섬유가 있으면 부분적으로 소화된 음식과 결합하여 당분과 지방이 장으로 흡수되는 속도를 늦춘다. 이는 혈당과 혈중 지방 농도의 급격한 상승을 막아 대사 반응의 스트레스를 줄인다.

체중 조절 : 과일과 채소의 섭취는 적절한 체중을 유지하는 데 중요한 역할을 한다. 과일과 채소에는 열량이 농축되어 있지 않다. 즉, 대부분의 다른 음식들보다, 많은 양에 비해 열량이 적다. 대부분의 과일과 채소에는 최소 80%의 수분과 소화되지 않는 다량의 식이섬유가 포함되어 있다.

그 외에 과일과 채소는 다른 식품보다 비타민과 무기질과 같은 영양소도 풍부하여, 열량을 과잉으로 섭취할 걱정 없이 다양한 영양을 공급할 수 있는 좋은 식품이다. 다른 음식처럼 넘치는 열량을 걱정하지 않고도 식사와 간식으로 먹을 수도 있다.

아이들은 채소를 얼마나 자주 먹을까?

부모는 어린 영아의 건강에 대해서는 매우 관심이 많아 육아 책에 나와 있는 대로 아이를 먹이려고 한다. 채소와 과일을 많이 먹이고, 단 것을 제한하고, 다른 영양소와의 균형을 맞추려고 노력한다. 그러나 아이가 커가면서 식사를 통제하는 일은 점점 더 어려워진다. 대부분의 아이는 식사 영양이 불균형 상태에 있고, 식사의 질은 나이가 많아질수록 떨어진다.

2살부터 9살까지의 아이 영양에서 가장 취약한 부분은 과일과 채소의 섭취량이다. 7~9살 아동의 25%만이 권장량의 과일을 먹고 있고, 22%만이 하루에 권장하는 횟수인 3~5회의 채소를 먹는다. 실제 상황은 이보다 더 나쁘리라 생각된다.

감자튀김과 감자칩의 감자를 채소로 간주하기도 하지만 실제로 감자는 체내에서 탄수화물로서의 작용을 더 크게 하고 있으며 채소의 장점은 없다. 주스도 과일로 간주하지만 주스에는 과일의 식이섬유가 없다.

👶 채소와 과일의 색깔

다양한 비타민과 무기질 등을 공급하는 채소와 과일을 잘 고르는 가장 쉬운 방법이 있다. 채소와 과일의 색을 보고 고르는 것이다.

식물은 단순히 보이기 위해 여러 가지 색을 내는 것이 아니다. 식물이 색깔을 만들어내게 하는 많은 비타민, 무기물과 식물화학물질에는 여러 장점이 있다. (다음 페이지의 '채소와 과일의 색깔' 표 참고)

게임을 하는 것처럼 마트에 갈 때마다 아이에게 무지개 색에 맞춰 과일과 채소를 골라오게 하고, 색을 생각하면서 음식을 만들면 아이들이 과일과 채소에 대해 배울 수 있는 계기가 되어 과일과 채소에 흥미를 느낄 수 있게 된다.

아이에게 충분한 과일과 채소를 먹이기 위해서는 부모가 스스로의 식습관을 돌아보고 개선해야 한다. 가족의 식사에 과일과 채소를 더 추가하

는 것은 아이들의 식습관을 바람직하게 만들 뿐만 아니라 자녀에게 건강

하게 먹는 법을 강하게 인식시켜 줄 수 있다.

채소와 과일의 색깔

색깔	장점	식품
빨강	라이코펜은 과일과 채소를 붉게 만드는 카로틴의 일종으로, 암을 예방하는 작용에 대한 연구가 진행 중이다.	사과, 체리, 딸기, 수박, 피망, 피망, 사탕무, 토마토, 크렌베리, 자몽, 라즈베리, 석류
노랑/주황	주황색, 노란색, 빨간색 채소는 카로틴 성분에 의한 것으로, 베타카로틴(비타민 A)이 포함되어 있고 항산화제인 비타민 C가 풍부하다.	오렌지, 망고, 파파야, 호두, 호박, 멜론, 옥수수, 복숭아, 자몽, 파인애플, 피망, 고구마
녹색	녹색 과일과 채소에는 루테인과 같은 식물화학물질을 포함하고 있으며, 시력을 좋게 하며, 비타민 C와 A가 풍부하다. 녹색 잎 채소는 비타민과 무기질의 발전소라고 할 수 있다.	시금치, 브로콜리, 아보카도, 키위, 청포도, 양배추, 완두콩, 피망, 케일, 양배추, 호박, 녹색 사과
파랑/보라	파랑과 보라색 과일과 채소는 항산화제로 작용하는 식물화학물질을 포함하고 있으며, 기억력 향상과 요로계 건강에 좋다. 신선한 과일은 비타민 C를 포함하고 있다.	블루베리, 블랙베리, 포도, 자두, 건포도, 양배추, 가지
흰색	흰색 채소에는 비타민, 양파 종류에 들어있는 엘리신 등의 면역을 증진시키는 성분들이 포함되어 있다.	양파, 파, 마늘, 양배추, 생강, 바나나, 옥수수

소화기관

아이의 위장관 문제들
- 소아 변비

소아 변비 초기나 잦은 변비가 반복될 때 이를 미리 대처하면 항문열상이나 대변 정체, 만성 변비 등의 합병증을 예방할 수 있다.

변비 해결을 위한 식이요법 원칙은 충분한 수분과 식이섬유 섭취를 통해 배변을 부드럽고 원활하게 하는 것이다. 그래서 균형 잡힌 식단을 통해 곡물, 과일, 채소를 골고루 섭취하는 것이 바람직하다.

하지만 영유아기 식이요법은 만만치 않고 아이에게 편식하지 않도록 강요하는 것은 변비를 악화시킬 수도 있어 주의를 필요로 한다.

소아 변비 예방과 치료

이유 초기 : 생후 4~6개월인 이유 초기에는 이유 보충식이 변비의 치료와 예방에 효과적이다. 이유식에는 식이섬유가 많은 과일과 채소의 양을 늘리는 것이 좋다. 그러나 과일과 채소를 걸러서 주거나 즙을 내어 주면

식이섬유가 줄어들기 때문에 주의해야 한다.

이유식에 들어가는 과일이나 채소를 굵게 다져서, 작게 잘라 주면 식이섬유가 보존되어 좋다. 분유 수유 아기는 분유에 곡분을 조금 섞어 먹일 수도 있다.

이유 중기 : 생후 7~9개월인 이유 중기에는 이유식으로 죽을 주고, 으깬 채소와 과일 굵은 것을 준다.

이유 후기 : 생후 10~12개월인 이유 후기에는 잘게 다지거나 작게 썬 채소와 과일로 만든 이유식을 준다. 과일은 껍질 있는 상태로 갈거나 작게 잘라서 주는 것이 좋다.

영유아기 : 식이섬유가 풍부한 1~2종류의 음식을 먹이기보다는 여러 종류의 다양한 음식 섭취를 통해 식이섬유를 섭취할 수 있도록 만드는 것이 좋다.

밥과 국
흰 쌀밥은 식이섬유가 적어 변비 예방에 도움이 되지 않으므로 식이섬유가 풍부한 다른 반찬을 같이 먹여야 변비를 예방할 수 있다. 현미밥, 보리밥, 잡곡밥 등은 불용성 식이섬유가 풍부하여 변비 치료에 좋다.

국을 줄 때는 건더기도 함께 먹인다. 국의 채소 건더기를 먹이면 변비에 도움이 되므로 으깨는 등의 방법으로 먹기 쉽게 만들어 준다.

빵과 스낵

정제된 흰 밀가루는 식이섬유를 거의 함유하고 있지 않다. 그러므로 식빵은 보리빵과 통밀빵을 골라 먹이면 좋다. 3살 이상 아이에게는 곡식을 통째로 갈아서 만든 시리얼이나 견과류 에너지바를 간식으로 줄 수 있다.

면류

정제된 밀로 만든 국수, 스파게티 등에는 식이섬유가 포함되어 있지 않다. 면을 먹으려면 채소 건더기나 채소 반찬을 같이 먹여야 하는데 채소를 싫어하는 아이라면 주식이 면류가 되어 변비에 걸리기 쉽다.

과일, 채소

과일은 껍질을 벗기지 말고 신선한 것을 통째로 먹는 것이 좋다. 배와 사과 역시 즙이나 소스로 만들어 주지 말고 통째로 먹게 하는 것이 좋다.

채소도 조리하지 않았을 때 식이섬유가 더 풍부하다. 과일과 채소 샐러드에 땅콩, 아몬드, 호두와 같은 견과류를 곁들이면 좋다.

피해야 할 음식

흰 쌀밥, 흰 밀빵, 면류 등 정제 식품에는 식이섬유가 적으므로 피해야 한다. 인스턴트식품도 여러 첨가물이 들어있어 좋지 않다. 칼슘이 많은 유제품은 제한하는 것이 좋은데 특히 생우유를 과잉 섭취하면 아이의 변비를 악화시킬 수 있다.

덜 익은 감이나 바나나에는 떫은맛을 내고 변을 단단하게 만드는 타닌이 함유되어 있어 변비를 악화시킬 수 있다.

또한 과일 주스나 요구르트를 지나치게 많이 섭취하게 되면 식이섬유 섭취가 부족해져 오히려 변비에 쉽게 걸릴 수 있다. 철분제와 같이 변비를 유발할 수 있는 약도 주의해야 한다.

식이섬유가 풍부한 식품

변비가 있는 아이가 식이섬유로 변비 치료 효과를 보려면 대장과 직장의 근육긴장도가 좋아야 한다. 고형식으로 식이를 진행하는 시기와 배변 훈련 시기에는 하루에 약 20g의 식이섬유 섭취가 좋다. 식이섬유를 섭취할 때는 아이에게 물을 충분히 먹이는 것이 변비 예방과 치료에 도움을 준다.

수용성 식이섬유는 과일과 곡류에 많이 들어있는데 이는 대장에서 미생물에 의해 분해되어 변을 묽게 만들고 대변량을 늘려준다. 그러나 지나친 수용성 식이섬유 섭취는 과다한 가스 발생으로 복통을 유발하므로 서서히 양을 늘려나가거나 불용성 식이섬유를 권한다.

불용성 식이섬유는 밀 등 곡류에 많이 포함되어 있으며 대변량을 늘려준다. 그래서 소아 변비의 예방에는 곡류의 식이섬유가 채소나 과일의 식이섬유보다 더 효과적이다.

식품 100g당 식이섬유 함량이 10g 이상인 식품은 마른미역(43.3g), 건다시마(27.6g), 김(33.6g), 강낭콩(19.1g), 팥(17.6g), 대두(16.7g), 들깻가루(13.4g), 말린 대추(12.8g), 깨(11.8g), 보리(11.2g) 등이 있다.

식품별로 식이섬유는 해조류 중 미역, 채소류 중 쑥, 종실류 중 들깨, 콩류 중 강낭콩, 곡류 중 보리에 가장 많이 함유되어 있다. 곡류에는 주로 불용성이면서 느리게 발효되는 식이섬유가 함유되어 있어 좋은 배변 효과를 보이지만 중등도 이상의 가스를 형성할 수 있다.

현미는 백미보다 두 배 이상의 식이섬유를 함유하고 있다. 채소, 호두와 씨는 주로 불용성이고 비 발효성의 식이섬유가 포함되어 있어 좋은 배변 효과를 보이고 가스 형성이 적은 장점이 있다.

식이섬유가 많은 음식은 어떠한 것이 있는지 자세히 알아보도록 하자.

해조류, 채소와 곡류 : 해조류, 채소와 곡류는 식이섬유 함량이 높은 대표적인 음식이다. 한국보건산업진흥원 식품 영양성분 보고서에 따르면 동물성인 어묵, 햄, 소시지 등 가공품에서는 식이섬유가 없고 녹차, 포도 주스, 커피, 당근 주스에서는 매우 소량만이 함유되어 있다.

과일 : 과일 중에는 말린 대추가 식이섬유 함량이 가장 높다. 과일에는 불용성이면서 느리게 발효되거나 비 발효성의 식이섬유가 주로 함유되어 있어 과다한 과일 섭취는 오히려 가스 형성으로 인해 복부 팽만을 초래할 수 있다.

과일 껍질에는 불용성이며 비 발효성의 식이섬유가 포함되어 있어 좋은 배변 효과를 보이고 가스 형성이 적은 장점이 있다. 과일 중 말린 서양자두(Prune)는 변비 환자의 배변 횟수와 대변 형태를 호전시키고, 키위를 매일 2번씩 먹게 했을 때 변비 환자에게서 배변 횟수와 배변 동안의 불편감 등을 호전시켰다.

떫은맛이 나는 타닌이 많이 함유된 덜 익은 과일, 예를 들어 감, 바나나, 석류, 포도 등은 장점막 수축을 통해 장내 분비를 저하시켜서 변비를 일으킬 수 있다.

바나나는 껍질이 대부분 노란색을 보이는 경우라도 일부 초록색 부분이 보이거나 손가락으로 눌렀을 때 단단하다면 잘 익은 상태가 아니며 노란색 껍질에 갈색 반점이 보이거나 손가락으로 부드럽게 눌러져야 타닌이 최소화된 상태다. 나무에서 충분히 익히지 않은 바나나는 수확 후 잘 익은 상태로 변하더라도 소화가 잘되지 않는 다량의 전분을 함유하고 있다. 그래서 변비가 있는 환자라면 바나나 섭취는 제한하는 것이 좋다.

발효식품 : 청국장은 대표적인 발효식품으로, 청국장에 함유된 발효균

인 유산균에 의해 생성되는 유기산과 불용성 식이섬유가 변비 치료에 도움을 준다.

요구르트의 변비 치료 효과는 아직 불충분하며 건강한 성인의 경우 장내 유산균(lactobacillus rhamnosus와 fructooligosaccharide)이 많이 포함된 요구르트를 섭취했을 때 배변 횟수가 증가하였다는 연구 결과가 많다. 따라서 요구르트가 변비 호전에 도움을 줄 수 있을 것으로 추측하지만 아직 충분한 연구는 없다.

변비에 대한 요구르트의 효과는 함유된 프로바이오틱스 자체의 효능보다는 원료인 우유에 포함된 유당과 첨가된 올리고당 등에 의한 것으로 추측되며 가스 팽만이 있는 환자는 오히려 복통 및 불편감이 생길 수 있다.

수분 섭취 : 기존의 상식과 달리 수분 섭취가 변비 치료에 효과가 있다는 증거는 없다. 최근 미국의 국가 건강과 영양 시험 조사에서는 수분 섭취량이 적을수록 배변 횟수가 감소하고 단단한 대변을 보는 것으로 나타났다. 하지만 변비라고 해서 수분을 더 많이 섭취하게 되면 수분이 장에 영향을 주기보다는 소변량만 늘어나게 만든다. 수분이 장에 영향을 주려면 수분이 장에서 흡수되지 않고 남아있어야 한다.

변비약을 복용하면 수분이 장에 유용하게 작용한다. 예를 들어 섬유질이 풍부한 팽창성 완화 변비약을 복용할 경우에는 섬유질이 수분을 흡수하여 변의 부피와 양을 늘려주고 부드럽게 만들어 변이 장에서 쉽게 빠져나올 수 있도록 돕는다. 고삼투압성 완화 변비약을 복용할 경우에는 농도차로 인해 수분이 장에서 흡수되지 못하게 만들어 결국 압력이 높아지게 되어 장운동의 활성화를 도와 변이 나오도록 만들기 때문에 변비가 있다고 해서 무조건 수분만 많이 섭취하는 것은 바람직하지 않다.

신체활동 : 신체활동을 하면 변비 치료와 예방 등 다양한 효과를 볼 수 있다. 그런 이유로 동반 질환이나 운동 능력의 감소로 신체활동이 저하되면 변비의 발생도 증가한다.

설문조사 결과 역시 적당한 신체활동을 하는 여성이, 앉아서 일하는 여성과 비교하여 의미 있게 낮은 빈도로 변비 증상을 보였다. 신체활동의 증가는 특히 활동량이 적은 변비 환자의 증상 호전을 가져올 수 있지만, 정상적인 신체활동을 하는 변비 환자의 증상 호전 효과는 명확하지 않다.

아이의 위장관 문제들
- 만성 복통

소아청소년과 진료 현장에서 만성 복통은 전체 소아의 10~45%가 만성 반복성 복통 진단기준에 맞는 증상을 호소할 정도로 흔하다. 이는 매우 다양한 원인을 가지는 증상이며 어떤 경우에는 빠르고 정확한 진단이 필요하다. 대부분은 만성 반복성 복통을 호소하는 '기능성 위장관 질환'이며, 이는 가장 흔한 질환으로 식이요법이 증상 완화에 도움이 된다.

🧑 기능성 위장관 질환의 감별

우선 기능성 위장관 질환은 다른 질환과의 감별이 무엇보다 중요하다. 만성 복통의 다른 주요 원인인 변비, 만성 위염, 위십이지장 궤양, 염증성 장 질환 등을 감별해야 한다. 복통으로 인해 수면장애, 구토, 원인 모를 발열, 연하 곤란, 심한 설사, 대변에 피가 섞여 나오거나 체중 감소, 성장 지연 등의 소견이 있다면 반드시 소아청소년과 전문의 진료를 받아야 한다.

🧍 권장하는 음식

유당 제거 식이요법 : 유당 분해효소가 부족하면 소화가 안 된 유당으로 인한 삼투성 설사나 대장의 세균 발효로 인해 복통 증상이 생길 수 있다. 유당불내성으로 진단받으면 유당 제거 식이를 해야 한다.

식이섬유 : 식이섬유는 대변의 부피를 늘리고 부드럽게 만들어 위장관 운동을 촉진해 배변을 쉽고, 횟수도 늘려 변비 증상을 개선시킬 수 있어 변비를 동반한 만성 복통 완화에도 도움이 된다.

많은 연구에 따르면 식이섬유 부족은 만성 복통의 위험요인임을 시사한다. 성인을 대상으로 한 연구에서 식이섬유가 기능성 위장관 질환 치료에 효과가 있다는 보고는 여럿 있지만, 소아 연구에서는 식이섬유의 치료 효과를 그리 보지 못했다고 말한다.

심한 변비라면 식이섬유가 오히려 복부 팽만 등을 유발할 수 있으므로 하루에 25g 이상의 과다한 섬유소 섭취는 주의해야 한다. 참고로 우리나라 식이섬유 권장량은 소아는 10~15g, 성인은 20~25g이다.

당이 적은 식사 : 과당은 어린이들이 좋아하는 청량음료, 주스, 사탕 등에 많이 함유되어 있다. 이런 고과당의 주스나 시럽은 위장관에서 소화가 잘되지 않아 만성 복통을 유발할 수 있다. 만성 복통 증상이 있는 아이라면 2주 정도 과당을 철저히 제한해 복통이 사라지는지를 확인해 봐야 한다.

고지방 식사 : 설사가 동반되는 만성 복통 증상이 있다면 저지방 식이도 그 원인이 될 수 있으므로 고지방 식이를 시도해 볼 수 있다.

🙆 식사할 때 요령

- 과다한 수분 섭취나 과식은 피해야 한다.
- 식사 내용과 양, 식사 간격을 적절하게 조절해야 한다.
- 우유나 유제품을 먹었을 때 설사나 복통 증상이 자주 나타난다면 제한해야 한다.

아이의 위장관 문제들 - 소아 설사

일반적으로 급성 설사는 3~7일 정도 지속되며, 14일 이상 지속되면 만성 설사로 분류한다. 이때 아이는 설사로 인한 탈수상태에 빠지기 쉬우므로 평소 섭취량에 더해 부족해진 수분이 보충되어야 한다. 소변량이 일정하게 유지될 수 있도록 아이에게 수분을 충분히 섭취하게 해 탈수를 방지해야 한다.

 급성 설사

영아의 식이

모유 수유 : 모유를 수유하는 아이라면 모유를 계속 먹이는 일이 가장 중요하다. 모유는 조제분유보다 유당 함량이 많지만, 유당불내증의 빈도는 오히려 낮다. 모유에서 전유의 유당이 후유보다 더 많으므로 젖양이 많은 경우라면 전유를 좀 짜낸 뒤 아이에게 먹일 수도 있다.

모유는 분유보다 삼투압도 낮고 방어인자와 성장인자를 풍부하게 함유하고 있어 모유를 먹이면 설사량과 설사 횟수가 줄어든다.

분유 수유 : 분유는 평소 농도대로 먹이면 되는데 평소보다 많은 양을 먹여야 하기 때문에 소량으로 더 자주 줘야 한다. 분유를 희석해 먹이다 차차 농도를 증가시키는 방법은 대부분 급성 설사 치료에 도움이 되지 않는다. 적어도 3시간마다 수유하고 생후 6개월 미만의 혼합 수유아는 가능하다면 분유보다 모유 수유를 늘려야 한다.

특수 분유 : 설사를 한다고 해서 소아청소년과 전문의의 권고 없이 저유당 분유나 콩단백 분유로 성급하게 바꿀 필요는 없다. 아이가 급성 설사를 할 때 저유당 분유를 먹이면 일반 분유를 먹였을 때와 비교해 설사의 기간, 탈수 치료에서도 큰 차이를 보이지 않는다.

이유기 보충식(이유식) : 이유식을 하는 아이에게는 곡류, 채소 등의 음식을 줄 수 있다. 아직 이유식을 시작하지 않은 아이라 하더라도 조속히 이유식을 시작하도록 한다.

설사를 하는 아이는 소화 흡수능력이 저하된 상태이므로 이유식을 만들 때는 재료를 푹 익혀 으깨거나 갈아서 소화에 도움을 줄 수 있도록 해야 한다. 이런 음식은 충분한 열량을 공급하기 부족하므로 식사 때마다 곡류에 식물성 기름 5~10mL를 넣어도 좋다.

쌀, 밀, 감자, 곡류와 같은 복합 탄수화물이나 기름기 적은 살코기, 생선, 달걀, 칼륨 함량이 풍부한 바나나, 당도가 낮은 과일, 과일즙, 채소의 섭취 또한 권한다.

플레인 요구르트와 같은 발효음식에는 유당 분해효소가 함유되어 있어 요구르트 자체 유당이 분해된 상태이기에 무가당 플레인 요구르트와 우유를 섞어 설사하는 아이에게 먹이면 우유의 당도 분해되어 소화 기능의 회복에 도움을 준다.

유 · 소아의 식이

건강하고 균형 잡힌 식단이 중요하다. 밥을 먼저 먹이고, 설사가 심해지지 않을 정도로 유제품의 양을 점차 늘려가며 먹이는 것이 좋다.

설사하는 동안 추천하는 음식

설사하는 동안에는 저지방식, 저유당 식이를 해야 한다. 밥을 먹는 아이라면 탄수화물이 많은 음식인 시리얼, 밥, 국수, 바나나, 으깬 감자, 콩 등을 먹일 수 있다. 기름기 적은 살코기와 생선, 달걀, 무첨가 요구르트, 당도가 낮은 과일, 섬유질이 적은 채소도 좋다.

쌀미음과 섞은 경구수액제나 쌀밥을 먹이면 급성 설사 증상을 호전시킬 수 있다. 평소 쌀밥을 먹는 아이라면 처음엔 쌀밥을 먼저 먹이는 것도 바람직하다. 곡물의 풍부한 식이섬유와 전분이 대변의 수분과 결합하여 설사 양을 줄이고 또한 곡물 식이가 장의 정상 세균총의 번식을 촉진하는 역할을 하기 때문이다.

5장

설사하는 동안 피해야 하는 음식

튀김 등의 고지방 음식과 단순당이 많은 탄산음료, 스포츠 이온 음료는 이 시기에 제한해야 한다. 무첨가 요구르트가 아닌 당도가 높은 요구르트나 아이스크림, 과당이 많은 과즙이나 과일 주스도 피해야 한다.

유당 분해효소 결핍 상태의 영아에게 유당이 포함된 음식을 주면 물 설사와 구토에 의한 탈수, 보챔, 복부 팽만을 초래할 수 있어 주의해야 한다.

지방은 열량의 주요 공급원이자 장운동을 감소시키는 효과가 있어 지나치게 제한하지 않는 것이 좋다. 희석한 미음, 국, 수프는 열량이 부족해 영양 공급을 위한 음식으로는 적합하지 않다. 이외에도 카페인 함유 음료나 찬 음식은 장운동을 증가시켜 피해야 한다.

식사 방법

어린 영아는 한꺼번에 많은 양을 먹이지 말고 평소보다 더 자주 먹이는 것이 좋다. 설사가 회복된 뒤 적어도 1주일 동안은 평소의 식사 횟수보다 한 번 더 주고, 체중 감소가 있다면 정상 체중을 회복할 때까지 늘린 식사 횟수를 지속하는 것이 좋다.

병원에 가야 할 경우

설사로 탈수가 진행되어 아이의 소변량이 감소하면 병원을 찾아가야 한다. 이외에도 수분 섭취가 안 될 때, 구토와 설사가 지속될 때, 복통이 심해지거나 통증이 한 곳에 국한될 때, 설사가 점점 심해지거나 혈변, 점액변을 볼 때, 몸 상태가 점점 안 좋아질 때, 신생아가 38℃ 이상, 생후 3개월 미만의 영아가 38.5℃ 이상, 생후 3개월 이상의 영유아가 39℃ 이상의 발열이 있을 때는 응급 치료가 필요할 수 있으니 즉시 병원으로 가야 한다.

🤱 만성 설사

만성 설사를 일으키는 질환은 감염, 식품알레르기, 비감염성 질환 등으로, 그 원인에 따라 치료가 달라지므로 먼저 원인을 찾는 것이 가장 중요하다. 일반적 치료로는 유당 제한 식이, 단백 가수분해물, 등장용액 등의 치료법이 있다. 특히 설사가 심하거나, 영양 상태가 좋지 않은 경우에는 우유 섭취가 위험할 수 있어 소아청소년과 소화기영양 전문의의 진료를 받을 필요가 있다.

소금이나 설탕 같은 삼투압이 높거나 열량이 높은 음식은 소장에서 수분 분비를 촉진할 수 있어 권장하지 않는다. 이때는 장점막의 성장과 유지를 위해 아미노산, 필수지방산, 식이섬유 등이 중요한 역할을 할 수 있다.

생후 6~36개월의 아기에게서 1일 2회 이상, 냄새가 나는 많은 양의 설사가 4주 이상 지속된다면 만성 비특이적 설사를 의심할 수 있다. 이때 심각한 복통이나 열이 동반되지 않으면 성장 장애를 걱정하지 않아도 되며 대부분은 4살 즈음에 회복된다. 일반적으로 과일 주스의 과잉섭취 등이 원인인 경우가 많다.

5장

아이의 소화기 문제

1 항생제를 먹이고 있는데 설사를 합니다. 약 때문인가요?

항생제를 먹는 동안의 설사 증상은 매우 흔하여, 입원 환자의 약 3분의 1이 발생하는 것으로 알려져 있다. 항생제를 사용할 때는 그 원인 질환 자체가 위장과 장에 변화를 주는 경우가 많고, 사용하는 항생제로 인해 장내 정상균 무리가 변화하게 되어 설사하는 것으로 알려져 있습니다. 대부분은 항생제를 끊으면 서서히 증상이 나아져 좋아지게 되며, 때에 따라서는 정장제 사용이 도움이 될 수 있습니다.

항생제와 관련된 설사는 대부분 가볍게 지나가지만 심한 경우 위막성 대장염(Pseudomembranous colitis)이라는 이차적 합병증이 발생하여 많은 양의 설사를 할 수도 있습니다. 항생제 치료 기간 중 담당 의사의 면밀한 추적관찰이 필요합니다.

2 아이가 설사를 할 때 굶기는 것이 좋은가요?

설사를 하는 아이를 굶기면 설사량이 줄어드는 것처럼 보이지만 실제로는 탈수 현상과 영양상태가 더 악화해 회복에 오랜 시간이 걸리게 됩니다.

특히 기능성 음료, 이온음료, 스포츠 음료 등은 설사 증상 완화에 그 기능이 맞춰져 있지 않고 맛을 내기 위해 지나친 당분이 포함되어 있어 그로 인해 설사 증상이 악화되어 전해질이 부족해지기 때문에 설사하는 아이에게 먹여서는 안 됩니다.

③ 아이가 설사를 너무 심하게 합니다. 어떻게 할까요?

급성 설사는 영유아에게서 매우 흔한 감염성 질환으로, 대부분은 바이러스 감염에 의한 질환입니다. 열이나 심한 구토를 동반하는 예도 있지만 보호자가 가장 유의해서 지켜봐야 할 증상은 탈수증입니다. 탈수 증상으로는 체중 감소, 피부 탄력 감소, 입마름, 의식 이상, 소변량의 감소 등을 들 수 있으며 탈수증으로 의심이 된다면 긴급히 소아청소년과 전문의의 도움을 받아야 합니다.

구토와 탈수 현상이 없는 경우에는 먹던 식사를 유지하면서 충분히 수분을 보충을 하는 것이 원칙입니다. 먹는 양을 줄이거나 희석해서 먹이면 눈에 보이는 설사의 양을 줄일 수는 있으나 회복에 필요한 영양 공급이 지장받기 때문에 회복 기간은 더 길어질 수 있습니다. 모유 수유를 한다면 역시 평소대로 수유하는 것이 원칙이며 증상이 심하다면 의사의 지시를 따라야 합니다. 설사로 인하여 유당불내성이 생긴 경우에는 설사가 심하게 오래갈 수 있는데 이럴 땐 우유를 제한할 수 있으나 먼저 소아청소년과 전문의와 상담한 후에 제한하는 것이 좋습니다.

④ 설사를 하면 분유를 바꿔 먹여야 하나요?

설사를 한다고 해서 그때마다 설사용 분유로 바꿀 필요는 없습니다. 급성 장염 환자는 이차유당불내증이 발생하는데 소장의 흡수력이 감소한 경우에 한해 소아청소년과 전문의의 권고대로 저유당 분유를 단기간 먹여볼 수는 있습니다.

이차유당불내증이 발생하면 대부분은 적어도 2주 정도가 지나야 유당 분해효소가 회복되며 그전에 일반 분유를 시도하면 다시 설사를 하게 됩니다. 그러나 저유당 분유는 철분 등 영양소가 부족하여 장기간 수유 시 영양장애를 일으킬 수 있으므로 소아청소년과 전문의의 진료와 함께 단기간 사용해야 합니다.

⑤ 설사를 예방하는 방법이 있을까요?

설사의 원인은 매우 다양하므로 모든 종류의 설사를 예방할 수는 없습니다. 하지만 설사병 대부분은 바이러스가 원인으로, 평소에 올바른 손 씻기 습관을 들여 자주 손을 씻는다면 감염의 위험을 대폭 줄일 수 있습니다. 가정과 식당에서 음식물 관리에 주의를 기울여 아이에게 제공하는 음식이 세균에 오염되지 않도록 각별히 조심해야 합니다. 최근에는 영유아의 심한 설사의 가장 중요한 원인인 로타바이러스에 대한 백신이 개발되어 예방접종을 통해 장염을 예방할 수 있게 되었습니다. 이 백신 주사는 전국 소아청소년과의원에서 쉽게 접종할 수 있습니다.

⑥ 구토와 설사를 하는데 어떤 경우에 병원에 가야 하나요?

아이가 구토와 설사를 할 때, 수분 섭취 불가능 혹은 소변량 감소 등을 보이는 탈수 증상, 심한 복통, 고열이 며칠째 지속되고, 혈변, 의식장애가 동반된다면 반드시 병원을 찾아야 합니다. 탈수는 즉시 치료받아야 하고, 심한 복통, 고열, 혈변 등이 있는 경우에는 수술이 필요한 병인지 빨리 확인해야 하므로 신속히 병원에서 진료 및 검사를 받아야 합니다. 진료를 통해 수술이 필요한 질환이 아니라 판명되더라도 입원 치료가 필요한 경우가 많습니다.

변비약을 오래 먹여도 괜찮을까요?

변비 치료가 실패하는 원인은 대부분 적절하지 않은 약을 사용하거나 약을 너무 빨리 끊기 때문입니다. 아이가 배변할 때 아파서 똥을 누지 않고 참으려는 잘못된 배변 습관을 고쳐주기 위해 변을 부드럽게 만들어주는 약을 장기간 먹일 수도 있습니다.

8 평소에 변을 잘 보던 아이에게 갑자기 변비가 생기면 치료를 받아야 하나요?

대변을 볼 때 항문이 아파서 배변을 참는 잘못된 습관이 생기기 전에 변을 부드럽게 만들어주는 약을 짧은 기간 복용할 수 있습니다.

9 변비 치료에 관장이 도움이 될까요?

심하고 장기간의 변비 증상이 있을 때는 정체된 대변을 제거하기 위해 관장을 하기도 합니다. 그렇지만 변비 기간과 양상에 따라 다르기 때문에 소아청소년과 전문의의 상담 후 관장을 하는 것이 좋습니다. 관장을 하는 일은 아이에게 고통스러운 기억으로 남을 수 있으므로 아이나 보호자에게 충분한 설명과 동의가 필요합니다. 관장에는 주로 식염수나 미네랄오일이 효과적이며 비누 거품, 수돗물, 마그네슘 등은 독성이 있을 수 있어 권장하지 않습니다. 영아에게는 주로 글리세린 좌약이 사용되며 소아에게는 비사코딜 좌약이 사용됩니다. 손가락 관장은 아이 항문에 상처를 내거나 괄약근을 약하게 만들 수 있어 삼가해야 합니다.

5장

10 대변을 규칙적으로 보게 하려면 어떻게 해야 할까요?

변비 치료에서 가장 중요한 점은 정상적인 배변 습관을 만들고 생활 습관을 교정하는 것입니다.

11 음식이 변비 치료에 도움이 될까요?

이유기 보충식 시작 시기의 영아는 모유나 분유 먹는 양이 줄어들거나 수분 섭취가 줄어 변비가 생길 수 있습니다. 기본적으로 이유기 보충식 양을 늘리고 섬유질이 많은 채소나 과일을 보충식에 섞어 먹이면 아이의 변비 예방에 도움이 됩니다.

유아기에는 제때 이유기 보충식이 이루어지지 않아 우유만 많이 먹을 때 변비가 가장 많이 발생합니다. 이런 경우에는 젖병을 끊어야만 우유를 줄일 수 있으므로 젖병을 끊고, 우유를 줄이고, 이유기 보충식 식사량을 늘려가면 변비 치료가 가능합니다.

좀 더 성장한 유·소아는 유치원이나 놀이방 등 환경이 바뀌거나, 기저귀를 떼면서 변을 참아 변비가 생깁니다. 이때 규칙적인 배변 습관을 기르지 않고 무조건 변을 묽게 만들고 부피를 늘리는 음식이나 약물을 먹이는 것은 바람직하지 않습니다.

대변의 부피를 늘리고 묽게 만들어 변을 쉽게 보게 하려면 섬유질을 많이 먹이는 것이 가장 좋고 수분 섭취가 적은 아이에게는 물을 많이 먹이는 게 좋지만, 가장 중요한 것은 일정한 시간에 변을 보는 습관을 길러주는 것입니다.

12 정상변인데 아기가 끙끙거리며 힘들게 변을 봐요 어떻게 해야 하나요?

생후 6개월 미만의 건강해 보이는 아기가 부드러운 대변을 보기 전까지 적어도

10분 이상 힘을 주고 운다면 배변 장애를 의심해야 하며, 아기가 성장곡선을 따라가지 못한다면 다른 질병이 있는지 확인해야 하기 때문에 소아청소년과 전문의의 진료가 필요합니다. 부모가 아이의 배변 교육을 도울 목적으로 직장을 자극해서는 안 됩니다. 직장을 자극해 아기가 인공적인 감각에 익숙해지면 이후에도 배변 전에 자극을 기다리는 습관을 가질 수 있어 해롭습니다.

⑬ 아이가 트림을 큰 소리로 자주 하는데 이상이 있는 걸까요?

트림은 일상에서 흔히 볼 수 있는 증상입니다. 위에 공기가 들어가면 위가 커지면서 반사작용으로 공기를 식도 위쪽으로 이동시키고 이때 공기가 식도괄약근을 통과하면 소리가 나면서 트림이 나오게 됩니다.

소화 기능에 문제가 있거나 불안 등으로 공기를 삼켜 트림을 유난히 크게, 자주 하는 때도 있습니다. 만약 생활에 불편을 초래할 정도로 트림을 지속하면 소아청소년과 전문의의 진료를 받아보는 것이 좋습니다.

⑭ 아이가 토할 때 어떻게 먹여야 할까요?

분유를 걸쭉하게 만드는 제품을 사용하거나, 쌀가루 혹은 전분 가루를 분유에 타는 방법은 아이의 구토 횟수는 줄여주지만, 위산이 식도로 올라오는 증상을 줄이지는 못하는 것으로 알려져 있습니다. 알레르기 예방용 또는 치료용 분유들의 효과는 아직 검증되어 있지는 않으나 특별한 경우라면 도움을 받을 수 있습니다.

아이가 구토를 하는데 배가 아프지 않다면 정상적으로 먹이고, 두통 또는 복통이 심한 경우나 붉은색 또는 갈색의 구토물이 보인다면 소아청소년과 전문의의 진찰 후에 처방을 받는 것이 좋습니다.

6장

영양과 성장

우리 아이가 잘 안 크는 것 같아요 - 성장 장애

우리 아이가 잘 크고 있지 않다고 생각되면 성장 장애를 의심해 볼 수도 있다. 성장 장애란 또래 아이보다 키, 체중의 성장이 적절하지 않은 경우로, 성장곡선에서 3 백분위 수 미만의 키와 체중을 보일 때 또는 성장곡선 2개를 가로질러 감소할 경우로 정의한다. (부록의 '성장곡선' 표 참고)

🍼 성장 장애란?

성장이란 우리 몸의 세포 수가 양적으로 증가하는 것으로, 외부적으로는 적절한 영양 공급과 내부적으로는 여러 호르몬의 복합작용으로 이루어진다. 첫돌에 가까워지면 아이의 성장 속도는 느려지기 시작한다. 이때부터 청소년기에 나타나는 다음의 급성장기까지 아이의 체중과 키는 꾸준히 증가하는데 생후 첫 달만큼 빠르게 증가하지 않는다.

생후 15개월 여아의 체중은 평균적으로 10.5kg 정도이며 키는 77cm

정도이고, 남아의 경우는 체중 11kg 정도, 키는 78cm 정도가 평균이다. 그 이후 약 3개월간 0.7kg의 체중 증가와 2.5cm의 키 성장이 일반적이며 두 돌 여아는 12.2kg에 86cm, 남아는 12.6kg에 87.5cm 정도로 성장한다.

성장 장애는 또래 아이보다 키, 몸무게 성장이 적절하지 않은 경우로, 성장곡선에서 3 백분위 수 미만의 키와 몸무게를 보일 때 또는 성장곡선 2개를 가로질러 감소할 경우로 정의한다. 즉, 나이에 따른 키 분포가 3 백분위 수(100명 중 3번째 순위) 이하의 경우를 말하는데 이러한 성장 부진의 원인도 선천적인 골격계 결함을 말하는 1차 성장 장애와 외인적 환경요인을 말하는 2차 성장 장애로 나눌 수 있다.

1차 성장 장애는 태어나면서부터 성장 지연이 지속된다. 아이 부모는 아이의 성장이 잘되지 않는다고 생각할 때 아이 키를 키우려는 마음에

무절제한 식습관을 무시하는 예도 있다. 아이가 이렇게 방치되면 비만 및 그로 인한 조기 성(性) 성숙으로 최종 성인 키에 좋지 않은 영향을 미칠 수 있다.

 ## 성장 시기와 성장 비율

아이의 성장 시기는 영유아기와 사춘기의 중간단계인 초등학생 시기와 중학생 시기에 가장 왕성하게 발육한다. 이때는 다리의 길이가 신장의 60% 이상이 되며, 키의 중심이 배꼽과 치골의 중간부위로 서서히 이동해 가는 시기이다.

보통 6살에서 12살 사이에 유치가 빠지면서 영구치가 나오고, 피하지방도 빠지면서 체형이 유아형에서 소아형으로 바뀐다. 대부분의 내분비계 성숙이 사춘기 이전에 나타나고 후반이 지나면서 남자 어린이는 골격의 발달, 여자 어린이는 지방의 축적이 나타난다.

 ## 성장 부진의 원인

성장은 부모의 체질적인 유전 요소가 깊이 관여되어 있다. 아버지 신장이 166cm 미만이고, 어머니 신장이 156cm 이하인 부모에게서 태어난 소아의 경우에는 성장 장애나 체질성 성장 지연이 나타날 수 있다.

또한 출생 시 체중이 3.0kg 이하인 경우에는 성장 지연이 가장 많이 나타난다. 특히 1차 성장 장애는 선천적인 골격계의 결함으로 유전적인 문제, 골격의 이형성, 왜소발육증 등이 있고 2차 성장 장애는 환경적인 결함으로 아이 엄마의 영양장애, 엄마의 고혈압, 흡연, 태아 알코올중독증, 아이 엄마의 약물남용이나 바이러스 등의 감염이 원인이 될 수 있다.

 ## 동반 증상

성장 부진과 동반된 증상으로는 식욕부진, 소화기 장애, 호흡기감염증상이 가장 많다. 그중 소화기계의 질환이 가장 많은데 식욕부진, 소화불량, 복통, 설사, 변비 등이 나타난다. 호흡기계 질환은 알레르기비염을 제외한 대부분의 호흡기질환이 성장 지연과 관계가 있다.

조기 발견의 중요성

성장 장애를 조기에 발견하기 위해서는 정기적으로 자녀의 성장 속도를 확인해야 한다. 단 한 번의 키 측정은 과거의 성장 속도를 반영할 뿐이며 최소한 6개월 간격으로 2번 측정해서 산출한 성장 속도(cm/yr)는 현재의 성장 동태를 더 잘 반영한다. 이에 부모는 가장 먼저 아이의 정상적인 성장패턴을 이해하고 정기적으로 자녀의 성장 속도를 확인해 나가는 것이 중요하다.

성장 장애의 원인은 다양해서 자녀의 키가 작다고 의심되면 1년에 한두 번 전문의를 찾아 관련 여부를 살펴보는 것이 좋다.

또래 어린이 100명 중 3번째 이내로 키가 작거나, 1년에 키가 5cm 이

내로 자라는 어린이는 반드시 소아청소년과 전문의와 상담하여 정확한
검사를 받아보는 것이 좋다.

🍼 성장호르몬

키 작은 아이를 둔 부모라면 한 번쯤은 들어봤다는 성장호르몬 치료가
있다. 여러 연구를 통해 저신장증 소아에게서 신장 증가 효과가 입증됐
다는 결과가 보고되면서 부모들의 많은 관심을 받고 있다. 하지만 일부
성장호르몬 치료 효능이 부풀려져 우려 섞인 목소리도 나오고 있는 것
도 사실이다.

성장호르몬 치료는 저신장증 소아들에게서 신장 증가 효과가 명확히
입증됐다. 하지만 치료를 통해 증가할 수 있는 신장의 기준이 존재해 이
를 넘어설 만큼 극적인 효과의 연구 결과는 아직 보고된 바 없다.

성장호르몬 결핍증에 따른 저신장증을 동반한 소아의 경우라면 성장호
르몬 치료의 효능이 우수하지만, 그 외의 경우라면 치료 효과 정도가 개
인마다 다를 수 있어 반드시 소아 성장 전문의와 상담하여 정확한 검사
를 받아보는 것이 좋다.

현재 성장호르몬 치료의 적응은 다양한 원인에 의해 성장호르몬 분비
가 이루어지지 않거나, 정상보다 작은 '성장호르몬 결핍성 저신장증 소
아'와 성장호르몬 분비는 정상이지만 다른 원인으로 키가 작은 '성장호
르몬 비 결핍성 저신장증 소아'를 대상으로 이뤄진다.

성장호르몬 결핍증의 경우 키 3 백분위 수 미만, 성장 속도의 감소(4cm/

년 이하), 골 나이 지연(정상 나이보다 2년 이상 지연) 등의 특징적인 성장 장애를 보이는 경우로 정의하고 있다.

현재 미국 FDA가 허가한 성장호르몬 치료에는 성인이나 소아 성장호르몬 결핍증, 만성 신부전증으로 초래된 성장 장애, 태아 발육부전증, 특발성 저신장증, 그리고 유전 질환인 터너증후군, 프래더-윌리증후군, 누난증후군 등이 있다.

6장

🍼 생활과 운동

성장 장애가 후천적인 원인인 수면 부족, 운동 부족, 영양 부족, 정신적인 스트레스와 관련되어 있다면 이러한 원인으로 인해 인체 내 불균형을 초래하므로 충분한 수면과 운동, 영양을 보충하여 스트레스에서 벗어나야 한다.

평소 꾸준한 운동을 통해서도 성장을 촉진할 수 있다. 예를 들면 일본 가와하다 아이요시 박사가 고안한 키 크기 체조가 그것으로, 뼈 양쪽 끝에 있는 성장선을 자극하여 뼈의 성장을 촉진하는 방법이다. 아래에 소개하는 이 운동법은 농구, 배구, 자전거 타기, 멀리뛰기와 같이 주로 스트레치를 하게 만드는 운동으로, 꾸준히 하면 성장에 도움을 줄 수 있다.

몸 펴기 운동: 누운 자세로 손을 올려 손등을 안으로 향하게 깍지 낀 뒤 힘껏 머리 위로 뻗으며 목과 발끝도 함께 뻗는다. 5회 반복한다.

잠자리 운동 : 양팔을 옆으로 뻗은 채 엎드려 잠자리가 나는 것과 같은 자세를 취한 뒤 양팔과 양다리를 위로 들어 올린다. 5회 반복한다.

팔 휘두르며 허리돌리기 운동 : 선 자세에서 양팔을 뻗은 뒤 팔을 돌림과 동시에 허리를 돌린다. 좌우 교대로 10회 반복한다.

팔돌리기 좌우 굴곡 운동 : 선 자세에서 양팔을 왼쪽부터 오른쪽으로 크게 원을 그리듯 머리 위로 두 번 휘어 넘긴 다음, 오른발을 한 걸음 앞으로 내딛으면서 팔과 함께 상체를 오른쪽으로 꺾는다. 반대쪽도 같은 방법으로 한다. 좌우 교대로 3회씩 반복한다.

가슴 펴고 발 내딛기 운동 : 선 자세에서 오른쪽 무릎을 구부려 앞으로 내딛는 것과 동시에 양팔을 앞으로 뻗었다 좌우로 펼친다. 이때 가슴을 앞으로 내밀고 체중을 오른쪽 다리에 싣는다. 왼쪽 다리도 같은 요령으로 한다. 좌우 10회씩 반복한다.

가슴 젖히고 노 젓기 운동 : 선 자세에서 오른쪽 무릎을 구부려 앞으로 내딛으면서 양팔을 앞으로 뻗는다. 상체를 힘껏 앞으로 쓰러뜨리면서 노를 젓듯 양팔을 뒤로 힘껏 올렸다가 반동을 이용해 양팔을 머리 위로 가져간다. 이때 앞으로 뻗었던 오른쪽 다리를 원래 위치로 되돌리고 머리 위로 뻗었던 팔을 내린다. 좌우 다리를 바꿔 10회씩 반복한다.

다리 마찰 뒤로차기 운동 : 양손으로 양 넓적다리를 가볍게 쥐고 선다. 상체를 앞으로 구부리면서 손으로 넓적다리에서 발목까지 마찰시킨다. 이것을 두 번 반복한 뒤 상체를 일으켜 세우면서 양팔을 들고 전신을 활처럼 젖히면서 오른쪽 발을 뒤로 힘껏 차올리며 좌우 6회씩 반복한다.

다리 마찰 가슴 젖히기 운동 : 양다리를 조금 벌린 상태에서 양손으로 양 무릎을 가볍게 쥔다. 상체를 앞으로 구부리고 무릎을 구부리면서 손으로 다리 바깥쪽을 마찰하고 상체를 일으킨다. 두 번 반복한 뒤 두 팔을 뒤로 돌려 손을 깍지 끼고 상체를 힘껏 젖히면서 천천히 발돋움하며 6회 반복한다.

줄 없이 하는 줄넘기 운동 : 줄이 있는 것처럼 줄넘기한다. 발이 바닥에 닿을 때 양팔이 아래로 내려오게 한다. 앞으로 돌리기와 뒤로 돌리기를 30회씩하고, 속도는 1초에 2회가 좋다.

심호흡 조정 운동 : 선 자세에서 양팔을 앞에서 머리 위로 가져감과 동시에 오른쪽 다리를 벌리고 그대로 양팔을 벌리고 숨을 들이마시면서 가슴을 편다. 손을 앞으로 모았다 내리면서 숨을 내쉰다. 좌우 6회씩 반복한다.

우리 아이가 잘 안 크는 것 같아요
- 영양 치료

 영양 치료의 목표

영양 치료는 부족한 영양 상태를 교정하여 또래의 정상 키와 몸무게를 따라잡을 수 있게 하는 데 그 목적이 있다. 물론 기저질환의 치료도 중요한데 기저질환 유무와 상관없이 모든 유형의 성장 장애에서는 적절한 영양 치료가 필요하다.

치료의 원칙은 일단 아이의 음식 섭취 기록을 파악해서 섭취량과 부족한 영양소를 확인해야 하고, 아이의 따라잡기 성장을 위해 체중 kg당 150kcal 이상의 열량이 필요하므로 하루 권장량보다 20~30% 이상 충분한 열량을 제공하는 고열량 식이 조절을 해야 한다.

고열량 고단백식이와 더불어 비타민, 미네랄 결핍 상태를 교정하기 위해 철분, 비타민, 아연 등의 약을 먹는 것도 중요하지만 무엇보다 5대 영양소가 골고루 포함된 균형 잡힌 식사를 올바른 식습관을 통해 잘 섭취하게 하는 것이 중요하다.

따라잡기 성장이 제대로 되면 아이는 하루에 45~50g 이상의 체중 증가를 보이게 되며, 영양 상태가 회복되기 시작하면서 식욕도 함께 호전되는 경향을 보일 것이다.

12개월 미만 성장 장애아를 위한 식이

영아기에는 탄수화물과 지방, 단백질을 첨가해서 열량 밀도를 높인 고열량 분유를 기본으로 먹이면서, 고열량 고단백 이유 보충식을 병행하는 것이 좋다.

복합비타민과 부족한 영양소 보충이 필요하지만 열량이나 영양소가 거의 없고 식욕을 방해하는 과일 주스나 음료는 먹이지 않도록 해야 한다.

12개월 이상 성장 장애아를 위한 식이

돌 이후에는 열량 밀도가 높은 영양 보충 음료와 함께 고열량 고단백 식사를 해야 한다. 식욕을 방해하는 과일 주스는 하루 120mL 미만으로 섭취를 줄이고 음료나 물을 수시로 마시지 않게 하고, 단맛 나는 과자나 사탕 등의 군것질은 중단시켜야 한다.

복합비타민, 아연, 철분 등의 영양제를 보충한다.

따라잡기 성장을 위한 식사지침

- 유동식 대신 고형식을 준다.
- 물, 주스, 저열량 음료수의 섭취는 가능한 제한한다.
- 조용하고 편안한 환경에서 가족과 함께 식사하도록 한다.
- 절대 억지로 먹이지 말고, 아이가 잘 먹을 때 칭찬한다.
- 최소 3~4시간 간격으로 최대 20~30분 동안 식사하도록 한다.
- 고열량 고단백 식사와 아이에게 맞는 영양보충식을 적절히 주어야 한다.

 ## 따라잡기 성장을 위한 고열량 고단백 식이 식품 구성

유제품

- 분유, 무가당 연유, 열량 보충식을 요구르트, 컵케이크, 크림수프 등에 첨가한다.
- 가당연유를 후식이나 밀크셰이크에 첨가(200mL당 1티스푼)한다.
- 떠먹는 요구르트는 과일, 팬케이크, 시리얼과 함께 준다.
- 치즈를 샌드위치, 고기, 감자, 샐러드, 채소, 스파게티, 밥에 곁들인다.
- 버터를 빵, 고기류, 시리얼, 팬케이크, 감자, 찜 요리, 채소에 섞는다.
- 코코아, 밀크셰이크, 크림수프, 생크림 케이크 등을 간식으로 준다.

단백질

- **고기** : 갈비찜, 기름 제거한 삼겹살, 동그랑땡, 닭튀김.
- **생선** : 기름을 두른 생선구이, 생선튀김 등을 주 3회 이상 제공한다.
- **달걀** : 샐러드, 찜 요리, 수프, 채소, 오믈렛, 스파게티나 밥에 첨가하거나 토스트에 첨가한다.
- **콩, 두부** : 기름을 두른 두부 부침, 참기름 얹은 연두부 등.

지방

- 땅콩버터를 빵, 크래커, 과일, 채소에 바르거나 아이스크림, 요구르트에 첨가한다.
- 땅콩과 호두 등을 후식으로 주거나 샐러드, 아이스크림, 시리얼, 채소 요리, 과일에 첨가한다.

과일, 채소군

- 생과일에 생크림, 아이스크림을 첨가한다.
- 으깬 과일, 건과일을 우유, 떠먹는 요구르트, 밀크셰이크, 아이스크림에 첨가한다.
- 말린 과일을 간식으로 제공한다.
- 채소는 참기름을 섞어 무치거나 볶아서 주고 샐러드드레싱을 사용한다.

곡류

- 밥은 기름, 버터에 볶거나 섞어서 제공한다.
- 빵은 버터, 크림치즈를 발라서 먹고 견과류와 건과일이 함유된 빵을 준다.
- 고기, 생선을 조리하기 전에 빵가루를 입힌 후 튀기거나 볶아서 조리한다.
- 오트밀, 건포도빵, 땅콩버터 쿠키 등을 간식으로 준다.

 ## 잘 먹지 않는 아이

우리 아이가 잘 먹지 않는다고 생각되면 식습관 문제와 섭식장애를 의심해 볼 수도 있다. 식습관 문제와 섭식장애란 음식 제공이나 음식 섭취에 부정적 영향을 초래하는 모든 문제를 일컬으며, 정상 발달 어린이의 25~30%에서 그러한 문제를 보인다. 이런 문제는 영양 불균형과 성장 장애를 초래할 수 있다.

 ## 식습관 문제 유형과 관리

영유아 식욕 부진형 : 아이가 산만하고 활동적이며, 음식에 관심이 별로 없고 배고픔을 호소하지 않으며, 식사 시간에도 돌아다니는 유형을 말한다.

- 배고픔에 따른 만족감을 배울 수 있도록 최소 3시간 이상 간격으로 식사와 간식을 제공하고, 식사와 식사 중간에는 물 이외에 군것질을 못 하게 해야 한다.
- 식사에 집중하도록 반드시 제자리에 앉아서 식사하게 하고, 식사 시간에는 돌아다니지 않도록 하고, 식사 중에는 절대 스마트폰, TV, 게임 등을 못 하게 해야 한다.
- 식사 시간을 지루해하지 않도록 포만감을 느끼게 되는 30분 이내로 식사를 끝낸다.
- 강요된 식사나 아이를 쫓아다니며 먹이지 않도록 한다.

예민성 음식 거부형(편식형) : 아이가 음식의 맛이나 냄새, 모양, 질감, 크기 등에 민감하여 특정 음식을 지속해서 거부하고 선호하는 음식만 잘 먹는 유형을 말한다.

- 부모님이 아이의 역할모델이 되어 부모의 식사 모습을 보고 아이가 음식에 관심을 가지게 만든다. 이때 다양한 음식을 접할 수 있도록 아이가 좋아하는 음식과 싫어하는 음식을 함께 준비한다.
- 아이가 새로운 음식을 시도할 때는 거부감이 적은 음식이나 좋아하는 음식과 비슷한 음식을 매우 적은 양부터 시작해서 서서히 늘려가야 한다.
- 아이가 먹기를 거부한다고 해서 음식을 강요해서 억지로 먹이지 않아야 한다.

부모 착각형 : 아이가 성장곡선의 정상적인 성장을 보이는 데도 부모의 과도한 기대와 관심으로 인해 아이가 잘 안 먹는다고 걱정하는 유형을 말한다.

- 실제로 아이는 잘 먹고 잘 크고 있는 데도 불구하고 부모의 과도한 기대로 오히려 아이에게 식사를 강요할 가능성이 있다. 이런 경우 부모는 아이의 정상적인 성장을 확인해야 한다.

상호작용 부족형 : 아이나 아이 엄마의 우울증, 엄마로부터의 갑작스러운 분리 등 정신·사회적인 문제나 사회경제적인 문제로 인해 식사 시간에 아이와 엄마 사이에 적절한 상호작용이 없는 유형을 말한다.

- 정신·사회적이나 경제적인 문제를 해결하여 정상적인 관계를 형성하고 확인해야 한다.
- 아이 엄마의 신경정신과 상담 치료, 필요하면 입원 치료가 도움이 되는 예도 있다.

외상 후 섭취 불안형 : 음식 섭취와 관련해 나쁜 경험을 한 뒤 음식 섭취를 두려워하는 유형으로, 음식이나 식기를 보면 토하거나 우는 경우를 말한다.

- 아이가 심리적으로 이완된 상태, 조용하고 편안한 환경에서 식사를

시도하여 음식에 대한 두려움을 최소화해야 한다.

- 아이에게 강제적으로 음식을 먹여서는 안 된다.
- 필요한 경우 소아 신경정신과 전문의 상담을 병행한다.

건강 이상형 : 질병으로 인해 음식을 거부하고 잘 먹지 않는 유형을 말한다.

- 기질적 질환에 대한 진찰과 검사를 거쳐 일단은 원인 질환을 먼저 해결해야 한다.
- 다른 유형의 식사 장애 문제가 함께 나타날 수 있으므로 정확히 판단 후 교정해야 한다.

영양과 성장

영양제는 어떤 것이 좋나요?

요즘 아이 부모님들이 제일 많이 하는 질문 중 하나가 "영양제는 어떤 것이 좋나요?"이다. 최근 TV와 신문에 비타민이나 미네랄에 대한 많은 정보가 나오다 보니 그에 관한 관심이 커지고 있다. 이에 맞춰 각종 비타민, 미네랄, 성장 식품, 식이섬유 등을 포함한 많은 제품이 영양 보충제로 시판되고 있다.

하지만 음식을 제대로, 충분히 섭취하고 있는 아이에게는 영양 보충제는 필요치 않고 오히려 영양결핍이 없는 아이들이 특정 영양소를 많이 먹게 되면 영양 불균형이 생기고 중독증상까지 생길 수 있어 주의를 필요로 한다.

여기서는 어떤 영양소가 있고 그것들의 기능과 결핍되었을 때 나타날 수 있는 증상, 어떤 식품에 어떤 영양소가 풍부하게 포함되어 있는지를 알아보자.

미네랄

　미네랄은 주로 우리 몸의 뼈와 근육을 구성하고 있는 무기 영양물질로, 몸의 대사와 면역에도 중요한 작용을 한다. 다량 원소로는 칼슘(Ca), 인(P), 나트륨(Na), 칼륨(K), 염소(Cl), 황(S), 마그네슘(Mg) 등이 있고, 미량 원소로는 철(Fe), 아연(Zn), 구리(Cu), 셀레늄(Se), 요오드(I), 불소(F), 망간(Mn), 몰리브데넘(Mo), 크롬(Cr) 등이 있다.

칼슘

기능 : 뼈와 치아 형성에 필수적이며, 신경과 근육 기능 유지에 필요하다. 정상적인 혈액 응고에 중요한 작용을 한다.

결핍 증상 : 뼈 형성 장애, 혈액 응고 장애, 근육 연축, 전신경련.

풍부한 식품 : 우유, 치즈, 요구르트, 두부, 양배추, 케일, 브로콜리.

철

기능 : 적혈구 구성 성분으로, 혈액 생성과 체내 산소 운반에 필수적이다. 단백질 대사의 조효소로 작용하여 에너지 생성에 중요한 작용을 한다.

결핍 증상 : 철 결핍성 빈혈, 집중력과 운동 능력 감소, 학습 장애.

풍부한 식품 : 붉은 고기, 생선, 가금류, 콩류, 푸른 잎 채소, 말린 과일.

아연

기능 : 매우 많은 조효소로 작용하여 정상적인 세포 분열과 성장, 상처

369
영양과 성장

회복에 필요하며, 면역, 생식, 미각, 청각에 중요하게 관여한다.

결핍 증상 : 홍반성 습진이나 인설, 구진 등 특징적인 피부 이상, 손발톱 주위 이상, 입과 눈 주위 염증, 탈모, 정신력 저하, 성장 부진, 면역 기능 저하 등.

풍부한 음식 : 붉은 고기, 굴, 조개, 도정하지 않은 곡물, 콩류.

구리

기능 : 산화성 인산화 작용, 항산화 및 항염증 작용, 피부 색소 침착, 콜라겐 결합 등에 필수적으로 관여한다.

결핍 증상 초기 : 호중구 감소, 빈혈 등.

만성 : 탈색소증, 머리카락 꼬임과 탈색, 혈관 변성, 골격 이상, 골 감소증, 근육 긴장 저하증, 신경계 이상, 저체온증.

풍부한 식품 : 고기 내장, 해산물, 견과류, 현미, 코코아.

요오드

기능 : 갑상선 호르몬의 중요 성분으로, 에너지 생성과 신경 발달에 필수적이다.

결핍 증상 : 갑상선 기능 저하, 정신과 신체 발달 저하, 지능 발달 장애.

풍부한 음식 : 미역, 천일염, 생선류, 붉은 강낭콩, 유제품.

망간

기능 : 아미노산, 지방, 단백질, 탄수화물 대사에 필수적으로 필요하며,

정상적인 면역 기능, 혈액 내 포도당 조절, 세포 내 에너지, 생식, 소화, 뼈의 성장과 혈액 응고 작용에 관여한다.

결핍 증상 : 성장 장애, 결합조직 결함으로 인한 피부염, 손톱, 머리카락 성장 감소, 색 변화, 지방과 탄수화물 대사 변화, 혈액응고 인자 감소.

풍부한 식품 : 견과류, 콩류, 도정하지 않은 곡물, 차.

셀레늄

기능 : 강한 항산화 기능을 하며, 갑상선 기능을 활성화한다.

결핍 증상 : 성장 지연, 탈색과 함께 나타나는 탈모, 심장과 골격의 근육병, 손톱 이상.

풍부한 식품 : 고기 내장, 해산물, 잎이 많은 채소.

크롬

기능 : 탄수화물, 지방 대사와 신경계 기능 유지에 필수적이다.

결핍 증상 : 말초 신경병증, 뇌 병증, 당 불내성, 유리 지방산 증가.

풍부한 식품 : 고기, 가금류, 생선.

비타민

몸의 성장과 대사에 중요한 기능을 하여 건강 유지에 필수적인 미량 영양소로, 반드시 음식을 통해서만 흡수되므로 음식 섭취가 중요하다. 지용성 비타민과 수용성 비타민이 있는데 지용성 비타민은 지방과 같이 소화 흡수되어 간이나 지방조직에 저장되므로 과잉섭취 시 체내에 축적될 수 있으므로 주의가 필요하다.

수용성 비타민은 주로 많은 효소의 조효소로 작용하며 소변으로 안전하게 배출되므로 중독증상이 적다. (다음 페이지의 '무기질의 주요 기능과 포함된 식품' 표 참고)

엽산(Folic acid)

기능 : 새로운 세포 합성, 태아의 척수, 뇌 생성, 심질환 유발물질인 호모시스테인을 처리한다.

결핍 증상 : 거대 적혈구 빈혈, 성장 부진, 설염, 태아 신경관 결손.

풍부한 식품 : 간, 녹색 잎이 많은 채소, 견과류, 곡물, 콩, 오렌지.

비오틴(Biotin)

기능 : 음식을 에너지로 전환하고, 지방분해를 보조한다.

결핍 증상 : 피부염, 결막염, 탈모, 기면, 근 긴장 저하.

풍부한 식품 : 달걀 노른자, 간, 고기, 생선류, 대두, 과일.

무기질의 주요 기능과 포함된 식품

무기질	생물학적 기능	식품 공급원
칼슘	뼈와 치아 형성, 혈액 응고, 근육수축, 세포 소통	우유, 치즈, 요구르트, 두부, 양배추, 케일, 브로콜리
인	산과 염기의 균형, 세포 내 에너지 저장, DNA 합성의 보조역할	유제품, 완두콩, 고기, 달걀, 시리얼
마그네슘	단백질 합성, 효소 활성화	녹색 잎 많은 채소, 현미, 곡물, 견과류, 고기, 전분, 우유
철분	혈색소, 다른 효소 일부	고기, 가금류, 콩류, 말린 과일, 강화 시리얼
아연	많은 효소, 단백질 성분	붉은 고기, 동물성 식품, 도정하지 않은 곡물, 콩류, 강화 시리얼
구리	철분 대사 보조역할	해산물, 고기 내장, 견과류, 밀, 현미, 코코아, 시리얼
셀레늄	항산화, 갑상선 호르몬 조절	해산물, 내장육, 식물의 잎이 많은 부분
불소	충치 예방, 뼈 형성 자극	불소 첨가물, 해산물, 차
요오드	갑상선 호르몬 구성분	미역, 다시마, 요오드가 첨가된 소금
망간	뼈 형성 및 단백, 탄수화물, 콜레스테롤 대사 보조역할	견과류, 콩류, 도정하지 않은 곡물, 차
몰리브덴	단백 대사 인자	콩류, 곡물 제품, 견과류
크롬	혈당 조절 보조	고기, 닭고기 같은 가금류, 생선, 시리얼

비타민의 기능과 포함된 식품

<table>
<tr><th colspan="2">비타민</th><th>기능</th><th>결핍 증상</th><th>풍부한 식품</th></tr>
<tr><td rowspan="4">지용성 비타민</td><td>비타민 A</td><td>시력 유지에 필수, 피부와 점막 형성과 기능 유지, 성장발달, 면역 증강</td><td>초기증상 : 야맹증, 심해지면 안구 건조, 시각 상실, 피부 건조증, 미각 세포 손상, 식욕감퇴, 감염 취약</td><td>간, 생선 간유, 생선, 달걀, 유제품, 색이 짙고 잎 많은 녹색 채소, 주황색 과일, 채소</td></tr>
<tr><td>비타민 D</td><td>칼슘과 인을 조절하여 골격 형성 유지와 면역 기능에 필수</td><td>구루병(소아), 골연화증</td><td>햇빛, 기름진 생선, 생선, 간유, 강화 시리얼</td></tr>
<tr><td>비타민 E</td><td>항산화 보호와 세포막 안정화에 작용</td><td>근력 저하, 신경 반응 감소, 시야의 변화</td><td>식물성 기름, 맥아, 잎 많은 녹색 채소, 도정하지 않은 곡물</td></tr>
<tr><td>비타민 K</td><td>혈액 응고에 필요한 혈액의 단백 성분 구성</td><td>출혈 증상 (특히 신생아)</td><td>잎이 많은 녹색 채소, 양배추, 우유, 달걀</td></tr>
</table>

<table>
<tr><th colspan="2">비타민</th><th>기능</th><th>결핍 증상</th><th>풍부한 식품</th></tr>
<tr><td rowspan="3">수용성 비타민</td><td>비타민 B1 (티아민)</td><td>탄수화물, 단백질 대사 이용에 필수, 중추신경계 신호전달에 중요</td><td>피곤, 식욕부진, 체중 감소 등 전신 쇠약, 위장관 질환
심장 증상 : 빠른 맥박, 부종, 심비대, 심부전
신경 증상 : 과민, 말초 신경염, 근육 압통</td><td>도정하지 않은 곡물, 돼지고기, 견과류, 참치, 연어, 콩, 두부, 채소(아스파라거스)</td></tr>
<tr><td>비타민 B2 (리보플래빈)</td><td>세포 내 여러 화학작용에 관여하며 탄수화물, 지방, 단백질 산화 과정의 조효소로 작용</td><td>피부 건조증, 구각염, 구강결막염, 설염, 눈부심</td><td>우유, 치즈, 달걀, 고기, 두부, 시금치, 생선, 녹색 채소, 도정하지 않은 곡물, 아몬드</td></tr>
<tr><td>비타민 B3 (니코틴산)</td><td>음식을 에너지로 전환, 피부와 혈구 및 신경 유지</td><td>피부염, 설사, 치매</td><td>고기, 생선, 녹색 채소, 도정하지 않은 곡물</td></tr>
</table>

수용성 비타민	비타민 B5 (판토텐산)	음식을 에너지로 전환하는 데 필수, 지질과 신경 전달물, 혈색소생성 보조	과민성, 피로, 감각 이상, 근육 경련	닭고기, 소고기, 귀리, 토마토, 간, 효모, 달걀 노른자, 브로콜리, 콩, 도정하지 않은 곡물, 버섯
	비타민 B6 (피리독신)	지방과 단백질 대사 보조	구순증, 설염, 저색소 빈혈, 간질 발작 등 신경계 질환	가금류, 생선류, 간, 달걀, 두부, 콩, 귀리, 감자, 바나나, 도정하지 않은 곡물
	비타민 B9 (엽산)	새로운 세포 DNA 합성, 태아의 척수, 뇌 생성에 필요	거대 적혈구 빈혈, 성장 부진, 설염, 태아 신경관 결손	녹색 잎 많은 채소, 통밀, 콩류, 강화 시리얼
	비타민 B12 (사이아노코발라민)	세포(DNA) 형성, 빈혈 예방에 필수	거대적혈모구 빈혈, 과민증, 신경장애, 과다 색소 침착	간, 고기, 고기 내장, 생선, 가금류, 우유, 치즈, 달걀, 강화 시리얼
	비오틴	음식의 에너지 전환, 지방분해 보조	피부염, 결막염, 탈모, 기면, 근 긴장 저하	달걀, 고기 내장, 생선, 대두
	비타민 C (아스코르브산)	항산화 작용으로 인한 면역 기능, 뼈, 연골, 인대 등 결합조직 형성, 기능 유지	괴혈병, 신체 각 부위 출혈 가능	감귤류, 브로콜리, 피망, 토마토, 딸기, 멜론, 감자, 고추, 시금치, 양배추류

철분 결핍

철 결핍은 세계적으로 어린이에게서 가장 흔한 단일 영양결핍으로, 빈혈의 중요한 원인이다. 빈혈 증상이 없더라도 체내 저장 철이 낮은 상태로 정의할 수 있다.

철 결핍 빈혈의 증상

철 결핍 빈혈의 가장 대표적인 증상은 창백한 피부이다. 쉽게 피곤하고 운동 능력이 감소하고, 빠른 맥박, 심장 비대, 기능성 심 잡음이 들릴 수도 있다. 하지만 빈혈이 서서히 진행할 때는 어느 정도 진행할 때까지 모르고 지내는 경우도 많다. 특히 말초혈액 검사에서 혈색소 수치가 5g/dL 미만일 경우에는 아이가 계속 보채고 식욕이 떨어지는 증상이 두드러진다.

식욕이 떨어지면 잘 먹지 않기 때문에 철분 섭취가 더욱 부족해지는 악순환을 일으킬 수 있다. 또한 집중력이 떨어지면서 학업능력도 감퇴하고 기운이 없고 활동이 줄면서 성장 장애를 초래할 수 있다.

빈혈 증상이 없더라도 철 결핍은 신경 기능 및 지능에도 영향을 끼쳐 인지 기능과 정신 운동 장애가 나타날 수 있다. 이러한 증상이 나타나면 증상이 나타나기 전으로 회복되기 힘든 특성으로 인해 치료 시기를 놓치면 문제가 될 수 있다.

신생아의 저장 철

철은 대부분 임신 말에 엄마로부터 태아에게 넘어가므로 태어난 신생아가 저장하고 있는 철의 양은 아기의 재태기간과 출생체중에 비례한다.

만삭아는 생후 4~6개월 동안 이용 가능한 철의 양을 가지고 태어나지만, 미숙아나 저체중으로 태어나는 아기의 체내에 저장된 철의 양은 적으므로 이른 시기에 철 결핍이 발생할 수 있다.

수유와 철 보충

출생 시 아기의 저장 철이 충분하다면 만삭아의 경우 생후 4~6개월까지는 완전 모유 수유를 하여도 철 결핍이 거의 발생하지 않는다.

모유는 분유보다 철의 절대적인 함량은 적으나 체내 흡수율이 높다. 모유의 철이 잘 흡수되는 이유는 모유에는 비타민 C가 많고 철분 흡수 과정을 돕는 특수 전환 요소가 있으며 모유 수유 아기의 장내 환경이 산성이기 때문이다.

하지만 생후 4~6개월 이후에는 철이 풍부한 이유식을 병행해야 한다. 분유를 수유하거나 혼합수유를 할 때는 돌이 될 때까지 철분 강화 분유를 먹여야 한다. 일반적으로 철분 강화 분유는 1L당 철분이 12~15mg 함유되어 있다.

 ## 이유식과 철 보충

이유기인 생후 4~6개월에는 하루에 1mg/kg 정도의 철이 보충되어야 한다. 음식을 통해 철이 충분히 섭취되지 않을 때는 1mg/kg/일 정도의 철을 액상 형태로 보충해 주는 것이 좋다.

모유 수유 아기의 경우에는 엄마에게 철을 공급한다 해도 모유의 철 함량이 증가하지 않기 때문에 직접 영아에게 철을 보충해 주어야 한다.

 ## 철이 풍부한 음식과 주의해야 하는 음식

음식에 포함된 철은 두 종류가 있는데 혈색소의 주요소인 heme이 포함된 철과 포함되지 않는 철이다. heme 철은 주로 붉은 고기, 닭고기, 생선에 많이 들어있고, heme이 없는 철이 많은 식품은 달걀, 콩, 녹황색 채소, 말린 과일 등이 있다.

비타민 C가 풍부한 음식은 철의 흡수를 도와주므로 철을 보충할 때 우유보다는 과일이나 생과일 주스를 함께 먹는 것이 좋다.

🍼 미숙아의 철 보충

미숙아는 엄마에게서 받은 철이 부족한 상태에서 출생하는데 이후 빠른 성장을 보여 보통 생후 2~3개월이 되면 철 결핍이 잘 발생하게 된다. 그러므로 완전 모유 수유 중인 미숙아는 생후 1개월부터 2mg/kg/일의 철 보충이 필요하며 생후 12개월까지 유지하도록 권장하고 있다.

분유 수유 중인 미숙아는 1mg/kg/일 정도로 보충한다. 저체중 출생아도 철 결핍의 위험성이 높아 철 보충이 필요할 수 있다.

🍼 철 결핍 예방을 위한 주의 사항

- 철을 보충할 때는 철분 흡수를 도와주는 비타민 C가 풍부한 음식을 함께 섭취한다.
- 철분 흡수를 방해하는 식품인 녹차, 허브차, 커피, 코코아 등은 영유아에게 주지 않는다.
- 생우유는 철 함량이 낮고 철 흡수도 방해하므로 생후 12개월 이전의 아기에게는 먹이지 않아야 하고, 생후 12개월 이후의 아기에게도 하루 500mL를 넘지 않도록 주의해 먹여야 한다.
- 철 결핍도 문제지만 철 과다도 문제가 되므로 철분제제를 보관할 때는 아이들 손이 닿지 않는 곳에 보관해야 한다.

철 보충을 위한 권장 식품

권장 식품			제한 식품
양질의 단백질 식품	철분이 많은 식품	비타민 C가 많은 식품	
달걀, 우유, 치즈, 육류, 생선, 어패류	간, 콩팥, 육류, 달걀 노른자, 생선, 조개류, 강낭콩, 말린 과일, 견과류, 녹황색 채소	감귤류, 딸기, 키위, 자몽, 오렌지, 레몬, 브로콜리, 파슬리, 고추, 양배추, 시금치	커피, 홍차, 녹차, 코코아

나이에 따른 철 결핍 원인과 위험인자 그리고 예방법

나이	원인과 위험인자	예방법
미숙아	• 적은 체내 저장철과 빠른 성장 속도	• 모유 수유 : 철분제 2mg/kg/일, 생후 1~12개월까지 보충 • 분유 수유 : 철분제 1mg/kg/일, 생후 1~12개월까지 보충
만삭아	• 생후 4~6개월 이후의 철 섭취 부족	• 모유 수유 : 완전 모유 수유 유지 　　　　　생후 4~6개월, 이유기 보충기 시작 　　　　　하루에 2번 고기 섭취 • 분유 수유 : 음식을 통해 철 보충이 안되는 경우 　　　　　철분제 1mg/kg/일 제공 고려 　　　　　철 강화 분유(10~12mg/L) 수유
영아	• 섭취하는 음식의 철 부족 • 철이 풍부한 이유식 보충식 없이 장기간의 모유 수유 • 철 강화 분유가 아닌 분유 수유 • 생후 12개월 이전의 생우유 섭취	• 철분이 풍부한 음식 섭취 • 생우유는 생후 12개월 이후
소아	• 3세 이후의 단순 식이성 철 결핍은 드물다 • 소아 궤양, 기생충 감염, 만성 설사 등의 만성 출혈성 질환	• 생우유 500mL 이상 섭취 금지 • 철이 풍부한 음식 섭취 • 철의 흡수를 돕는 비타민 C가 풍부한 음식 섭취 • 철의 흡수를 방해하는 코코아, 차 등의 섭취 금지
청소년	• 채식주의 등으로 섭취하는 음식의 철 부족 • 섭취하는 철에 비해 급성장하는 시기 • 생리 등의 출혈	• 철이 풍부한 음식으로 규칙적인 식사 • 철의 흡수를 방해하는 차, 커피, 콜라 등의 섭취 제한 • 철의 흡수를 돕는 비타민 C가 풍부한 음식 섭취

비타민 D 결핍

비타민 D는 칼슘과 인을 조절하여 뼈와 근육의 대사에 중요한 역할을 할뿐 아니라 자가면역 기능, 세포 성장과 조절 기능 역할이 알려지면서 면역질환이나 암을 예방하는 비타민으로 알려져 있다.

비타민 D의 주 공급원은 햇볕으로, 피부에서 비타민 D_3 형태로 생성되며 음식을 통해서는 비타민 D_2로 흡수된다. 이것은 간과 신장을 통해 활성화된 형태로 대사되기 때문에 야외 활동의 감소, 자외선 차단제의 남용, 대기 오염의 증가 등으로 비타민 D 흡수가 부족해지면서 비타민 D 결핍 증상이 증가하여 어린이에게서 구루병이 발생하고 성인에게서는 골연화증이 나타나게 된다.

🍼 아기와 엄마의 비타민 D

임신기간 중기와 후기, 엄마의 비타민 D는 태아의 칼슘 대사와 뼈와 여러 장기 성장과 발달에 지대한 영향을 준다. 태반을 통해 엄마의 비타민 D가 넘어가기 때문에 엄마의 비타민 D 상태는 태아의 비타민 D 농도에 영향을 미친다.

태어난 신생아는 모유를 통해서만 비타민 D를 공급받게 되지만 엄마의 혈중 비타민 D의 농도가 높으면 모유를 통해 아기에게 공급되는 비타민의 양도 증가하므로 엄마의 체내 비타민 D의 농도도 매우 중요하다.

하지만 수유 엄마의 간유 섭취에 따른 모유 내 성분 변화를 관찰한 연구에서 비타민 A와 E는 수유 엄마의 섭취량에 비례하여 증가했지만, 비타민 D는 영향을 받지 않는다고 알려져 아기의 비타민 D 농도에는 큰 영향을 주지 못한다.

🍼 비타민 D 결핍의 위험요인

완전 모유 수유아기, 혼합 수유아기, 산모의 비타민 D가 부족한 경우에는 영유아의 비타민 D 결핍이 일어날 수 있다. 소아에서는 야외 활동 감소로 인한 햇볕 노출 부족, 비타민 D가 함유된 음식 섭취가 부족할 경우 비타민 D 결핍이 발생할 수 있다.

🍼 비타민 D 보충

식품을 통해 섭취할 수 있는 비타민 D의 양은 충분하지 않기 때문에 적정한 햇볕 노출에 따른 피부에서의 비타민 D 합성이나, 직접적인 비타민

D 보충이 필요할 수도 있다. 그러나 아직까지 비타민 D 생성을 위한 적정 일조량에 관한 연구가 부족한 상태이다.

미국소아과학회에서는 과도한 태양광의 노출을 막기 위해 생후 6개월 미만의 영아는 햇볕에 직접 노출하지 않도록 하고 있고, 외출 시 긴 옷이나 약한 자외선 차단제 사용을 권고하고 있다.

국내에서는 아직 비타민 D 권고 사항이 없지만 미국소아과학회에서는 2008년부터 생후 수일부터 완전 모유 수유 아기, 혼합 수유 아기, 비타민 D 강화 분유나 우유를 1L 이하로 먹는 모든 어린이에게 비타민 D 400IU를 보충할 것을 권고하고 있다.

🍼 비타민 D가 풍부한 음식

비타민 D가 풍부한 음식으로는 대구 간유, 연어, 고등어, 정어리와 같은 생선 기름, 동물의 내장, 달걀 노른자, 비타민 D 강화우유나 시리얼, 생 오렌지주스 등이 있다.

7장

비만

뚱뚱한 아이는 커서도 뚱뚱한 어른이 된다

소아비만은 지난 수년 동안 폭발적으로 늘어났다. 신문이나 TV에서도 소아비만에 관한 내용을 쉽게 접할 수 있다. 소아비만을 생각하기에 앞서 가상의 유행성 감염 질환을 생각해 보자.

이 질환은 아이의 건강을 천천히 해치고 수명을 단축하며 심장혈관, 호흡기, 호르몬 계통에 질병을 야기하고 정신건강까지 훼손하기도 한다. 이런 유행성 질환에 많은 아이가 감염된다고 상상해 보라. 어떤 부모가 걱정하지 않겠는가?

이 가상의 시나리오를 모든 유행성 질환의 특징을 보이며 점점 증가하고 있는 소아비만에 적용해 보자. 과거의 감염 질환은 우리의 건강을 끊임없이 위협하였지만, 이제는 매우 드물게 발병되거나 사라져버렸다. 대신 당뇨병, 심질환, 과체중, 과비만 등의 만성질환이 우리의 건강을 위협하며 점점 증가하고 있다. 이런 만성질환은 행동과 환경 변화에 따라 수년에 걸쳐 천천히 찾아오기 때문에 어려서부터 병의 진행을 예방하는 일이 더욱 중요하다.

과거엔 비만을 외모 문제로만 생각해 질환이라고 부르길 어색해했다. 얼마 전까지만 해도 의료계조차 비만을 심각한 유행병이라 말하지 않았다. 물론 매우 심한 비만은 질병의 원인이며 위험요인이라는 사실은 알고 있었으나 비만 자체를 중요하게 생각하지는 않았다. 하지만 비만에 대한 시각이 달라지기 시작했다. 고도 비만은 만성질환과 연관되며 단순히 외모상의 문제가 아니라 실제로 건강에 이상이 생긴 상태이다.

또한 지난 몇 년간 비만이 빠르게 확산하면서 유행성이라고 표현할 정도로 국민건강을 위협하고 있다. 비만과 연관된 의료비용은 가장 큰 공중 보건 문제인 흡연으로 인한 의료비용에 버금간다. 늘어나는 체중을 다루는 것이 의료에 중요한 경제적 부담이 되지만 불행하게도 많은 사람이 생활 습관을 바꾸기 힘들다는 이유로 비만 치료를 외면하면서 의사들이 비만 상담에 실패한다.

🛒 비만은 성인만의 문제가 아니다

더욱 큰 문제는 비만이 빠른 속도로 아이들 삶에 자리 잡고 있다는 점이다. 1970년대 소아 비만의 비율은 5% 미만이었다. 그러나 요즘은 전체 아이들 중 적어도 15% 이상이 비만이고, 그 숫자는 계속 늘어가고 있어 이제는 몇몇 아이의 문제가 아니다. 요즘에는 비만과 과체중 아이가 더 많아졌을뿐만 아니라 더 어린 나이에, 더 뚱뚱해진다.

이런 유병률은 청소년뿐 아니라 6살에서 11살까지의 어린이에게도 해당한다. 성인은 몇 년에 걸쳐 뚱뚱해지지만, 소아비만은 빨리 시작되기 때문에 신체 발달에 심각한 문제를 일으킬 수 있다. 그래서 부모는 아이가 비만으로 인한 심각한 합병증이 생기기 전에 체중 조절과 신체활동을 고민해야 한다.

살을 빼려고 시도했던 사람은 누구나, 살찌는 일은 언덕을 내려가는 것처럼 쉬우며 살이 찌기 전으로 되돌아가는 일은 언덕을 올라갈 때처럼 훨씬 더 큰 노력이 필요하다는 사실을 알고 있다. 이런 이유로 국가 차원에서 매년 막대한 비용을 체중감량 상품에 쓰고 있지만 여전히 체중은 늘어만 가고 있다.

체중감량은 어른들만 힘든 것이 아니라 아이에게도 힘든 일로, 소아기의 체중 증가는 벗어나기 힘들 수 있다. 실제로 어렸을 때부터 과체중이거나 비만인 사람은 평생 체중과 싸움을 해야 한다.

비만은 절대 외모의 문제만이 아니다

비만인 아이들은 친구들이 자신을 어떻게 바라보고 대하는지 예민하다. 친구들보다 체중이 많이 나가면 아이들의 놀림감이 되거나 따돌림을 당할 수 있기 때문이다. 최근 조사에 의하면 비만아가 느끼는 삶의 질은 항암 치료를 받는 아이보다 점수가 더 낮았다. 이처럼 비만아가 받는 고통은 그 나이의 아이가 견디기 힘들 정도로 만만치 않다.

비만은 심리적 스트레스뿐 아니라 심각한 질환의 원인이 된다. 성인 비만은 당뇨병, 고혈압, 동맥경화, 심장질환, 심장마비, 관절염, 특정 암, 불

임, 천식, 수면무호흡증과 같은 수면장애 등과 관련 있다.

이러한 비만으로 인한 부작용은 어린 나이에도 나타난다. 비만아는 비만 성인이 되기 쉬우므로 소아 비만 자체가 성인병의 위험인자이며 생명을 단축하는 요인이 될 수 있다. 혈압, 콜레스테롤 수치는 비만아와 정상 체중 소아를 비교해 보면 차이가 있다.

1972년부터 최근까지 1,400명을 추적조사한 연구에 의하면 5~10세 사이 비만아의 60%가 고혈압, 고인슐린혈증 등과 같은 심장질환을 유발하는 위험인자를 1개 이상 갖고 있었다. 이 연구에 의하면 많은 비만아는 훗날 심장질환의 발생 확률이 높은 성인이 된다는 것이다.

사실 소아 비만은 성인 비만과 너무나 밀접한 관계에 있으므로 현재 체질량지수를 알면 비만 성인이 될 확률을 예측할 수 있다. 한 연구에 의하면 체질량지수 9천 5 백분위 수 이상인 8살 여아는 35살에 이르면 76%가 과체중 성인으로, 46%가 비만 성인이 된다고 했고, 체질량지수

9천 5 백분위 수 이상인 8살 남아는 72%가 과체중 성인으로, 22%가 비만 성인이 된다고 한다. 부모가 모두 비만일 경우 자녀가 비만일 확률은 정상 체중 아이의 경우보다 약 두 배나 더 높다.

그러나 이것은 단지 계산상의 예측일 뿐이며 실제로 한 아이가 비만이 될 확률을 예측하지는 못한다. 이러한 가능성은 현재 우리의 습관에 달려있다. 아이가 살이 찔 때부터 사회적 차원에서 관리한다면 비만의 숫자를 줄일 수 있다. 상황을 바꾸기 위한 노력이 없다면 늘어난 체중은 평생 지속될 것이다. 이런 상황을 개선하기 위한 가장 좋은 방법은 우선 비만을 예방하는 것이다.

성공적으로 체중을 감량하고 유지한다 해도 체중을 줄인 대다수는 결국 다시 살이 찐다. 오래된 습관은 무척이나 고치기 힘들어 체중감량용 식사와 운동을 유지하기 어렵기 때문이다.

이미 굳어버린 습관을 바꾸는 일은 너무나 어려우므로 부모는 아이가 애초에 잘못된 습관으로 비만의 위험에 빠지지 않도록 미리 예방해야 할 책임이 있다. 아이가 어려서부터 잘 먹고 운동하는 습관을 들인다면 성인이 되어서도 건강하게 생활하기 훨씬 더 수월할 것이다.

모든 연구에서 건강한 삶을 위해 체중이 늘지 않도록 예방하려면 나이가 어릴수록 좋다고 말한다. 일부 연구에서는 임신 중 엄마의 영양 상태가 양호하면 모유가 과체중이나 비만을 예방한다는 보고가 있다. 비만이 되기 쉬운 시기는 5살 정도로, 이 시기에는 체내에 지방이 축적되고 체질량지수가 증가하기 시작한다.

질병의 예방은 아이가 건강하게 살아가기 위해 중요하다. 지금부터 아이에게 건강한 식습관을 몸에 익히도록 만드는 일은 비만과 비만 관련 질환에 대한 예방 접종이라고 할 수 있다.

과체중인가, 비만인가?

과체중과 비만은 체중과 키의 불균형을 말하며, 성인은 키와 체중의 비율인 체질량지수(kg/m^2)를 기초로 정의한다. 과체중은 체질량지수 ≥23, 비만은 체질량지수 ≥25이다. 둘 다 정도의 차이는 있으나 장기적인 건강 문제와 관련 있다.

아이의 몸은 계속 성장하며 변하므로 절대 숫자로 과체중 기준을 설정하기 어렵다. 대신 체질량지수 백분위 수 곡선을 이용해 같은 성별 나이의 아이와 비교할 수 있다. 같은 나이에서 9천 5 백분위 수 이상일 경우 과체중군이며 8천 5 백분위 수와 9천 5 백분위 수 사이는 과체중 위험군이다. 어린아이에게는 성인과 달리 비만 대신 과체중이라는 용어를 사용하지만 일부 비만 전문가들은 과체중 위험군을 과체중군으로, 과체중군을 비만군으로 부른다.

실제로 아이들은 체중과 키의 일정한 백분위 수에 따라 성장한다. 그래서 비만이나 과체중의 정의는 건강의 변화를 추적하기 위해서이지 다른 건강 습관과 체형을 가진 개개인의 차이를 비교하기 위해 사용되는 것은 아니다.

# 비만은 에너지 불균형이다

학교에서 배웠다시피 열역학의 제1 법칙은 '조직 안의 에너지는 항상 일정하다'라는 것이다. 조직 안에 에너지를 넣으면 그 에너지는 그냥 사라지지 않는다. 소비되거나 나중을 위해 저장된다. 이 법칙은 인체에도 똑같이 적용된다.

음식으로 에너지를 섭취하고, 일하기 위해 먹은 음식의 열량을 사용한다. 어떤 에너지는 단순히 생존하기 위해 쓰이지만, 몸을 더 많이 움직이면 더 많은 에너지가 소비된다. 매우 간단하다. 섭취한 열량을 소비하지 않으면 몸에 저장된다. 인체가 사용하는 것보다 많은 열량이 들어오면 남는 에너지가 지방으로 저장된다.

어떤 사람은 체내 지방이 지방 섭취와 관련이 있다고 믿고 있는데 이를 혼동해서는 안 된다. 지방세포는 단순히 남은 에너지의 보관 용기일 뿐이다. 그 에너지가 지방, 탄수화물, 단백질 중 어디에서 유래했는지는 중요하지 않다. 모두 에너지이고 남는 것은 지방으로 저장된다.

인체는 얼마나 섭취하고, 얼마나 소비하는지 둘 사이의 균형을 유지하는 데 능숙하다. 우리의 생각과 달리 비만인 사람은 그렇지 않은 사람보다 일반적으로 신진대사가 더 빠르다. 왜냐하면 그들의 몸은 과다한 체중을 지탱하기 위해 항상 더 많은 에너지를 소비하기 때문이다.

이해하기 힘들지만 어떤 사람은 몸이 에너지 공급과 소비를 균형 있게 유지하는 것을 타고났다. 이런 부류가 바로 저녁을 많이 먹고 난 후 항상 후식을 먹어도 절대 살이 찌지 않는 사람들이다. 열역학의 법칙에 의하면 그들이 활동적이든 아니든 그들의 몸은 에너지 소비에 더 효율적이다. 그러나 대부분의 신체는 대사 활동만으로 많은 여분의 열량을 다 소비할 수 없다. 살이 찌기 위해 굳이 엄청난 과식이나 좌식 생활이 필요한 것은 아니다.

사실 에너지 소비보다 공급이 약간만 더 넘치면 체중이 증가한다. 매일 탄산음료 한 캔의 절반보다 적은 열량인 50kcal를 추가로 섭취하면 매년 2.2kg 씩 체중이 증가하고 하루에 10kcal를 추가로 섭취하면 매년 0.45kg씩 체중이 증가한다. 뚱뚱한 사람은 항상 먹고 있을 것이라는 고정 관념과는 달리 매일 소비하는 것보다 조금만 더 많이 섭취하면 비만이 된다.

어떤 종류의 음식만 많이 먹고, 어떤 음식은 덜 먹어서 체중을 줄일 수 있다고 주장하는 많은 다이어트 방법이 우리를 혼란스럽게 만들기도 한다. 그런데 현실에서는 체중을 늘리고 줄이는 마법이나 묘수는 없다. 체중을 줄이기 위해서는 열량을 줄이거나, 더 많이 움직이거나, 이상적으로는 둘 다 해야 한다. 모든 다이어트 방법은 섭취 열량을 낮추는 것이 가장 중요하며 그 이상도 그 이하도 아니다.

🍖 소아비만은 당뇨를 부른다

당뇨병은 소아비만과 관련된 가장 흔하고 심각한 질환이다. 당뇨병에는 두 가지 형태가 있는데 1형 당뇨는 인슐린을 생산하는 세포가 파괴될 때 발생하며, 어린 나이에 발병해 규칙적인 인슐린 투여로 조절되지 않는다면 심각하게는 생명을 위협할 수도 있다. 당뇨병 환자의 90% 정도는 2형으로, 신체 조직이 인슐린에 대한 감수성을 잃으며 발생한다.

포도당은 단순 당으로, 음식에서 혈액으로 흡수되고 세포에서 에너지를 공급한다. 혈당이 올라가면 췌장 세포에서 인슐린을 분비한다. 인슐린은 포도당을 혈액에서 다양한 조직으로 이동시키는 역할을 하여 혈당을 떨어뜨린다. 그러다 세포가 인슐린의 신호에 더 이상 반응하지 않게 된다. 이러한 상태를 인슐린 저항성이라고도 하는데 이때는 혈당이 계속 높은 상태로 유지된다.

인슐린 저항성이 항상 당뇨병을 유발하는 것은 아니지만 당뇨병의 전 단계에서 방치되면 당뇨병으로 진행하게 된다. 당뇨병의 합병증은 신부전, 신경 손상, 실명, 심장질환, 뇌졸중 등이다. 당뇨병이 있는 성인은 뇌졸중이나 심장질환이 생길 위험이 2~4배까지 높다. 지금은 이러한 명칭을 쓰지 않지만 예전에는 2형 당뇨를 40세 이전에서는 잘 발생하지 않았다고 해서 성인 발병형, 즉 성인형으로 부르기도 했다.

대규모 통계자료는 없으나 최근에는 아이들이 성인형 당뇨에 걸리고 있으며 많은 병원에서 2형 당뇨가 소아당뇨의 3분의 1에서 2분의 1 정도를 차지한다고 보고하고 있다. 이렇게 소아당뇨가 늘어나는 정확한 이유는 알 수 없다. 그러나 아이들이 뚱뚱해지고, 잘 움직이지 않는 것과 분명히 연관성이 있다.

비만은 건강을 해치고 결국 심각한 병을 불러오는 주요 위험인자이다. 비만 성인의 5명 중 1명이 대사증후군에 걸려있다. 마른 사람과 비교해 비만인 사람은 2배나 더 당뇨병에 걸리기 쉽다. 뇌졸중과 심장질환의 위험요인인 고혈압, 고콜레스테롤혈증, 고중성지방혈증이 될 위험도 크다. 엉덩이와 허벅지보다 배에 집중적으로 지방이 축적되는 복부 비만 역시 심장질환의 위험을 높인다.

그러나 다행스러운 사실은 식사와 신체활동을 개선하는 것만으로도 당뇨나 대사증후군의 진행을 늦추거나 역전시킬 수 있다는 점이다. 비만인 사람이 서서히 체중을 줄이면 비만 관련 질환의 위험도를 낮출 수 있다.

어린이에게는 예방이라는 더 좋고 효과적인 전략이 있다. 부모가 아이에게 건강한 식사와 신체활동의 기회를 제공한다면 아이가 복잡한 건강 문제를 일으킬 수 있는 위험한 여행에 절대 발을 들여놓지 않게 할 수 있다.

우리 아이가 비만인가요?

　　비만은 경제가 발전하고 식생활과 주거환경, 생활양식의 변화로 세계적으로 증가하고 있다. 우리나라 소아 청소년 비만은 1980년대 이전보다 5~10배 이상 증가하였다고 보고되고 있다. 1990년대 초 1인당 국민총소득 5,000달러 시대를 넘어서면서 즉석식과 간편식의 유행 시기와 거의 비슷한 증가 곡선을 그리고 있다.

　　비만은 열량의 섭취와 소비의 불균형으로 인해 발생한다. 지방 조직은 태아의 경우에는 엄마 배 속에 있는 임신 중기에서 말기에 발달하기 시작하며, 지방세포의 분화에서 중요한 시기는 영아기, 사춘기이다. 체중을 줄이면 지방세포의 부피는 감소하지만 지방세포의 수는 감소하지 않는다.

비만 진단

　　비만인 아이는 신체 여러 조직, 특히 피하조직에 지방이 과도하게 축적되어 피부주름이 정상보다 현저히 두껍다. 실제 비만 진단은 체중보다 체형으로 진단하고 때로는 골격이 크고 근육조직이 풍부해서 체중이 많이 나갈 수도 있다. 그래서 비만의 기준과 진단에는 다양한 방법이 있다. 흔히 체질량지수와 비만도가 사용되는데 과체중은 85~95 백분위 수, 비만은 95 백분위 수를 초과할 때 진단하게 된다.

비만도는 (실제 체중-신장별 표준 체중)÷신장별 표준 체중(50 백분위 수)×100을 계산하여 120% 이상을 비만으로 분류하며, 신장별 체중을 나이와 성별에 비교하여 95 백분위 수 이상을 비만으로 진단하기도 한다. 또한 피부주름 두께, 특히 삼두박근의 피부주름 두께는 지방량과 상관성이 높으며 체질량지수와 같이 적용하면 지방량을 결정하는 민감도를 증가시킬 수 있다.

최근에는 이들 외에도 다양한 방법으로 비만을 좀 더 정확하게 진단할 수 있어 막연히 가정에서 비만인가? 과체중인가? 정상이겠지? 하고 판단하지 말고 소아청소년과 전문의의 정확한 진단으로 우리 아이가 비만으로 인한 우울증, 골관절질환, 성조숙증 등 다양한 후유증과 소아당뇨, 간질환 등 성인병이 발생하는 것을 조기에 차단해야 한다.

🍼 비만아 관리

세 살 버릇 여든까지 간다는 속담처럼 어릴 때 맛있게 먹고 특정 음식을 선호하는 식습관과, 일상생활에서 부지런히 움직이는 생활 습관은 성장해서도 지속되므로 어릴 때 습관이 무엇보다 중요하다. 요즘 컴퓨터,

스마트폰, TV, 뛰어놀 만한 공간 부족과 함께 좌식 습관이 선호되어 걷거나 뛰는 빈도가 감소하면서 고지방 고열량의 즉석식과 즉석식품 섭취가 늘고 있다.

실제로 비만 관리는 힘든데 아이가 어릴수록 더 힘들다. 아이가 어리면 스스로 관리하기 힘들어 가족이 함께하면서 모범을 보이는 일이 중요하다. 아이는 부모가 말하는 대로 하지 않고 부모가 행동하는 대로 보고 배운다.

초등학교 3, 4학년 이상만 되어도 이미 자신의 이미지나 정체성에 대한 고민이 생기는 시기이므로 아이에게 직접 설명해 동기를 유발하는 것이 좋다. 사춘기가 시작되어 신체는 어른일지라도 마음은 아직 어리므로 칭찬을 아끼지 않으면서 성숙하게 대해주는 것이 중요하다.

🛒 비만아의 신체활동

아이가 즐거워하는 신체활동을 찾아야 한다. 특정한 운동 방법을 가르치려는 것보다는 일상생활에서 신체활동을 증가시키기 위해 어떻게 생활 습관을 바꾸는 것이 좋은지 아이에게 예를 들어 구체적으로 제시하는 것이 좋다.

운동은 성장을 자극하는 체중 부하 운동을 권하는데 비만아는 키가 먼저 크기 때문에 지금은 크고 있다 해도 계속 성장하는 것이 아니라서 걷기와 같은 체중 부하 운동을 함께하지 않으면 성인이 되어서도 키가 작을 수 있다.

일상생활에서 신체활동을 늘리는 법

- 운동은 매일 30~60분씩 해야 하지만 시간 내기가 어려운 학생이라면 매일 10~15분씩, 2~3번 이상 일과 중에 틈틈이 움직이도록 해야 한다.
- 계단으로 오르내리고, 학교나 학원을 빠른 걸음으로 걸어가고, TV 시청할 때 제자리 걷기나 스트레치 등을 한다.
- 안전하게 운동할 수 있는 환경을 만들어준다.
- 가족과 함께하는 수영, 자전거, 공놀이 등 즐거운 운동을 계획한다.
- 일상생활에서 비활동성을 줄이는 일이, 힘겨운 유산소 운동을 하는 것보다 장기적인 체중감량에 더 효과적이며 실행하기도 쉽다.
- 성장기의 아이에게는 체중 부하 운동이 좋으나 초고도 비만 아이는 천천히 걷기, 상체운동, 누워서 자전거 돌리기 등으로 근력을 먼저 강화하는 것이 좋다.

소아 청소년 비만 치료 목표

분류	체질량지수	치료 목표
정상	85 백분위 수 미만	체질량지수를 유지하여 비만 예방
과체중	85~95 백분위 수	체질량지수를 유지하여 나이가 들면서 체질량지수 85 백분위 수 미만이 되도록 한다.
비만	95 백분위 수 이상	소아는 체중 유지, 청소년은 서서히 체중감량을 하여 체질량지수를 줄이도록 한다.
	체질량지수 30 이상	1개월에 1~2kg씩 서서히 체중감량
	95 백분위 수 이상이면서 합병증 동반할 때	1개월에 1~2kg씩 서서히 체중감량

 비만아의 음식 섭취

식사는 단순히 적게 먹으라고 말하는 것보다는 단순당과 지방이 많은 음식을 피하게 하고 몸을 건강하게 만드는 식품을 선택하는 방법과 천천히 먹는 습관에 중점을 두어 말해주는 것이 좋다.

건강한 식습관이란?

- 아침 식사는 꼭 먹는다. 아침 식사는 학교생활을 잘할 수 있도록 에너지를 공급한다.
- 식사를 엄격하게 제한하지 않는다. 달콤한 설탕이나 탄산음료, 과일향 음료보다는 물과 저지방 우유(하루 400mL)를 권장한다.
- 아이가 배고픔과 포만감의 신호를 따르게 한다. 식사 때가 되어서 먹는 것이 아니라 배고플 때 천천히 먹는다. 배부를 때 식사를 멈추고 더 배고프지 않으면 먹지 않는다.
- 저녁 식사는 가족과 함께 즐겁게 천천히, 여러 종류의 식품을 골고루 먹는다. 혼자 먹는 경우에는 튀김 음식이나 탄산음료를 더 많이 먹고 과일이나 채소를 덜 먹는 경향이 있다.
- 아이에게 음식을 상이나 벌로 이용하면 안 된다.

가족의 식습관을 바꾼다

- 열량과 지방을 낮춘다.
- 튀기는 것보다는 굽거나 삶는 등 조리법을 바꾸고 아이와 함께 식사

를 준비한다.

- 고열량, 고지방 식품을 사놓지 말고 건강한 식품만 사둔다.
- 음식의 종류와 식사 시간 등은 부모가 결정하고 항상 일관된 태도로 모범을 보인다.
- 2살 이하 어린이는 적절한 두뇌 발달을 위해 지방을 제한하지 않는다. 3살부터는 서서히 저지방 음식으로 대체할 수 있다.
- 간식은 5대 영양소를 고려하여 과일이나 채소 같은 건강한 간식을 쉽게 먹을 수 있도록 준비한다.

건강한 식습관을 위한 신호등 식이요법

식품군	초록군(자유롭게 먹어도 좋아요)	노랑군 (과식은 피해요)	빨강군 (가능하면 먹지 말아요)
채소군	오이, 당근, 배추, 무, 김, 미역, 다시마, 버섯 등	과식은 피해요	마요네즈 소스 샐러드
과일군	레몬	사과, 귤, 배, 수박, 감, 과일 주스, 토마토	과일 통조림
어육류군	기름기 걷어낸 맑은 육수	기름기를 제거한 육류, 껍질을 제거한 닭고기, 생선구이, 생선찜, 달걀, 두부	튀긴 육류(치킨, 돈가스)
우유군		흰 우유, 두유, 분유, 치즈	가당 우유(초콜릿, 딸기 우유)
곡류군	자유롭게 먹어도 좋아요	밥, 빵, 국수, 떡, 감자, 고구마	고구마튀김, 도넛, 맛탕, 감자튀김
지방군		과식은 피해요	마가린, 버터, 마요네즈
기타	녹차	잡채	아이스크림, 설탕, 사탕, 꿀, 콜라, 과자류, 파이, 케이크, 초콜릿, 양갱, 젤리, 유자차, 꿀떡, 약과, 피자, 핫도그, 햄버거

비만 아이를 어떻게 관리하고 예방할 수 있죠?

 비만아 치료의 기본 개념

비만을 치료하기 위해 무엇보다 가장 중요한 것은 비만아를 이해하고 가족이 함께 노력해야 한다는 점이다. 비만은 아이만의 문제가 아니며 가족 전체가 풀어야 할 문제이다. 비만 치료는 살과의 전쟁이 아니며 꾸준히 좋은 습관으로 바꾸도록 노력하고 인내심이 필요하다. 체중감량을 강조하기보다는 올바른 습관을 기르도록 유도하는 것이 아이가 과체중이 되는 것을 예방할 수 있다.

살을 빼는 것보다 건강한 체중을 유지하기가 훨씬 쉽다. 현실적인 치료 목표는 일반적으로 체중의 5~10%를 6~12개월에 걸쳐서 감량(0.5kg/1주일)하고 장기간 감량한 체중을 유지하기 위해서는 정기적인 점검을 하면서 추적 관찰하는 것이 중요하다. 아이에게 체중감량 등 건강하고 올바른 생활 습관을 만들기 위해 부모가 꼭 알아야 할 점들을 적어두려 한다.

부모나 보호자는 아이가 체중과 관계없이 사랑받고 있음을 수시로 느끼게 한다 : 비만아는 자신이 뚱뚱한 것을 누구보다 잘 알고 있다. 그래서 비만아는 이미 내심 의기소침한 상태이다.

중요한 것은 건강한 생활 습관이 몸에 배게 만드는 것이다 : 비만아는 정신적인 스트레스나 우울 등 기본적인 심리 문제가 있거나 이차적으로 발생할 수 있다. 그래서 지나치게 체중감량을 강조해서는 안 된다. 고도 비만 아이는 조급하게 생각하지 말고 체중을 천천히 감량해 나가야 한다.

부모가 모범을 보여야 한다 : 부모는 아이가 어릴 때부터 건강한 식습관과 활동적인 모습으로 솔선수범하여야 한다. 가족 모두 건강한 식생활과 생활 습관으로 함께 변해야 한다. 걷기, 등산, 자전거, 배드민턴 등 가족이 함께하는 시간을 계획한다.

생활 습관과 식습관의 변화는 천천히 시도하며 아이가 그러한 시도를 해나갈 때마다 수시로 칭찬하고 격려해야 한다 : 비만은 오랜 시간에 걸쳐 생기며 하루아침에 좋아지지 않는다. 서서히 즐겁게 바꾸어 나간다.

- 우선 TV, 컴퓨터를 하는 시간을 줄이고 고열량, 고탄수화물 식품을 집에서 없애야 한다. TV 시청은 에너지 소비가 적으며 고열량 간식을 쉽게 먹게 만든다.
- 자녀의 식사와 운동에 현실적인 목표를 세우고, 식사와 운동 일지를

기록하여 잘 지켰을 때는 상을 주고 격려한다. 건강한 식사와 재미있는 활동을 계획하고 보상하여 아이가 자신의 행동 변화를 긍정적이고 즐거운 경험으로 느끼게 한다.

키가 클 때까지 현재 체중을 유지한다 : 보통의 비만아는 현재의 체중을 수 개월간 그대로 유지하게 만들면 키가 크면서 비만도가 줄어들게 되어 철저한 체중감량을 강요하지 않는다. 너무 엄격하게 식사를 제한하면 성장에 지장을 주거나 신경성 식욕 부진 등의 심인성 질환 등 후유증을 초래할 수 있다.

단 이미 성장이 끝났다고 판단되는 경우나 초고도 비만이라면 10% 체중감량을 목표로 한다. 체중감량은 일주일에 0.5~1kg가 적절하다.

🍳 비만 치료는 식사조절과 신체활동을 증가시키는 생활 습관의 변화가 중요하다

비만 치료는 나이, 비만 정도, 합병증 동반 여부에 따라 치료 방향을 설정해야 한다.

2~4세의 아이의 체질량지수가 85 백분위 수 이상일 때 : 키가 2cm 성장할 때 1kg 미만의 체중 증가 속도를 목표로 하여 체질량지수를 감소시킨다.

4세 이후 아이의 체질량지수가 95 백분위 수 이상으로 합병증을 동반하였을 때 : 합병증의 정도에 따라 개별화된 접근을 하여 체중감량을 고려한다. 1개월에 1~2kg 정도의 속도로 서서히 체중을 줄인다.

키 성장이 멈췄거나 체질량지수가 30 이상인 청소년 : 성인 기준으로 적극적으로 체중감량을 권한다.

 ## 운동을 권장한다

비만아가 운동을 싫어하는 마음을 이해하고 운동량을 서서히 증가시키도록 한다.

비만아는 걸을 때 대퇴부, 몸통과 팔 사이에 마찰이 발생하고, 운동 시 정상 체중 아이와 비교해 심박출과 호흡 운동이 더 많이 증가하여 힘들다. 체중 부하 운동을 할 때는 지방 무게를 유지하기 위해 많은 근육을 사용하여야 하며 이는 결과적으로 많은 산소가 필요하게 되어 더 힘들다. 따라서 신체활동은 서서히 증가시켜야 한다. 운동을 얼마나 격렬하게 하느냐보다는 꾸준히 운동하고, 자주 움직이는 습관을 길러주는 것이 중요하기 때문이다.

운동과 신체활동의 다른 점 : 신체활동은 일상생활에서 신체를 움직여 에너지가 소비되는 활동으로, 수시로 움직이는 모든 활동을 말한다. 신체활동을 증가시켜 당뇨, 심혈관 질환, 고지혈증을 예방할 뿐 아니라 암 발생을 감소시키고, 골밀도를 증가시키며, 불안감을 감소시키고, 기분을 좋게 만든다.

운동의 신체적 효과

- 열량 소비 및 휴식 에너지 소비량 증가로 지방이 감소하고 이에 따른 체중 kg당 최대 산소섭취량이 증가한다.
- 체중 감소와 함께 혈중 지방이 변화(총콜레스테롤, 중성지방, LDL 감소, HDL 증가)한다.
- 인슐린의 작용을 강화하여 인슐린 저항성을 감소시킨다.
- 유산소 운동은 과체중 또는 비만인 사람의 혈압을 떨어뜨리는데 특히 고혈압 환자들의 혈압을 떨어뜨린다.
- 활발한 운동은 근골격계를 발달시켜 근지구력, 유연성, 평형성 등이

비만도에 따른 운동 종류

비만도	운동 종류
표준 체중의 150% 미만, 체질량지수 85~95 백분위 수	**체중이 실리는 유산소 운동** 경쾌하게 걷기, 트레드밀 훈련, 계단 오르기, 야외 스포츠 참가, 인라인스케이트, 하이킹, 라켓볼, 테니스, 스키, 줄넘기, 수영, 댄스, 에어로빅 체조, 술래잡기
표준 체중의 150~200%, 체질량지수 95~97 백분위 수	**체중이 거의 실리지 않는 유산소 운동** 수영, 자전거, 팔을 이용한 에어로빅 체조, 누워서 자전거 타기, 천천히 걷기
표준 체중의 200% 이상, 체질량지수 〉 97 백분위 수	**체중이 전혀 실리지 않는 유산소 운동, 매주 훈련과 지도가 필요하다.** 수영, 누워서 자전거 타기, 앉아서 하는 에어로빅

개선되고 성장판을 자극하여 키가 큰다.

• 비만아가 저열량식과 운동을 함께 하면 저열량식만 단독으로 시행하는 경우보다 체중이 더 많이 감소하고 더 오래 지속된다. 체중을 장기적으로 유지하기 위해서는 계획된 운동을 하거나 일상생활에서 신체 활동 기간을 늘려 꾸준히 상당량의 에너지를 소비해야 한다.

식품별 열량과 필요 운동량

식품 종류	열량(kcal)	걷기(분)	식품 종류	열량(kcal)	걷기(분)
사과(중간크기 1개)	175	35	닭튀김(다리 1개)	175	35
바나나(중간크기 1개)	125	25	칙촉(1봉지)	75	15
생크림 케이크(1조각)	200	40	기본 도넛(1개)	325	65
콜라(250mL)	100	20	기본 피자(1조각)	250	50
치즈(2조각)	125	25	아이스크림(100mL)	225	45

섭취 식품별 필요 운동 종류

식품 종류	열량(kcal)	운동 종류와 시간
쌀밥(1공기)	300	달리기 3.6Km
콜라(250mL)	100	테니스 12분
초콜릿(1개)	150	줄넘기 27회
닭튀김(다리 1개)	175	자전거 18분
아이스크림(1개)	225	배구 72분
라면	450	탁구 98분

운동별 열량 소비량(30분)

운동 종류	열량 소비량(kcal)	운동 종류	열량 소비량(kcal)
걷기(약 8km/시간)	250	자전거 타기(20km/시간)	300
걷기(약 5km/시간)	150	건강달리기	300
농구 강	325	줄넘기	400
농구 약	175	테니스	250
볼링	125	롤러스케이팅	350
수영 강	375	계단 올라가기	400
수영 약	175	계단 내려가기	50
에어로빅 강	250	바닥 닦기	150
에어로빅 약	175	집 안 청소	100

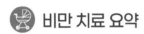 비만 치료 요약

식이

인슐린 감수성을 개선시키고 관련성 대사성, 심혈관계 이상을 교정하거나 예방한다.

- 포화지방을 줄이고 불포화지방 섭취를 늘린다. 단 전체 지방이 총열량의 38%를 초과하지 않도록 한다.
- 저탄수화물 식이를 권장한다.
- 채소, 콩류, 과일, 저혈당 지수 음식 섭취를 높인다.
- 저염식은 혈압에 긍정적 효과가 있다.

- 당분이 많은 음료수 대신 물을 마신다.

- 외식의 빈도를 줄이고, 매 식사 때마다 적당한 양을 먹도록 한다.

- 아침 식사는 반드시 하게 하고 저녁 식사 후에는 간식, 야식 등을 금한다.

신체활동

- TV, 컴퓨터, 스마트폰의 사용 시간을 하루 2시간 이내로 제한한다.

- 가까운 거리는 걷거나, 계단을 오르는 등의 일상적인 활동을 늘린다.

- 다른 아이들과 함께할 수 있는 스포츠, 춤, 수영, 등산 등의 다양한 운동을 권한다.

- 가족이 함께 참여할 수 있는 즐거운 운동과 활동을 권한다.

8장

계절성 질환

봄이 오면 아이의 면역력이 떨어지나요?

많은 아이 부모님이 "봄이 되면 면역이 떨어진다는데 아이 면역력을 키우려면 어떻게 하죠?"라며 질문한다. 봄철이라고 해서 면역력이 떨어지는 것은 아니며 정확히 표현하자면 반대로 면역 반응이 너무 과민하게 반응하는 경우가 문제다.

봄이 되어 날씨가 점점 따스해지고 일교차가 커지는 환절기에 접어들면 어김없이 꽃가루, 미세먼지, 황사 등이 급증하면서 알레르기가 있는 경우에는 우리 몸 안에서는 과민 면역 반응이 일어나면서 알레르기비염, 알레르기결막염, 천식과 같은 알레르기질환들이 나타나게 된다.

이런 경우 그동안 잘 지내다가 갑자기 알레르기 증상들이 심하게 나타나면서 몸의 면역이 떨어진 느낌을 받게 된다. 알레르기가 없는 사람이라도 미세먼지, 황사 등에 의해 호흡기 증상을 호소하게 되면서 집중력이 떨어져 근무 능력이나 학업능력이 감퇴하게 되어 몸이 쉽게 피곤해짐을 느끼게 된다. 그래서 알레르기비염은 대부분 감기와 가장 많이 혼동하는 질환이다.

2000년, 우리나라에서 시행한 역학조사에서 초등학생 알레르기비염의 유병률이 13.5%라고 보고하였다. 즉, 초등학교 어린이 10명 중 1~2명이 알레르기비염을 앓고 있다는 말이다.

그런데 최근에는 알레르기비염 발생의 나이가 유치원생의 나이로 내려가고 있다. 이들 아이 중 많은 아이가 일반적으로 축농증이라 부르는 반복된 만성 부비동염을 앓고 있는데 부모는 아이가 감기를 달고 산다고 생각하는 경우가 많다.

최근에는 공해와 생활환경 등에 의해서 알레르기비염 발생 나이가 점점 어려져 유치원생 이하 아이들에게서도 알레르기비염이 많이 발병하고 있어 주의를 필요로 한다.

🤸 꽃가루

알레르기 꽃가루의 특성 : 수목류, 초목류, 잡초류 등 여러 식물에서 만들어지는 꽃가루가 많은데 모든 꽃가루가 알레르기를 유발하는 것은 아니다.

식물은 수정 방법에 따라 크게 풍매화와 충매화로 나눌 수 있다. 충매화는 향기나 아름다운 꽃으로, 곤충을 유혹하여 꽃가루를 전파시키므로 꽃가루의 생산량이 적고, 크고 무거우며, 공기 중에 잘 날아다니지 못해 알레르기를 유발하는 경우가 적고 정원사나 원예가 등 특수 직업에서나 알레르기가 유발할 수 있다.

반면 풍매화는 바람에 의하여 꽃가루가 전파되며, 생산량이 많고, 작고 가벼우며, 잘 날아다닐 수 있어 알레르기와 연관이 많다.

우리나라에서는 참나무, 자작나무 등의 수목류가 봄철 알레르기의 주된 원인이 되고 잔디와 같은 초목류는 늦봄에서 초가을까지 날리지만 서구와 달리 우리나라에서는 비교적 알레르기가 적은 편이다. 돼지풀, 환삼덩굴, 쑥과 같은 잡초류는 주로 늦여름에서 늦가을까지 날리면서 가을철 알레르기의 주된 원인이 된다.

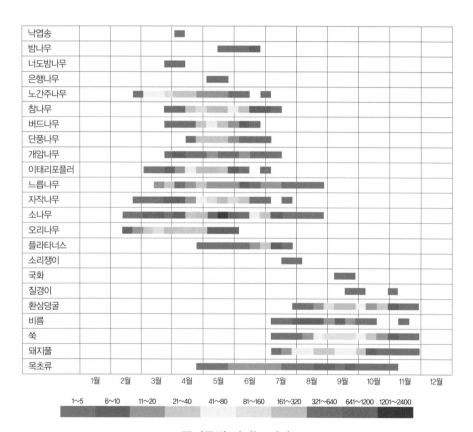

꽃가루별 퍼지는 시기

꽃가루의 크기는 알레르기 발생과 밀접한 관계가 있다. 알레르기 유발 꽃가루는 지름이 20~60μm이다. 한편 인체의 세기관지의 지름은 3~5μm로, 도달될 수 있는 입자 크기는 5μm 미만인데 꽃가루에 의한 천식은 꽃가루가 입이나 코를 통해 들어오면 침과 함께 용해되어 에어로졸로 변형되어 호흡기로 흡입되면서 생기게 된다.

계절성 알레르기비염 : 마치 감기에 걸린 듯 맑은 콧물이 줄줄 흐르고 코가 막히기 시작하면 아이들은 집중력이 떨어지게 되고 자주 보채게 된다. 대개 이런 증상을 감기로 오해하고 약을 먹거나 병원을 찾는 경우가 많은데 감기와는 다르므로 잘 구분해 정확한 진단과 치료가 이루어져야 한다.

일반적으로 감기는 재채기보다는 가래를 동반한 기침이 더 심하고 맑은 콧물이 나오는 것보다는 누런색의 염증성 콧물이 더 많이 나고 침을 삼킬 때 목이 아프거나 두통, 미열 등과 같은 전신적 증상이 동반된다. 감기의 경우에는 대개 1주일 정도면 증상이 완화되는데 알레르기비염일 경우에는 지속적이고 반복해서 증상이 나타난다는 특징이 있어 이런 경우 꼭 알레르기비염을 의심해 봐야 한다.

일반적으로 알레르기비염의 가장 중요한 3대 증상은 재채기, 코막힘, 다량의 맑은 콧물이다. 이런 증상이 계속 나타나거나 자주 재발하면 우선 알레르기비염을 의심해 봐야 한다. 특히 이런 비염을 겪는 50% 이상에게서 알레르기 결막염을 동반하기도 한다.

알레르기비염일 경우 때론 코막힘과 콧물 과다 현상이 교대로 나타나는 일도 있다. 코가 가장 심하게 막히는 때는 누웠을 때이고, 재채기와 콧물 과다는 아침에 깨어나서 수 시간 동안에 가장 많이 나타난다. 눈이나 코 또는 입천장의 가려움증을 느끼는 일도 있는데 눈물이 나거나 눈이 충혈되고 눈꺼풀이 붇는 일도 있다.

시간이 지나면서 이차적 증상들이 나타나기도 하는데 우선 입맛 또는 냄새를 잘 못 맡게 되는데 이는 코점막이 붇기 때문에 냄새가 후각 수용체에 도달할 수 없어 발생하는 현상이다. 이 증상이 오래되면 코가 목으로 넘어가는 후비루 현상이 나타나며 이로 인하여 가래 끓는 기침을 호소하는 예도 많이 있다. 특히 이러한 증상들은 야간에 나타나 잠을 잘 못 이루기도 한다.

알레르기비염 환자들의 모습에서 나타나는 소견들도 진단에 도움이 될 때가 많이 있는데 우선 얼굴의 모양이나 표정이 특징적이다. 비염을 장기간 앓고 있는 어린이는 눈 밑의 피부가 보라색 비슷한 어두운색으로 변화되어 눈그늘이 생길 수 있다.

어린이들은 대부분 코를 좌우로 문지르는 양상을 보이고 또 코를 비벼서 콧등의 아랫부분에 생기는 수평 방향의 주름이 잡히는 경우도 많다. 코가 막히는 증상이 심해지면 아이들은 코로 호흡을 잘 하지 못해 입을 벌리고 숨을 쉬게 되는데 이처럼 입을 벌리고 있는 특징적인 얼굴 모양을 보인 예도 있다.

이러한 알레르기비염의 치료는 우선 항히스타민제를 처방하게 된다. 이 약은 일반적으로 코 가려움증이나 콧물 등에 효과가 좋지만 졸리다는 부작용이 있다. 최근에는 이러한 졸린 부작용을 없앤 제2세대 항히스타민제가 개발되어 안전하게 복용할 수 있게 되었다. 한편 코가 막히는 증상이 동반되면 스테로이드 코 분무제나 비 청혈제를 사용하면 된다. 이때 주의할 점은 비충혈 증상을 위해 일주일 이상 사용하면 역으로 코막힘이 심해지는 경우가 있어 주의를 필요로 한다.

한편 알레르기비염이 매년 지속되거나 증상이 약으로 해결되지 않을 때는 면역요법으로 피하주사를 일정 기간 맞거나 최근에는 설하요법으로 혀 밑에 약물을 투입하여 면역력을 증강시켜 알레르기비염을 완치시키기도 하는데 이러한 면역요법은 최소 6살 이상의 나이에서만 사용할 수 있다.

🚼 미세먼지

최근에 꽃가루 못지않게 사람들에게 가장 큰 문제가 되는 미세먼지는 대기 중 미세분진(particulate matter, PM2.5, PM5, PM10)이다. 이들 중 주요한 문제를 일으키는 성분으로는 규산, 금속성 물질, 산성 에어로졸, 내독소 등이다.

대기 중에 이런 PM의 증가는 천식의 악화와 관련 있는 것으로 알려져 있다. 이전 여러 연구에 의하면 PM의 존재로 인해 꽃가루 특이 면역 글로불린 E가 증가하게 되고 체내 알레르기 유발 세포의 면역체가 증가하게 된다고 알려졌다. 즉, 꽃가루 알레르기항원이 미세먼지와의 상호작용을 통해 알레르기가 있는 사람들의 하부 기도에서 알레르기 염증반응을 유발하고 더욱 증상을 악화시킨다.

공해물

봄이 되면 외부 생활을 많이 하게 되면서 실외 오염물질에 노출되는 경우가 더 많아지는데 이에 의한 현상은 두 가지, 즉 공업성 스모그(아황산가스 복합물)와 광화학성 스모그(오존, 일산화질소) 형태로 나타난다. 이들 오염물질의 농도는 봄철에 더 극성을 부리게 되는데 기상 조건과 지역 특성에 따라 결정된다.

오염도가 높은 도시에서 볼 수 있는 아황산가스, 오존, 질소산화물과 같은 환경오염물질은 기관지를 수축시키고 더 과민하게 만들어 알레르기를 악화시킬 수 있다. 또한 자동차 엔진이 불완전 연소할 때 발생하는 일산화질소와 같은 오염물질은 기도 상피세포에 손상을 일으켜 항원성 물질이 쉽게 침투할 수 있게 한다.

최근 천식 유병률의 증가는 대기오염물과 실내 거주환경이 복합적으로 작용하여 나타나는 산물이라고 할 수 있다. 자동차에서 배출되는 매연은 천식을 악화시킬 수 있으나 천식이나 아토피피부염의 발생과의 관계는 아직 명확히 밝혀져 있지 않다. 아황산가스는 자극성 물질로, 천식 환자에게서 기류 장애를 유발할 수 있어 호흡곤란을 일으킬 수 있다. 이런 대기 오염에 자주 노출되면 항원 자극에 대한 기관지의 과민성이 증가한다.

관리 및 예방

• 봄철에 면역성을 유지하고 비염이나 호흡기질환을 예방하기 위해서

는 환절기 밤에는 창문을 닫고 필요하면 에어컨을 사용하여 실내공기를 청정하게 유지한다.

- 꽃가루가 많이 날리는 새벽 6시에서 10시까지의 아침 시간에는 운동을 자제하고 환기를 위해서는 오후에 창문을 열어두는 것이 좋다.

- 꽃가루가 많은 날이나 바람이 많이 부는 날에는 될 수 있으면 외출을 자제한다. 꽃가루 예보는 기상청 홈페이지나 '꽃가루예보' 홈페이지 www.pollen.or.kr을 참고하면 된다.

- 옷이나 빨래를 야외에 널지 않는 것이 좋고, 알레르기가 자주 발생하는 시기에는 잔디를 깎거나 낙엽 긁는 일 등은 하지 않는 것이 좋다.

- 방과 후 집에 오면 들어오기 전에 실외복을 털고 들어와 실내복으로 바꿔 입는 것을 습관화해야 한다. 먼저 세수나 샤워를 하여 외부에서 들여온 꽃가루나 공해물 등이 실내에 남아있지 않도록 한다.

- 알레르기가 심하다면 정기적으로 알레르기 전문의에게 자문을 받고 항알레르기약을 복용하되 증상을 감소시키기 위해 과다한 약 복용은 삼가야 한다.

아이를 위한 여름철 최적의 환경관리

여름철 아이를 위한 최적의 조건은 적절한 온도와 습도를 맞춰 알레르기질환이나 여름철 감기, 위장염 등을 예방하는 일이 무엇보다 중요하다. 특히 실내 알레르기의 주된 원인이 되는 집먼지진드기나 곰팡이의 관리가 중요하다.

냉방 중인 학원이나 놀이방 등의 시설에 오랫동안 지내다 보면 환절기나 겨울철에 볼 수 있는 감기 증상과 알레르기 증상이 나타날 수 있는데 이러한 증상 등과 함께 집중력도 감소하게 되어 학습 능력의 저하를 초래할 수 있다. 흔히 어린이들에게서 볼 수 있는 여름철 알레르기 호흡기 증상과 감기를 살펴보면 아래와 같다.

- **알레르기비염 증상** : 맑은 콧물과 재채기, 코막힘 증상이 자주 반복된다.
- **알레르기 천식 증상** : 쌕쌕거리는 호흡곤란과 마른기침으로 일상생활

에 지장을 받는다.

- **여름철 감기** : 노랗거나 회백색의 가래가 있거나 마른기침을 하면서 발열과 함께 노란 콧물이 동반된다.

실내공기

공기의 질이 좋지 않은 가정과 학교, 학원의 학생들은 자주 아프고 결석률이 높으며 학업능력도 많이 떨어지게 된다. 그러한 실내공기에 영향을 미치는 요인은 다양한데 그중에서도 온도와 습도가 가장 중요하다.

집중력 향상을 위한 최적 온도는 22°~23℃다. 특히 실내온도가 25℃를 넘으면 두뇌 기능이 떨어지고 호흡률이 증가해 집중할 수 있는 시간이 짧고, 같은 일을 하더라도 더 큰 노력이 요구된다. 실내 습도가 너무 높으면 불쾌해지고 실내에 곰팡이가 생겨 알레르기뿐 아니라 호흡기질환이 쉽게 발생할 수 있다.

너무 추운 환경은 더욱더 문제다. 저온에서는 체열 방출을 줄이기 위해 몸을 움츠리게 되어 근육도 위축되기 때문에 집중력이 떨어진다. 여름에는 특히 냉난방으로 인한 급속한 온도 변화로 여름 감기에 걸리기 쉬우므로 주의를 필요로 한다.

집먼지진드기

집먼지진드기의 생존 최적 온도와 습도는 25°~28℃, 75%이다. 집먼지진드기는 10°~32℃의 온도에서 발육과 증식을 할 수 있는데 이는 사람이 살기 좋은 주거환경과 일치한다.

곰팡이

곰팡이 발아의 최적의 환경 조건 요인으로는 온도, 습도, 영양분, 환경 유지 기간이 있다. 곰팡이는 0°~40℃의 온도에서 생기고 최적 온도인 22° ~35℃에서 살 수 있으므로 온도 조절을 통해 곰팡이를 제거하기란 쉽지

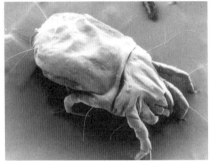

집먼지진드기

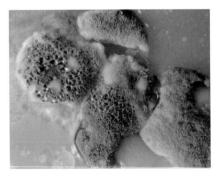
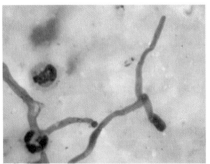

곰팡이

않다. 또한 곰팡이는 71~94%의 습도 조건에서 잘 성장하며 평균 80%의 습도를 곰팡이 발아 기준으로 권고하고 있어 주의를 요구한다.

🧒 여름철 환경관리

여름철 실내온도는 22°~24℃, 습도는 50~60%가 적당하며, 최적 온도는 18℃ 정도이며 15.6°~20℃에서도 쾌적함을 느낄 수 있다. 습도는 30% 미만이거나 80% 이상이면 좋지 않고 40~70% 정도에서 대체로 쾌적함을 느낄 수 있다.

여름철 적정한 냉방 온도는 실내와 실외의 온도 차이가 5°~7℃ 이내가 가장 적절하다. 지나친 냉방은 자율신경의 변조를 일으켜 신경통, 위장병, 두통, 현기증, 여름 감기, 심장질환 등의 냉방병으로 건강을 해치게 된다.

그래서 냉방병을 예방하기 위해서는 충분한 양의 물을 자주 마셔 호흡기 점막을 촉촉하게 유지하고, 하루에 2~3회, 15분 정도씩 환기를 시키는 것이 좋다.

🧒 공기청정기 사용

최근 황사와 미세먼지가 급증하고 있어 공기청정기는 필수 가전제품이 되었다. 요즘에는 공기청정기에 헤파(HEPA) 필터를 장착하여 미세먼지 제거율이 99% 이상 되는 제품이 많아 아기가 있는 가정에 유용하다. 그러나 담배 연기나 다른 공기 오염은 100% 제거하지 못하기 때문에 공기 오

8장

염이 심할 때는 그리 효과적이지 못하다.

　미세먼지가 심한 날이라도 실내 환기는 수시로 해주는 것이 좋은데 환기 후 공기청정기를 가동해 실내공기를 정화해야 한다. 가정에서 고기나 생선을 구울 때도 해로운 가스나 미세먼지가 나올 수 있으므로 조리 후 충분히 환기하고 공기를 정화해야 한다.

수족구병이 뭔가요?

여름이 시작될 즈음 여러 방송 매체에서 서울 시내 어린이집이나 유치원에서 하루에 20여 명 이상의 아이들에게서 수족구병이 발병했으며 전국적으로도 발병하고 있다는 보도가 나온 이후 아이를 가진 부모님들의 걱정하는 문의와 병원 진료가 쇄도하고 있다.

수족구병은 4살 미만의 어린이에게 잘 생기지만 간혹 어른도 걸릴 수 있는 질환이다. 진단명 그대로 특징적으로 손바닥, 발바닥, 입술에 물집(수포)이 생겼다가 그 부위가 궤양 증상을 보인다. 발진은 초기증상이 나타난 지 1~2주일 후에 생기고 코나 입의 분비물이나 감염된 사람의 대변 속의 바이러스에 의해 전파 감염된다. 이는 4월에서 7월 사이에 주로 발생하는 바이러스성 질병으로 '콕사키바이러스 A16'이나 '엔테로바이러스 71'에 의해 발병한다.

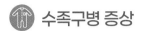 수족구병 증상

수족구병의 증상은 미열, 식욕부진, 콧물, 인후통 같은 초기 증상이 바이러스에 노출된 지 3~5일 후에 나타날 수 있다. 보통 초기 증상이 나난 지 1~2일 후에는 회색의 3~5mm 크기의 특이한 물집성 발진이 손바닥, 발바닥, 입술에 생기는 것이 특징이다. 이러한 증세는 4~8일이 지나면 없어지지만 병변이 입에만 생긴 경우에는 단순포진과 같은 바이러스 감염과 감별해야 한다.

증상은 경한 편이고 잘 먹질 못해 탈수 증상을 보일 수도 있다. 합병증은 거의 없으나 드물게 '엔테로바이러스 71'에 감염되면 간에서는 간염, 심장에서는 심근염을 일으킬 수 있고 뇌막염이나 뇌염을 일으켜 사망에까지 이를 수 있다.

초기 진단은 미열이 나는 어린이가 손, 발, 입에 물집성 발진을 보이면 수족구병으로 의심해 볼 수 있다. 바이러스 검사로 확진할 수 있지만 비용이 많이 들고 검사 소요 시간이 길어 실효성이 적기 때문에 바이러스 검사는 드물게 시행한다.

특별한 치료법은 없으며 열을 조절해 주거나 구강 상태를 청결하게 유지해 줘야 한다.

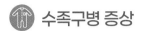 수족구병의 높은 전염력

수족구병에 걸린 아이는 일반적으로 첫 증상이 나타나면서부터 물집성 발진이 없어질 때까지가 전염성이 높은 기간이므로 이 기간에는 학교나 유치원, 놀이방 등 집단생활에서 격리해야 전파를 막을 수 있다. 특히 감

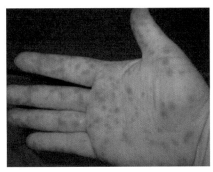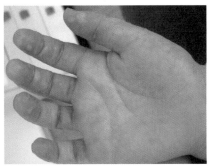

수족구병으로 인한 손바닥 물집

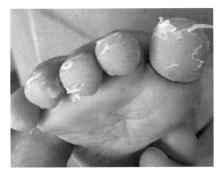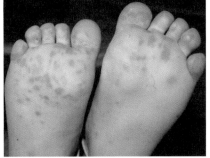

수족구병으로 인한 발바닥 물집

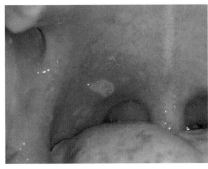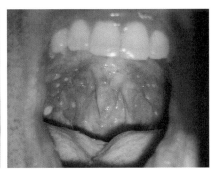

수족구병으로 인한 입안 수포

427
계절성 질환

염된 사람은 공동으로 사용하는 수돗가에서 손을 씻지 말아야 한다. 무엇보다 대변 속 수족구병 바이러스는 수 주일이나 생존해 바이러스를 전파할 수 있으니 수족구병에 걸린 아기의 변이 묻은 기저귀를 아무렇게나 버리면 또다시 감염의 위험이 생기기 때문에 주의해야 한다.

수족구병은 예방 접종 백신이 없으나 한 번 감염되면 면역이 생긴다. 그러나 다른 바이러스에 의해 감염되면 다시 다른 형태의 수족구병을 앓게 될 수도 있다.

모기 알레르기

최근 점점 높아져 가는 기온으로 인해 모기 출현도 예년보다 점점 더 앞당겨지고 있다. 특히 여름에 비가 자주 내리고 무더운 날씨가 이어지면 모기들이 더욱 극성을 부리곤 한다.

모기에 물리면 피부가 빨갛게 붓고 2차 감염으로 염증이 심해진다. 또 알레르기로 인해 발열, 가려움증이 나타나며 만성 두드러기가 발생하는 예도 있어 이에 대한 준비가 필요할 때다.

여름철이 될 때마다 모기 알레르기로 병원을 찾는 아이들이 많이 늘어나고 있고 모기로 인한 뇌염, 두드러기 발생에 각별한 관심이 필요하다.

오후 8시부터 새벽까지 집중적으로 활동하는 모기

현재 국내에 서식하는 모기 중 의학적으로 중요하게 분류되는 모기는 다음과 같다.

- 일본뇌염을 매개하는 '작은빨간집모기'
- 말라리아와 사상충증을 매개하는 '중국얼룩날개모기'
- 해안 및 도서 지방에서 사상충증을 매개하는 '토고숲모기'

이 중 일본뇌염 바이러스를 옮기는 작은빨간집모기는 성충이 4.5mm 정도인 비교적 소형 모기로, 주로 소와 돼지 등 큰 동물의 피를 빨지만 5% 정도는 인간의 피를 빨기도 한다. 대개 흡혈 활동은 일몰 후 어두워 질 때부터 일출 직전까지 계속되고 가장 활발한 시간은 오후 8시부터 10시까지다.

모기 예방을 위해서는 우선 모기가 발생하기 쉬운 서식 장소를 없애는 일이 중요하다. 주택가 주변에 빈 깡통이나 헌 타이어, 방화 수통 등 물이 고여 유충이 서식할 만한 장소를 없애면 모기를 효과적으로 없앨 수 있다.

또 집 안에 모기의 유입을 막기 위해서는 모기향이나 매트, 살충제 등으로 모기를 없애는 것도 한 방법이다. 창문에 모기장을 설치하는 것도 모기를 집 안으로 유입할 수 없게 만들어 모기퇴치에 좋은 방법이 될 수 있다.

🧑 일본뇌염 예방 접종

일본뇌염은 초여름부터 발생하기 때문에 예방 접종을 서둘러야 한다. 총 환자의 90% 이상이 14살 이하 소아이며, 특히 5~9살 어린이가 50%

이상으로 발생 빈도가 가장 높다.

일본뇌염 예방 접종은 4월부터 시작해 6월 전에는 마쳐야 한다. 특히 점점 더 모기 발생 시기가 앞당겨지기 때문에 더욱 빨리 접종해야 예방에 도움이 된다.

일본뇌염 예방백신은 생백신과 사백신이 있는데 백신 종류에 따라 접종 시기와 횟수 등이 달라 최초 접종 백신이 무엇인지 확인한 후 접종해야 한다. 생백신 접종을 한 경우 첫돌, 첫돌 이후, 만 6살 총 3회에 걸쳐 접종하고 사백신은 첫돌, 첫돌 이후 2회, 만 6살, 만 12살 총 5회의 접종이 필요하다.

생백신이 국내에 보급된 시기는 2002년부터이기 때문에 그 이전에 출생한 아이라면 사백신 접종만 한 셈이라 만 12살에 추가 접종을 반드시 해야 한다.

🕳 모기 알레르기 증상

모기에 물리면 대부분은 피부가 붓고 가렵다. 하지만 평소보다 부풀어 오르고 화끈거리면서 심하면 따갑고 아픈 경우도 있는데 이런 경우를 모기 알레르기(스키터증후군)라고 한다. 스키터증후군(Skeeter syndrome)은 모기의 침에 의한 알레르기 반응으로, 대표적인 증상은 부어오름과 가려움증이다. 그 외 통증, 물집, 발열 등의 증상이 나타날 수 있다. 모기에 물렸을 때 가려운 이유는 이러한 알레르기 반응 때문이다.

모기 알을 번식시키기 위한 배양체를 만들기 위해 암컷 모기만이 피를 빨아먹는다. 모기 침에는 모기에 물릴 때 따끔함을 느끼지 못하도록 마취성분과 함께 흡혈하는 동안 피가 응고하지 못하게 만드는 '하루딘'이라는 성분을 분비한다. 모기 침의 하루딘과 각종 세균들이 우리 몸 안에 들어오면 이 물질이 알레르기 반응을 일으켜 히스타민을 분비하면서 가려움을 유발하고 피부가 빨갛게 부풀어 오르게 된다.

어린이들은 어른보다 체온이 더 높고 신진 대사가 활발해 모기에 더 잘 물린다. 어른과 어린이가 모기에 물려도 아이들이 더 가려워하는데 이는 이미 모기에 많이 물린 성인은 그 민감도가 낮아져 가려움을 덜 느끼기 때문이다.

모기에 물린 후 그 부위의 부기 정도, 지속 시간, 물집 여부 등이 일반적인 모기 물림보다 심하게 차이가 난다면 모기 알레르기를 의심해야 한다.

일반적으로 모기에 물린 자국이나 가려움은 하루나 이틀이 지나면 점차 나아지지만, 모기 알레르기 증상은 2일 이상 지속되고 치료하지 않으면 7일 이상도 이어지면서 물린 자국이 오랫동안 착색된 듯 검게 남아있는 경우도 있다. 특히 모기에 물린 직후 숨이 차고 어지러우면 치명적인 알레르기 증상인 아나필락시스 쇼크로 이어질 수 있기 때문에 빨리 병원에 가야 한다.

질병관리청에서 제시한 모기 퇴치를 위한 7가지 행동 수칙

1. 집 주변 고여있는 물 없애기 : 화분 받침, 폐타이어, 용기 등 고인 물 제거

2. 짙은 향수나 화장품 사용 자제

3. 야외 활동 시, 밝은 색의 긴 옷 착용

4. **모기 퇴치제 올바르게 사용하기 :** 식약처에 등록된 제품 사용, 용법 및 주의사항 확인 후 사용

5. 과도한 음주 자제하기

6. 야외 활동 후 반드시 샤워하고 땀 제거

7. **잠들기 전 집 안 점검하기 :** 모기 살충제, 모기향 등 사용 후 반드시 환기, 구멍 난 방충망 확인 및 모기장 사용

🧑 모기 알레르기 증상 완화

모기 알레르기의 가려움증은 긁지 말고 증상을 완화시키는 것이 중요하다. 집에서 간단히 할 수 있는 완화 방법은 온·냉찜질이다. 온찜질은 고온에서 모기 타액을 분해시켜 주며, 냉찜질은 혈관을 수축시켜 가려움증을 일으키는 히스타민 분비를 억제시켜 준다. 이 방법으로도 증상이 계속된다면 전문가에게 진료를 받고, 가려움증을 완화시키기 위해 처방을 받는 것이 좋다.

모기에 물린 뒤 가장 흔한 처치법은 물파스를 바르는 것이다. 일반 물파스와 모기용 물파스는 주요 성분부터 다른데, 일반 물파스는 모기에 물려 가려울 때 큰 효과를 볼 수 없다. 일반 물파스의 주요 성분은 진통제 기능을 하는 살리실산메틸인데 이는 모기에 물린 뒤 도움은 될 수 있지만 전용 제품에 비하면 효과가 떨어진다. 반면 모기용 물파스는 주요 성분이 디펜히드라민과 디부카인이다. 항히스타민 성분인 디펜히드라민은

물린 부위가 빨갛게 부어오르는 것과 가려움증을 가라앉히고, 국소 마취제인 디부카인은 짧은 시간 안에 강력하게 가려움증을 없앤다. 모기용 물파스에는 멘톨, 캄파 같은 성분이 들어있어 싸한 청량감을 주기 때문에 모기에 물리면 전용 제품을 사용하는 것이 증상을 완화하는 데 훨씬 효과적이다.

4살 미만의 아이에겐 아이의 피부, 특히 얼굴에는 물파스 타입의 약은 좋지 않다. 시원한 느낌을 선호하는 어른과 달리, 아이는 따갑게 느낄 수 있고 특히 청량감을 주는 캄파 성분으로 인해 생후 30개월 이전의 아이가 경련을 일으킨 사례가 보고됐기 때문에 사용을 피하는 것이 좋다. 이외에도 모기 가려움증을 위한 붙이는 패치가 있는데 이 패치의 장점은 모기에 물린 뒤 바로 부착할 수 있어 간편하면서도 더 이상 물린 부위를 긁지 않도록 막을 수 있어서이다.

모기 패치의 주요 성분은 디펜히드라민, 멘톨과 자극 성분인 캄파·살리실산메틸은 빠져있다. 모기 패치가 바르는 제품보다 약효 성분이 더 적게 들어있는 이유는 패치가 피부에 밀착돼 모기 물린 상처에 약물을 더 강하게 작용시킬 수 있기 때문이다. 단 모기 패치 제품은 생후 30개월 이하의 아이에게는 권장하지 않는다.

모기에 물린 뒤 3~4일 뒤 물린 부위가 더 부풀어 오른다면 소염제인 약한 스테로이드 로션을 사용할 수도 있다. 진물이 날 정도로 긁었다면 물린 부위에 항생제 연고를 발라 2차 감염을 예방해야 한다.

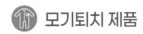 **모기퇴치 제품**

모기퇴치 상품이 인기를 끌면서 온라인 쇼핑몰과 마트 등에서 높은 판매량을 기록하며 팔리고 있다. 어린이 모기 물림 방지를 위해 주로 사용하는 제품은 모기가 싫어하는 특수한 향을 이용한 팔찌 형태의 밴드와 패치, 스프레이, 바르는 제품 등이다.

그러나 모기퇴치 향을 사용한 제품은 신생아부터 초등학교 저학년 어린이의 경우 피부가 민감하고 자극에 예민하기 때문에 주의가 필요하다.

이러한 모기퇴치 제품은 해마다 점점 더 많이 사용하는 추세로, 특히 아토피피부염이나 천식 등 알레르기가 있는 아이는 그러한 제품의 성분 자체에도 과민 반응을 보여 피부가 빨갛게 부어오르거나 두드러기가 날 수도 있다. 특히 아토피피부염이 있는 어린이의 경우에는 피부가 과민상태이기 때문에 모기퇴치 패치는 피하는 것이 좋다. 밴드형이나 옷에 부착하는 제품도 진한 향으로 인한 천식 발작 위험이 생길 수 있으므로 주의해야 한다.

어린아이가 있는 집에서는 모기퇴치 제품을 사용하기보다는 집 안 환경을 깨끗이 하고 모기장을 설치하는 등의 방법을 사용하는 것이 좋다.

가을만 되면 어김없이 찾아오는 어린이 호흡기감염

무더운 여름이 지나고 선선한 가을이 시작되면 감기, 천식, 폐렴 등과 같은 호흡기계통의 질환으로 고생하는 아이들이 많다. 특히 발작적인 호흡곤란으로 고생을 하는 때도 있는데 대부분은 새벽녘 천식 발작을 일으키는 경우가 많아 주위 가족들까지 잠을 이루지 못하게 한다. 그럼 왜 아이들은 이렇게 9월 초만 되면 어김없이 호흡기병으로 고생을 하는 것일까?

계절성 알레르기질환일까? 아니면 세균이나 바이러스에 의한 호흡기 감염일까? 이 답은 모두 맞을 수 있다.

가을을 시작하는 호흡기감염

계절성 알레르기는 모든 아이가 그로 인해 고생하지 않고 특정 알레르기를 가진 아이들만 걸리게 된다. 그러나 학교가 개학을 하고 1~2주가 지나 9월 초가 되면 일반적으로 대부분의 아이가 감기와 같은 호흡기질환으로 고생을 하게 된다.

아이들은 1년에 평균 5~8회 감기에 걸리며, 2세 이하 아이들에게서 가장 많이 발생한다고 한다. 원인으로는 리노바이러스가 가장 많은 것으로 알려져 있으나 특히 여름에서 가을로 넘어가는 환절기인 9~11월에는 호흡기 세포융합 바이러스(RSV) 등의 바이러스와 학동기 폐렴균(mycoplasma)과 같은 균도 유행해서 호흡기감염의 빈도가 늘어나게 된다.

🤸 호흡기감염의 증상

감기 대부분은 2~3일간의 증상 악화로 콧물, 코막힘, 기침, 발열, 목쉰 소리, 목 아픔 등의 증상이 나타나고 난 뒤 서서히 호전되는 양상을 보이며 큰 합병증 없이 저절로 좋아지게 된다. 그러나 어린 영아의 경우에는 중이염이나 기관지염, 모세기관지염, 폐렴과 같은 중증 합병증이 발생할 수 있어 주의를 필요로 한다.

이 시기의 콧물, 코막힘, 기침, 재채기 등의 증상은 집먼지진드기의 노출에 의한 천식이나 알레르기비염의 증상과는 구분되어야 한다. 알레르기비염의 증상일 때는 대개 발열이 없고 같은 증상이 재발하기 때문에 쉽게 구별할 수 있다.

9월에 시작되는 호흡기감염

  캐나다의 한 연구에 의하면 학교가 개학하는 9월에 호흡기질환, 특히 기관지천식이 악화하고 급증한다고 한다. 이 연구는 캐나다 온타리오에 있는 지역병원들에서 1990년부터 2000년까지 11년간 33,825명의 입원 환자를 대상으로 입원 병력과 진단 등의 기록을 검토한 결과 11년 동안 매년 9월 10일에서 30일 사이 증상이 악화하여 천식 환자 중 20~25%가 이 시기에 외래를 통해 입원하였다고 한다.

  이 결과는 학교가 개학하는 기간에 아이들이 호흡기 바이러스 등에 의해 감염되고 전염되어 환자가 급증하기 때문으로 여겨진다. 이 시기에 가장 자주 생기는 바이러스는 리노바이러스(Rhinovirus)이며, 초가을에 쌕쌕거림이나 천명이 들리는 아이들의 80~85%가 이 바이러스에 양성을

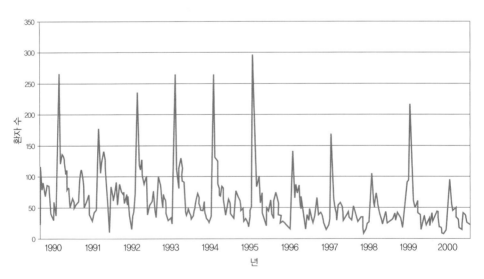

캐나다의 1990년부터 2000년까지 병원에 입원한 5~15세 아이 수

보인다.

리노바이러스는 인플루엔자 바이러스와 유행 시기가 다르며, 주로 초가을에 유행하고 봄에는 발생이 적다. 특히 아이들이 방학이 끝나고 학교로 돌아오는 9월에 가장 유행을 많이 해서 많은 아이가 이 바이러스에 감염되는 결과를 초래하게 된다. 리노바이러스는 천식이 있는 아이들의 증상을 더욱 악화시켜 급작스러운 발작으로 인하여 응급실로 내원하는 빈도를 높이고 있다.

흥미로운 사실은 일 년 중 호흡기질환 발생 빈도를 보면 5~15세 소아에게서는 38주, 즉 9월 17부터 24일에 가장 많았고 16~49세 청소년 이후 성인에게서는 39주에 가장 발생 빈도가 높았다. 이 결과는 아이들이 개학하여 등교한 후 바이러스에 감염되어 집안 식구들에게도 전염을 시키기 때문에 부모나 형제들의 호흡기질환이 급증함을 보여주고 있다.

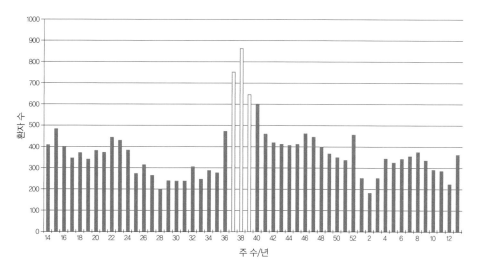

주별 응급실에 내원한 환자 수

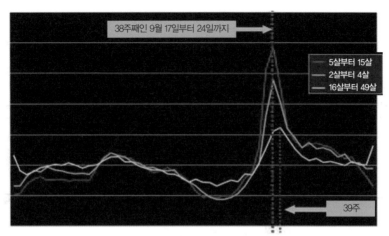

연중 호흡기질환 발생 빈도

가을철 호흡기감염은 재채기나 기침에 의한 침방울이나 손과 같은 오염원과의 직접 접촉으로 전파된다. 리노바이러스나 호흡기 세포융합 바이러스와 같은 호흡기 바이러스 감염을 예방하기 위해서는 아이를 감염원으로부터 격리하는 것이 가장 좋은 방법이겠지만 현실적으로 어려운 점이 많다.

감기가 유행하는 시기에는 유아원이나 학교 등 집단생활을 하는 곳에서 아이가 귀가하면 반드시 세수를 하거나 손을 씻도록 하고 물을 마시게 하는 것이 좋다. 또한 가능하면 이 시기에는 공공장소로의 외출을 줄이는 것이 도움이 될 수 있다. 특히 어린 영아에게서는 합병증이 상대적으로 심할 수 있으므로 호흡기감염 환자와의 만남을 삼가는 것이 중요하다.

아이의 감기와 호흡기

1 아이가 감기에 걸린 것 같은데
처방 없이 약국에서 약을 사 먹여도 되나요?

아이가 6살 미만이면 약의 안전성에 대한 검증이 이루어지지 않았기 때문에 반드시 소아청소년과 전문의 처방을 받은 뒤 약을 먹이도록 합니다. 6살 이상인 경우라면 의사의 처방 없이 약을 살 때 약국에서 용법과 부작용에 대한 설명을 듣고 보호자가 정확한 용법을 지켜 아이에게 복용시키는 것이 중요합니다.

이전 혹은 현재에 다른 질환이 있는 경우에는 의사의 처방을 받아 약을 먹는 것이 가장 안전합니다. 감기 증상으로 보여도 다른 질환의 초기증상과 비슷한 경우가 많으므로 먼저 진료를 받는 것이 바람직합니다.

2 아이가 자주 가래 끓는 소리를 내는데 어떻게 해야 하나요?

열이나 심한 기침을 하지 않는다면 가래 끓는 소리는 실제로 가래가 있거나 기관지가 아파서 나는 소리가 아닌 목에서 나는 소리일 경우가 많습니다. 가래는 기도에서 만들어져 목구멍을 통해 나오는데 가래를 꼭 뱉을 필요는 없으며 자신도 모르게 삼켰다면 위장관으로 넘어가 대변으로 나오게 됩니다.

③ 가습기를 사용해도 되나요? 아니면 빨래를 너는 게 좋을까요?

기후가 건조하고 아이가 감기나 세기관지염, 후두염, 폐렴과 같은 호흡기질환이 있는 경우라면 실내 적정 습도를 유지하는 일이 아이의 건강에 도움이 됩니다. 그러나 습도를 80% 이상으로 너무 습하게 만들면 오히려 아이에게 해로울 수 있으므로 주의해야 합니다.

가습기는 청소만 잘한다면 적정한 습도를 만드는 데 도움이 됩니다. 가습기의 미세한 물방울은 인체의 말단 호흡기까지 들어갈 수 있어서 가습기 물통이나 부속들이 청결하지 않으면 반대로 호흡기질환이 생길 수 있습니다. 그래서 가습기 청결이 가장 중요합니다.

문제가 되었던 가습기 세척제는 절대 사용해서는 안 됩니다. 가습기 물통 안에는 어떠한 소독제나 화학 물질을 넣어서는 안 됩니다. 가습기의 청결은 아이 호흡기에 직접 영향을 준다는 사실을 명심해야 합니다.

가습기를 잠자는 아이의 머리맡에 두면 아이의 옷이 젖을 수 있으므로 거리를 두어 가습기를 놓는 것이 좋습니다. 아이 머리 근처에서 직접 틀지 말아야 합니다.

가습기가 없다면 빨래를 널어놓는 방식이 전기를 사용하지 않으면서도 건조한 공기를 해결할 편리한 방법입니다. 하지만 적정한 습도를 위해 빨래의 양이 어느 정도 되어야 하는지 알 수 없으므로 온습도계를 이용하여 확인하도록 합니다.

4 감기에 걸렸을 때 가려야 할 음식이 있나요? 찬 걸 먹어도 되나요?

감기에 걸렸을 때 먹이지 말아야 할 음식은 없으며, 수분 섭취를 많이 하는 것이 좋습니다. 과일 주스와 채소 주스 등과 같이 비타민을 공급해 주는 음료가 감기 치료에 어느 정도 도움이 될 수 있습니다.

찬 음식을 먹으면 감기에 잘 걸린다는 말은 과학적으로 증명되지 않았습니다.

5 감기를 예방하는 방법이 있나요?

감기를 앓고 있는 사람들과의 만남을 삼가며 외출하고 돌아왔을 때 손과 얼굴 등을 씻어 가족에게 옮기지 않도록 주의해야 합니다. 환자 자신도 자주 손을 씻는 등 개인 위생에 철저히 신경을 써야 합니다.

비타민 C를 보충하는 것이 감기 예방에 도움이 된다는 보고는 없으며, 일반적으로 바이러스 감염을 예방하기 위해 아이를 항상 실내에서만 생활하도록 하는 것은 좋은 방법이 아닙니다.

6 기침을 하는데 기침약을 먹여야 하나요?

기침 자체는 이물질을 배출하게 하는 우리 몸의 중요한 방어기전 중의 하나입니다. 그러므로 기침을 무조건 막는 일은 바람직하지 않으나 기침을 너무 심하게 하거나 자주 하면 소아청소년과 전문의 진료를 받아야 합니다.

기침이 너무 심해 아이가 힘들어할 때는 아이를 유치원이나 놀이방 등에 보내지 말고 집에서 휴식을 취하게 해야 합니다.

무엇보다도 중요한 것은 쾌적한 환경으로, 습도 조절에 각별한 신경을 써야 합니다. 호흡기가 건조해지면 증상이 더 악화하거나 합병증을 유발할 수 있으니 수분을 충분히 섭취해야 합니다. 또한 가래 증상이 있다면 물을 자주 마시게 해 가래를 묽게 만들어줘야 합니다.

⑦ 배즙, 도라지 삶은 물 같은 민간요법이 기침을 줄이는 데 도움이 되나요?

한방에서는 기침 치료를 위해 배즙과 도라지 삶은 물을 마시길 추천하고 있으나, 이 방법이 소아청소년의 기침 치료에 어떠한 효과를 보이는지에 대한 학문적 근거는 전혀 없습니다.

⑧ 감기를 달고 살아요. 호흡기가 약한 건가요?

건강한 아이도 1년에 6~8회 감기에 걸릴 수 있습니다. 따라서 합병증을 동반하지 않고 위에 말한 평균 감기 횟수 정도라면 기관지가 약하다고 우려하지 않아도 됩니다.

⑨ 감기에 걸렸을 때 콧물, 코막힘 관리는 어떻게 하죠?

코점막이 붓고 혈관이 확장되며 점액선이 활성화되어 다량의 점액이 분비되고 코가 막혀 입으로 호흡하면 목 안이 건조해져 목이 아픈 증상으로 발전할 수 있습니다. 따라서 코 증상은 감기의 일부 증상으로 나타나기 때문에 콧물과 코막힘만을 치료해서는 효과가 없습니다.

일반적인 감기 치료와 안정, 충분한 영양과 수분 공급, 온도와 습도에 예민한 코점막을 위해 온도는 20°~23℃, 습도는 50~60%로 유지해 코의 기능을 원활하게 만들어줍니다. 코 충혈제거제를 사용하면 일시적인 효과를 볼 수도 있으나 5일 이상 장기간 사용하면 오히려 약물에 의한 코 막힘 증상이 더 악화할 수 있습니다.

무엇보다 중요한 것은 콧물과 코막힘이 오래 지속되거나 특정 계절에 심해지는 경우라면 알레르기비염을 의심해야 하는데 이 질환은 대개 열이 없고, 맑은 콧물, 재채기, 코나 눈이 가려움 등의 증상이 함께 나타나는 특징이 있어 소아알레르기 호흡기 전문의 진료를 받아야 합니다.

⑩ 편도가 큰데 수술해야 하나요?

편도의 크기가 편도염의 유무를 판단하는 데 도움이 되지 않습니다. 어린이에게 편도란 호흡 기관의 감염을 방어하는 파수꾼 역할이며, 자체적으로 면역물질을 생성하여 몸의 면역을 강화하는 역할을 하기도 합니다. 성장하면서 어린이의 면역상태가 좋아지면 편도의 크기와 기능도 감소하는데 청소년이 되면 대부분 작아집니다.

감기나 알레르기 기관지염, 중이염, 입으로 숨을 쉬는 경우, 식욕부진, 체중 감퇴 등의 이유로 절제술을 시행하는 것은 바람직스럽지 못하며 치료에도 도움이 되지 않습니다.

하지만 호흡곤란을 일으킬 정도로 호흡이 문제가 될 때, 편도에 종양이 있을 때, 항균 요법에 반응하지 않는 디프테리아 보균자, 편도 주위 농양이 있을 때는 반드시 편도 절제가 필요합니다.

감기를 달고 사는 아이들

감기는 가장 흔한 호흡기질환으로, 호흡기 바이러스에 의한 급성 비인두염이다. 즉, 코와 입안 목구멍 근처에 염증이 생기는 질환으로, 보통은 5~7일 안에 회복된다.

감기는 정상적인 아이라 하더라도 일 년에 6~8회 정도로 자주 걸리는데 특히 어린이들은 감기로 인한 후유증으로 중이염이나 부비동염(축농증)과 같은 상부 기도 질환뿐 아니라 하부 기도, 즉 기관지염이나 폐렴 등에 쉽게 걸릴 수 있어 감기의 정확한 치료와 적절한 관리가 무엇보다 중요하다.

환경과 관리

감기에 걸렸을 때 음식과 목욕 : 감기에 걸려 식욕이 떨어져 있는 아이에게 억지로 먹이면 식욕부진의 또 다른 원인이 될 수 있어 좋지 않다. 다만 소화가 잘되는 음식을 조금씩 먹이고 보리차나 과일 주스 등을 자주 마시게 하여 수분 공급을 충분히 해주는 것이 더 좋다.

일시적으로 토하거나 변비 증상을 보일 수도 있는데 이는 감기가 회복되어 정상적으로 식사를 하면 저절로 사라진다.

감기에 걸렸더라도 가볍게 목욕하는 것이 좋다. 하지만 매일 목욕할 필요는 없고 돌 전 아기라면 일주일에 2~3회, 짧은 시간 동안 목욕을 하고 목욕 후에는 체온이 손실되지 않도록 마른 수건으로 바로 물기를 잘 닦아줘야 한다. 아이를 대중목욕탕에 데려가 때를 밀면 체력손실로 인해 감기가 더 심해질 수도 있으니 주의해야 한다.

가습기 사용 : 실내의 습도가 낮아 기도가 건조해지면 기관지의 섬모운동이 크게 줄어들어 기관지에 이상이 생겨 가래를 밖으로 내보내는 능력이 떨어지고 점막도 손상되어 폐렴이나 폐기종 등 다른 합병증이 생기기가 쉽다. 열이 나고 가래가 많은 호흡기질환에는 가습기가 유용할 수 있다.

아이에게 후두염, 기관지염, 폐렴, 모세기관지염 등의 증상이 있다면 가습기 사용이 가래를 묽게 하고, 열도 내리게 만드는 역할을 한다. 기관지 천식의 경우에는 찬 습기가 기관지에 과민 반응을 일으킬 수 있어 가습기를 사용하고자 한다면 따뜻한 물을 이용하는 등의 주의를 필요로 한다.

가습기를 바르게 사용하지 못해 오히려 역효과가 나는 경우는 다음과 같다.

- 가습기에서 분무하는 물방울이 너무 크면 기관지 깊숙이 들어가지 못한다.
- 가습기가 청결하게 소독이 안 된 경우 물방울에 균이 묻어 들어가 역으로 호흡기질환을 유발할 수 있어 가습기에 사용할 물은 항상 끓인 물을 식혀서 사용해야 한다.
- 가습기 물통은 곰팡이 등이 번식하지 않도록 적어도 2일에 1회 이상은 철저하게 청소해야 한다.
- 너무 많은 수분 공급으로 인해 습도가 너무 높으면 폐부종을 유발할 수 있다.
- 머리맡에 놓고 사용할 때는 물방울이 아이의 얼굴이나 옷을 축축하게 하여 체온조절이 되지 않아 감기에 걸릴 위험성이 높아지기 때문에 가능하면 멀리 떨어져 방안 습도 조절만 하게 한다.

감기 예방법

- 사람이 많이 모이는 곳을 피하고, 밖에서 놀고 왔을 때는 반드시 세수와 양치를 하도록 한다.
- 집 안에서 부모나 어른들의 흡연을 삼가야 한다. 간접흡연이 직접 흡연보다 더 안 좋으므로 화장실이나 베란다에서의 흡연도 삼가야 한다.
- 너무 집 안에 있다 보면 햇볕과 운동 부족으로 면역력이 더 감소해 쉽게 감기에 걸릴 수 있으므로 적당한 시간 동안은 바깥출입을 하는 것이 좋다.

 열 내리기

열만 내리게 하는 것이 좋은 치료는 아니다. 반드시 열의 원인을 규명하는 근본적인 치료가 더욱 중요하다.

보통은 열성 경련을 일으키기 쉬운 어린이를 제외하고는 열 자체가 크게 문제가 되지는 않는다. 발열이 인체 방어에 유리하게 작용하여 백혈구의 식균작용 등을 촉진함으로써 우리 몸에 침입한 병균을 쉽게 제거할 수 있게 한다. 그러므로 무조건 미열을 떨어뜨리려고 해열제만 복용하면 더 해가 될 수 있다.

그러나 어린아이에게서는 열성 경련을 일으킬 수 있어 열이 38.3℃ 이상으로 올라가면 소아청소년과 전문의 진료를 받고 그 지시에 따라 열을 떨어뜨리는 치료를 해야 한다.

해열제를 먼저 사용하는 것이 원칙이지만 약을 쓰지 않고 열을 내리는 방법

- 방 온도는 20℃ 정도, 습도는 50~60%로 만들고 방 안의 공기를 충분히 환기해 쾌적하게 만든다.
- 아기가 너무 더울 정도로 옷을 입히는 것도 안 좋지만 열이 난다고 해서 옷을 모두 벗겨버리는 것도 좋지 않다. 한기를 느껴 피부가 수축하면 몸 밖으로 열을 발산할 수 없어 오히려 열이 더 오르기 때문이다.
- 겨드랑이로 체온을 재면 열이 떨어져 보일 수 있지만, 항문으로 체온을 재거나 디지털 체온계로 재면 열이 더 올라갈 수도 있으므로 정확히 재는 것이 좋다.
- 열이 높으면 수분 손실도 커져 탈수 현상이 나타날 수 있어 생수나 보리차 등을 먹인다. 찬 것이 나쁜 것만은 아니다. 특히 입안이 아프거나 헐 때 아이스크림 등이 통증을 감소시키고 수분 섭취와 영양 보충에도 도움이 될 수도 있다. 그러나 찬 것을 너무 자주 먹으면 체온이 더 떨어져 몸의 기능이 저하되고 소화가 잘되지 않을 수도 있어 주의해야 한다.
- 거즈나 수건에 미지근한 물을 적셔 배 부위를 제외한 피부를 골고루 문질러준다.

해열제 사용 : 수두나 독감에 의해 열이 발생했을 때는 아스피린 계열의 해열제는 사용하지 않는 것이 좋다. 그 이유는 간혹 아스피린 복용 후 뇌염과 유사한 증상을 보이는 라이증후군이 발생할 수도 있어 가능하면 아세트아미노펜 계열 해열제를 사용하는 것이 좋다.

🎽 감기와 비슷한 질환들

알레르기비염 : 알레르기비염은 대부분 감기와 가장 많이 혼동하는 질환으로, 비염은 계절성과 연중성으로 구분할 수 있다.

계절성 알레르기는 꽃가루알레르기가 원인인 경우가 많은데 특히 봄철 알레르기에는 참나무, 자작나무, 느릅나무 등의 수목류, 가을철에는 돼지풀, 환삼덩굴, 쑥, 등의 잡초류가 주된 원인이 된다.

1년 내내 증상이 나타나는 연중성 알레르기는 집먼지진드기나 개나 고양이와 같은 애완동물 등이 주된 원인이 된다.

2000년 초등학생 유병률은 13.5%이다. 즉, 알레르기비염은 어린이 10명 중 1~2명이 앓고 있다는 말이다. 알레르기비염을 앓는 아이 중 많은 아이가 일반적으로 축농증이라 부르는 만성 부비동염을 앓고 있는데 그래서 부모들은 아이가 감기를 달고 있다고 생각하는 경우가 많다. 최근에는 공해와 생활환경 등으로 알레르기비염을 앓는 나이가 점점 더 어려져 유치원생 이하 아이들에게서도 알레르기비염이 많이 발병하고 있어 주의를 필요로 한다.

알레르기비염 증상이 콧물이 나오고 코가 막히다 보니 부모님들은 흔히들 감기로 혼동해 우리 아이가 감기를 달고 산다고 생각하는 경우가 많다. 물론 감기도 정상적인 아이들이라면 일 년에 6~8회 걸릴 수 있지만 감기는 호흡기 바이러스 감염으로 발생하는 급성 비인두염으로, 대개 5~7일이면 호전되는데 알레르기비염은 알레르기에 의한 질환으로 자주 반복되며 특히 연중성 비염일 때는 일년내내 증상이 나타날 수도 있다.

감기는 누런 콧물이 나오는데, 알레르기비염은 맑은 콧물이 줄줄 흐르는 경우가 많다. 감기는 기침을 하지만 알레르기비염은 재채기를 하거나 코가 자주 가렵다. 감기는 열이 나거나 목이 아프기도 하지만 알레르기비염은 코가 자주 막히거나 코 막힌 소리를 한다. 알레르기비염도 오래 지나면 축농증이 생기면서 머리가 아프거나 목이 아프고 열이 날 수도 있어 감별을 위해서는 소아알레르기 호흡기 전문의 진료를 받을 필요가 있다. ('8장 계절성 알레르기비염' 참고)

기도 이물과 흡인성 폐렴 : 기도 이물은 돌 전후의 아이들에게서 많이 발생하며 음식을 삼키는 기능이 미숙해 잘 생긴다. 어린이가 우유나 기름 등을 마시다 이것이 폐로 들어가 흡수되어 흡인성 폐렴을 초래하는 예도 종종 있다.

아이가 갑자기 발작적으로 토할 듯이 기침을 몰아서 한다든지, 기침을 너무 자주 하면 꼭 한 번 이물 흡입을 생각하고 소아청소년과 전문의의 진료를 받아야 한다. 치료 시기를 놓치면 흡인성 폐렴으로 진행되어 치료하기가 쉽지 않다.

세기관지염 : 아이가 2살이 될 때까지는 세기관지염과 영아 천식이 잘 구별이 안 되는 경우가 많다. 아이가 호흡곤란이 있으면서 호흡소리가 쌕쌕거리는 천명이 들리면서 기침을 자주 하는 경우 세기관지염을 일단 의심해 봐야 한다.

세기관지염은 호흡기 바이러스에 의해 발병하여 2살 전까지 대개 1~2

번 생기지만 영아 천식은 알레르기에 의해 발병하기 때문에 자주 발병하여 일 년에 몇 차례 반복할 수도 있다. 그래서 아이가 2살까지 이런 증상이 3회 이상 반복하면 영아 천식을 꼭 의심해야 한다.

세기관지염의 경우 염증이 제대로 치료되지 않으면 급성 폐렴이나 다른 기관지염이 발병할 수 있으므로 이런 증상이 나타나면 꼭 소아청소년과 전문의의 진료를 받아야 한다.

영아 천식일 경우 60~70%의 확률로 부모가 알레르기 천식이나 비염을 앓았거나 현재 앓고 있다.

아이가 아토피피부염이나 알레르기비염을 동반하는 경우가 많아 꼭 알레르기 검사를 받아 알레르기를 일으키는 원인물질이 무엇인지 찾아내 이를 피하거나 예방할 필요가 있다.

급성 기관지염과 급성 폐렴 : 어른과 달리 아이들은 감기에 걸리면 급성 기관지염이나 급성 폐렴에 걸리는 경우가 많은데 아이들의 기관지는 그 내부 지름이 성인보다 작아 염증이 생기면 기도가 좁아지게 되고 아이들의 폐포(허파꽈리) 표면적은 어른과 비교해 그 수가 적어 염증이 생기면 다른 허파꽈리에서의 보상작용이 덜 일어나게 된다.

또한 아이들은 기관지에 붙어있는 근육량과 근섬유가 적을뿐 아니라 기능이 떨어져 쉽게 피로하게 된다. 게다가 아이들 기관지 속에는 가래를 만들어내는 점액선이 성인보다 더 많아 기관지 염증이 있을 때 어른보다 더 많은 가래가 생기게 된다.

이런 이유로 아이들은 감기 후에 급성 기관지염이나 폐렴에 걸릴 수 있으므로 감기에 걸린 지 7일이 지나면 꼭 이 질환들을 감별하기 위하여 소아청소년과 전문의의 진료를 받아야 한다.

후두염과 크룹 : 호흡기 바이러스 감염이 원인이 되어 목소리가 나오는 후두 부위에 염증이 생겨 호흡이 힘들어 가빠지고, 개 짖는 소리와 같은 기침을 하면서 목이 쉬고 아파하는 경우, 쉽게 감기라고 생각해 무시하다 보면 증상이 악화되어 위험해질 수 있어 반드시 소아청소년과 전문의의 진료를 받아야 한다.

이 질환은 대개 늦가을이나 겨울철에 건조해지면서 자주 나타나기 때문에 아이들이 생활하는 공간의 환경을 청결하게 유지하고 습도를 잘 맞춰주어야 한다.

소아 결핵 : 최근에는 출생 후 1달 이내에 BCG 접종을 하게 되어 예전과 달리 결핵에 걸리는 경우가 아주 드물어졌지만 아직 국내 결핵 발병률이 높아 아이가 발열, 기침, 식욕부진 등 감기와 비슷한 증상이 너무 오래 지속될 때는 결핵을 의심해 보아야 한다.

특히 부모나 가족이 결핵을 앓게 되어 아이도 덩달아 이차 감염으로 결핵에 걸리는 경우가 종종 있어 아이의 가족이나 보호자가 결핵을 진단받게 되면 아이 역시 반드시 결핵 검사를 받게 하여 결핵을 사전에 예방하거나 빠른 시일 안에 치료를 받도록 해야 한다.

9장

알레르기

어린이 천식 바로 알기

많은 어린이 천식 환자와 부모가 천식을 낫지 않는 불치의 병으로 알고 있거나, 반대로 치료하지 않아도 저절로 좋아지는 병으로 알고 있는 경우가 많다. 하지만 천식은 내버려 두면 점점 나빠지지만, 적절한 관리와 치료를 받는다면 반드시 좋아져 다른 아이들과 놀거나 운동을 하는 등 일상생활이 가능한 질환이다.

요즘 천식을 앓는 아이들이 많다. 조사에 따르면 우리나라 초등학생의 13%, 중학생 중 12.8%가 천식 증상을 보이는 것으로 나타났다. 이렇듯 천식 환자의 지속적인 증가로 인해 개인적, 사회적 부담도 늘어나 심각한 공중 보건 문제가 되고 있다. 어린이 천식은 유전과 환경적인 요인이 함께 작용하는데 부모 중 한 명이 천식일 때 그 자녀가 천식일 가능성은 25%이고 부모 모두 천식이라면 그 자녀가 천식일 가능성은 50%이다.

사춘기 이전에 발병하는 경한 천식 환자의 절반 정도가 회복을 보이며 그중 약 5%만이 심한 천식 환자로 남는다. 반면 심한 천식 증상으로 자주 입원하는 경우라면 성인이 되어서도 천식을 앓을 가능성이 95%나 된다.

천식은 기침이 심하게 나면서 가슴이 답답하고 숨 쉬기가 어려운 호흡곤란, 숨 쉴 때 쌕쌕거리는 소리(천명) 등을 주된 증상으로 하는 대표적인 만성 호흡기알레르기질환이다. 숨을 쉴 때 공기가 들어가는 기관지가 다른 아이보다 더 예민해서 천식이 생기는데 기관지가 여러 원인에 의해 오므라들어 좁아지고, 가래와 같은 분비물이 많이 생기고, 기도의 점막이 부어서 숨 쉬기 힘들어지는 질환이다. 특히 심한 천식을 앓는 어린이에게서 자주 천식 발작이 발생하여 응급실로 내원하는 경우가 많다.

평소 천식 발작 증상이 있을 때 이를 대수롭지 않게 생각해 치료를 지연하거나 무시하면 천식으로 인한 사망의 위험이 커질 수 있다.

# 천식의 발병과 악화요인

- 알레르기 천식은 외부의 특이한 알레르기 원인물질(항원)이 밝혀진 경우이다. 가장 흔한 원인으로 집먼지진드기, 꽃가루, 집에서 기르는 동물 비듬이나 털, 곰팡이 등을 흡입하거나 아이에게 안 맞는 알레르기 음식을 섭취했을 때뿐만 아니라 찬 공기, 자극성 기체, 운동 등에 의해서도 천식 증상이 유발된다.

- 내인성 천식은 임상적으로 천식 증상이 있는데 피부 시험이나 혈액 검사 등으로 알레르기 원인이 증명되지 않는 경우로, 대개 호흡기 바이러스 감염이나 운동, 기후나 습도 변화의 과민 반응으로 나타나거나 악화하는 천식이다.

- 운동 유발성 천식은 평소 아무런 증상이 없다가도 운동을 하면 그 증상이 나타나는 경우로, 차고 건조한 공기를 갑자기 과다하게 호흡하면서 발생하는 천식이다. 소아 천식 환자 약 70~80%가 이러한 운동 유발성 천식이 동반되고 있다. 특히 운동량이 많은 축구나 오래달리기를 할 때 잘 나타나며 단거리 달리기, 야구, 수영 등을 할 때는 비교적 적게 나타난다.

- 정서적인 불안이나 스트레스가 천식 악화와 관련되어 있으며, 반대로 천식이 지속되거나 잦은 증상 발작을 하는 경우에는 정서적 행동 장애를 초래할 수 있다.

 **천식의 임상 증상**

- 천식 증상은 발작적으로 나타나거나 서서히 나타나기도 한다. 증상이 발작적으로 나타나는 경우는 흔히 찬 바람을 쐬었거나, 강한 자극적인 냄새나 담배 연기, 알레르겐에 노출되었을 때가 많다. 바이러스 감염으로 야기되면 증상이 서서히 악화하고 기침의 횟수와 정도도 서서히 심해지며 쌕쌕거리는 숨소리도 수일 이상 지속된다.

- 천식 발작은 주로 밤에 생기거나 악화하여 잠을 깨거나 설치는데 이는 야간에 기관지의 안지름이 낮보다 8~10% 좁아지고 활동을 자극하는 호르몬들의 수치가 낮아지기 때문이다.

- 기침은 초기에는 가래 없이 시작하며 쌕쌕거리는 천명이 생기고 호흡이 점차 빨라지며, 숨을 내쉬는 시간이 길어지면서 호흡곤란이 생긴다.

- 호흡곤란이 심해지면 숨 쉴 때마다 갈비뼈 아래, 늑간 골 사이가 쑥쑥 들어가 함몰된다. 천식 발작이 더욱 심해지면 호흡과 맥박이 점차 더 빨라지면서 가슴이 답답해지고 호흡이 짧아지며 입술이 파래지고 걷거나 말하기도 힘들어한다.

- 천식 증상이 있는 소아들은 복근과 횡격막의 심한 운동으로 인해 복통을 호소하는 경우가 있고 발작을 심하게 할 때 땀을 많이 흘리고 탈진상태에 빠지게 되면서 심하게 피곤하고 힘들어하는데 이 상태가 지속되는 것을 천식지속상태라고 한다.

진단

어린이 천식 진단은 호흡곤란, 천명 그리고 가슴 답답함과 같은 임상 증상이 중요하다. 하지만 쌕쌕거림과 기침이 있는 아이를 모두 천식으로 진단할 수는 없다. 5살 이후에 쌕쌕거린 증상이 나타난 아이들은 대부분 천식 환자일 가능성이 크지만 5살 미만의 소아가 쌕쌕거린다고 해서 무조건 천식으로 진단해서는 안 된다.

특히 이런 천식 증상이 있는 아이의 부모가 이전에 병원에서 천식을 진단받았거나 아이가 이전에 병원에서 아토피피부염이나 알레르기비염을 진단받은 적이 있다면 후에도 천식이 생길 확률이 높다.

어린이 천식은 성인과 달리 폐기능검사 등을 실시하기가 어려워 객관적인 진단을 내리기 힘든 경우가 많다. 그래서 다음과 같은 증상이 있으면 천식이라고 진단할 수 있다.

- 한 달에 한 번 이상 빈번하게 쌕쌕거린다.
- 일상적인 활동만 해도 자주 기침을 하거나 쌕쌕거린다.
- 감기와 상관없이 자주 기침을 하고 쌕쌕거린다.
- 3살 이후에도 이전에 앓았던 세기관지염 증상이 자주 나타난다.
- 감기에 걸리면 항상 하부 기도 증상으로 발전하거나 감기에 한 번 걸리면 10일 이상 지속된다.
- 병원에서 처방한 천식약을 복용하면 아이의 증상이 좋아진다.

 ## 치료와 관리

어린이 천식치료의 목표는 천식으로 인한 불편함을 최소화하여 정상적인 폐 기능과 일상생활을 유지하게 만들어 앞으로 일어날 수 있는 천식의 재발을 최소화하여 성인이 되어도 폐 기능에 지장이 없도록 예방하는 데 있다.

천식 증상이 나타나지 않게 하려면?

- 증상이 없더라도 매일 아침 담당 의사가 처방한 약을 들이마시거나 먹는다.
- 침대나 소파 위에서 뛰지 않도록 하여 실내에서 먼지가 나지 않도록 조심해야 한다.
- 운동 전에는 준비운동을 하고 처음부터 심한 운동을 하지 않는다.
- 감기에 걸리지 않도록 외출 후에는 반드시 손을 씻고 양치질을 한다.

- 날씨가 추운 날에는 밖에서 심한 운동을 하지 않는다.
- 강아지나 고양이 등 애완동물을 키우지 않는다.

천식 발작 증상이 나타날 때 올바른 대처법

- 안정을 취한다. 편하게 숨 쉴 수 있는 자세를 취하고 천천히 깊게 숨을 쉬도록 한다. 베개를 끌어안고 있는 자세도 좋은 방법이다.
- 증상완화제를 들이마신다. 병원에서 처방받은 속효성 기관지 확장제를 정량식 분무기나 연무기(네블라이저)로 흡입시킨다. 그래도 효과가 없으면 20분 간격으로 2회 반복할 수 있다.
- 증상이 호전되지 않으면 즉시 응급실로 간다. 병원으로 이송하는 도중이라도 속효성 기관지 확장제를 준비하고 필요하면 흡입한다.

다음과 같은 경우에는 반드시 병원으로 갈 것

- 이전에 심한 천식 발작으로 중환자실에 입원했었는데 증상이 다시 나타났을 때.
- 호흡곤란이 심하고 입술이나 손끝이 파래지는 경우.
- 속효성 기관지 확장제를 투여해도 반응이 없을 때.
- 속효성 기관지 확장제를 투여해도 최대 호기 유속계의 측정치가 예측치의 60% 미만일 때.

어린이 천식 관리를 위해 꼭 기억해야 할 점

- 천식은 기관지에 생긴 만성 알레르기 염증성 질환으로, 꾸준한 관리

가 중요하다.

• 기관지 염증이 있어도 증상이 안 나타날 수 있다. 그러므로 증상이 없어도 규칙적으로 꾸준하게 치료해야 한다.

• 천식은 감기, 운동, 날씨 변화 등에 의해 악화할 수 있으니 주의를 필요로 한다.

• 약물치료와 함께 실내 환경 관리가 중요하다.

아이가 아토피피부염이 있다고 하는데요?

아토피피부염은 몹시 가렵고, 신체의 특정 부위에 피부발진이 나타나며, 가족력이 있거나, 다른 알레르기질환과 동반되며, 만성적으로 자주 재발하는 만성 피부염증 질환이다. 이는 단순한 염증 질환이 아닌 알레르기에 의해 피부염증을 유발하는 것으로 보고 있다. 즉, 음식이나 집먼지진드기, 동물 털, 꽃가루 등에 의한 알레르기 반응으로, 피부염증이 만성화되거나 악화하면서 피부에는 세균, 바이러스, 곰팡이 등에 의한 피부감염이 잘 생긴다.

소아에게서 잘 생기는 질환으로, 세계적으로 소아의 유병률이 15~20%로 증가하고 있으며, 보통은 영유아기 때부터 시작되며 환자의 50% 정도가 1살 이하 때 발생하고, 1~5살에는 30%가 더 나타나 80% 정도가 5살 안에 발병한다.

또한 아토피피부염이 있는 아이의 50~70%는 성장하면서 알레르기비염이나 천식과 같은 알레르기 호흡기질환도 동반한다. 보통은 심한 증상을 보이는 경우의 30%가 어른이 되어서도 아토피피부염을 가지게 되어 사회생활에 많은 지장을 받는다.

 증상

심한 가려움이 대표적 증상으로, 하루 중 밤과 새벽에 그 증상이 심해지는데 이로 인하여 밤잠을 설치는 경우가 많다. 알레르기 유발물질이나 건조하거나, 과도한 땀, 물리적 자극 등이 가려움을 악화시킨다.

피부 병변은 다양하게 나타날 수 있는데 급성 병변은 심한 가려움과 붉은 반점과 함께 피부습진과 진물 등의 증상이 나타나며 더 지속하면 병변의 피부가 벗겨지면서 비늘 같은 구진이 함께 나타나고, 만성이 되면서 피부가 각질화되고 두꺼워지며, 탄력이 없이 딱딱한 구진이 나타나는 것이 특징이다.

나이에 따라 나타나는 피부병변 부위가 달라지는데 주로 영유아기에는 안면, 두피, 사지의 바깥 부위에 나타나며 초등학교 저학년의 나이가 되면 사지의 접히는 부위에 잘 나타난다.

 관리

아토피피부염 관리에서 무엇보다 중요한 것은 믿음을 갖고 규칙적인 목욕과 피부 수분을 유지하기 위해 보습제를 꾸준히 바르는 일이다 : 보습제 등이 흔치 않던 과거의 치료 방법은 피부를 자극하지 않도록 목욕을 삼가는 것이 권장되었으나 아토피피부염과 같이 건조한 피부에는 충분한 수분이 공급되는 것이 무엇보다 중요하므로 규칙적으로 매일 최소한 10~15분씩 목욕하여 피부를 청결하게 유지해 감염을 예방할 수 있다.

물 온도는 32°~36℃로, 피부를 자극하지 않는 미지근한 정도가 좋다. 비누는 가능한 한 적게 사용하는 것이 좋으나 필요한 경우라면 보습 효과가 좋은 비누를 사용하는 것이 좋다. 비누를 사용할 때는 목욕이 끝날 무렵에 하는 것이 좋고, 목욕물의 수위는 가능한 어깨를 덮을 정도로 충분하게 해주고, 전신에 골고루 물을 묻히고 필요한 경우 어깨와 등은 부드러운 면수건으로 덮어두는 것이 좋으며 얼굴은 자주 물을 적시되 문지르지 않는 것이 중요하다. 목욕하는 동안 아이가 지루해하지 않도록 장난감이나 게임 등을 가지고 놀 수 있게 하거나, 라디오나 음악 등을 들려주는 것도 하나의 방법이다.

목욕 직후 간단히 물기를 제거하는데 이때에도 문지르거나 닦지 말고,

덮어주거나 다독거려서 즉시, 적어도 3분 이내에 보습 크림을 발라 수분의 증발을 막아주어야 한다. 만약 건조한 날씨나 수영 후에도 보습 크림을 발라주지 않으면 피부는 더욱 건조해질 수 있다.

보통은 아토피피부염이 심한 아이는 목욕하기를 꺼리는데 목욕할 때 습진 부위가 화끈거리거나, 더 심하게 가렵고 붉어지며, 병변 부위가 갈라지거나 경한 출혈이 나타나기 때문이다. 만약 피부병변이 심하여 피부의 균열과 미세한 출현이 있는 경우라면 물만 적셔도 심하게 화끈거리게 된다. 이럴 때에는 일반목욕 욕조에 물을 반쯤 채우고 소금을 반 컵 정도 풀어 정상 체액과 비슷한 농도로 만들면 피부 자극을 감소시킬 수 있다.

목욕이나 보습 크림을 바르는 것 이외에 해주어야 할 일은? : 아토피피부염의 치료에 가장 중요한 것은 원인을 정확하게 밝혀내어 제거함으로써 가려움을 없애고 근본적으로 완치될 수 있도록 하는 것이다. 특히 소아의 경우에는 그 원인으로 식품알레르기가 30~50%를 차지하고, 집먼지진드기 알레르기가 절반 이상의 아이에게서 나타나고, 개 고양이 등의 애완동물 털도 중요한 원인물질이 될 수 있으므로 피부반응검사나 면역글로불린 E 혈액검사를 시행하여 원인물질을 밝혀내어 이것을 제거하거나 피해야 한다.

아이가 피부를 긁는 것을 막는 일이 중요하다 : 아토피피부염은 가려움 때문에 피부를 긁어서 발진을 유발하게 되는 경우가 많다. 더구나 피부를 긁으면 더 많은 히스타민이 분비돼 더 가렵게 만들어 악순환이 될 수도 있다.

잠잘 때 면 장갑 등으로 손을 덮어주는 것이 좋다. 땀이 많이 나지 않도록 여름철에는 에어컨 등을 사용하고, 겨울철에는 히터 등을 사용하여 실내온도를 적절하게 유지해 주고, 급한 온도 변화를 막아주는 일이 중요하다.

가습기 사용이 추천되기도 하는데 이때는 습기로 인해 알레르기 유발 요인인 곰팡이 등이 생기지 않도록 항상 청결하게 유지해야 한다. 또한 수두 등 전염성 피부 질환이 있는 환자와의 접촉은 피해야 한다.

아이 옷을 어떻게 입히는 것이 좋은가? : 아토피피부염을 위한 특별한 옷이 필요한 것은 아니다. 부드럽고 자극이 적은 옷이 좋은데 특히 모직이나 합성, 기능성 등의 옷감은 피하는 것이 좋으며 침구류도 마찬가지로 덜 자극적이고 부드러운 면제품을 사용하는 것이 좋다.

다음 태어날 동생에게도 아토피피부염이 생길 수 있을까? : 일반적으로 부모 중 한 명이 천식, 비염, 아토피피부염 등의 알레르기질환이 있는 경우, 40~60%의 확률로 아이에게 아토피피부염이 발생하고, 양측 모두 있는 경우에는 60~80%의 확률로 생길 수 있다. 알레르기질환은 피부뿐만 아니라 천식이나 비염 등 알레르기질환에도 적용될 수 있다.

정확하고 유익한 정보가 중요하다

얼마 전, 아이 엄마가 두 살 된 아이를 업고 응급실에 내원하였다. 요즘 들어 아이가 자꾸 잠만 자려고 하고 힘이 없고 늘어져 있더니 급기야 열까지 나서 찾아오게 되었다고 하였다.

아이가 영양실조가 심하다는 것을 한눈에 알아볼 수가 있었다. 아이 엄마는 아이가 생후 5개월이 지나 피부가 건조하고 진물이 나서 어느 곳을 찾아갔더니 아토피가 심하다며 원인이 단백질이기 때문에 아이 식단에서 고기나 단백질 성분은 빼고 선식으로만 치료해야 한다고 하여 지금까지 아이에게 한 번도 고기를 먹이지 않았다는 것이다. 어쩌면 그렇게 무책임하게 말할 수 있었을까, 아니면 정말 무식해서 그랬을까 참으로 황당했다.

아이들은 자라면서 그 나이에 맞는 영양과 성장발달이 절대적으로 필요하다. 그 시기를 지나면 나중에 아무리 천만금을 주고 돌이키려 하여도 불가능하다.

그 아이가 알레르기 검사를 해보니 집먼지진드기에만 알레르기가 있고 음식 관련해서는 모두 음성으로 결과가 나왔다. 애초에 그 아이는 음식을 제한할 필요가 없었고 환경만 잘 관리했어도 훨씬 좋아질 수 있었다. 아토피피부염은 결코 단백질이 그 원인이 아니다. 대부분의 단백질이나 영양소는 모두 섭취해도 된다. 단 알레르기 검사를 통해 정확한 원인을 밝혀내어 해당 요인을 피하고 평소에 관리를 잘하면 많이 호전될 수 있다.

최근 여기저기 아토피피부염 환자들이 많다 보니 포털 사이트에서 아토피를 검색해 보면 무수한 아토피피부염에 관한 사이트들이 난무하고 있고 저마다 아토피피부염 전문가처럼 홍보하고 있다. 글을 퍼 놓다 보니 본인도 잘 모르는 내용을 쓰고 있다. 그걸 보고 잘못을 지적하면 '아니면 말고' 하는 식이다.

정말 중요한 것은 잘못된 정보로 인하여 아이의 건강과 가족의 삶의 질은 엉망이 된다는 사실이다.

아토피피부염 예방관리 수칙

1. 보습과 피부 관리를 철저히 하자.
   - 목욕은 매일 미지근한 물로 20분 이내로 하자.
   - 약산성 비누 목욕은 2~3일에 한 번, 때는 밀면 안 된다.
   - 보습제는 하루 3회 이상, 목욕 후에는 3분 이내로 바르자.
   - 순면소재의 옷을 입도록 하자.
   - 손발톱을 길지 않게 잘 관리하자.
2. 적절한 실내온도와 습도를 유지하자.
3. 효과적이고 검증된 치료법으로 꾸준히 관리하자.
4. 가능하면 색소나 첨가물이 들어간 음식은 먹이지 말자.
5. 실내온도는 너무 덥지 않게 21°~23℃를 유지하자.
6. 스트레스를 잘 관리하자. 이를 위해 부모뿐 아니라 가족 모두의 도움이 필요하다.

출처 : 대한소아알레르기호흡기학회

아이가 두드러기가 잘 생겨요

두드러기가 생겼다고 아이가 꼭 알레르기가 있는 것은 아니다. 두드러기는 담마진으로도 부르는데 불규칙한 지도 모양으로 둥글게 피부가 부풀어 오르면서 창백한 색깔을 띠는 모양이 특징이다. 이는 피부의 혈관이완으로 인해 일시적인 발진과 피부 아래가 부푼 증상이 나타나는 현상으로, 보통은 가려움증을 동반한다.

두드러기보다 좀 더 심한 혈관부종은 피하조직이나 점막하조직까지 부어오르는 것이 특징이다. 피부의 혈관 반응으로 인해 보통 붉은 발진이 둘러싸며 가려움증이 동반한다. 특히 눈꺼풀, 입술에 흔히 발생하는데 후두부에 혈관부종이 생기면 호흡 곤란으로 위급한 상황이 생길 수도 있어 반드시 소아청소년과 전문의의 진료를 받아야 한다.

두드러기와 혈관부종의 원인이나 치료에 특별한 차이는 없다. 두드러기만 발생하는 경우는 40%, 혈관부종만 발생하는 경우는 10~50% 혹은 동시에 발생할 수도 있다. 유럽과 미국의 보고에 의하면 인구의 15~20%

가 일생 중 적어도 한 번 이상은 두드러기를 경험한다고 한다. 남자보다는 여자에게서 더 많이 발생하고 급성보다는 만성이 2배 이상 많다고 하며 원인을 알 수 없는 두드러기는 72%, 물리적 두드러기는 20%, 알레르기에 의한 두드러기는 3.2%라고 한다. 또한 나이가 어릴수록 알레르기에 의한 두드러기가 더 많이 발생했다고 한다.

두드러기와 혈관부종은 신체 어떤 부위에서나 발생하지만 혈관부종은 특히 얼굴이나 팔다리에 발생하며 통증이나 가려움증이 없는 경우도 있고 며칠 동안 병변이 남아있기도 한다. 두드러기 병변은 갑자기 생겼다 24~48시간 이내에 사라지며 오랜 기간 꾸준히 재발하기도 한다.

두드러기와 혈관부종의 전신 증상으로 두통, 어지럼증, 인후에 이물감이 느껴지거나 쉰 목소리, 숨 쉬기 힘들어하면서 쌕쌕 소리가 날 수도 있으며 후두부 위의 심한 부종으로 호흡곤란을 호소하기도 하며 구토, 메스꺼움, 복통, 설사, 관절통 등이 동반되기도 한다.

급성 두드러기

급성 두드러기의 50% 이상은 원인을 밝힐 수 없는 경우이다. 천식, 비염, 습진의 가족력이나 병력이 있는 알레르기체질에서 급성 두드러기 및 혈관부종이 발생하는 경우 알레르기성 두드러기로 생각할 수 있다. 하지만 천식, 알레르기비염, 아토피피부염의 악화와는 무관하며, 만성 두드러기나 혈관부종의 발병이 증가한다는 보고는 없다.

알레르기성 두드러기의 경우에는 생선이나 새우, 조개 등 갑각류, 아몬드나 잣, 헤이즐넛 등의 견과류, 초콜릿 등의 음식, 페니실린 등의 약제, 벌에 쏘이는 등에 의한 두드러기나 혈관부종 등을 일으킬 수 있다.

아이가 오징어 튀김을 먹었는데 전신에 두드러기가 났어요 : 이런 경우 오징어가 두드러기의 원인이 될 수도 있지만 알레르기 피부시험이나 혈액검사에서 이상이 없을 수도 있다. 대개 튀김에는 오징어와 밀가루 외에도 식용유, 향료, 색소, 방부제와 같은 식품첨가물이 포함되어 있어 이들 모두 알레르기를 일으키는 요인이 될 수 있다. 예전에 오징어를 여러 번 먹었을 때도 문제가 없었다면 다른 성분이 원인이 되었을 수도 있다.

지금까지 운동하고 나서 두드러기가 난 적이 없는데 점심 식사 후 운동을 하고 나서 두드러기가 나타났어요 : 어떤 경우에는 운동 전에 섭취한 음식물이 운동에 의한 두드러기의 원인이 될 수도 있다. 일부 특정 음식이나 단독 운동으로는 두드러기가 나타나지 않지만, 두 가지 요인이 한꺼번에 작용하면 두드러기로 나타나는 경우도 있다. 그렇기 때문에 이런 경우에는 운동 전에 섭취한 음식물이나 환경요인을 면밀히 검토하여 의심되는 원인을 찾을 수도 있다.

만성 두드러기

만성 두드러기는 두드러기가 생기고 난 뒤 6주 이상 거의 매일 나타나는 경우를 말하며 보통은 알레르기와는 상관없이 발생한다.

만성 두드러기 환자의 30% 이상에서 물리적 두드러기가 동반되기도 한다. 만성 두드러기의 70%에서는 그 원인을 알 수 없다. 보통은 감염이나 대사, 내분비계 이상, 정신적 요인들이 그 원인이라 예상하지만 명확한 것은 아니기 때문에 원인을 찾기 위해 소아알레르기 전문의 진료가 필요하다.

물리적인 두드러기

물리적인 두드러기는 유발요인이 확실한 두드러기로, 물리적 자극에 의한 두드러기가 발생하며 자극의 종류에 따라 분류한다. 물리적인 두드러기 대부분은 자극 후 가려움을 동반한 피부가 붉게 지도 모양으로 부풀어 올랐다가 2시간 이내에 사라진다.

대부분 물리적 자극에 노출된 부위에만 국한되어 발생하나 때로는 전신에 물리적 자극 노출 후 온몸에 작은 두드러기가 나타날 수도 있다.

피부에 지속적인 압력이 가해진 후 30분에서 6시간 이후에 붉은 국소적 부종으로 나타나는 압박 두드러기, 찬물, 얼음 등 급격한 온도 변화 후 몇분 이내 증상이 일어날 수 있는 한랭두드러기, 반대로 열이 가해진 부위에만 몇분 안에 두드러기가 발생하는 온열 두드러기도 있다.

한편 떨림으로 진동 자극을 받은 부위에 국한되어 거대한 부종이 나타나기도 하는 진동형 두드러기도 있으며, 태양광선 노출 후 몇분 안에 가려움과 붉은 반점, 두드러기가 나타나는 햇빛 두드러기가 있는데 이는 대개 햇빛 노출 부위에 국한된다.

아주 드문 형태로 물의 온도와 관계없이 물이 닿은 부위가 가렵거나 드물게는 두드러기가 발생하는 수성 두드러기 등 매우 다양한 원인에 의해 두드러기가 나타나기 때문에 반드시 소아알레르기 전문의의 진료를 받는 것이 좋다.

🍼 피부묘기증

피부묘기증은 물리적인 두드러기의 가장 흔한 형태이다. 피부묘기증은 딱딱한 물체로 피부를 긁으면 그 부위에 국한되어 부종과 발적이 나타나는 것으로, 자극 즉시 붉게 부풀어 오른 후 10~30분 정도 지속되다가 사라진다. 때때로 가려움이 같이 나타나기도 한다.

정상적인 어린이에게서도 피부묘기증은 1.5~4.2% 확률로 발생하며, 만성 두드러기 환자의 22%에서 발생하며, 10~20대에 가장 흔히 나타난다.

피부묘기증 기간은 22% 정도에서 5년 이상, 10%에서는 10년 이상 지속된다고 알려져 있다. 가벼운 자극에도 쉽게 가려움증을 동반하여 나타나므로 조금만 자극해도 여기저기 두드러기가 수시로 발생한다.

🍼 진단

두드러기 진단을 위한 검사들에 앞서 과거력과 병력을 아는 것이 중요하다. 일반적으로 알레르기 피부반응검사나 알레르기 혈액검사를 해야 하며 이런 검사는 특히 2살 미만의 아이에게 도움이 되는 경우가 많다.

관리

보통 급성 두드러기의 경우 음식, 색소나 방부제 등 식품첨가물, 약물, 감염, 접촉 및 흡입성 알레르겐 등이 원인이 될 수 있으므로 원인을 피하는 것이 제일 중요하다. 만성 두드러기에서는 피할 수 있는 원인을 발견하는 경우가 드물어 대부분은 항히스타민제로 두드러기를 치료한다.

그렇다고 해서 함부로 약을 먹지 않도록 주의해야 한다. 주로 저녁에만 나타나는 경한 두드러기의 경우에는 칼라민로션을 두드러기 부위에 바르거나 미지근한 물로 샤워하거나 찜질을 해주면 어느 정도 증상을 조절할 수 있지만 증상이 지속되면 반드시 소아알레르기 전문의의 진료를 받아야 한다.

두드러기는 유발 원인의 제거 및 악화요인을 피하는 것이 무엇보다 중요한데 음식과 두드러기의 관련성을 평가하기란 쉽지 않다. 만약 음식이 두드러기 악화와 관련이 있다면 보통은 음식 섭취 후 2시간 안에 두드러기가 발생한다. 방부제, 색소와 같은 식품첨가물, 아스피린을 포함한 소염진통제 등은 만성 두드러기의 발생과 악화에 관련이 있다. 그 외 스트레스, 아스피린과 같은 소염제 등의 약물을 피하도록 한다.

아이의 알레르기

최근에는 의료기술의 발달과 높아진 산전 검사를 통해 예전보다 선천성 유전 질환 등이 줄어들었다. 이렇다 보니 감염성 질환이나 선천성 질환이 줄어든 반면 알레르기질환, 자가면역 질환, 선천성 면역결핍 질환 등 면역질환이 점차 증가하고 있다.

요즘 아이들을 보면 흙을 만지는 경우가 거의 없다. 아침에 일어나 세수하고 밥 먹고 아파트에서 나오면 집 앞에서 유치원이나 놀이방 버스를 타고 유치원 실내에서 놀다 오후에 다시 유치원 버스를 타고 집에 오면 컴퓨터 앞에서 게임을 하거나 TV를 보고 방에서 공부하다 잔다.

학원에 다녀오면 손을 씻고 자기 전에는 다시 씻고 이를 닦고 자는 아이가 모범적인 어린이라고 한다. 야외에서 축구나 야구를 하고 들어오면 즉시 목욕을 하거나 세수를 해야 한다. 학원이나 집에서도 햄버거, 피자, 과자, 패스트푸드나 인스턴트 식품을 사서 먹는 경우도 많다. 집에서는 침대나 소파 그리고 아이가 다치지 않게 카펫이 깔린 경우도 많다.

실은 이 모든 것들이 알레르기를 유발하거나 더 악화시키는 요소들이 된다. 이를 '위생 가설'이라고 한다. 즉, 너무 깨끗한 환경이 세균에 의한 감염성 질환을 감소시켰지만 알레르기질환이나 자가면역 질환 등 면역성 질환과 당뇨, 고혈압과 같은 성인병 등 내분비계 질환이 어린아이들에게까지도 많이 발생할 수 있게 된 것이라는 이야기다.

그래서 최근에는 아이를 너무 실내에서만 키우지 말고, 좀 더 느리더라도 집에서 요리해 밥을 해 먹이는 경우가 많아지고 있다.

1 천식, 기관지염, 세기관지염 등 선생님마다 진단이 달라요

아이에게는 어른의 천식과 비슷한 증상을 나타내는 병들이 많습니다. 그래서 나이가 어릴수록 천식을 진단하기 어렵습니다. 진단을 위해서는 일정 기간 병의 경과를 관찰하는 것이 중요하고 가족 중에 알레르기질환이 있는지를 조사하는 것이 중요합니다.

2 천식이 있는데 운동을 하면 안 되나요?

천식이 있다고 운동을 못 하는 것은 아닙니다. 그러나 운동 후에 천식 증상이 나타나는 것을 흔히 볼 수 있는데 천식을 치료하지 않았거나 천식이 잘 조절되지 않을 때 이런 현상이 자주 나타납니다. 천식을 꾸준히 치료하여 잘 조절되는 경우라면 운동을 하더라도 천식 증상이 나타나지 않거나 빈도가 훨씬 줄어듭니다.

운동은 신체적으로 자라나는 어린이의 자세를 바르게 해주고 심박출량을 증가시키고, 근육을 튼튼하게 해줍니다. 또 아이들은 항상 뛰어놀아 일상생활 자체가 운동입니다. 따라서 아이가 원하는 모든 운동에 참여할 수 있도록 부모가 도와주어야 합니다.

운동 전에는 가벼운 준비운동으로 체온을 서서히 높여 운동량을 늘려나가는 것이 바람직하며 날씨가 차고 건조할 때는 천식 증상이 잘 나타나므로 운동을 피하는 것이 좋습니다. 운동 전 기관지 확장제를 미리 사용하면 천식 증상을 예방할 수도 있으므로 소아알레르기 전문의와 미리 상의하는 것이 좋습니다.

③ 천식을 치료하지 않으면 어떤 문제가 생기나요?

천식은 기도에 염증이 있는 상태이므로 적절하게 치료하지 않으면 기관지가 굳어져 나중에는 치료한다 해도 정상으로 돌아오지 않고 기도가 좁아진 상태인 기도 개형으로 평생을 지내야 하고 폐 기능이 떨어져 일상 활동에 지장을 줍니다.

성장 발육도 문제가 될 수 있으며 폐가 부푼 상태로 '과 팽창'이 되어 가슴이 커져 가슴변형이 올 수 있습니다. 또한 기관지확장증 같은 후유증이 생길 수 있는데 기관지가 군데군데 늘어나 넓어지고 가래 같은 분비물이 고여 염증 상태를 더 악화시키고 누런 가래와 기침이 나오고 폐렴이 재발할 수 있습니다.

④ 천식은 저절로 나아지는 병인가요?

잘못 알려진 정보입니다. 천식은 어른보다 소아에게서 치료 효과와 병의 경과가 양호한 것은 사실이지만 그렇다고 치료가 필요하지 않다는 말은 아닙니다. 어린이 천식 환자가 모든 증상이 좋아지는 것이 아니며 좋아졌던 사람도 재발하는 경우가 많습니다. 따라서 적절한 약물을 선택하여 규칙적으로 꾸준히 치료를 받아야만 성인 천식으로 이행되는 것을 막을 수 있습니다.

⑤ 알레르기가 있는데 환경관리는 어떻게 하나요?

집먼지진드기는 알레르기질환을 일으키는 주요한 원인으로 피부 딱지, 비듬을 먹고 살며 침구, 소파, 카펫, 봉제 완구 등에 서식하므로 카펫, 천 소파, 커튼 등을 없애고 순면소재 이불을 사용하여야 합니다.

가능하면 일주일에 한 번은 55℃ 이상의 물에 10분 이상 세탁하고 햇빛에 말리는 것이 도움이 됩니다. 세탁이 어려운 침구류는 특수커버로 싸고 애완동물 키우는 것은 피하며 집 안 구석구석을 자주 청소하여 청결한 환경을 만드는 것이 중요합니다.

⑥ 아토피피부염인데 수영해도 되나요?

수영은 그 자체로는 아토피피부염 환자에게 별문제가 되지 않습니다. 그러나 수영장의 물은 대부분 염소 등 첨가물로 처리하기 때문에 수영을 끝낸 직후에는 반드시 몸을 깨끗이 씻고 보습제를 바르는 것이 중요합니다. 수영을 마친 후에는 피부를 자극하지 않는 정도로 목욕을 합니다.

일단 나빠진 피부병변은 처방에 따라 적절하게 약물치료를 하고 이후에는 아토피피부염의 피부 관리 방법으로 잘 관리한다면 수영을 계속하여도 좋습니다.

⑦ 아토피피부염이 완치되었는 줄 알았는데 다시 생기기도 하나요?

아토피피부염은 한동안 병변 부위가 넓어지는 것 같다가도 저절로 병이 나아지기도 하고, 호전되던 중에도 일시적으로 또다시 악화하는 것이 특징입니다. 대부분의 환자에게서 이처럼 일정 기간 호전과 악화를 한동안 반복하다 나이가 들어가며 아토피피부염이 치유되거나 거의 문제가 되지 않게 됩니다. 그러나 일부 환자에게서는 나이가 들어도 어느 정도 병변이 지속하거나, 성인이 되어서도 호전이 되지 않는 일도 있습니다.

⑧ 천연비누가 아토피피부염에 좋은가요?

아토피피부염 환자들에게는 적절한 피부 산도를 유지하면서 피부 건조를 막을 수 있는 성분을 함유한 보습 비누가 좋습니다. 탈지성과 중성 또는 약산성 비누를 추천하는데 천연비누의 경우에도 적절한 산도를 유지시킬 수 있는지, 보습 성분은 충분히 있는지, 피부에 자극적인 향료 등이 포함되어 있지는 않은지 등을 꼼꼼히 조사하여야 합니다. 천연비누라고 무조건 좋은 것이 아니므로 위의 사항을 충분히 고려하여 선택해야 합니다.

⑨ 이온수기나 연수기 사용이 아토피피부염에 효과가 있나요?

정상적인 피부는 산도가 4.5~6.5로, 약산성을 나타내는데 일반적으로 비누는 알칼리성을 띠어 사용 직후에 피부의 산도를 알칼리로 만들기 때문에 피부에 건조한 느낌을 주게 됩니다. 건강한 피부는 곧 정상 피부 산도를 회복하게 되므로 별문제가 없습니다.

산성수로 목욕을 하면 피부 산도가 정상적으로 회복되고 유지되는지에 대해서는 아직 알려져 있지 않습니다. 즉, 이온수기를 사용하여 마시는 물은 알칼리수로, 목욕물은 산성수로 하면 아토피피부염에 좋다는 이야기가 있지만 과학적 근거는 아직 없습니다.

⑩ 한약재와 양약을 같이 사용하면 치료 효과가 더 좋은가요?

최근 몇몇 연구에서 심한 아토피피부염 환자가 한약재 치료로 증상이 좋아졌으며 피부습진과 가려움증을 감소시켰다고 보고하였습니다. 그러나 반응이 일시적이고,

지속적인 치료 때 치료반응이 점차 감소하였다고 합니다.

이렇듯 한약으로 치료하여 아토피피부염이 호전된 환자들도 있지만 아직 과학적으로 효과가 입증된 보고는 매우 드물다고 할 수 있습니다. 한편 한약재는 대부분 여러 약재가 혼합되어 있는데 그중에는 알레르기 유발물질이 들어있을 수 있어 주의를 요합니다.

⑪ 어떤 음식에 알레르기가 있으면 그 음식은 평생 못 먹나요?

어떤 음식에 알레르기가 있는 것으로 진단이 되었다고 하더라도 평생 그 음식을 먹지 못하는 것은 아닙니다. 특히 영유아기의 식품알레르기는 음식의 종류에 따라 3살 정도에 자연 소실되는 경우가 많은데 가장 흔한 원인인 우유나 달걀 등이 그렇습니다. 대부분 일정 기간 동안 알레르기의 원인이 된 음식을 먹이지 않다가 다시 서서히 먹이는 방법으로 치료하게 됩니다.

알레르기를 유발한 음식도 나이가 들면서 먹을 수 있게 되는 경우가 있고, 그렇지 않은 예도 있습니다. 하지만 음식을 먹지 않는 방법이나 다시 먹이는 시기 및 방법도 주의가 필요합니다.

검사에서 알레르기 원인 음식 결과가 나타났다고 해도 무조건 먹이지 않거나, 정확한 진단 없이 추측만으로 먹이지 않는 것은 성장하고 발육하여야 할 아이에게 영양 결핍이나 발육 장애를 초래할 수 있으므로 주의하여야 합니다.

⑫ 알레르기 검사는 정상이라던데 그 음식만 먹으면 증상이 나타납니다

알레르기 검사에서는 정상이라도 음식 등을 먹었을 때 알레르기 증상이 나타나면 제한 식이로 조절해야 합니다. 즉, 확실한 식품알레르기 병력이 있음에도 불구하고 단지 알레르기 검사에서 원인이 되는 음식 항원이 안 나왔다고 해서 식품알레르기가 아니라고 볼 수 없습니다. 반대로 알레르기 검사에서 양성반응을 보인 음식 항원 모두를 식품알레르기 원인이라 하여 제한 식이로 조절하는 것도 맞지 않습니다.

소아알레르기 전문의의 자문에 따라 아이의 증상과 검사 소견이 일치하는지 신중히 생각한 후 식이에 대해 고민해야 합니다.

13 아이가 아토피피부염이 있는데 외식을 하면 가려워하고 두드러기가 나기도 합니다. 왜 그런가요?

외식할 때 종종 음식물에 들어있는 식품첨가물로 인해 가려움증, 두드러기가 생기거나 아토피피부염이 악화할 수 있습니다. 그러나 식품첨가물이 아토피피부염을 악화시키는 직접적인 원인이라는 증거는 미미하며, 첨가물을 복합적으로 일정량 이상 섭취하면 증상이 유발되거나 악화하는 경우가 있습니다.

식품첨가물 섭취로 인하여 증상이 확실하게 유발되거나 악화한다면 가능한 섭취를 피하는 것이 좋습니다. 그러나 너무 완벽한 제한 식이요법으로 인해 스트레스를 초래한다면 이 또한 증상을 악화시키므로 주의가 필요합니다.

14 알레르기가 있는 아이는 예방 접종을 못 하나요?

최근에는 아이들이 맞아야 하는 예방 접종 수도 참으로 다양하여 부모가 모두 기억하기 어려울 정도입니다. 아이가 꼭 맞아야 하는 기본 접종 외에도 추가로 맞아야 하는 접종까지 합친다면 열 가지가 넘습니다.

결핵을 예방하는 BCG, 디프테리아, 백일해, 파상풍, 소아마비 등을 예방하는 DPT,

홍역, 볼거리(유행성 이하선염) 등을 예방하는 MMR, 수두 예방, 폐렴균 예방, 수막염 예방, 뇌염 예방 등이 거의 기본적으로 맞는 예방 접종이며 최근에는 로타바이러스 예방약도 출시되어 시판되고 있습니다.

소아청소년과 클리닉이나 병원에 가면 알레르기가 있는 아이들의 부모님들이 자신의 아이가 예방 접종을 맞으면 알레르기가 심해지거나 두드러기 같은 전신질환이 나타날 수 있다고 생각해 예방 접종을 꺼리는 경향이 많고 부모들도 예방 접종을 피하는 경우가 많습니다. 물론 그 생각도 맞습니다. 실제로 예방 접종 후에 발진이 나타나거나 열이 나는 경우도 많기 때문입니다.

볼거리(유행성 이하선염) 예방주사 등과 같은 일부 예방주사는 만드는 과정에서 달걀흰자의 성분을 이용해 배양한 뒤 예방 시약을 제조하기 때문에 특히 달걀 알레르기가 있는 경우에는 일부의 아이들에게서 알레르기 반응이 나타날 수 있습니다.

그러나 그 확률은 극히 미미해서 외국 연구를 보면 백만 명이 예방주사를 맞으면 2~3명의 확률로 발생할 수 있다고 합니다. 하지만 그렇다고 해서 알레르기가 있는 아이에게 독감 예방주사를 맞힌다는 것이 100% 안전하다고 할 수 없으므로 아이가 예방 접종을 해야 한다면 알레르기 클리닉이 있는 병원에서, 응급조치를 취할 수 있는 시설에서 미리 예방약에 대한 알레르기 피부 시험을 하여 미리 부작용 가능성 유무를 알아보고 예방 접종을 하는 것을 추천합니다.

식품알레르기란?

식품알레르기는 특정 음식을 먹은 후 바로 나타나는 이상 반응 중 알레르기 면역 반응으로 생기는 질환이다. 아토피피부염이나 천식, 두드러기 그리고 혈관부종 등이 나타날 수 있는데 심한 경우 아나필락시스(알레르기 쇼크)와 같이 피부 증상뿐 아니라 심한 전신 증상이 나타나 생명을 위험하게 할 수도 있다.

🍼 알레르기를 일으키는 음식(식품알레르겐)

세상에 존재하는 음식의 수는 이루 헤아리기가 어려울 정도로 많지만 이들 음식 중 알레르기를 일으키는 것은 그리 많지 않다. 일반적으로 알레르기를 일으키는 Big 5 또는 Big 7로 불리는 우유, 달걀, 대두, 밀, 땅콩, 생선, 갑각류 등이 전체 식품알레르기 중 90%를 차지한다. 물론 음식 문화가 달라 나라마다 약간 차이가 있다. 우리나라와 일본의 경우에는 다른 나라와 달리 메밀 알레르기 환자가 많지만, 미국이나 유럽에는 거의 없다.

어릴 때는 우유, 달걀, 콩, 밀 등의 알레르기 증상이 흔하고, 초등학생 이상에서는 밀, 땅콩, 견과류, 갑각류, 생선, 과일, 메밀 등의 알레르기 증상이 흔하다.

이들 중 어떤 식품은 나이가 들면 좋아지고 어떤 종류는 평생 죽을 때까지 알레르기를 일으키는데 우유, 달걀, 콩 등은 나이가 들면서 점점 알레르기 증상이 좋아져 발생 확률이 낮아지고 땅콩, 견과류, 일부 생선이나 갑각류 등은 평생을 지속할 수 있다.

유기농 식품을 먹으면 알레르기를 피할 수 있다고 믿고 비싼 유기농 식품만 고집하는 경우도 있다. 물론 농약을 많이 친 과일이나 채소, 방부제나 색소 등을 사용한 식품을 먹는 것보다는 건강에 더 이로울 것이다. 그러나 여기에는 주의해야 할 점이 있다. 기본적으로 알레르기는 알레르기 체질이 있는 아이들에게서 발생하는 질환이기 때문에 달걀 알레르기가 있는 아이가 유기농으로 키운 닭이 낳은 달걀을 먹었다고 해서 알레르기에 걸리지 않는 것은 아니다. 복숭아 알레르기가 있는 아이가 유기농 복숭아를 먹었다고 해서 알레르기 증상이 좋아지는 것 또한 절대 아니다.

🍼 숨겨진 알레르기 음식 유발물(식품알레르겐)

알레르기 원인 음식을 알고 그것을 회피하기란 쉽지 않다. 다른 일반 음식에도 원인알레르기물질이 숨겨져 있어 주의 깊게 살펴서 아이에게 먹여야 한다.

1. **우유(Milk) :** 크림, 치즈, 버터, 소시지, 마가린, 빵, 초콜릿, 사탕, 푸딩 아이스크림, 기타 우유가 재료가 된 음식.

2. **달걀(Egg) :** 면, 빵, 마요네즈, 푸딩, 아이스크림, 소시지, 육류요리, 초콜릿, 기타 달걀이 재료로 들어간 음식.

3. **효모(yeast) :** 효모 반죽이 포함된 케이크, 빵, 쿠키, 버터밀크, 치즈, 요구르트, 육류 제품, 사과주스, 맥아로 만든 음료나 음식, 맥주, 와인 등.

4. **콩, 대두(Soy) :** 빵, 마가린, 소스, 조리된 음식, 소시지, 초콜릿.

음식 내용물 표시(식품 라벨) 읽는 방법
1. **주표시면 :** 제품평과 내용량이 나와있다.
2. **일괄표시면 :** 식품의 유형, 제조일, 원재료명 및 함량, 성분명. (숨은 알레르겐을 찾기 위해 이 부분을 눈여겨보아야 한다)

9장

3. **기타표시면** : 회사 및 소재지, 영양성분, 주의 사항, 기타사항 등 경고 문구를 꼭 확인해야 한다.

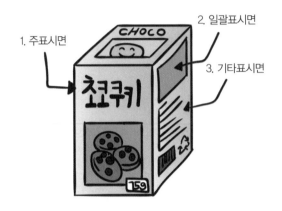

🍼 아토피피부염이 있다고 모두 식품알레르기가 있는 것은 아니다

아토피피부염을 겪는 많은 아이 부모는 그 원인이 단백질이기 때문에 아이 식단에서 고기나 단백질 성분을 빼는 경우가 많다. 하지만 그러한 아이들이 식품알레르기 검사를 해보면 집먼지진드기나 동물 털 등의 알레르기가 있고 음식이 원인인 경우는 50% 이하 정도다. 이런 경우 그 아이의 음식을 제한할 필요는 없고 환경만 잘 관리해도 증상이 훨씬 좋아질 수 있다.

결코 아토피피부염은 모든 단백질이 원인이 아니기 때문에 대부분의 단백질이나 영양소는 섭취해도 된다. 단 알레르기 검사를 통해 정확한 원인을 밝혀내고 그것을 피해 관리를 잘해 나간다면 증상이 많이 호전

될 수 있다.

아이들은 자라면서 그 나이에 맞는 영양과 성장발달이 절대적으로 필요하다. 그 시기를 지나면 나중에 아무리 천만금을 주고 돌이키려 해도 불가능하다.

 ## 아토피피부염과 식품알레르기 연관성을 의심할 수 있는 경우

- 영유아기 아이가 중등도 이상 심한 아토피피부염을 앓고 있는 경우.
- 특정 식품에 아토피피부염 증상이 악화하는 병력이 명확히 있는 경우.
- 청소년이나 성인이 심한 아토피피부염을 앓고 있는 경우.
- 아토피피부염의 증상이 심할수록 또는 나이가 어릴수록 연관성이 많다.

 ## 음식을 섭취한 후 나타나는 이상 반응

식품알레르기(Food allergy) : 이는 음식 면역 반응에 의한 이상 반응인데 일반적으로 음식이나 첨가물 섭취 후에 모든 이상 반응을 칭하는 용어로 가끔 오용되고 있다.

식중독(Food poisoning) : 음식의 미생물, 기생충, 독성 오염물질 또는 자연적 유해 성분으로 인해 일어나는 식품의 유해 작용으로, 음식이나 첨가물에 의한 독성에 비특이적인 반응으로 불특정 다수에게 일어날 수 있다.

식품 불내성(Food intolerance) **:** 음식이나 첨가물을 섭취한 후에 일어나는 생리학적 현상의 한 형태로, 체내 특정 효소가 부족하여 일어날 수 있는데 예를 들면 평생 우유를 먹으면 이상 반응을 보이는 경우 우유 성분 분해효소가 부족하여 나타날 수 있다.

식품 특이체질(Food idiosyncracy) **:** 음식이나 첨가물의 생리학적 또는 약물학적 효과와는 전혀 다른 정량적인 유해 반응으로, 이 반응은 음식과민 반응과 비슷하지만 면역 반응 때문에 일어나지 않는 차이점이 있다.

약물, 대사성 식품 반응(metabolic, pharmacological food reaction) **:** 음식이나 첨가물 자체가 가지고 있는 화학성분으로 인해 일어나는, 대사 과정에 일어나는 유해 반응이나 약물학적 반응을 말한다.

식품알레르기

① 식품알레르기가 있으면 그 식품은 평생 못 먹나요?

식품알레르기가 있는 것으로 진단이 되었다고 하더라도 평생 그 음식을 먹지 못하는 것은 아닙니다. 특히 영유아기 시기와 달리 우유, 달걀, 콩 등에 의한 알레르기는 보통 아이가 5~7살이 되면 증상이 좋아지는 경우가 많습니다. 알레르기 반응을 보이던 음식도 나이가 들면서 먹을 수 있게 됩니다.

이를 확인하기 위해 소아알레르기 전문의를 찾아가 알레르기 검사를 받은 후 결정하면 됩니다. 정확한 진단 없이 추측만으로 먹지 않는다면 한창 성장하고 발육하여야 할 아이에게 영양결핍이나 발육 장애를 초래할 수 있으므로 주의해야 합니다.

9장

② 우유 알레르기가 있습니다. 유제품을 먹을 수 있을까요?

우유 알레르기는 일반적으로 음식 제거 식이를 하면 아이가 5~6살이 될 때까지 70~80%는 증상이 좋아집니다. 증상이 있는 동안 우유와 유제품을 제한하면서 정기적인 검사를 하다 보면 결과에 따라 다시 먹을 수 있습니다. 치즈나 요구르트 등과 같은 유가공 음식이나 빵, 쿠키 등에도 대부분은 우유가 들어가므로 주의해야 하고 어떤 음식이 안전한지 소아알레르기 전문의와 상의해야 합니다.

3 우유나 달걀 알레르기가 있으면 식빵도 먹으면 안 되나요?

식빵을 만들 때 대부분 우유, 달걀이 반죽에 들어가기 때문에 주의해야 합니다. 식품알레르기는 조리 방법이나 섭취량 등에 따라 증상이 달라질 수 있습니다.

알레르기 항원성을 감소시키는 조리법을 이용한 음식은 알레르기의 호전에 도움이 될 수 있으니 그에 대해 소아알레르기 전문의와 상의하십시오.

4 알레르기 검사는 정상이지만 특정 음식을 먹으면 증상이 나타나거나 검사는 양성인데 증상이 없는 경우 어떻게 하나요?

식품알레르기의 진단은 자세한 병력과 환자가 작성한 음식 일기, 알레르기 검사와 음식 제거나 유발시험 등의 검사에 근거하여 이루어집니다.

알레르기 검사에서 정상으로 판명되었다 하더라도 동일 음식에 의해 반복적인 증상이 나타나는 경우 식품 유발검사나 검사 시약이 아닌 그 식품 원액으로 피부 시험을 하기도 합니다. 반대로 알레르기 검사에서 양성반응을 보인 식품의 항원이라도 그 음식과 연관된 증상이 없으면 굳이 제한할 필요가 없습니다.

5 아이의 알레르기 원인 음식이 여러 가지여서 먹을 것이 없어요 어떻게 해야 할까요?

어떤 아이는 4~5가지 이상의 알레르기 원인 음식이 있을 수 있는데 이럴 때는 제한 식이 조절을 하기 어렵고 이로 인한 영양장애를 초래할 수 있습니다. 따라서 적절한 대체 식단과 식이 제한에 대해 소아알레르기 전문의와 상의해야 합니다.

6 아이가 호두를 먹으면 심한 알레르기 증상이 나타나는데 다른 견과류는 먹어도 되나요?

일부 음식들은 비슷한 성분을 포함하고 있어 한 가지 음식에 알레르기가 있는 경우라면 다른 음식을 먹어도 증상이 나타날 수 있습니다. 이를 교차반응이라고 합니다. 예를 들어 호두는 아몬드나 캐슈너트, 헤이즐넛 등과 교차반응이 있을 수 있으므로 증상을 확인 후 필요하면 제한해야 합니다.

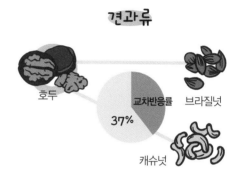

견과류

호두   교차반응률 37%   브라질넛

캐슈넛

7 두유는 괜찮은데 된장국을 먹으면 입 주변에 두드러기가 나요 두부나 두유도 금식해야 하는지요?

콩 알레르기가 있는 경우 콩, 두부, 두유, 된장국 모두 제한해야 합니다. 만약 된장국을 먹을 때만 입 주변에 두드러기가 나고 두유를 먹을 때 아무런 문제가 없다면 원인이 콩 알레르기일 가능성은 매우 낮습니다. 이런 경우 된장국

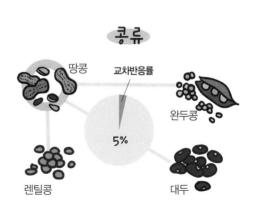

콩류

땅콩   교차반응률   완두콩

5%

렌틸콩   대두

을 먹을 때 발생하는 물리적인 자극에 의한 두드러기와 된장국에 들어있는 다른 성분 또는 조미료에 의한 이상 반응일 가능성이 큽니다.

8 우유 알레르기가 있는 아이가 먹는 간식 식품 라벨에 '우유'가 포함되어 있지 않은데 안심해도 될까요?

우유 알레르기로 진단받은 아이는 우유에서 나온 단백질이 함유된 음식도 제한해야 합니다. 카세인, 락토 글로불린, 락토 알부민 등의 성분들이 포함된 음식을 제한해야 하며 우유를 원료로 만들어진 치즈, 요구르트 등의 발효식품도 제한하는 것이 원칙입니다. 때로는 유청 단백, 유청 분말이라고 표기되어 있거나 기타 흔히 사용하지 않는 말로 쓰여있는 예도 있으니 주의가 필요합니다. 이런 경우 소아알레르기 전문의와 상의해야 합니다.

9 아이가 과일을 먹고 나면 입술 주위가 붉어지면서 목이 가렵다고 합니다. 이러한 것도 식품알레르기일까요?

이런 경우는 식품알레르기의 약한 증상이거나 구강알레르기증후군일 수 있습니다. 구강알레르기증후군은 보통 가공하지 않은 과일이나 채소 등을 먹은 후 다른 신체 부위의 반응 없이 음식이 접촉하는 부위인 입술, 입안, 목구멍이 가렵고 붓는 알레르기입니다. 일부 환자에게서는 꽃가루와 식물성 식품의 교차반응으로 나타나기도 합니다. 과일이나 채소를 익혀 먹으면 그러한 증상이 나타나지 않을 수도 있습니다. (497, 498p의 '교차반응을 일으키는 동물', '교차반응을 일으키는 식물' 그림 참고)

알레르기반응을 일으키는 식품	교차반응으로 문제가 될 수 있는 식품	교차 반응률

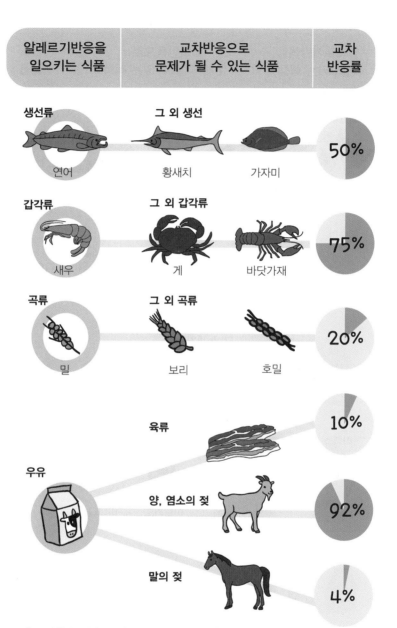

생선류 — 연어 / 그 외 생선 — 황새치, 가자미 — 50%

갑각류 — 새우 / 그 외 갑각류 — 게, 바닷가재 — 75%

곡류 — 밀 / 그 외 곡류 — 보리, 호밀 — 20%

우유 — 육류 — 10%

양, 염소의 젖 — 92%

말의 젖 — 4%

Scott H, Sicher, J Allergy Clin Immunol 2001;108:881-90
소아알레르기 호흡기학, 대한 소아알레르기 호흡기학괴 2013

교차반응을 일으키는 동물

9장

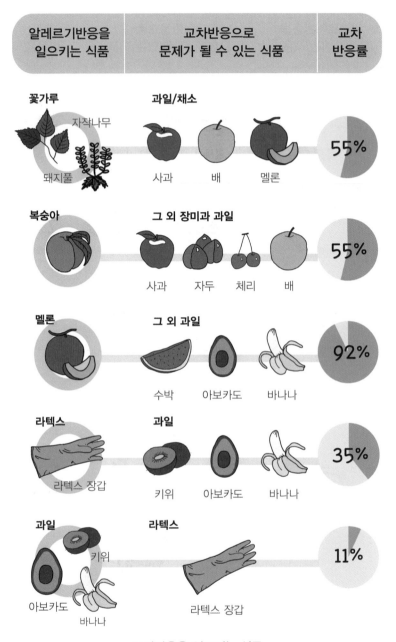

알레르기반응을 일으키는 식품	교차반응으로 문제가 될 수 있는 식품	교차 반응률
꽃가루 자작나무 돼지풀	과일/채소 사과　배　멜론	55%
복숭아	그 외 장미과 과일 사과　자두　체리　배	55%
멜론	그 외 과일 수박　아보카도　바나나	92%
라텍스 라텍스 장갑	과일 키위　아보카도　바나나	35%
과일 키위 아보카도　바나나	라텍스 라텍스 장갑	11%

교차반응을 일으키는 식물

(10) **아이가 식품알레르기로 아나필락시스 쇼크가 와서 응급실을 간 적이 있는데 자가 주사용 에피네프린을 구입해 가지고 다녀야 하나요?**

자가 주사용 에피네프린(젝스트, 에피펜 등)은 아나필락시스 환자가 병원에서 처방받아 항상 휴대하도록 권하는 중요한 응급 약물입니다. 유효기간이 1년 내외로 짧지만 위급한 상황에서 생명을 구하는 필수적인 치료제이므로 유효기간 이내에 사용할 일이 없더라도 구매해서 휴대해야 합니다. 처방받는 경우, 사용법을 반드시 교육받아야 합니다.

자가 주사용 에피네프린 사용법

자가 주사용 에피네프린은 벌에 물리거나 특정 음식 혹은 약물, 운동 등으로 급작스럽게 생명을 위협하는 알레르기 반응(아나필락시스)에 대한 응급치료제입니다.

30kg 이상 = 성인용

15~30kg 사이 = 소아용

① 의사의 처방에 따릅니다.
② 유효기간은 10개월 정도이며, 15°~30℃ 상온의 그늘진 곳에서 보관하고 냉장 보관은 하지 않습니다.

9장

알레르기 쇼크(아나필락시스)가 발생했을 때 에피네프린 스스로 주사하는 방법

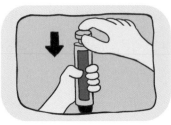

① 검정색 부분을 아래로 향하게 한 손으로 잡고 위쪽에 있는 노란색 안전 팁을 다른 손으로 뽑습니다.

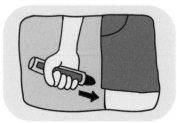

② 검정색 팁 부분이 허벅지 바깥쪽 중간 부위에 가깝게 위치하도록 기구를 잡습니다.

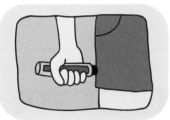

③ 팔을 흔들어서 허벅지 바깥쪽에서 수직방향으로 딸깍소리가 날 때까지 끝을 강하게 밀어서 넣고, 약이 제대로 들어가도록 10초 정도 이 상태를 유지합니다.

④ 기구를 대퇴부에서 떼고, 주사 부위를 약 10초 정도 마사지합니다.

에피네프린 주사할 때 주의 사항

① 노란색 안전 팁은 절대로 건드려서는 안 됩니다.

② 약물 사용만으로 치료가 충분치 않으므로 주사 후
   반드시 가까운 병원으로 가야 합니다.

10장
청소년기

청소년의 성장, 발달 그리고 영양

청소년기에서 성장과 발달의 시작은 사춘기, 즉 어린이에서 성인으로의 변화를 의미한다. 키와 체중의 증가뿐 아니라 체내 성분의 변화와 생물학적인 성적인 성숙이 진행되는 나이이다. 이 시기에는 대략 최종 성인 신장의 15~25%, 성인 골격과 체중의 50%가 이루어져 18살에는 성인 골격의 90% 이상에 이른다. 골격 성장에 영향을 주는 여러 요인으로는 호르몬 변화, 운동, 흡연, 음주, 비타민, 칼슘, 인, 철분의 섭취가 있다.

체중의 경우, 최대 체중 증가는 성장의 급증 후 여아에게서는 3~6개월, 남아에게서는 대략 3개월 더 늦게 시작한다. 최대 체중 증가는 여아에게서는 평균 12.5세에 일어나고 이 기간에 연 8.3kg의 체중 증가를 보인다. 사춘기 시기에는 7~25kg, 평균 17.5kg이 증가한다.

체중 증가는 초경 시기에 느려지나 사춘기 후기까지 지속해서 이루어진다. 남아는 연 9kg의 체중 증가를 보이고 사춘기 전 기간에는 7~30kg, 평균 23.7kg의 체중 증가가 이뤄진다.

 ## 정신 사회적 그리고 인지 발달

　청소년기는 신체 발달뿐 아니라 자기 자신에 대한 확인과 자아 정체감을 형성하는 시기이다. 정신 사회적 인지 발달은 초기(11~14세), 중기(15~17세), 말기(18~21세)로 구분되는데 시기마다 감정, 인지, 사회 기술의 여러 수행 과제들이 있다.

　정신 사회적 발달 : 청소년기에 급변하는 신체 변화는 정신 사회적 발달에도 큰 영향을 미치며 올바른 성인식과 체형 만족은 청소년기에 매우 중요한 과제이다.

　특히 여아는 체형과 체중의 변화로 잘못된 외모에 대한 욕구나 식이장애가 이어질 수 있으며 성조숙이 시작된 여아의 경우 흡연, 음주, 조기 성경험 등의 위험요인으로까지 생각할 수 있다. 남아는 늦은 성 성숙과 신체 발달 등으로 열등감을 느끼며 근육량 증가를 위해 약물 복용을 하기도 하며 체형의 불만족으로 자존감이 낮아지기도 한다.

청소년기, 특히 초기에는 친구와의 관계가 중심적인 역할을 하며 외모를 사회적 행위로 선택기준을 결정한다. 음식의 선호도나 선택을 또래 친구와의 수용성과 오락성을 두고 결정하며 부모나 가족으로부터 독립의 방법으로 사용하기도 한다.

인지 발달 : 청소년기 초기에는 주로 구체적인 사고, 자아중심적, 감정적 행동이 이루어진다. 대부분 추상적 사고는 완전히 발달하지 않았으므로 자신의 영양 상태와 건강과의 관계를 이해하지 못한다. 또한 행동 수정을 위한 문제 해결 능력이 부족하며 미래의 결과에 영향을 미치는 현재의 상태를 이해하는 능력도 부족하다.

중기에는 자율성과, 부모나 가족으로부터의 독립성이 향상되는 시기이다. 신체 변화가 완성되는 시기이지만 체형은 아직 심리적 불안의 주요한 원인이 되며 특히 성숙이 지연된 남아나 체형과 체중에 큰 변화가 생기는 여아에게 더욱 영향을 미친다.

이 시기에는 자신이 감당할 수 없는 감정이나 상황에 맞닥뜨리면 구체적인 사고로 퇴행하기도 한다. 또래 친구들과 어울리는 것을 더 중요하게 생각하기 때문에 본인 스스로 터득한 지식으로 건강한 식습관을 선택하게 만들기 쉽지 않다.

후기에는 자아 정체성이 확립되며 신체적으로 완전히 성숙하여 신체 변화에 대한 고민은 크게 중요하지 않게 된다. 감정적 행동을 조절할 수 있고 또래 친구들의 영향도 적어지며 추상적 사고도 발달하므로 미래에 영향을 미치는 현재의 건강 관련 행동을 이해할 수 있게 된다.

🍼 청소년 영양

전반적인 영양 상태 평가는 여러 가지 방법이 있지만 간편하고 효과적인 방법은 신장과 체중을 측정하여 성장도표와 비교하는 것이다. 체중은 최근 영양 상태를 의미하고 나이별 신장은 장기간의 영양 상태와 건강 문제를 반영한다.

저신장은 신장이 3 백분위 수 미만인 경우이며, 유전적인 저신장일 수도 있지만 영양 불량, 체중 조절을 위한 식이 제한, 식이장애, 만성질환 등이 원인이 될 수도 있다. 저체중은 체질량 지수가 5 백분위 수 미만이며 원인으로 신경성 식욕 부진, 종양, 당뇨, 갑상선 질환, 결핵, 감염, 위장관 질환, 흡수 장애, 신장 질환 등이 있다. 비만은 체질량 지수 95 백분위 수 이상이며, 85~95 백분위 수 사이는 과체중이다.

이 시기의 음식 섭취는 하루에 남아 2,500~3,000kcal, 여아 2,000kcal 가 필요하며 운동 등 격렬한 신체활동을 하는 경우라면 300~1,000kcal 가 추가로 필요하다. 따라서 이 성장 시기에 음식 섭취량의 증가는 정상적이다. 건강한 식습관을 위해 아침 식사를 거르지 않아야 하고, 청소년기 식생활 지침에 따라 음식 선택을 할 수 있도록 유도해야 한다.

아이들이 별다른 신체활동을 하지 않고 학교와 학원에 다니고 쉬는 시간에 주로 컴퓨터 게임이나 스마트폰만 보고 있으면 이 시기 성장에 지대한 영향을 미치기 때문에 매일 30분 동안 빠른 걷기를 하거나 15~20분간 달리기나 농구 등의 운동을 할 것을 권장한다.

탄수화물

식이섬유가 중요한가요? : 식이섬유는 소화되지 않은 식물성 음식의 부분으로 과일, 채소, 콩, 도정하지 않은 전곡류에 풍부하게 포함되어 있다. 식이섬유는 변비, 혈중 지질 개선, 체중 감소, 제2형 당뇨 등의 예방에 좋다. 소아가 정상 변을 보는 데 필요한 식이섬유는 5~7g이다.

전곡류와 정제 탄수화물 : 전곡류란 겨층, 배아, 내배유를 모두 포함한 곡류를 말한다. 겨층은 식이섬유가 풍부하고 배아에는 비타민과 지방이 풍부하며, 내배유에는 전분이 주로 들어있다. 전곡류에서 얻은 탄수화물은 천천히 소화 흡수되어 혈당을 일정하게 유지하고 쉽게 배가 고프지 않으며 인슐린도 안정적으로 분비되게 한다.

반면 설탕과 같은 정제된 탄수화물을 섭취하면 인슐린이 분비되어 쉽게 배가 고프게 되는데 이를 오랫동안 반복하면 인슐린 저항성이 생기게 된다. 식이섬유뿐 아니라 비타민, 무기질도 풍부한 통밀, 현미, 잡곡 같은 전곡류를 먹도록 하고 감자튀김이나 과일 주스, 잼과 같이 식이섬유가 제거되고 당분만 농축된 가공식품은 제한하는 것이 좋다.

단백질

동물 단백질인 육류, 생선, 우유, 달걀은 95%까지 소화, 흡수되며 인체가 필요한 양의 필수아미노산을 가지고 있다. 반면 견과류, 곡류, 콩 등에 들어있는 식물 단백질은 70~80% 소화, 흡수되며 일부 아미노산이 부족하다.

흰 고기(닭고기)와 비교해 붉은 고기(소고기, 돼지고기)에는 포화 지방산이 많지만, 성장이 빠른 청소년에게 필요한 철과 아연이 풍부하게 들어있다.

청소년기 아이는 포화 지방산을 낮추기 위해 삼겹살, 베이컨, 닭고기 껍질 등은 피하고 살코기 부위를 선택해 먹는 것이 좋다.

지방

지방은 콜레스테롤, 호르몬, 담즙 등을 만들고, 성장이 왕성한 청소년기에 필요한 에너지 공급원이면서도 인체를 구성하는 중요한 영양소이다. 지방의 주요 구성 성분인 지방산은 음식에는 포화 지방산, 단일 불포화 지방산, 다중 불포화 지방산, 트랜스 지방산 등 네 가지 종류가 있다.

이 중 포화 지방산은 실온에서 고체 상태이며 불포화 지방산은 액체 상태이다. 트랜스 지방산은 자연산이 아니며 불포화 식물성 지방산을 포화 지방산처럼 만드는 과정에서 생겨났다.

몸에 좋은 불포화 지방산

불포화 지방산은 불규칙한 심장 박동의 발생을 줄이고 동맥 내 혈전 발생을 감소시키며, 고탄수화물 식사를 자주 할 때 나타나는 중성지방의 증가를 막을 수 있다.

단일 불포화 지방산과 다중 불포화 지방산

단일 불포화 지방산은 LDL 콜레스테롤을 낮추고 HDL 콜레스테롤을 높이며 식물성 기름, 특히 올리브유에 많다.

지중해식의 지방 섭취량은 열량의 40%로 높은 편이지만 관상 동맥 질환 발병률이 가장 낮은 이유는 이곳의 음식 대부분이 올리브유를 사용해 만들었기 때문이라고 알려져 있다.

체내에서 합성되지 않거나 합성되는 양이 부족하여 반드시 식품을 통해 섭취해야 하는 지방산을 필수지방산이라고 하는데 다중 불포화 지방산이 이에 해당한다. 이 지방산에는 오메가-3 지방산과 오메가-6 지방산이 있으며 옥수수기름, 콩기름, 도정 안 한 곡물, 씨앗 등에 많다. 특히 연어, 고등어, 청어, 정어리와 같은 등푸른생선에 풍부하다.

오메가-3 지방산은 세포막을 구성하는데 특히 눈, 뇌, 정자의 세포막을 구성하는 중요한 지방산으로 혈액 응고, 동맥벽 수축과 이완을 조절하여 관상동맥질환과 뇌졸중의 예방에도 좋다.

포화 지방산과 트랜스 지방산 섭취를 줄이자

포화 지방산은 총콜레스테롤과 LDL, HDL 콜레스테롤을 동시에 올리지만 트랜스 지방산은 LDL 콜레스테롤을 높이고 HDL 콜레스테롤을 낮춰 더 해로운 지방이다. 많은 연구에서 이들 지방을 많이 섭취하게 되면 관상동맥질환 발병률이 높다고 보고하였다.

무기질과 비타민

우리 몸에 필요한 무기질과 비타민의 양은 매우 적지만 신체 대사와 면역에 중요한 작용을 하며 건강을 유지하는 데 필수적인 요소이다. 특히 신체가 급성장하고 초경 등 여러 호르몬 변화가 일어나는 청소년기에는 무기질과 비타민의 역할은 더욱 중요하다.

우리나라 청소년들은 과중한 학업 활동으로 인한 불규칙한 식사, 인스턴트 식품 섭취의 증가 등으로 무기질, 비타민 결핍의 위험이 커서 더 큰 관심이 필요하다.

청소년 비만

　어느 날 진료실에 중학교 3학년에 재학 중인 15세 여아가 비만 치료를 위해 내원하였다. 환아의 신장은 174cm, 체중은 92kg, BMI 30.38, 허리 둘레 99cm로 모두 97 이상 백분율 수였다.

　환아의 부모님은 모두 장사를 해서 초등학교 때부터 온 가족이 아침 식사를 하지 않았다고 하였다. 환아는 방과 후에 집에서 혼자 라면이나 냉동 닭 날개, 냉동 만두, 떡볶이 등 인스턴트식품을 거의 매일 먹는다고 하였다. 평일에는 학교 수업을 마친 후 매일 밤 6시부터 10시까지 학원에 다니고, 주말에도 오후 2시부터 8시까지 학원에서 보충 수업을 받으면서 매일 학원 근처에서 볶음밥 형태의 컵밥을 사서 먹거나 편의점에서 컵라면, 삼각김밥, 편의점 도시락, 음료수 등으로 저녁을 먹어왔다고 하였다.

　평일 밤늦은 10시 30분쯤 귀가한 후에도 양념통닭 등 야식을 시켜 먹거나 빵, 샌드위치를 먹기도 하였다. 주말에는 저녁 8시쯤 가족들이 함께 외식하며 보쌈, 족발, 삼겹살, 양념갈비 등의 기름진 육류를 먹곤 하였다.

환아는 항상 배가 부를 때까지 많이 먹는 편이었고 TV나 스마트폰을 보면서 간식을 먹는 습관이 있었으며 식사는 매번 15분 이내로 먹는다고 하였다. 규칙적인 운동은 전혀 하지 않았고 학원까지의 이동도 학원 버스를 이용한다고 하였다.

아이의 아버지는 180cm, 90kg, 어머니는 160cm, 68kg, 오빠는 187cm, 90kg으로 온 가족이 비만 상태였다. 고혈압, 당뇨, 고지혈증, 심혈관계 질환이나 지방간 질환에 대한 가족력은 없다고 하였다.

비만 청소년에게서 나타날 수 있는 증상

1. 대부분 키가 약간 더 큰 편이고, 골 연령도 증가한다.

2. 사춘기가 빨리 오고, 사춘기 동안 성장이 더 둔화되어 최종 키는 더 작을 수 있다.

3. 남자 아이에서는 음경이 복부의 과잉 지방 조직에 묻혀 작게 보일 수 있다.

4. 가슴 부위에 지방이 증가하여 여성형 유방처럼 보일 수 있다.

5. 배와 옆구리에 살이 찌고, 배와 허벅지에 자색 피부줄(튼살)이 나타날 수도 있다.

6. 흑색가시세포증은 목이나 겨드랑이에 검게 착색된 상태를 말하는데, 인슐린 저항성을 나타내는 증후이다.

7. 체중이 증가하고 배가 나오면 순발력이 떨어져 운동을 잘 하지 못하며, 조금만 움직여도 숨이 차고 땀을 많이 흘려 잘 움직이려 하지 않고, 따라서 체중은 더욱 더 늘어나게 되는 악순환이 반복된다.

 생활 관리

　최근 이런 형태의 비만을 호소하는 가족이 많다. 이런 경우 우선 건강한 식생활로 식습관 개선이 절대적으로 필요한데 패스트푸드, 가공식품, 당분이 첨가된 음료수, 과당 시럽, 고지방, 특히 포화지방이 많은 음식, 고염도 음식의 제한이 필요하다. 음료수 대신 물 마시기를 권하며 과일 주스보다는 과일 자체를 먹어야 하고 식품의 성분표를 확인하여 과당이 첨가된 제품은 섭취를 자제하도록 해야 한다.

　식이섬유를 충분히 섭취할 수 있는 과일과 채소를 하루에 다섯 가지 이상섭취할 수 있도록 권장해야 한다. 식사는 제때 규칙적으로 하도록 해야 하며, 방과 후나 저녁 식사 후에 습관적으로 음식을 먹는 습관이 있다면 고쳐야 한다.

　음식을 섭취하는 원인이 스트레스를 받을 때나 지루함, 외로움이 느껴질 때 습관적으로 먹지는 않는지 확인해야 하고, TV 시청이나 PC 사용 등 화면에 집중하면서 습관적으로 음식 섭취를 하고 있지는 않은지 확인하여 불필요한 음식 섭취를 줄일 수 있도록 해야 한다.

　판매하는 음식 중에서는 여러 번 먹을 수 있는 양이 한 번에 다량으로 포장되어 유통되는 경우가 많은데 과식할 수 있으므로 이보다는 소량으로, 한 번에 먹을 정도의 양으로 개별 포장된 음식 형태로 구입하는 것을 권장한다.

　아침 식사를 거르는 경우 점심이나 저녁에 많은 양의 음식을 먹게 된다. 먹는 횟수가 적더라도 한 번에 과식하는 것보다는 소량씩 자주 먹는 경우가 살이 덜 찐다고 알려져 있다.

스낵은 제대로 갖춘 한 끼의 식사보다 열량이 높고 지방, 설탕, 나트륨의 섭취가 많아져 소량을 먹어도 살이 찌게 된다. 식사를 스낵 형태로 때우는 경우가 발생하지 않도록 식습관을 바꿔야 한다.

우리나라 중고등학생의 경우 방과 후 학원 수업 등으로 저녁 식사를 편의점 음식이나 분식류로 해결하고 늦게까지 학원에서 수업을 받고 귀가할 때도 학원 버스를 이용하는 경우가 많아 신체활동량은 부족하고 고열량, 고염도, 고지방 음식을 섭취하게 되어 비만으로 이어지는 경우가 흔하다.

세계보건기구(WHO)에서는 성인이나 청소년이 당분 섭취량을 과일 자체로 섭취하는 경우를 제외하고는 하루 총열량 섭취량의 5~10% 이내로 적은 양만 섭취하도록 권고하고 있다.

🛒 비만 청소년의 합병증

체질량지수(Body mass index, BMI)가 85 백분위 수 이상인 과체중 또는 비만인 청소년은 비만 합병증이 동반되지 않았는지 확인해야 한다. 과체중 및 비만은 당뇨, 고지혈증, 고혈압, 수면무호흡증, 비알코올성 지방간, 다낭성난포증후군, 고 안드로젠 혈증, 대퇴 두골분리증, 가성뇌종양, 심혈관계 질환 등의 위험률을 높인다.

비만과 동반된 합병증의 경우 가족성 경향을 나타내는 경우가 많으므로 가족력을 확인하는 것이 중요하다. 확인할 가족력으로는 비만, 제2형 당뇨, 임신성 당뇨, 고지혈증, 고혈압, 비알코올성 지방간, 수면무호흡증, 심장마비 또는 뇌졸중 및 이로 인한 조기 사망 가족력이 있는지 확인하며 그 외에도 다낭성난포증후군에 따른 불임, 고 안드로젠 혈증과 관련된 다모증, 여드름 등의 증상이 가족 내 여성에게 있는지 확인해야 한다.

비만 청소년은 물을 지나치게 많이 먹거나(다음), 너무 자주 소변을 보거나(다뇨), 시력 저하 등과 같은 고혈당증과 관련하여 나타나는 증상을 확인하는데 여아는 질염 여부 및 질 분비물의 이상 여부, 체중 감소 여부를 확인해야 한다.

설명되지 않는 두통이 흔하게 나타난다면 고혈압이나 수면무호흡증을 시사하는 증상일 수 있다. 코골이, 깊은 잠을 자지 못하고 잠에서 자주 깨는 증상, 아침 기상 후 두통, 전신 무력감, 낮에 과도하게 졸음이 나타난다면 수면무호흡증의 증상으로 생각할 수 있다.

여아는 고 안드로젠 혈증으로 인해 나타날 수 있는 다모증 및 여드름 증상과 다낭성난포증후군으로 인해 생리주기가 불규칙하지 않은지도 확인해야 한다. 과체중 및 비만인 청소년의 경우 우울증을 비롯한 정신과적 문제가 더 흔하다고 알려져 있다.

소아 청소년 비만의 관리 원칙

1. 아이에게 개별화된 치료 목표를 세워 연령, 비만 정도, 합병증 여부에 따라 치료를 결정한다.
2. 가족이 함께 치료에 참여한다.
3. 아이의 식습관과 생활 습관을 꾸준히 점검하고 관리한다.

4. 아이의 체중 증가와 관련 있는 행동이나 정신적, 사회적 요인을 검토한다.

5. 가정에서도 비만 관리가 가능한데 아이의 건강과 성장 발달에 도움이 되는 식이요법과 신체활동을 권한다.

Q&A

① 허리가 휜 것 같아요

척추는 정면에서 보았을 땐 일직선이며 옆에서 보았을 때는 목과 허리 부분은 앞으로, 가슴과 꼬리 부분은 뒤로 휘어 있습니다. 척추 옆굽음증(척추 측만증)은 정면에서 보았을 때 옆으로 휜 것을 말합니다. 정확한 진단과 치료를 위해서는 전문의의 진료와 방사선검사가 필요합니다.

정도에 따라 주기적인 진찰과 방사선검사를 시행하면서 경과를 관찰하거나 심한 경우 보조기 치료나 수술치료를 고려하게 됩니다.

특히 성장이 빠른 시기에 이러한 증상이 심해지기 쉬우므로 휜 정도가 진행되는지를 정확하게 살펴보는 것이 중요합니다.

많은 청소년이 요통을 호소하지만 요통과 척추 옆굽음증이 반드시 관련이 있다고 보기는 어려우며 요통이 잘못된 자세나 장시간 앉아있는 생활에서 오는 경우도 많아 증상이 지속될 때는 전문의의 정확한 진단을 받는 것이 중요합니다.

② 사춘기가 제때 오고 있는 건가요?

사춘기가 시작되면 일반적으로 여자는 유방이 커지고 남자는 고환이 커집니다. 여자의 경우 살이 쪄서 가슴이 커지는 것과 실제 사춘기 발달로 유방이 커지는 것을 구분하기 어려울 수가 있습니다.

남자의 경우는 보호자가 고환의 크기 증가를 관찰하기 어렵습니다. 특히 키가 부쩍 크는 시기는 여자 아이는 사춘기 중반, 남자 아이는 중후반이기 때문에 이 시기는 이미 사춘기가 시작된 이후일 가능성이 큽니다.

여자 아이가 8살 이전, 남자 아이가 9살 이전에 사춘기가 시작되었다면 성조숙증에 해당하며 반드시 진찰 및 상담이 필요합니다.

늦은 사춘기에 대한 나이 기준은 여러 가지가 있으나 여자 또는 남자에서 13살 이후로도 이차성징이 전혀 없거나 이차성징이 나타나기는 하였으나 유방이나 고환이 5년 이후에도 완전한 성인형으로 발달하지 않는다면 늦은 사춘기에 해당하며 이 경우에도 진찰 및 상담이 필요합니다.

③ 생리를 안 해요

생리 시작 시기는 엄마의 초경 나이와 상관관계가 높아 유전적인 영향이 크지만, 그 외에도 섭취하는 음식, 체지방량, 환경 등의 영향을 받습니다. 간혹 초경 후 1~2년간 생리가 매우 불규칙하여 초경을 하고도 초경이라는 것을 인식하지 못하는 때도 있습니다. 생리 양, 혈액 색깔, 규칙성 여부와 관계없이 생리 같은 질 출혈이 한 번이라도 있었다면 초경이 맞습니다.

생리를 하지 않는 원인은 다양하여 호르몬 이상, 체질적 지연, 체중 감소 및 다이어트, 심리적 스트레스, 비만, 과도한 운동, 임신, 선천적으로 생식기의 구조 이상이 있는 경우 등이 있습니다.

13살까지 이차성징이 전혀 없거나 유방발달 후 3년이 지나도 초경이 없거나 15살까지 초경이 없는 경우, 생리를 하다가도 3개월 이상 생리가 없는 경우는 바로 소아청소년과 전문의 상담과 진찰을 받아야 합니다.

④ 생리통이 심해요

생리와 관련하여 발생하는 통증은 상당수의 여학생이 경험하는 흔한 증상입니다. 생리통은 생리 직전이나 생리 직후에 시작되고 대개 하루에서 사흘 정도 지속합니다. 아랫배가 간혹 쥐어짜듯 아프고 허리 아랫부분이나 허벅지까지 아프기도 합니다. 어지러움, 두통, 메스꺼움, 구토, 설사가 같이 오기도 합니다. 엄마나 자매가 생리통이 있다면 나이가 들면 생리통이 좋아지는 경향을 보입니다.

생리통은 초경 이후 6~12개월부터 많이 발생하고 20살 경, 즉 생리를 규칙적으로 하게 되면 사라집니다.

생리통을 호소하는 아이들 대부분에게서는 특별한 병이 없지만, 통증을 참는 것만이 능사는 아닙니다. 약물치료가 매우 도움이 되며 특히 생리통 증상이 시작되자마자 또는 생리 직전이나 직후에 복용하는 것이 더 효과적입니다. 생리통이 심하면 다른 원인이 있는지 확인하기 위하여 진료를 받는 것이 좋습니다.

⑤ 생리가 불규칙해요

생리 첫날부터 다음 생리 첫날까지를 생리주기라고 하며 평균 28일입니다. 그러나 주기가 일정치 않다거나 생리 기간이 길거나 짧아지는 등의 불규칙함은 흔한 현상입니다. 생리량 또한 늘어나거나 줄어들며 규칙적이지 않을 수 있습니다. 이는 호르몬 불균형 때문인데 사춘기와 폐경 전 여성에게 많이 일어나는 현상으로, 대개 별도의 치료가 필요 없습니다.

특히 초경 후 1~2년간은 주기가 좀 긴 편이고 불규칙한 경향을 보입니다. 그러나 생리량이 많아 자주 생리대를 교환해야 하거나, 7일 이상 생리를 하거나, 생리주기가 3주 미만이라면 진찰과 상담이 필요합니다. 또한 생리주기가 끝나고 다음 생리주기 사이에 출혈이 있는 경우에도 상담이 필요합니다.

⑥ 탐폰을 사용해도 될까요?

탐폰 등의 삽입형 생리대는 초경 이후 언제든지 사용 가능하며 일반 생리대와 탐폰 중에서 필요에 따라 편한 것을 사용하면 됩니다. 탐폰은 생리대보다 몸속에 넣는 것이라는 생각 때문에 덜 안전할 거라는 생각이 많지만 탐폰은 질 내부에 위치하고 연결된 끈이 밖으로 나와 있어 몸에서 빠지지 않거나 자궁 쪽으로 더 깊이 들어가지는 않습니다. 자궁의 입구는 생각보다 좁아서 탐폰이 통과할 수 없습니다.

간혹 탐폰 사용 시 독성쇼크증후군이 발생하는 것은 사실입니다. 과거 흡수력이 매우 높은 재질로 만든 탐폰을 사용하였을 때 독성쇼크증후군이 많이 발생한 적이 있었으나 탐폰 재질을 바꾼 이후 그러한 문제가 훨씬 줄었습니다.

탐폰은 3~4시간마다 주기적으로 교체해야 하며 최대 8시간이 지나서는 안 됩니다. 교체할 때는 손을 깨끗이 씻어야 합니다.

탐폰 사용 중에 고열이 나거나 통증 혹은 안 좋은 냄새가 날 때는 즉시 탐폰을 빼고 진료를 받아야 합니다.

⑦ 생리를 미루는 약을 먹어도 될까요?

생리는 임신이 되지 않았을 경우 여성호르몬의 영향으로 두꺼워진 자궁내막이 탈락하는 현상입니다. 호르몬제를 사용하면 배란과 생리를 조절할 수 있는데 배란을 막는 피임제에는 에스트로젠과 프로게스테론 호르몬이 들어있어 생리를 미룰 수 있습니다. 생리를 미루고 싶을 때는 피임약을 사용할 수 있는데 약의 종류나 방법 등은 전문의의 상담을 받는 것이 좋습니다.

이전 달 생리가 시작할 때부터 복용하면 확실히 주기를 조절할 수 있으며 적어도 1주일 전부터 생리를 미루고 싶은 날까지 복용하고 중단하면 2~7일 후에는 생리를 시작하게 됩니다. 이 호르몬제들은 향후 임신, 출산 및 장기간 건강상의 위해가 없습니다. 그러나 일부에서는 사용이 제한되거나 약물마다 부작용이 있으므로 복용 전에 전문의의 상담을 받는 것이 좋습니다.

⑧ 편두통은 유전이 되나요?

편두통은 전체 아이 중 10% 이상의 소아가 경험하며, 사춘기 이후에 빈도가 더 증가합니다. 편두통은 학교, 생활이나 일상생활에 지장을 줄 수 있습니다. 편두통을 경험하는 소아 환자의 약 90%가 가족력을 보이는데 특히 엄마가 편두통이 있는 경우가 흔합니다.

편두통을 잘 유발하는 음식은 개인에 따라 다양하며 초콜릿, 귤, 채소류, 카페인, 콜라, 술, 수분 부족, 아이스크림, 찬물, 우유나 유제품, 육류나 달걀, MSG가 많이 포함된 라면이나 국수 등이 있습니다.

식이요법은 편두통 치료에 도움이 될 수 있습니다. 식이요법으로 두통의 빈도와 강도를 줄이고, 약 복용 횟수를 줄이고, 두통으로 인한 심리적인 문제를 해결할 수 있어 결국 자기 관리 능력을 향상시켜 삶의 질을 개선합니다.

편두통을 완화하기 위해 규칙적인 식사가 중요하고, 충분한 수분 섭취를 하는 것이 좋고, 저지방 식이는 편두통을 완화하며, 오메가-3 지방산과 올리브유가 도움이 될 수 있습니다. 그래도 편두통이 오랫동안 지속되면 소아신경 전문의의 진료를 받는 것이 좋습니다.

9 학교 소변검사에서 '요잠혈'이라는 결과가 나왔습니다 어떻게 해야 하나요?

요잠혈이란 소변에 피가 나오는 증상으로, 피가 나오는 일도 있고 소변검사 스틱이 소변에 섞인 다른 물질에 반응해 양성 소견이 보이는 일도 있습니다. 보통은 소변이 만들어지는 신장부터 방광에서 모여 배설되는 요도까지, 소변이 지나가는 길 어딘가에 상처가 나 있을 때 발생합니다.

소변에 적혈구가 나오는 경우는 그 원인이 다양하며 혈뇨가 지속하는 경우에는 원인을 확인하기 위해 혈압측정, 소변검사, 혈액검사, 초음파검사 등을 받아야 합니다. 여러 검사에서도 특별한 이상이 발견되지 않는 경우라면 정기적인 소변검사로 혈뇨 외의 이상이 발견되지 않는지 확인이 필요합니다.

10 아이가 시험 때마다 설사를 하면서 배가 아프다고 합니다 신경성인가요?

과민대장증후군을 의심할 수 있습니다. 대개 배꼽 주위나 아랫배가 아프며 배변 후 나아지곤 합니다. 4살 이상의 어린이에게서 주로 생기는 과민대장증후군에서는 음식물에 대한 못 견딤이나 알레르기 반응 등이 증상을 악화시킬 수 있습니다. 증상을 악화시키는 음식을 제한하는 것이 치료에 도움을 줄 수 있으나 필요 이상으로 음식을 제한해서는 안 됩니다. 특히 다른 질환과 구별하기 위해 검사가 필요할 수도 있습니다.

과민대장증후군이 있는 아이들에게서 유당불내성이 흔하므로 우유나 아이스크림, 요구르트, 치즈 등을 제한하는 것이 좋습니다. 이를 확인하기 위해 2주 정도 제거식이 요법을 한 후 증상 완화에 따라 지속 여부를 결정할 수 있습니다.

콩, 양배추, 브로콜리, 양파, 셀러리, 당근, 건포도, 바나나, 살구, 말린 서양자두, 밀 등과 같이 장내 가스를 많이 생성하는 식품은 복부 팽만감과 복통을 일으키므로 제한해야 합니다. 그 외에 찬 음료, 단 음식, 너무 맵고 짠 자극적인 음식도 줄이 도록 합니다.

식이섬유의 섭취는 변비가 주 증상인 과민대장증후군 환자에게 도움이 됩니다.

우리 아이 성장 확인하기

남자 0~35개월 신장 백분위수

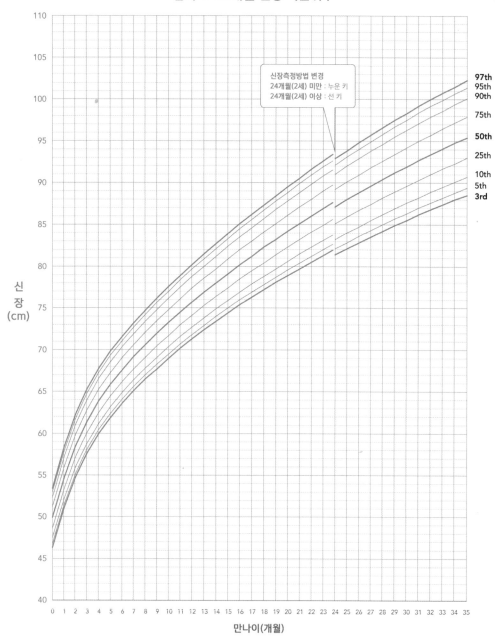

신장측정방법 변경
24개월(2세) 미만 : 누운 키
24개월(2세) 이상 : 선 키

97th
95th
90th
75th
50th
25th
10th
5th
3rd

신장 (cm)

만나이(개월)

남자 3~18세 신장 백분위수

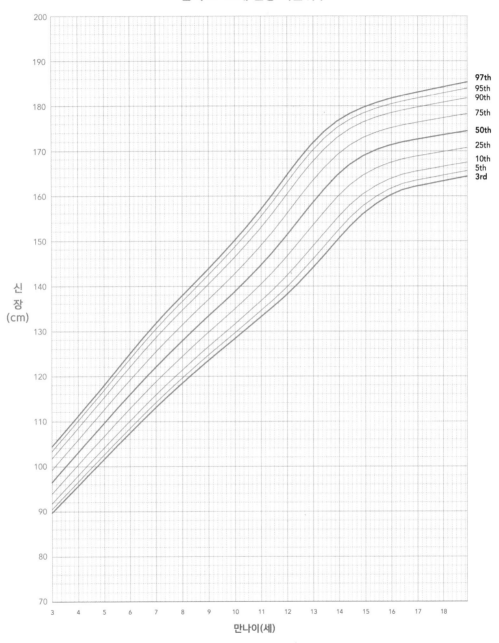

우리 아이 성장 확인하기

여자 0~35개월 신장 백분위수

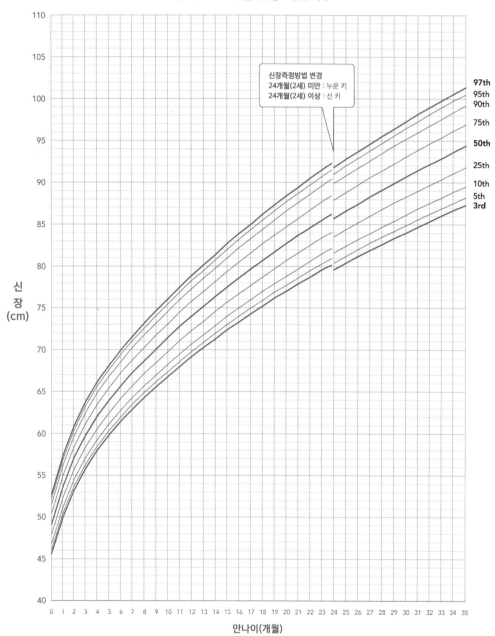

신장측정방법 변경
24개월(2세) 미만 : 누운 키
24개월(2세) 이상 : 선 키

97th
95th
90th
75th
50th
25th
10th
5th
3rd

신장(cm)

만나이(개월)

여자 3~18세 신장 백분위수

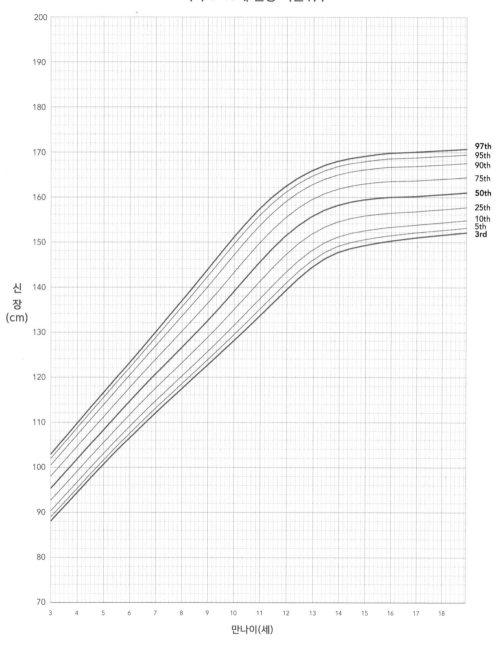

우리 아이 성장 확인하기

남자 0~35개월 체중 백분위수

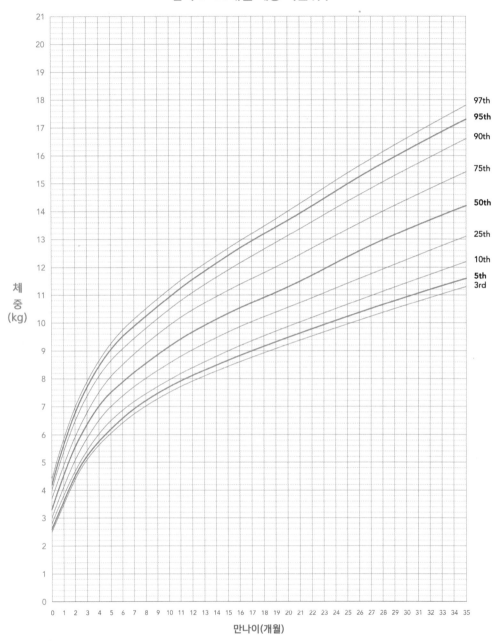

남자 3~18세 체중 백분위수

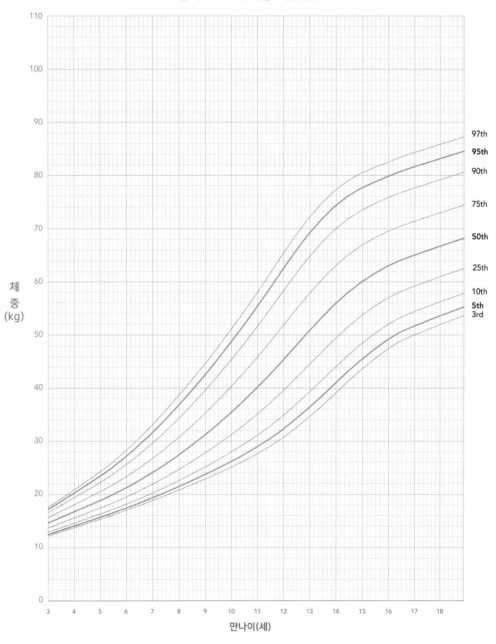

체중(kg)

만나이(세)

97th
95th
90th
75th
50th
25th
10th
5th
3rd

여자 0~35개월 체중 백분위수

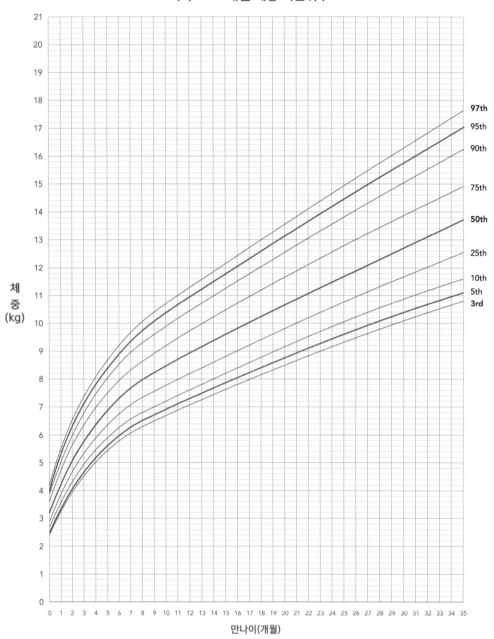

체중 (kg)

만나이(개월)

97th
95th
90th
75th
50th
25th
10th
5th
3rd

여자 3~18세 체중 백분위수

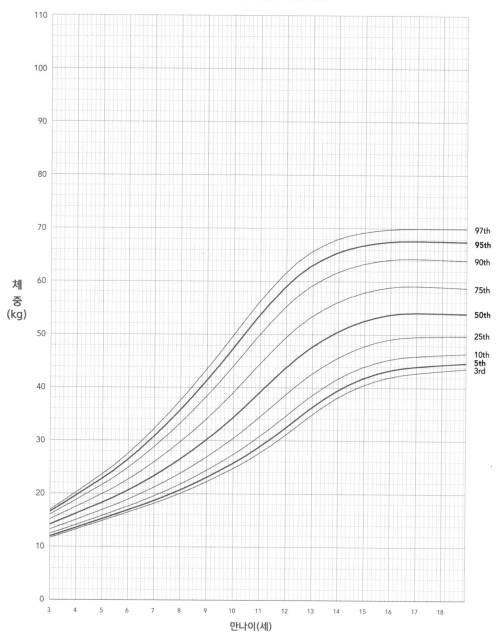

체중(kg)

만나이(세)

97th
95th
90th
75th
50th
25th
10th
5th
3rd

남자 2~18세 체질량지수 백분위수

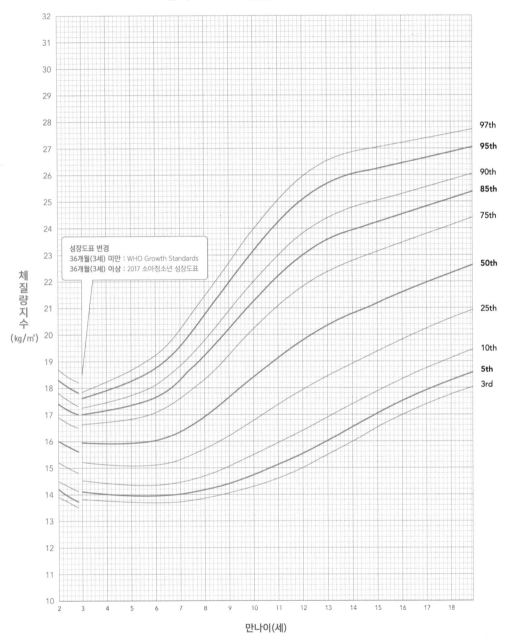

여자 2~18세 체질량지수 백분위수

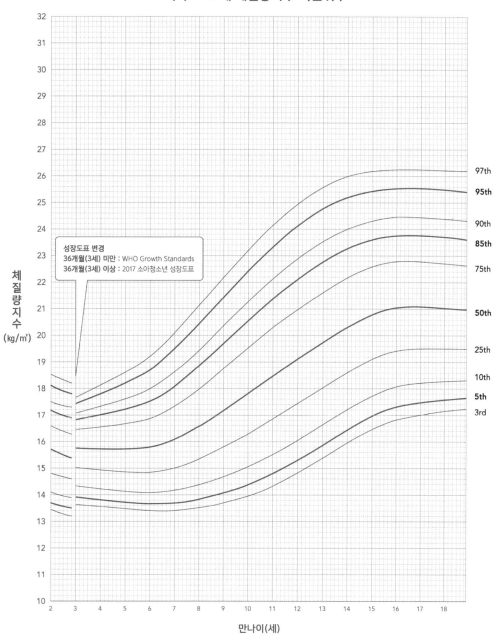

체질량지수 (kg/㎡)

만나이(세)

성장도표 변경
36개월(3세) 미만 : WHO Growth Standards
36개월(3세) 이상 : 2017 소아청소년 성장도표

97th
95th
90th
85th
75th
50th
25th
10th
5th
3rd

우리 아이 성장 확인하기

남자 0~23개월 신장별체중 백분위수

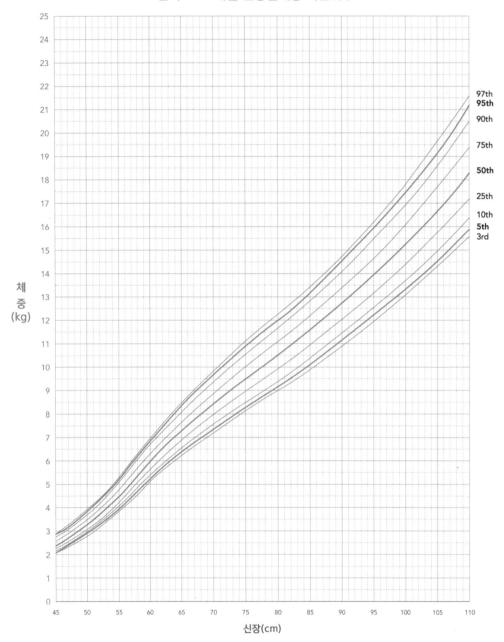

체중(kg)

신장(cm)

97th
95th
90th
75th
50th
25th
10th
5th
3rd

여자 0~23개월 신장별체중 백분위수

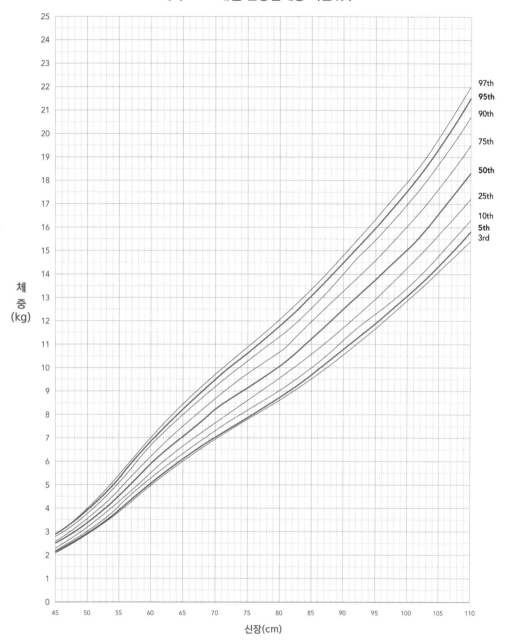

우리 아이 성장 확인하기

남자 0~35개월 신장 백분위수

만나이 (세)	만나이 (개월)	신장(cm) 백분위수										
		3rd	5th	10th	15th	25th	50th	75th	85th	90th	95th	97th
0	0	46.3	46.8	47.5	47.9	48.6	49.9	51.2	51.8	52.3	53.0	53.4
	1	51.1	51.5	52.2	52.7	53.4	54.7	56.0	56.7	57.2	57.9	58.4
	2	54.7	55.1	55.9	56.4	57.1	58.4	59.8	60.5	61.0	61.7	62.2
	3	57.6	58.1	58.8	59.3	60.1	61.4	62.8	63.5	64.0	64.8	65.3
	4	60.0	60.5	61.2	61.7	62.5	63.9	65.3	66.0	66.6	67.3	67.8
	5	61.9	62.4	63.2	63.7	64.5	65.9	67.3	68.1	68.6	69.4	69.9
	6	63.6	64.1	64.9	65.4	66.2	67.6	69.1	69.8	70.4	71.1	71.6
	7	65.1	65.6	66.4	66.9	67.7	69.2	70.6	71.4	71.9	72.7	73.2
	8	66.5	67.0	67.8	68.3	69.1	70.6	72.1	72.9	73.4	74.2	74.7
	9	67.7	68.3	69.1	69.6	70.5	72.0	73.5	74.3	74.8	75.7	76.2
	10	69.0	69.5	70.4	70.9	71.7	73.3	74.8	75.6	76.2	77.0	77.6
	11	70.2	70.7	71.6	72.1	73.0	74.5	76.1	77.0	77.5	78.4	78.9
1	12	71.3	71.8	72.7	73.3	74.1	75.7	77.4	78.2	78.8	79.7	80.2
	13	72.4	72.9	73.8	74.4	75.3	76.9	78.6	79.4	80.0	80.9	81.5
	14	73.4	74.0	74.9	75.5	76.4	78.0	79.7	80.6	81.2	82.1	82.7
	15	74.4	75.0	75.9	76.5	77.4	79.1	80.9	81.8	82.4	83.3	83.9
	16	75.4	76.0	76.9	77.5	78.5	80.2	82.0	82.9	83.5	84.5	85.1
	17	76.3	76.9	77.9	78.5	79.5	81.2	83.0	84.0	84.6	85.6	86.2
	18	77.2	77.8	78.8	79.5	80.4	82.3	84.1	85.1	85.7	86.7	87.3
	19	78.1	78.7	79.7	80.4	81.4	83.2	85.1	86.1	86.8	87.8	88.4
	20	78.9	79.6	80.6	81.3	82.3	84.2	86.1	87.1	87.8	88.8	89.5
	21	79.7	80.4	81.5	82.2	83.2	85.1	87.1	88.1	88.8	89.9	90.5
	22	80.5	81.2	82.3	83.0	84.1	86.0	88.0	89.1	89.8	90.9	91.6
	23	81.3	82.0	83.1	83.8	84.9	86.9	89.0	90.0	90.8	91.9	92.6
2	24*	81.4	82.1	83.2	83.9	85.1	87.1	89.2	90.3	91.0	92.1	92.9
	25	82.1	82.8	84.0	84.7	85.9	88.0	90.1	91.2	92.0	93.1	93.8
	26	82.8	83.6	84.7	85.5	86.7	88.8	90.9	92.1	92.9	94.0	94.8
	27	83.5	84.3	85.5	86.3	87.4	89.6	91.8	93.0	93.8	94.9	95.7
	28	84.2	85.0	86.2	87.0	88.2	90.4	92.6	93.8	94.6	95.8	96.6
	29	84.9	85.7	86.9	87.7	88.9	91.2	93.4	94.7	95.5	96.7	97.5
	30	85.5	86.3	87.6	88.4	89.6	91.9	94.2	95.5	96.3	97.5	98.3
	31	86.2	87.0	88.2	89.1	90.3	92.7	95.0	96.2	97.1	98.4	99.2
	32	86.8	87.6	88.9	89.7	91.0	93.4	95.7	97.0	97.9	99.2	100.0
	33	87.4	88.2	89.5	90.4	91.7	94.1	96.5	97.8	98.6	99.9	100.8
	34	88.0	88.8	90.1	91.0	92.3	94.8	97.2	98.5	99.4	100.7	101.5
	35	88.5	89.4	90.7	91.6	93.0	95.4	97.9	99.2	100.1	101.4	102.3

* 2세(24개월)부터 누운 키에서 선 키로 신장측정방법 변경

남자 3~18세 신장 백분위수

만나이 (세)	만나이 (개월)	신장(cm) 백분위수										
		3rd	5th	10th	15th	25th	50th	75th	85th	90th	95th	97th
3	36*	89.7	90.5	91.8	92.6	93.9	96.5	99.2	100.7	101.8	103.4	104.4
	37	90.2	91.0	92.3	93.2	94.5	97.0	99.8	101.3	102.3	103.9	105.0
	38	90.7	91.5	92.8	93.7	95.0	97.6	100.3	101.8	102.9	104.5	105.6
	39	91.2	92.0	93.3	94.2	95.5	98.1	100.9	102.4	103.5	105.1	106.1
	40	91.7	92.5	93.8	94.7	96.1	98.7	101.4	103.0	104.0	105.6	106.7
	41	92.2	93.0	94.3	95.3	96.6	99.2	102.0	103.5	104.6	106.2	107.2
	42	92.7	93.5	94.9	95.8	97.1	99.8	102.6	104.1	105.1	106.7	107.8
	43	93.2	94.0	95.4	96.3	97.7	100.3	103.1	104.6	105.7	107.3	108.4
	44	93.7	94.5	95.9	96.8	98.2	100.9	103.7	105.2	106.3	107.9	108.9
	45	94.2	95.0	96.4	97.3	98.7	101.4	104.2	105.8	106.8	108.4	109.5
	46	94.7	95.5	96.9	97.9	99.3	102.0	104.8	106.3	107.4	109.0	110.1
	47	95.2	96.0	97.4	98.4	99.8	102.5	105.3	106.9	108.0	109.6	110.6
4	48	95.6	96.5	97.9	98.9	100.3	103.1	105.9	107.5	108.5	110.1	111.2
	49	96.1	97.0	98.5	99.4	100.9	103.6	106.5	108.0	109.1	110.7	111.7
	50	96.6	97.5	99.0	99.9	101.4	104.2	107.0	108.6	109.6	111.3	112.3
	51	97.1	98.0	99.5	100.5	101.9	104.7	107.6	109.1	110.2	111.8	112.9
	52	97.6	98.6	100.0	101.0	102.5	105.3	108.1	109.7	110.8	112.4	113.4
	53	98.1	99.1	100.5	101.5	103.0	105.8	108.7	110.3	111.3	112.9	114.0
	54	98.6	99.6	101.0	102.0	103.5	106.3	109.2	110.8	111.9	113.5	114.6
	55	99.1	100.1	101.5	102.5	104.0	106.9	109.8	111.4	112.5	114.1	115.1
	56	99.6	100.6	102.0	103.1	104.6	107.4	110.3	111.9	113.0	114.6	115.7
	57	100.1	101.1	102.6	103.6	105.1	108.0	110.9	112.5	113.6	115.2	116.3
	58	100.6	101.6	103.1	104.1	105.6	108.5	111.5	113.1	114.1	115.8	116.8
	59	101.1	102.1	103.6	104.6	106.2	109.1	112.0	113.6	114.7	116.3	117.4
5	60	101.6	102.5	104.1	105.1	106.7	109.6	112.6	114.2	115.3	116.9	118.0
	61	102.0	103.0	104.6	105.6	107.2	110.1	113.1	114.7	115.8	117.5	118.6
	62	102.5	103.5	105.1	106.1	107.7	110.7	113.7	115.3	116.4	118.1	119.1
	63	103.0	104.0	105.6	106.6	108.2	111.2	114.2	115.8	117.0	118.6	119.7
	64	103.5	104.5	106.1	107.1	108.7	111.7	114.8	116.4	117.5	119.2	120.3
	65	104.0	105.0	106.6	107.7	109.2	112.2	115.3	117.0	118.1	119.8	120.9
	66	104.5	105.5	107.1	108.2	109.8	112.8	115.8	117.5	118.7	120.4	121.5
	67	105.0	106.0	107.6	108.7	110.3	113.3	116.4	118.1	119.2	120.9	122.1
	68	105.5	106.5	108.1	109.2	110.8	113.8	116.9	118.6	119.8	121.5	122.6
	69	105.9	107.0	108.6	109.7	111.3	114.4	117.5	119.2	120.3	122.1	123.2
	70	106.4	107.5	109.1	110.2	111.8	114.9	118.0	119.7	120.9	122.7	123.8
	71	106.9	108.0	109.6	110.7	112.3	115.4	118.6	120.3	121.5	123.3	124.4
6	72	107.4	108.4	110.1	111.2	112.8	115.9	119.1	120.8	122.0	123.8	125.0
	73	107.9	108.9	110.5	111.6	113.3	116.4	119.6	121.4	122.6	124.4	125.6
	74	108.3	109.4	111.0	112.1	113.8	117.0	120.2	121.9	123.2	125.0	126.1
	75	108.8	109.9	111.5	112.6	114.3	117.5	120.7	122.5	123.7	125.5	126.7
	76	109.3	110.4	112.0	113.1	114.8	118.0	121.3	123.0	124.3	126.1	127.3
	77	109.8	110.8	112.5	113.6	115.3	118.5	121.8	123.6	124.8	126.7	127.9
	78	110.3	111.3	113.0	114.1	115.8	119.0	122.3	124.1	125.4	127.2	128.4
	79	110.7	111.8	113.5	114.6	116.3	119.5	122.8	124.7	125.9	127.8	129.0
	80	111.2	112.3	113.9	115.1	116.8	120.0	123.4	125.2	126.4	128.3	129.5
	81	111.7	112.7	114.4	115.6	117.3	120.5	123.9	125.7	127.0	128.9	130.1
	82	112.1	113.2	114.9	116.1	117.8	121.0	124.4	126.2	127.5	129.4	130.6
	83	112.6	113.7	115.4	116.5	118.3	121.6	124.9	126.8	128.0	129.9	131.2

* 3세(36개월)부터 「WHO Growth Standards」에서 「2017 소아청소년 성장도표」로 변경

우리 아이 성장 확인하기

남자 3~18세 신장 백분위수

만나이 (세)	만나이 (개월)	신장(cm) 백분위수										
		3rd	5th	10th	15th	25th	50th	75th	85th	90th	95th	97th
7	84	113.1	114.2	115.9	117.0	118.8	122.1	125.4	127.3	128.6	130.5	131.7
	85	113.5	114.6	116.3	117.5	119.2	122.5	126.0	127.8	129.1	131.0	132.3
	86	114.0	115.1	116.8	118.0	119.7	123.0	126.5	128.3	129.6	131.5	132.8
	87	114.4	115.6	117.3	118.4	120.2	123.5	127.0	128.8	130.1	132.1	133.3
	88	114.9	116.0	117.7	118.9	120.7	124.0	127.5	129.4	130.7	132.6	133.9
	89	115.4	116.5	118.2	119.4	121.2	124.5	128.0	129.9	131.2	133.1	134.4
	90	115.8	116.9	118.7	119.9	121.6	125.0	128.5	130.4	131.7	133.6	134.9
	91	116.3	117.4	119.1	120.3	122.1	125.5	129.0	130.9	132.2	134.1	135.4
	92	116.7	117.8	119.6	120.8	122.6	126.0	129.5	131.4	132.7	134.6	135.9
	93	117.1	118.3	120.0	121.2	123.0	126.5	130.0	131.9	133.2	135.1	136.4
	94	117.6	118.7	120.5	121.7	123.5	126.9	130.4	132.4	133.7	135.7	136.9
	95	118.0	119.2	121.0	122.2	124.0	127.4	130.9	132.9	134.2	136.2	137.5
8	96	118.5	119.6	121.4	122.6	124.4	127.9	131.4	133.3	134.7	136.6	137.9
	97	118.9	120.0	121.8	123.1	124.9	128.3	131.9	133.8	135.1	137.1	138.4
	98	119.3	120.5	122.3	123.5	125.3	128.8	132.4	134.3	135.6	137.6	138.9
	99	119.8	120.9	122.7	124.0	125.8	129.3	132.8	134.8	136.1	138.1	139.4
	100	120.2	121.4	123.2	124.4	126.3	129.7	133.3	135.3	136.6	138.6	139.9
	101	120.6	121.8	123.6	124.9	126.7	130.2	133.8	135.8	137.1	139.1	140.4
	102	121.0	122.2	124.0	125.3	127.2	130.7	134.3	136.2	137.6	139.6	140.9
	103	121.5	122.6	124.5	125.7	127.6	131.1	134.7	136.7	138.1	140.1	141.4
	104	121.9	123.1	124.9	126.2	128.0	131.6	135.2	137.2	138.5	140.6	141.9
	105	122.3	123.5	125.4	126.6	128.5	132.1	135.7	137.7	139.0	141.0	142.4
	106	122.7	123.9	125.8	127.1	128.9	132.5	136.2	138.1	139.5	141.5	142.9
	107	123.2	124.4	126.2	127.5	129.4	133.0	136.6	138.6	140.0	142.0	143.4
9	108	123.6	124.8	126.6	127.9	129.8	133.4	137.1	139.1	140.5	142.5	143.9
	109	124.0	125.2	127.1	128.3	130.2	133.9	137.6	139.6	141.0	143.0	144.4
	110	124.4	125.6	127.5	128.8	130.7	134.3	138.0	140.1	141.5	143.6	144.9
	111	124.8	126.0	127.9	129.2	131.1	134.8	138.5	140.6	142.0	144.1	145.4
	112	125.2	126.4	128.3	129.6	131.5	135.2	139.0	141.0	142.4	144.6	146.0
	113	125.6	126.8	128.7	130.0	132.0	135.6	139.4	141.5	142.9	145.1	146.5
	114	126.0	127.2	129.1	130.4	132.4	136.1	139.9	142.0	143.4	145.6	147.0
	115	126.4	127.6	129.5	130.9	132.8	136.6	140.4	142.5	143.9	146.1	147.5
	116	126.8	128.0	130.0	131.3	133.3	137.0	140.9	143.0	144.5	146.6	148.1
	117	127.2	128.4	130.4	131.7	133.7	137.5	141.4	143.5	145.0	147.2	148.6
	118	127.6	128.8	130.8	132.1	134.1	137.9	141.8	144.0	145.5	147.7	149.1
	119	128.0	129.2	131.2	132.5	134.6	138.4	142.3	144.5	146.0	148.2	149.7
10	120	128.4	129.7	131.6	133.0	135.0	138.8	142.8	145.0	146.5	148.7	150.2
	121	128.8	130.1	132.1	133.4	135.4	139.3	143.3	145.5	147.0	149.3	150.8
	122	129.2	130.5	132.5	133.8	135.9	139.8	143.8	146.0	147.5	149.8	151.3
	123	129.6	130.9	132.9	134.3	136.3	140.3	144.3	146.5	148.1	150.4	151.9
	124	130.0	131.3	133.3	134.7	136.8	140.7	144.8	147.1	148.6	150.9	152.4
	125	130.4	131.7	133.7	135.1	137.2	141.2	145.3	147.6	149.1	151.4	153.0
	126	130.8	132.1	134.2	135.6	137.7	141.7	145.8	148.1	149.7	152.0	153.6
	127	131.2	132.5	134.6	136.0	138.2	142.2	146.4	148.7	150.2	152.6	154.1
	128	131.6	132.9	135.0	136.5	138.6	142.7	146.9	149.2	150.8	153.2	154.7
	129	132.0	133.4	135.5	136.9	139.1	143.2	147.4	149.7	151.3	153.7	155.3
	130	132.4	133.8	135.9	137.4	139.5	143.7	147.9	150.3	151.9	154.3	155.9
	131	132.8	134.2	136.3	137.8	140.0	144.2	148.5	150.8	152.4	154.9	156.5

남자 3~18세 신장 백분위수

만나이 (세)	만나이 (개월)	신장(cm) 백분위수										
		3rd	5th	10th	15th	25th	50th	75th	85th	90th	95th	97th
11	132	133.2	134.6	136.8	138.3	140.5	144.7	149.0	151.4	153.0	155.5	157.1
	133	133.6	135.0	137.2	138.7	141.0	145.2	149.6	152.0	153.6	156.1	157.7
	134	134.0	135.5	137.7	139.2	141.5	145.8	150.2	152.6	154.2	156.7	158.3
	135	134.4	135.9	138.1	139.7	141.9	146.3	150.7	153.2	154.8	157.3	159.0
	136	134.8	136.3	138.6	140.1	142.4	146.8	151.3	153.8	155.4	157.9	159.6
	137	135.2	136.7	139.0	140.6	142.9	147.4	151.9	154.3	156.0	158.5	160.2
	138	135.7	137.2	139.5	141.1	143.5	147.9	152.5	155.0	156.7	159.2	160.8
	139	136.1	137.6	140.0	141.6	144.0	148.5	153.1	155.6	157.3	159.8	161.5
	140	136.5	138.1	140.5	142.1	144.5	149.1	153.7	156.2	157.9	160.5	162.1
	141	136.9	138.5	140.9	142.6	145.1	149.7	154.3	156.8	158.6	161.1	162.8
	142	137.4	139.0	141.4	143.1	145.6	150.2	154.9	157.5	159.2	161.8	163.4
	143	137.8	139.4	141.9	143.6	146.1	150.8	155.6	158.1	159.8	162.4	164.1
12	144	138.2	139.9	142.4	144.1	146.7	151.4	156.2	158.7	160.5	163.0	164.7
	145	138.7	140.4	143.0	144.7	147.2	152.0	156.8	159.4	161.1	163.7	165.4
	146	139.2	140.9	143.5	145.2	147.8	152.6	157.4	160.0	161.7	164.3	166.0
	147	139.6	141.3	144.0	145.8	148.4	153.2	158.1	160.6	162.4	165.0	166.6
	148	140.1	141.8	144.5	146.3	149.0	153.8	158.7	161.3	163.0	165.6	167.3
	149	140.6	142.3	145.0	146.8	149.5	154.4	159.3	161.9	163.7	166.2	167.9
	150	141.1	142.9	145.6	147.4	150.1	155.0	159.9	162.5	164.2	166.8	168.5
	151	141.6	143.4	146.1	148.0	150.7	155.6	160.5	163.1	164.8	167.4	169.1
	152	142.1	143.9	146.7	148.6	151.3	156.2	161.1	163.7	165.4	168.0	169.6
	153	142.6	144.4	147.2	149.1	151.9	156.8	161.7	164.3	166.0	168.6	170.2
	154	143.1	145.0	147.8	149.7	152.4	157.4	162.3	164.9	166.6	169.2	170.8
	155	143.6	145.5	148.4	150.3	153.0	158.1	162.9	165.5	167.2	169.8	171.4
13	156	144.2	146.1	148.9	150.8	153.6	158.6	163.5	166.1	167.8	170.3	171.9
	157	144.7	146.6	149.5	151.4	154.2	159.2	164.1	166.6	168.3	170.8	172.4
	158	145.2	147.1	150.0	152.0	154.7	159.8	164.6	167.1	168.8	171.3	172.8
	159	145.8	147.7	150.6	152.5	155.3	160.3	165.2	167.7	169.3	171.8	173.3
	160	146.3	148.2	151.2	153.1	155.9	160.9	165.7	168.2	169.9	172.3	173.8
	161	146.8	148.8	151.7	153.7	156.5	161.5	166.3	168.8	170.4	172.8	174.3
	162	147.4	149.3	152.3	154.2	157.0	162.0	166.7	169.2	170.8	173.2	174.7
	163	147.9	149.9	152.8	154.8	157.6	162.5	167.2	169.6	171.3	173.6	175.1
	164	148.5	150.4	153.4	155.3	158.1	163.0	167.7	170.1	171.7	174.0	175.5
	165	149.0	151.0	153.9	155.9	158.6	163.5	168.2	170.5	172.1	174.4	175.8
	166	149.5	151.5	154.5	156.4	159.2	164.0	168.6	171.0	172.5	174.8	176.2
	167	150.1	152.1	155.0	157.0	159.7	164.5	169.1	171.4	173.0	175.2	176.6
14	168	150.6	152.6	155.5	157.4	160.2	165.0	169.5	171.8	173.3	175.5	176.9
	169	151.2	153.1	156.0	157.9	160.6	165.4	169.8	172.1	173.6	175.8	177.2
	170	151.7	153.6	156.5	158.4	161.1	165.8	170.2	172.5	174.0	176.1	177.5
	171	152.2	154.2	157.0	158.9	161.5	166.2	170.6	172.8	174.3	176.4	177.8
	172	152.8	154.7	157.5	159.4	162.0	166.6	171.0	173.2	174.6	176.7	178.0
	173	153.3	155.2	158.0	159.9	162.5	167.0	171.3	173.5	174.9	177.0	178.3
	174	153.8	155.6	158.4	160.2	162.8	167.4	171.6	173.8	175.2	177.3	178.6
	175	154.2	156.1	158.8	160.6	163.2	167.7	171.9	174.0	175.4	177.5	178.8
	176	154.7	156.5	159.3	161.0	163.6	168.0	172.2	174.3	175.7	177.7	179.0
	177	155.2	157.0	159.7	161.4	163.9	168.3	172.4	174.6	175.9	178.0	179.2
	178	155.6	157.4	160.1	161.8	164.3	168.6	172.7	174.8	176.2	178.2	179.5
	179	156.1	157.9	160.5	162.2	164.6	169.0	173.0	175.1	176.4	178.4	179.7

우리 아이 성장 확인하기

남자 3~18세 신장 백분위수

만나이 (세)	만나이 (개월)	신장(cm) 백분위수										
		3rd	5th	10th	15th	25th	50th	75th	85th	90th	95th	97th
15	180	156.5	158.2	160.8	162.5	164.9	169.2	173.2	175.3	176.6	178.6	179.9
	181	156.8	158.6	161.1	162.8	165.2	169.4	173.4	175.5	176.8	178.8	180.0
	182	157.2	158.9	161.4	163.1	165.4	169.6	173.6	175.6	177.0	179.0	180.2
	183	157.6	159.2	161.7	163.4	165.7	169.9	173.8	175.8	177.2	179.1	180.4
	184	158.0	159.6	162.0	163.6	166.0	170.1	174.0	176.0	177.4	179.3	180.6
	185	158.3	159.9	162.3	163.9	166.2	170.3	174.2	176.2	177.6	179.5	180.7
	186	158.6	160.2	162.6	164.1	166.4	170.5	174.3	176.4	177.7	179.6	180.9
	187	158.9	160.5	162.8	164.4	166.6	170.6	174.5	176.5	177.8	179.8	181.0
	188	159.2	160.7	163.0	164.6	166.8	170.8	174.6	176.6	178.0	179.9	181.2
	189	159.5	161.0	163.3	164.8	167.0	171.0	174.8	176.8	178.1	180.1	181.3
	190	159.8	161.3	163.5	165.0	167.2	171.1	174.9	176.9	178.3	180.2	181.5
	191	160.1	161.5	163.8	165.2	167.4	171.3	175.1	177.1	178.4	180.3	181.6
16	192	160.3	161.7	163.9	165.4	167.5	171.4	175.2	177.2	178.5	180.5	181.7
	193	160.5	161.9	164.1	165.5	167.7	171.5	175.3	177.3	178.6	180.6	181.8
	194	160.7	162.1	164.3	165.7	167.8	171.6	175.4	177.4	178.7	180.7	182.0
	195	160.9	162.3	164.4	165.9	167.9	171.8	175.5	177.5	178.8	180.8	182.1
	196	161.2	162.5	164.6	166.0	168.1	171.9	175.6	177.6	179.0	180.9	182.2
	197	161.4	162.7	164.8	166.2	168.2	172.0	175.7	177.7	179.1	181.0	182.3
	198	161.5	162.8	164.9	166.3	168.3	172.1	175.8	177.8	179.2	181.1	182.4
	199	161.6	163.0	165.0	166.4	168.4	172.2	175.9	177.9	179.3	181.3	182.5
	200	161.8	163.1	165.1	166.5	168.5	172.3	176.0	178.0	179.4	181.4	182.6
	201	161.9	163.2	165.2	166.6	168.6	172.4	176.1	178.1	179.5	181.5	182.8
	202	162.0	163.3	165.3	166.7	168.7	172.5	176.2	178.2	179.6	181.6	182.9
	203	162.1	163.4	165.5	166.8	168.8	172.6	176.3	178.3	179.7	181.7	183.0
17	204	162.2	163.5	165.5	166.9	168.9	172.6	176.4	178.4	179.7	181.8	183.1
	205	162.3	163.6	165.6	167.0	169.0	172.7	176.5	178.5	179.8	181.9	183.2
	206	162.4	163.7	165.7	167.1	169.1	172.8	176.5	178.6	179.9	182.0	183.3
	207	162.5	163.8	165.8	167.1	169.1	172.9	176.6	178.6	180.0	182.0	183.4
	208	162.6	163.9	165.9	167.2	169.2	173.0	176.7	178.7	180.1	182.1	183.5
	209	162.7	164.0	166.0	167.3	169.3	173.0	176.8	178.8	180.2	182.2	183.6
	210	162.8	164.1	166.1	167.4	169.4	173.1	176.9	178.9	180.3	182.3	183.7
	211	162.9	164.2	166.1	167.5	169.5	173.2	177.0	179.0	180.4	182.4	183.8
	212	163.0	164.3	166.2	167.6	169.6	173.3	177.0	179.1	180.5	182.5	183.9
	213	163.1	164.3	166.3	167.7	169.6	173.4	177.1	179.2	180.6	182.6	184.0
	214	163.2	164.4	166.4	167.7	169.7	173.4	177.2	179.3	180.6	182.7	184.1
	215	163.3	164.5	166.5	167.8	169.8	173.5	177.3	179.3	180.7	182.8	184.2
18	216	163.3	164.6	166.6	167.9	169.9	173.6	177.4	179.4	180.8	182.9	184.3
	217	163.4	164.7	166.7	168.0	170.0	173.7	177.5	179.5	180.9	183.0	184.4
	218	163.5	164.8	166.7	168.1	170.0	173.8	177.5	179.6	181.0	183.1	184.5
	219	163.6	164.9	166.8	168.2	170.1	173.8	177.6	179.7	181.1	183.2	184.6
	220	163.7	165.0	166.9	168.2	170.2	173.9	177.7	179.8	181.2	183.3	184.7
	221	163.8	165.1	167.0	168.3	170.3	174.0	177.8	179.9	181.3	183.4	184.8
	222	163.9	165.1	167.1	168.4	170.4	174.1	177.9	179.9	181.3	183.5	184.8
	223	164.0	165.2	167.2	168.5	170.4	174.2	177.9	180.0	181.4	183.6	184.9
	224	164.1	165.3	167.3	168.6	170.5	174.2	178.0	180.1	181.5	183.7	185.0
	225	164.2	165.4	167.3	168.6	170.6	174.3	178.1	180.2	181.6	183.7	185.1
	226	164.3	165.5	167.4	168.7	170.7	174.4	178.2	180.3	181.7	183.8	185.2
	227	164.4	165.6	167.5	168.8	170.8	174.5	178.3	180.4	181.8	183.9	185.3

남자 0~35개월 체중 백분위수

만나이 (세)	만나이 (개월)	체중(kg) 백분위수										
		3rd	5th	10th	15th	25th	50th	75th	85th	90th	95th	97th
0	0	2.5	2.6	2.8	2.9	3.0	3.3	3.7	3.9	4.0	4.2	4.3
	1	3.4	3.6	3.8	3.9	4.1	4.5	4.9	5.1	5.3	5.5	5.7
	2	4.4	4.5	4.7	4.9	5.1	5.6	6.0	6.3	6.5	6.8	7.0
	3	5.1	5.2	5.5	5.6	5.9	6.4	6.9	7.2	7.4	7.7	7.9
	4	5.6	5.8	6.0	6.2	6.5	7.0	7.6	7.9	8.1	8.4	8.6
	5	6.1	6.2	6.5	6.7	7.0	7.5	8.1	8.4	8.6	9.0	9.2
	6	6.4	6.6	6.9	7.1	7.4	7.9	8.5	8.9	9.1	9.5	9.7
	7	6.7	6.9	7.2	7.4	7.7	8.3	8.9	9.3	9.5	9.9	10.2
	8	7.0	7.2	7.5	7.7	8.0	8.6	9.3	9.6	9.9	10.3	10.5
	9	7.2	7.4	7.7	7.9	8.3	8.9	9.6	10.0	10.2	10.6	10.9
	10	7.5	7.7	8.0	8.2	8.5	9.2	9.9	10.3	10.5	10.9	11.2
	11	7.7	7.9	8.2	8.4	8.7	9.4	10.1	10.5	10.8	11.2	11.5
1	12	7.8	8.1	8.4	8.6	9.0	9.6	10.4	10.8	11.1	11.5	11.8
	13	8.0	8.2	8.6	8.8	9.2	9.9	10.6	11.1	11.4	11.8	12.1
	14	8.2	8.4	8.8	9.0	9.4	10.1	10.9	11.3	11.6	12.1	12.4
	15	8.4	8.6	9.0	9.2	9.6	10.3	11.1	11.6	11.9	12.3	12.7
	16	8.5	8.8	9.1	9.4	9.8	10.5	11.3	11.8	12.1	12.6	12.9
	17	8.7	8.9	9.3	9.6	10.0	10.7	11.6	12.0	12.4	12.9	13.2
	18	8.9	9.1	9.5	9.7	10.1	10.9	11.8	12.3	12.6	13.1	13.5
	19	9.0	9.3	9.7	9.9	10.3	11.1	12.0	12.5	12.9	13.4	13.7
	20	9.2	9.4	9.8	10.1	10.5	11.3	12.2	12.7	13.1	13.6	14.0
	21	9.3	9.6	10.0	10.3	10.7	11.5	12.5	13.0	13.3	13.9	14.3
	22	9.5	9.8	10.2	10.5	10.9	11.8	12.7	13.2	13.6	14.2	14.5
	23	9.7	9.9	10.3	10.6	11.1	12.0	12.9	13.4	13.8	14.4	14.8
2	24	9.8	10.1	10.5	10.8	11.3	12.2	13.1	13.7	14.1	14.7	15.1
	25	10.0	10.2	10.7	11.0	11.4	12.4	13.3	13.9	14.3	14.9	15.3
	26	10.1	10.4	10.8	11.1	11.6	12.5	13.6	14.1	14.6	15.2	15.6
	27	10.2	10.5	11.0	11.3	11.8	12.7	13.8	14.4	14.8	15.4	15.9
	28	10.4	10.7	11.1	11.5	12.0	12.9	14.0	14.6	15.0	15.7	16.1
	29	10.5	10.8	11.3	11.6	12.1	13.1	14.2	14.8	15.2	15.9	16.4
	30	10.7	11.0	11.4	11.8	12.3	13.3	14.4	15.0	15.5	16.2	16.6
	31	10.8	11.1	11.6	11.9	12.4	13.5	14.6	15.2	15.7	16.4	16.9
	32	10.9	11.2	11.7	12.1	12.6	13.7	14.8	15.5	15.9	16.6	17.1
	33	11.1	11.4	11.9	12.2	12.8	13.8	15.0	15.7	16.1	16.9	17.3
	34	11.2	11.5	12.0	12.4	12.9	14.0	15.2	15.9	16.3	17.1	17.6
	35	11.3	11.6	12.2	12.5	13.1	14.2	15.4	16.1	16.6	17.3	17.8

우리 아이 성장 확인하기

남자 3~18세 체중 백분위수

만나이 (세)	만나이 (개월)	체중(kg) 백분위수										
		3rd	5th	10th	15th	25th	50th	75th	85th	90th	95th	97th
3	36*	12.3	12.6	13.0	13.3	13.8	14.7	15.7	16.3	16.7	17.3	17.7
	37	12.4	12.7	13.2	13.5	14.0	14.9	15.9	16.5	16.9	17.5	17.9
	38	12.5	12.8	13.3	13.6	14.1	15.1	16.1	16.7	17.1	17.8	18.2
	39	12.7	13.0	13.4	13.8	14.3	15.3	16.3	16.9	17.4	18.0	18.5
	40	12.8	13.1	13.6	13.9	14.4	15.4	16.5	17.2	17.6	18.3	18.7
	41	12.9	13.2	13.7	14.0	14.6	15.6	16.7	17.4	17.8	18.5	19.0
	42	13.0	13.4	13.8	14.2	14.7	15.8	16.9	17.6	18.1	18.8	19.3
	43	13.2	13.5	14.0	14.3	14.9	16.0	17.1	17.8	18.3	19.1	19.6
	44	13.3	13.6	14.1	14.5	15.0	16.1	17.3	18.0	18.5	19.3	19.8
	45	13.4	13.8	14.3	14.6	15.2	16.3	17.5	18.3	18.8	19.6	20.1
	46	13.6	13.9	14.4	14.8	15.3	16.5	17.7	18.5	19.0	19.8	20.4
	47	13.7	14.0	14.5	14.9	15.5	16.7	17.9	18.7	19.2	20.1	20.7
4	48	13.8	14.2	14.7	15.1	15.6	16.8	18.1	18.9	19.5	20.4	20.9
	49	14.0	14.3	14.8	15.2	15.8	17.0	18.4	19.1	19.7	20.6	21.2
	50	14.1	14.4	15.0	15.4	16.0	17.2	18.6	19.4	20.0	20.9	21.5
	51	14.2	14.6	15.1	15.5	16.1	17.4	18.8	19.6	20.2	21.1	21.8
	52	14.4	14.7	15.3	15.7	16.3	17.5	19.0	19.8	20.4	21.4	22.1
	53	14.5	14.8	15.4	15.8	16.4	17.7	19.2	20.0	20.7	21.7	22.3
	54	14.6	15.0	15.5	15.9	16.6	17.9	19.4	20.3	20.9	21.9	22.6
	55	14.7	15.1	15.7	16.1	16.7	18.1	19.6	20.5	21.1	22.2	22.9
	56	14.9	15.2	15.8	16.2	16.9	18.2	19.8	20.7	21.4	22.5	23.2
	57	15.0	15.4	16.0	16.4	17.1	18.4	20.0	20.9	21.6	22.7	23.5
	58	15.1	15.5	16.1	16.5	17.2	18.6	20.2	21.2	21.9	23.0	23.8
	59	15.3	15.6	16.3	16.7	17.4	18.8	20.4	21.4	22.1	23.3	24.1
5	60	15.4	15.8	16.4	16.8	17.5	19.0	20.6	21.6	22.4	23.5	24.3
	61	15.5	15.9	16.5	17.0	17.7	19.1	20.8	21.9	22.6	23.8	24.6
	62	15.7	16.1	16.7	17.1	17.9	19.3	21.0	22.1	22.9	24.1	24.9
	63	15.8	16.2	16.8	17.3	18.0	19.5	21.3	22.3	23.1	24.4	25.2
	64	15.9	16.3	17.0	17.4	18.2	19.7	21.5	22.6	23.4	24.6	25.5
	65	16.1	16.5	17.1	17.6	18.3	19.9	21.7	22.8	23.6	24.9	25.8
	66	16.2	16.6	17.3	17.8	18.5	20.1	21.9	23.1	23.9	25.2	26.2
	67	16.4	16.8	17.4	17.9	18.7	20.3	22.2	23.3	24.2	25.6	26.5
	68	16.5	16.9	17.6	18.1	18.9	20.5	22.4	23.6	24.5	25.9	26.9
	69	16.7	17.1	17.8	18.3	19.0	20.7	22.7	23.9	24.8	26.2	27.3
	70	16.8	17.2	17.9	18.4	19.2	20.9	22.9	24.1	25.1	26.5	27.6
	71	16.9	17.4	18.1	18.6	19.4	21.1	23.2	24.4	25.3	26.9	28.0
6	72	17.1	17.5	18.3	18.8	19.6	21.3	23.4	24.7	25.7	27.2	28.3
	73	17.2	17.7	18.4	19.0	19.8	21.6	23.7	25.0	26.0	27.6	28.7
	74	17.4	17.8	18.6	19.1	20.0	21.8	24.0	25.3	26.3	27.9	29.1
	75	17.5	18.0	18.8	19.3	20.2	22.0	24.2	25.6	26.6	28.3	29.5
	76	17.7	18.2	18.9	19.5	20.4	22.3	24.5	25.9	27.0	28.7	29.9
	77	17.8	18.3	19.1	19.7	20.6	22.5	24.8	26.2	27.3	29.0	30.3
	78	18.0	18.5	19.3	19.9	20.8	22.7	25.1	26.5	27.6	29.4	30.7
	79	18.2	18.7	19.5	20.1	21.0	23.0	25.4	26.9	28.0	29.8	31.1
	80	18.3	18.8	19.6	20.2	21.2	23.2	25.7	27.2	28.3	30.2	31.5
	81	18.5	19.0	19.8	20.4	21.4	23.5	25.9	27.5	28.7	30.6	31.9
	82	18.6	19.2	20.0	20.6	21.6	23.7	26.2	27.8	29.0	30.9	32.3
	83	18.8	19.3	20.2	20.8	21.8	24.0	26.5	28.2	29.4	31.3	32.8

* 3세(36개월)부터 「WHO Growth Standards」에서 「2017 소아청소년 성장도표」로 변경

만나이 (세)	만나이 (개월)	체중(kg) 백분위수										
		3rd	5th	10th	15th	25th	50th	75th	85th	90th	95th	97th
7	84	18.9	19.5	20.4	21.0	22.0	24.2	26.9	28.5	29.7	31.7	33.2
	85	19.1	19.7	20.6	21.2	22.3	24.5	27.2	28.9	30.1	32.2	33.7
	86	19.3	19.8	20.7	21.4	22.5	24.7	27.5	29.2	30.5	32.6	34.1
	87	19.4	20.0	20.9	21.6	22.7	25.0	27.8	29.5	30.9	33.0	34.5
	88	19.6	20.2	21.1	21.8	22.9	25.3	28.1	29.9	31.2	33.4	35.0
	89	19.8	20.3	21.3	22.0	23.1	25.5	28.4	30.2	31.6	33.8	35.4
	90	19.9	20.5	21.5	22.2	23.4	25.8	28.8	30.6	32.0	34.3	35.9
	91	20.1	20.7	21.7	22.4	23.6	26.1	29.1	31.0	32.4	34.7	36.4
	92	20.2	20.9	21.9	22.6	23.8	26.4	29.4	31.4	32.8	35.2	36.8
	93	20.4	21.0	22.1	22.9	24.1	26.7	29.8	31.7	33.2	35.6	37.3
	94	20.6	21.2	22.3	23.1	24.3	26.9	30.1	32.1	33.6	36.0	37.8
	95	20.7	21.4	22.5	23.3	24.5	27.2	30.5	32.5	34.0	36.5	38.3
8	96	20.9	21.6	22.7	23.5	24.8	27.5	30.8	32.9	34.4	36.9	38.7
	97	21.1	21.8	22.9	23.7	25.0	27.8	31.2	33.3	34.8	37.4	39.2
	98	21.3	22.0	23.1	24.0	25.3	28.1	31.6	33.7	35.3	37.9	39.7
	99	21.4	22.1	23.3	24.2	25.5	28.4	31.9	34.1	35.7	38.3	40.2
	100	21.6	22.3	23.5	24.4	25.8	28.7	32.3	34.5	36.1	38.8	40.7
	101	21.8	22.5	23.7	24.6	26.0	29.1	32.7	34.9	36.5	39.2	41.1
	102	21.9	22.7	24.0	24.9	26.3	29.4	33.0	35.3	37.0	39.7	41.6
	103	22.1	22.9	24.2	25.1	26.6	29.7	33.4	35.7	37.4	40.2	42.2
	104	22.3	23.1	24.4	25.3	26.8	30.0	33.8	36.1	37.9	40.7	42.7
	105	22.5	23.3	24.6	25.6	27.1	30.3	34.2	36.6	38.3	41.1	43.2
	106	22.6	23.5	24.8	25.8	27.4	30.7	34.6	37.0	38.8	41.6	43.7
	107	22.8	23.7	25.0	26.0	27.6	31.0	35.0	37.4	39.2	42.1	44.2
9	108	23.0	23.8	25.3	26.3	27.9	31.3	35.4	37.9	39.7	42.6	44.7
	109	23.2	24.0	25.5	26.5	28.2	31.7	35.8	38.3	40.1	43.1	45.2
	110	23.3	24.2	25.7	26.8	28.5	32.0	36.2	38.7	40.6	43.6	45.7
	111	23.5	24.4	25.9	27.0	28.7	32.3	36.6	39.2	41.1	44.1	46.3
	112	23.7	24.6	26.2	27.3	29.0	32.7	37.0	39.6	41.5	44.6	46.8
	113	23.9	24.8	26.4	27.5	29.3	33.0	37.4	40.1	42.0	45.1	47.3
	114	24.1	25.0	26.6	27.8	29.6	33.4	37.8	40.5	42.5	45.7	47.9
	115	24.3	25.2	26.9	28.0	29.9	33.7	38.3	41.0	43.0	46.2	48.4
	116	24.4	25.4	27.1	28.3	30.2	34.1	38.7	41.5	43.5	46.7	49.0
	117	24.6	25.6	27.3	28.5	30.4	34.4	39.1	41.9	44.0	47.2	49.5
	118	24.8	25.9	27.6	28.8	30.7	34.8	39.5	42.4	44.5	47.8	50.1
	119	25.0	26.1	27.8	29.1	31.0	35.2	40.0	42.9	45.0	48.3	50.6
10	120	25.2	26.3	28.1	29.3	31.3	35.5	40.4	43.3	45.5	48.8	51.2
	121	25.4	26.5	28.3	29.6	31.6	35.9	40.8	43.8	46.0	49.4	51.8
	122	25.6	26.7	28.6	29.9	32.0	36.3	41.3	44.3	46.5	49.9	52.3
	123	25.8	26.9	28.8	30.2	32.3	36.7	41.7	44.8	47.0	50.5	52.9
	124	26.0	27.2	29.1	30.4	32.6	37.0	42.2	45.3	47.5	51.0	53.4
	125	26.2	27.4	29.3	30.7	32.9	37.4	42.6	45.7	48.0	51.5	54.0
	126	26.4	27.6	29.6	31.0	33.2	37.8	43.1	46.2	48.5	52.1	54.6
	127	26.6	27.9	29.9	31.3	33.5	38.2	43.6	46.7	49.0	52.7	55.1
	128	26.8	28.1	30.1	31.6	33.9	38.6	44.0	47.2	49.6	53.2	55.7
	129	27.1	28.3	30.4	31.9	34.2	39.0	44.5	47.7	50.1	53.8	56.3
	130	27.3	28.6	30.7	32.2	34.5	39.4	44.9	48.2	50.6	54.3	56.9
	131	27.5	28.8	30.9	32.5	34.9	39.8	45.4	48.7	51.1	54.9	57.5

만나이 (세)	만나이 (개월)	체중(kg) 백분위수										
		3rd	5th	10th	15th	25th	50th	75th	85th	90th	95th	97th
11	132	27.7	29.1	31.2	32.8	35.2	40.2	45.9	49.3	51.7	55.5	58.1
	133	28.0	29.3	31.5	33.1	35.6	40.6	46.4	49.8	52.2	56.1	58.7
	134	28.2	29.6	31.8	33.4	35.9	41.1	46.9	50.3	52.8	56.6	59.3
	135	28.4	29.8	32.1	33.7	36.3	41.5	47.4	50.8	53.3	57.2	59.9
	136	28.7	30.1	32.4	34.0	36.6	41.9	47.9	51.4	53.9	57.8	60.5
	137	28.9	30.3	32.7	34.3	37.0	42.3	48.3	51.9	54.4	58.4	61.1
	138	29.2	30.6	33.0	34.7	37.3	42.8	48.9	52.4	55.0	59.0	61.7
	139	29.4	30.9	33.3	35.0	37.7	43.2	49.4	53.0	55.6	59.6	62.4
	140	29.7	31.2	33.6	35.4	38.1	43.6	49.9	53.5	56.1	60.2	63.0
	141	30.0	31.5	34.0	35.7	38.5	44.1	50.4	54.1	56.7	60.8	63.6
	142	30.2	31.8	34.3	36.1	38.9	44.5	50.9	54.6	57.3	61.4	64.2
	143	30.5	32.1	34.6	36.4	39.2	45.0	51.4	55.1	57.8	62.0	64.8
12	144	30.8	32.4	35.0	36.8	39.6	45.4	51.9	55.7	58.4	62.6	65.4
	145	31.1	32.7	35.3	37.2	40.0	45.9	52.4	56.2	58.9	63.1	66.0
	146	31.4	33.1	35.7	37.5	40.4	46.3	52.9	56.8	59.5	63.7	66.6
	147	31.7	33.4	36.0	37.9	40.8	46.8	53.4	57.3	60.0	64.3	67.2
	148	32.1	33.7	36.4	38.3	41.3	47.3	53.9	57.8	60.6	64.9	67.8
	149	32.4	34.0	36.7	38.7	41.7	47.7	54.5	58.4	61.2	65.5	68.4
	150	32.7	34.4	37.1	39.1	42.1	48.2	55.0	58.9	61.7	66.0	69.0
	151	33.0	34.7	37.5	39.4	42.5	48.6	55.4	59.4	62.2	66.6	69.5
	152	33.4	35.1	37.9	39.8	42.9	49.1	55.9	59.9	62.7	67.1	70.1
	153	33.7	35.4	38.2	40.2	43.3	49.5	56.4	60.4	63.3	67.6	70.6
	154	34.0	35.8	38.6	40.6	43.7	50.0	56.9	61.0	63.8	68.2	71.2
	155	34.3	36.1	39.0	41.0	44.1	50.5	57.4	61.5	64.3	68.7	71.7
13	156	34.7	36.5	39.4	41.4	44.6	50.9	57.9	61.9	64.8	69.2	72.2
	157	35.1	36.9	39.8	41.8	45.0	51.3	58.4	62.4	65.3	69.7	72.7
	158	35.4	37.2	40.1	42.2	45.4	51.8	58.8	62.9	65.8	70.2	73.2
	159	35.8	37.6	40.5	42.6	45.8	52.2	59.3	63.4	66.2	70.7	73.6
	160	36.1	38.0	40.9	43.0	46.2	52.7	59.8	63.8	66.7	71.1	74.1
	161	36.5	38.3	41.3	43.4	46.6	53.1	60.2	64.3	67.2	71.6	74.6
	162	36.9	38.7	41.7	43.8	47.0	53.5	60.6	64.7	67.6	72.0	75.0
	163	37.2	39.1	42.1	44.2	47.4	53.9	61.1	65.1	68.0	72.4	75.4
	164	37.6	39.5	42.5	44.6	47.9	54.4	61.5	65.6	68.4	72.8	75.8
	165	38.0	39.9	42.9	45.0	48.3	54.8	61.9	66.0	68.8	73.2	76.2
	166	38.4	40.3	43.3	45.4	48.7	55.2	62.3	66.4	69.2	73.6	76.6
	167	38.8	40.7	43.7	45.8	49.1	55.6	62.7	66.8	69.7	74.0	77.0
14	168	39.2	41.0	44.1	46.2	49.5	56.0	63.1	67.1	70.0	74.4	77.3
	169	39.6	41.4	44.5	46.6	49.9	56.4	63.5	67.5	70.3	74.7	77.6
	170	39.9	41.8	44.9	47.0	50.2	56.7	63.8	67.8	70.7	75.0	77.9
	171	40.3	42.2	45.2	47.4	50.6	57.1	64.2	68.2	71.0	75.4	78.3
	172	40.7	42.6	45.6	47.8	51.0	57.5	64.5	68.5	71.4	75.7	78.6
	173	41.1	43.0	46.0	48.1	51.4	57.9	64.9	68.9	71.7	76.0	78.9
	174	41.5	43.4	46.4	48.5	51.8	58.2	65.2	69.2	72.0	76.3	79.1
	175	41.9	43.7	46.8	48.9	52.1	58.5	65.5	69.5	72.3	76.5	79.4
	176	42.2	44.1	47.1	49.2	52.4	58.9	65.8	69.8	72.5	76.8	79.6
	177	42.6	44.5	47.5	49.6	52.8	59.2	66.1	70.0	72.8	77.0	79.9
	178	43.0	44.9	47.8	49.9	53.1	59.5	66.4	70.3	73.1	77.3	80.1
	179	43.4	45.2	48.2	50.3	53.5	59.8	66.7	70.6	73.3	77.5	80.3

남자 3~18세 체중 백분위수

만나이 (세)	만나이 (개월)	체중(kg) 백분위수										
		3rd	5th	10th	15th	25th	50th	75th	85th	90th	95th	97th
15	180	43.7	45.6	48.5	50.6	53.8	60.1	66.9	70.8	73.6	77.7	80.5
	181	44.0	45.9	48.9	50.9	54.1	60.4	67.2	71.1	73.8	77.9	80.7
	182	44.4	46.2	49.2	51.2	54.4	60.7	67.4	71.3	74.0	78.1	80.9
	183	44.7	46.6	49.5	51.6	54.7	60.9	67.7	71.5	74.2	78.3	81.1
	184	45.1	46.9	49.8	51.9	55.0	61.2	67.9	71.7	74.4	78.5	81.2
	185	45.4	47.2	50.1	52.2	55.3	61.5	68.2	72.0	74.6	78.7	81.4
	186	45.7	47.5	50.4	52.5	55.6	61.7	68.4	72.1	74.8	78.9	81.6
	187	46.0	47.8	50.7	52.7	55.8	61.9	68.6	72.3	75.0	79.0	81.7
	188	46.3	48.1	51.0	53.0	56.1	62.2	68.8	72.5	75.2	79.2	81.9
	189	46.6	48.4	51.3	53.3	56.3	62.4	69.0	72.7	75.3	79.4	82.1
	190	46.9	48.7	51.6	53.5	56.6	62.6	69.2	72.9	75.5	79.5	82.2
	191	47.2	49.0	51.8	53.8	56.8	62.9	69.4	73.1	75.7	79.7	82.4
16	192	47.5	49.3	52.1	54.0	57.1	63.1	69.6	73.3	75.9	79.9	82.5
	193	47.8	49.5	52.3	54.3	57.3	63.2	69.7	73.4	76.0	80.0	82.7
	194	48.0	49.8	52.5	54.5	57.5	63.4	69.9	73.6	76.2	80.2	82.9
	195	48.3	50.0	52.8	54.7	57.7	63.6	70.1	73.8	76.4	80.4	83.0
	196	48.5	50.3	53.0	54.9	57.9	63.8	70.2	73.9	76.5	80.5	83.2
	197	48.8	50.5	53.2	55.2	58.1	64.0	70.4	74.1	76.7	80.7	83.4
	198	49.0	50.7	53.4	55.3	58.3	64.2	70.6	74.2	76.8	80.8	83.5
	199	49.2	50.9	53.6	55.5	58.4	64.3	70.7	74.4	77.0	81.0	83.7
	200	49.3	51.0	53.8	55.7	58.6	64.5	70.9	74.5	77.1	81.1	83.8
	201	49.5	51.2	53.9	55.8	58.8	64.6	71.0	74.7	77.3	81.2	83.9
	202	49.7	51.4	54.1	56.0	58.9	64.8	71.1	74.8	77.4	81.4	84.1
	203	49.9	51.6	54.3	56.2	59.1	64.9	71.3	74.9	77.5	81.5	84.2
17	204	50.1	51.7	54.4	56.3	59.2	65.0	71.4	75.1	77.7	81.7	84.3
	205	50.2	51.9	54.6	56.5	59.4	65.2	71.5	75.2	77.8	81.8	84.5
	206	50.4	52.1	54.7	56.6	59.5	65.3	71.7	75.3	77.9	81.9	84.6
	207	50.6	52.2	54.9	56.8	59.7	65.5	71.8	75.5	78.0	82.0	84.7
	208	50.7	52.4	55.1	56.9	59.8	65.6	72.0	75.6	78.2	82.2	84.8
	209	50.9	52.5	55.2	57.1	60.0	65.8	72.1	75.7	78.3	82.3	85.0
	210	51.0	52.7	55.4	57.2	60.1	65.9	72.2	75.9	78.4	82.4	85.1
	211	51.2	52.9	55.5	57.4	60.3	66.0	72.4	76.0	78.6	82.5	85.2
	212	51.4	53.0	55.7	57.5	60.4	66.2	72.5	76.1	78.7	82.7	85.4
	213	51.5	53.2	55.8	57.7	60.6	66.3	72.6	76.3	78.8	82.8	85.5
	214	51.7	53.3	56.0	57.8	60.7	66.4	72.7	76.4	79.0	82.9	85.6
	215	51.8	53.5	56.1	58.0	60.8	66.6	72.9	76.5	79.1	83.1	85.7
18	216	52.0	53.6	56.3	58.1	61.0	66.7	73.0	76.6	79.2	83.2	85.9
	217	52.1	53.8	56.4	58.3	61.1	66.9	73.1	76.8	79.3	83.3	86.0
	218	52.3	53.9	56.6	58.4	61.3	67.0	73.3	76.9	79.5	83.4	86.1
	219	52.5	54.1	56.7	58.6	61.4	67.1	73.4	77.0	79.6	83.6	86.3
	220	52.6	54.2	56.9	58.7	61.6	67.3	73.5	77.2	79.7	83.7	86.4
	221	52.8	54.4	57.0	58.9	61.7	67.4	73.7	77.3	79.9	83.8	86.5
	222	52.9	54.5	57.2	59.0	61.8	67.5	73.8	77.4	80.0	84.0	86.6
	223	53.1	54.7	57.3	59.1	62.0	67.7	73.9	77.6	80.1	84.1	86.8
	224	53.2	54.8	57.5	59.3	62.1	67.8	74.1	77.7	80.2	84.2	86.9
	225	53.4	55.0	57.6	59.4	62.3	67.9	74.2	77.8	80.4	84.3	87.0
	226	53.5	55.1	57.7	59.6	62.4	68.1	74.3	77.9	80.5	84.5	87.1
	227	53.7	55.3	57.9	59.7	62.5	68.2	74.5	78.1	80.6	84.6	87.3

우리 아이 성장 확인하기

여자 0~35개월 신장 백분위수

만나이 (세)	만나이 (개월)	신장(cm) 백분위수										
		3rd	5th	10th	15th	25th	50th	75th	85th	90th	95th	97th
0	0	45.6	46.1	46.8	47.2	47.9	49.1	50.4	51.1	51.5	52.2	52.7
	1	50.0	50.5	51.2	51.7	52.4	53.7	55.0	55.7	56.2	56.9	57.4
	2	53.2	53.7	54.5	55.0	55.7	57.1	58.4	59.2	59.7	60.4	60.9
	3	55.8	56.3	57.1	57.6	58.4	59.8	61.2	62.0	62.5	63.3	63.8
	4	58.0	58.5	59.3	59.8	60.6	62.1	63.5	64.3	64.9	65.7	66.2
	5	59.9	60.4	61.2	61.7	62.5	64.0	65.5	66.3	66.9	67.7	68.2
	6	61.5	62.0	62.8	63.4	64.2	65.7	67.3	68.1	68.6	69.5	70.0
	7	62.9	63.5	64.3	64.9	65.7	67.3	68.8	69.7	70.3	71.1	71.6
	8	64.3	64.9	65.7	66.3	67.2	68.7	70.3	71.2	71.8	72.6	73.2
	9	65.6	66.2	67.0	67.6	68.5	70.1	71.8	72.6	73.2	74.1	74.7
	10	66.8	67.4	68.3	68.9	69.8	71.5	73.1	74.0	74.6	75.5	76.1
	11	68.0	68.6	69.5	70.2	71.1	72.8	74.5	75.4	76.0	76.9	77.5
1	12	69.2	69.8	70.7	71.3	72.3	74.0	75.8	76.7	77.3	78.3	78.9
	13	70.3	70.9	71.8	72.5	73.4	75.2	77.0	77.9	78.6	79.5	80.2
	14	71.3	72.0	72.9	73.6	74.6	76.4	78.2	79.2	79.8	80.8	81.4
	15	72.4	73.0	74.0	74.7	75.7	77.5	79.4	80.3	81.0	82.0	82.7
	16	73.3	74.0	75.0	75.7	76.7	78.6	80.5	81.5	82.2	83.2	83.9
	17	74.3	75.0	76.0	76.7	77.7	79.7	81.6	82.6	83.3	84.4	85.0
	18	75.2	75.9	77.0	77.7	78.7	80.7	82.7	83.7	84.4	85.5	86.2
	19	76.2	76.9	77.9	78.7	79.7	81.7	83.7	84.8	85.5	86.6	87.3
	20	77.0	77.7	78.8	79.6	80.7	82.7	84.7	85.8	86.6	87.7	88.4
	21	77.9	78.6	79.7	80.5	81.6	83.7	85.7	86.8	87.6	88.7	89.4
	22	78.7	79.5	80.6	81.4	82.5	84.6	86.7	87.8	88.6	89.7	90.5
	23	79.6	80.3	81.5	82.2	83.4	85.5	87.7	88.8	89.6	90.7	91.5
2	24*	79.6	80.4	81.6	82.4	83.5	85.7	87.9	89.1	89.9	91.0	91.8
	25	80.4	81.2	82.4	83.2	84.4	86.6	88.8	90.0	90.8	92.0	92.8
	26	81.2	82.0	83.2	84.0	85.2	87.4	89.7	90.9	91.7	92.9	93.7
	27	81.9	82.7	83.9	84.8	86.0	88.3	90.6	91.8	92.6	93.8	94.6
	28	82.6	83.5	84.7	85.5	86.8	89.1	91.4	92.7	93.5	94.7	95.6
	29	83.4	84.2	85.4	86.3	87.6	89.9	92.2	93.5	94.4	95.6	96.4
	30	84.0	84.9	86.2	87.0	88.3	90.7	93.1	94.3	95.2	96.5	97.3
	31	84.7	85.6	86.9	87.7	89.0	91.4	93.9	95.2	96.0	97.3	98.2
	32	85.4	86.2	87.5	88.4	89.7	92.2	94.6	95.9	96.8	98.2	99.0
	33	86.0	86.9	88.2	89.1	90.4	92.9	95.4	96.7	97.6	99.0	99.8
	34	86.7	87.5	88.9	89.8	91.1	93.6	96.2	97.5	98.4	99.8	100.6
	35	87.3	88.2	89.5	90.5	91.8	94.4	96.9	98.3	99.2	100.5	101.4

* 2세(24개월)부터 누운 키에서 선 키로 신장측정방법 변경

여자 3~18세 신장 백분위수

만나이 (세)	만나이 (개월)	신장(cm) 백분위수										
		3rd	5th	10th	15th	25th	50th	75th	85th	90th	95th	97th
3	36*	88.1	89.0	90.4	91.4	92.8	95.4	98.1	99.5	100.5	102.0	103.0
	37	88.7	89.6	90.9	91.9	93.3	95.9	98.6	100.1	101.1	102.6	103.5
	38	89.2	90.1	91.5	92.4	93.8	96.5	99.2	100.6	101.6	103.1	104.1
	39	89.7	90.6	92.0	93.0	94.4	97.0	99.7	101.2	102.2	103.7	104.7
	40	90.2	91.1	92.5	93.5	94.9	97.6	100.3	101.8	102.8	104.3	105.3
	41	90.8	91.7	93.1	94.0	95.4	98.1	100.8	102.3	103.3	104.8	105.8
	42	91.3	92.2	93.6	94.5	96.0	98.6	101.4	102.9	103.9	105.4	106.4
	43	91.8	92.7	94.1	95.1	96.5	99.2	101.9	103.4	104.5	106.0	107.0
	44	92.4	93.3	94.7	95.6	97.0	99.7	102.5	104.0	105.0	106.5	107.6
	45	92.9	93.8	95.2	96.1	97.6	100.3	103.0	104.5	105.6	107.1	108.1
	46	93.4	94.3	95.7	96.7	98.1	100.8	103.6	105.1	106.1	107.7	108.7
	47	93.9	94.8	96.2	97.2	98.6	101.4	104.1	105.7	106.7	108.3	109.3
4	48	94.5	95.4	96.8	97.7	99.2	101.9	104.7	106.2	107.3	108.8	109.8
	49	95.0	95.9	97.3	98.3	99.7	102.4	105.2	106.8	107.8	109.4	110.4
	50	95.5	96.4	97.8	98.8	100.2	103.0	105.8	107.3	108.4	110.0	111.0
	51	96.0	96.9	98.4	99.3	100.8	103.5	106.3	107.9	108.9	110.5	111.6
	52	96.6	97.5	98.9	99.9	101.3	104.1	106.9	108.4	109.5	111.1	112.1
	53	97.1	98.0	99.4	100.4	101.8	104.6	107.4	109.0	110.1	111.6	112.7
	54	97.6	98.5	99.9	100.9	102.4	105.1	108.0	109.5	110.6	112.2	113.3
	55	98.1	99.1	100.5	101.5	102.9	105.7	108.5	110.1	111.2	112.8	113.8
	56	98.7	99.6	101.0	102.0	103.4	106.2	109.1	110.7	111.7	113.3	114.4
	57	99.2	100.1	101.5	102.5	104.0	106.8	109.6	111.2	112.3	113.9	115.0
	58	99.7	100.6	102.1	103.0	104.5	107.3	110.2	111.8	112.8	114.5	115.5
	59	100.2	101.2	102.6	103.6	105.0	107.8	110.7	112.3	113.4	115.0	116.1
5	60	100.7	101.7	103.1	104.1	105.6	108.4	111.3	112.9	114.0	115.6	116.7
	61	101.2	102.2	103.6	104.6	106.1	108.9	111.8	113.4	114.5	116.1	117.2
	62	101.7	102.7	104.1	105.1	106.6	109.4	112.4	114.0	115.1	116.7	117.8
	63	102.2	103.2	104.6	105.6	107.1	110.0	112.9	114.5	115.6	117.3	118.3
	64	102.7	103.7	105.2	106.2	107.7	110.5	113.4	115.0	116.2	117.8	118.9
	65	103.3	104.2	105.7	106.7	108.2	111.0	114.0	115.6	116.7	118.4	119.5
	66	103.7	104.7	106.2	107.2	108.7	111.6	114.5	116.1	117.3	118.9	120.0
	67	104.2	105.2	106.7	107.7	109.2	112.1	115.1	116.7	117.8	119.5	120.6
	68	104.7	105.7	107.2	108.2	109.7	112.6	115.6	117.2	118.4	120.0	121.1
	69	105.2	106.1	107.7	108.7	110.2	113.2	116.1	117.8	118.9	120.6	121.7
	70	105.6	106.6	108.2	109.2	110.7	113.7	116.7	118.3	119.4	121.1	122.2
	71	106.1	107.1	108.6	109.7	111.3	114.2	117.2	118.9	120.0	121.7	122.8
6	72	106.6	107.6	109.1	110.2	111.8	114.7	117.8	119.4	120.5	122.2	123.3
	73	107.1	108.1	109.6	110.7	112.3	115.2	118.3	120.0	121.1	122.8	123.9
	74	107.5	108.5	110.1	111.2	112.8	115.8	118.8	120.5	121.6	123.3	124.5
	75	108.0	109.0	110.6	111.7	113.3	116.3	119.4	121.0	122.2	123.9	125.0
	76	108.5	109.5	111.1	112.2	113.8	116.8	119.9	121.6	122.7	124.5	125.6
	77	108.9	110.0	111.6	112.6	114.3	117.3	120.4	122.1	123.3	125.0	126.1
	78	109.4	110.4	112.0	113.1	114.8	117.8	121.0	122.7	123.8	125.6	126.7
	79	109.9	110.9	112.5	113.6	115.2	118.3	121.5	123.2	124.4	126.1	127.3
	80	110.3	111.4	113.0	114.1	115.7	118.8	122.0	123.7	124.9	126.7	127.9
	81	110.8	111.8	113.4	114.6	116.2	119.3	122.5	124.3	125.5	127.3	128.4
	82	111.2	112.3	113.9	115.0	116.7	119.8	123.1	124.8	126.0	127.8	129.0
	83	111.7	112.8	114.4	115.5	117.2	120.3	123.6	125.3	126.6	128.4	129.6

549

우리 아이 성장 확인하기

여자 3~18세 신장 백분위수

만나이 (세)	만나이 (개월)	신장(cm) 백분위수										
		3rd	5th	10th	15th	25th	50th	75th	85th	90th	95th	97th
7	84	112.2	113.2	114.8	116.0	117.6	120.8	124.1	125.9	127.1	128.9	130.2
	85	112.6	113.7	115.3	116.4	118.1	121.3	124.6	126.4	127.6	129.5	130.7
	86	113.1	114.1	115.8	116.9	118.6	121.8	125.1	126.9	128.2	130.1	131.3
	87	113.5	114.6	116.2	117.4	119.0	122.3	125.6	127.5	128.7	130.6	131.9
	88	114.0	115.0	116.7	117.8	119.5	122.8	126.1	128.0	129.3	131.2	132.5
	89	114.4	115.5	117.1	118.3	120.0	123.3	126.7	128.5	129.8	131.8	133.0
	90	114.8	115.9	117.6	118.7	120.5	123.8	127.2	129.1	130.4	132.3	133.6
	91	115.3	116.4	118.0	119.2	120.9	124.2	127.7	129.6	130.9	132.9	134.2
	92	115.7	116.8	118.5	119.6	121.4	124.7	128.2	130.1	131.4	133.4	134.8
	93	116.2	117.2	118.9	120.1	121.8	125.2	128.7	130.6	132.0	134.0	135.3
	94	116.6	117.7	119.4	120.6	122.3	125.7	129.2	131.2	132.5	134.6	135.9
	95	117.0	118.1	119.8	121.0	122.8	126.2	129.7	131.7	133.1	135.1	136.5
8	96	117.5	118.6	120.3	121.5	123.2	126.7	130.2	132.2	133.6	135.7	137.1
	97	117.9	119.0	120.7	121.9	123.7	127.2	130.8	132.8	134.1	136.2	137.6
	98	118.4	119.5	121.2	122.4	124.2	127.6	131.3	133.3	134.7	136.8	138.2
	99	118.8	119.9	121.7	122.9	124.7	128.1	131.8	133.8	135.2	137.4	138.8
	100	119.3	120.4	122.1	123.3	125.1	128.6	132.3	134.4	135.8	137.9	139.4
	101	119.7	120.8	122.6	123.8	125.6	129.1	132.8	134.9	136.3	138.5	139.9
	102	120.1	121.3	123.0	124.2	126.1	129.6	133.3	135.4	136.9	139.1	140.5
	103	120.6	121.7	123.5	124.7	126.5	130.1	133.9	136.0	137.4	139.6	141.1
	104	121.0	122.2	123.9	125.2	127.0	130.6	134.4	136.5	138.0	140.2	141.7
	105	121.5	122.6	124.4	125.6	127.5	131.1	134.9	137.1	138.5	140.8	142.3
	106	121.9	123.1	124.9	126.1	128.0	131.6	135.5	137.6	139.1	141.4	142.9
	107	122.4	123.5	125.3	126.6	128.5	132.1	136.0	138.2	139.7	141.9	143.5
9	108	122.8	124.0	125.8	127.1	129.0	132.6	136.5	138.7	140.2	142.5	144.1
	109	123.3	124.4	126.3	127.5	129.5	133.2	137.1	139.3	140.8	143.1	144.7
	110	123.7	124.9	126.7	128.0	129.9	133.7	137.6	139.8	141.4	143.7	145.2
	111	124.1	125.3	127.2	128.5	130.4	134.2	138.2	140.4	141.9	144.3	145.8
	112	124.6	125.8	127.7	129.0	130.9	134.7	138.7	141.0	142.5	144.9	146.4
	113	125.0	126.2	128.1	129.5	131.4	135.3	139.3	141.5	143.1	145.5	147.0
	114	125.5	126.7	128.6	130.0	132.0	135.8	139.9	142.1	143.7	146.1	147.6
	115	125.9	127.2	129.1	130.5	132.5	136.4	140.4	142.7	144.3	146.6	148.2
	116	126.4	127.6	129.6	131.0	133.0	136.9	141.0	143.3	144.9	147.2	148.8
	117	126.8	128.1	130.1	131.5	133.5	137.5	141.6	143.9	145.4	147.8	149.4
	118	127.3	128.6	130.6	132.0	134.0	138.0	142.2	144.4	146.0	148.4	150.0
	119	127.7	129.0	131.1	132.5	134.5	138.6	142.7	145.0	146.6	149.0	150.6
10	120	128.2	129.5	131.6	133.0	135.1	139.1	143.3	145.6	147.2	149.6	151.2
	121	128.6	130.0	132.1	133.5	135.6	139.7	143.9	146.2	147.8	150.2	151.7
	122	129.1	130.4	132.6	134.0	136.1	140.2	144.5	146.8	148.4	150.7	152.3
	123	129.5	130.9	133.0	134.5	136.7	140.8	145.0	147.3	148.9	151.3	152.9
	124	130.0	131.4	133.5	135.0	137.2	141.4	145.6	147.9	149.5	151.9	153.4
	125	130.5	131.9	134.0	135.5	137.7	141.9	146.2	148.5	150.1	152.5	154.0
	126	130.9	132.3	134.6	136.0	138.3	142.5	146.7	149.1	150.6	153.0	154.5
	127	131.4	132.8	135.1	136.6	138.8	143.0	147.3	149.6	151.2	153.5	155.1
	128	131.9	133.3	135.6	137.1	139.3	143.6	147.8	150.2	151.7	154.1	155.6
	129	132.3	133.8	136.1	137.6	139.9	144.1	148.4	150.7	152.3	154.6	156.1
	130	132.8	134.3	136.6	138.1	140.4	144.7	149.0	151.3	152.8	155.1	156.6
	131	133.3	134.8	137.1	138.6	140.9	145.2	149.5	151.8	153.4	155.7	157.2

여자 3~18세 신장 백분위수

만나이 (세)	만나이 (개월)	신장(cm) 백분위수										
		3rd	5th	10th	15th	25th	50th	75th	85th	90th	95th	97th
11	132	133.8	135.3	137.6	139.2	141.5	145.8	150.0	152.3	153.9	156.1	157.6
	133	134.2	135.8	138.1	139.7	142.0	146.3	150.5	152.8	154.3	156.6	158.1
	134	134.7	136.3	138.6	140.2	142.5	146.8	151.1	153.3	154.8	157.1	158.5
	135	135.2	136.8	139.1	140.7	143.1	147.3	151.6	153.8	155.3	157.6	159.0
	136	135.7	137.3	139.6	141.2	143.6	147.9	152.1	154.3	155.8	158.0	159.5
	137	136.2	137.8	140.2	141.8	144.1	148.4	152.6	154.8	156.3	158.5	159.9
	138	136.7	138.2	140.6	142.3	144.6	148.9	153.1	155.3	156.7	158.9	160.3
	139	137.1	138.7	141.1	142.7	145.1	149.4	153.5	155.7	157.2	159.3	160.7
	140	137.6	139.2	141.6	143.2	145.6	149.8	154.0	156.1	157.6	159.7	161.1
	141	138.1	139.7	142.1	143.7	146.1	150.3	154.4	156.6	158.0	160.1	161.5
	142	138.6	140.2	142.6	144.2	146.5	150.8	154.9	157.0	158.4	160.5	161.9
	143	139.1	140.7	143.1	144.7	147.0	151.3	155.3	157.4	158.9	160.9	162.3
12	144	139.5	141.1	143.5	145.1	147.5	151.7	155.7	157.8	159.2	161.3	162.6
	145	140.0	141.6	144.0	145.6	147.9	152.1	156.1	158.2	159.6	161.6	162.9
	146	140.5	142.1	144.4	146.0	148.3	152.5	156.5	158.5	159.9	162.0	163.3
	147	140.9	142.5	144.9	146.5	148.8	152.9	156.8	158.9	160.3	162.3	163.6
	148	141.4	143.0	145.3	146.9	149.2	153.3	157.2	159.3	160.6	162.6	163.9
	149	141.9	143.4	145.8	147.3	149.6	153.7	157.6	159.6	161.0	163.0	164.2
	150	142.3	143.8	146.2	147.7	150.0	154.0	157.9	159.9	161.3	163.2	164.5
	151	142.7	144.2	146.6	148.1	150.3	154.3	158.2	160.2	161.6	163.5	164.8
	152	143.1	144.6	146.9	148.5	150.7	154.7	158.5	160.5	161.8	163.8	165.0
	153	143.5	145.0	147.3	148.8	151.0	155.0	158.8	160.8	162.1	164.1	165.3
	154	143.9	145.4	147.7	149.2	151.4	155.3	159.1	161.1	162.4	164.3	165.6
	155	144.3	145.8	148.1	149.6	151.8	155.7	159.4	161.4	162.7	164.6	165.8
13	156	144.7	146.2	148.4	149.9	152.0	155.9	159.7	161.6	162.9	164.8	166.0
	157	145.0	146.5	148.7	150.2	152.3	156.2	159.9	161.8	163.1	165.0	166.2
	158	145.3	146.8	149.0	150.5	152.6	156.4	160.1	162.1	163.3	165.2	166.4
	159	145.7	147.1	149.3	150.7	152.8	156.7	160.3	162.3	163.6	165.4	166.7
	160	146.0	147.4	149.6	151.0	153.1	156.9	160.6	162.5	163.8	165.7	166.9
	161	146.3	147.7	149.9	151.3	153.4	157.2	160.8	162.7	164.0	165.9	167.1
	162	146.5	148.0	150.1	151.5	153.6	157.3	161.0	162.9	164.2	166.0	167.2
	163	146.8	148.2	150.3	151.7	153.8	157.5	161.1	163.0	164.3	166.2	167.4
	164	147.0	148.4	150.5	151.9	154.0	157.7	161.3	163.2	164.5	166.3	167.5
	165	147.2	148.6	150.7	152.1	154.1	157.8	161.5	163.4	164.6	166.5	167.7
	166	147.5	148.8	150.9	152.3	154.3	158.0	161.6	163.5	164.8	166.6	167.8
	167	147.7	149.1	151.1	152.5	154.5	158.2	161.8	163.7	164.9	166.8	168.0
14	168	147.9	149.2	151.3	152.6	154.6	158.3	161.9	163.8	165.0	166.9	168.1
	169	148.0	149.4	151.4	152.8	154.8	158.4	162.0	163.9	165.2	167.0	168.2
	170	148.2	149.5	151.5	152.9	154.9	158.6	162.1	164.0	165.3	167.1	168.3
	171	148.3	149.6	151.7	153.1	155.0	158.7	162.2	164.1	165.4	167.2	168.4
	172	148.4	149.8	151.8	153.2	155.2	158.8	162.4	164.2	165.5	167.3	168.5
	173	148.6	149.9	152.0	153.3	155.3	158.9	162.5	164.3	165.6	167.4	168.6
	174	148.7	150.0	152.1	153.4	155.4	159.0	162.6	164.4	165.7	167.5	168.7
	175	148.8	150.1	152.2	153.5	155.5	159.1	162.6	164.5	165.8	167.6	168.8
	176	148.9	150.2	152.3	153.6	155.6	159.2	162.7	164.6	165.8	167.7	168.9
	177	149.0	150.3	152.4	153.7	155.7	159.3	162.8	164.7	165.9	167.8	168.9
	178	149.1	150.5	152.5	153.8	155.8	159.4	162.9	164.7	166.0	167.8	169.0
	179	149.2	150.6	152.6	153.9	155.8	159.4	163.0	164.8	166.1	167.9	169.1

우리 아이 성장 확인하기

여자 3~18세 신장 백분위수

만나이 (세)	만나이 (개월)	신장(cm) 백분위수										
		3rd	5th	10th	15th	25th	50th	75th	85th	90th	95th	97th
15	180	149.3	150.6	152.6	154.0	155.9	159.5	163.0	164.9	166.1	168.0	169.2
	181	149.4	150.7	152.7	154.0	156.0	159.5	163.1	164.9	166.2	168.0	169.2
	182	149.5	150.8	152.8	154.1	156.0	159.6	163.1	165.0	166.3	168.1	169.3
	183	149.6	150.9	152.8	154.2	156.1	159.7	163.2	165.1	166.3	168.2	169.4
	184	149.7	151.0	152.9	154.2	156.2	159.7	163.2	165.1	166.4	168.2	169.4
	185	149.8	151.0	153.0	154.3	156.2	159.8	163.3	165.2	166.4	168.3	169.5
	186	149.9	151.1	153.1	154.4	156.3	159.8	163.3	165.2	166.5	168.3	169.6
	187	149.9	151.2	153.1	154.4	156.3	159.9	163.4	165.2	166.5	168.4	169.6
	188	150.0	151.3	153.2	154.5	156.4	159.9	163.4	165.3	166.6	168.4	169.7
	189	150.1	151.3	153.2	154.5	156.4	159.9	163.4	165.3	166.6	168.5	169.7
	190	150.2	151.4	153.3	154.6	156.5	160.0	163.5	165.4	166.6	168.5	169.8
	191	150.2	151.5	153.3	154.6	156.5	160.0	163.5	165.4	166.7	168.6	169.8
16	192	150.3	151.5	153.4	154.7	156.5	160.0	163.5	165.4	166.7	168.6	169.8
	193	150.4	151.6	153.4	154.7	156.6	160.0	163.6	165.4	166.7	168.6	169.9
	194	150.4	151.6	153.5	154.7	156.6	160.1	163.6	165.5	166.7	168.6	169.9
	195	150.5	151.7	153.5	154.8	156.6	160.1	163.6	165.5	166.8	168.7	169.9
	196	150.6	151.7	153.6	154.8	156.6	160.1	163.6	165.5	166.8	168.7	169.9
	197	150.6	151.8	153.6	154.8	156.7	160.1	163.6	165.5	166.8	168.7	170.0
	198	150.7	151.8	153.7	154.9	156.7	160.1	163.6	165.5	166.8	168.7	170.0
	199	150.7	151.9	153.7	154.9	156.7	160.2	163.6	165.5	166.8	168.7	170.0
	200	150.8	152.0	153.7	154.9	156.8	160.2	163.6	165.5	166.8	168.8	170.0
	201	150.9	152.0	153.8	155.0	156.8	160.2	163.7	165.5	166.8	168.8	170.0
	202	150.9	152.1	153.8	155.0	156.8	160.2	163.7	165.6	166.9	168.8	170.1
	203	151.0	152.1	153.9	155.1	156.8	160.2	163.7	165.6	166.9	168.8	170.1
17	204	151.0	152.2	153.9	155.1	156.9	160.2	163.7	165.6	166.9	168.8	170.1
	205	151.1	152.2	154.0	155.1	156.9	160.3	163.7	165.6	166.9	168.9	170.1
	206	151.1	152.3	154.0	155.2	157.0	160.3	163.8	165.7	167.0	168.9	170.2
	207	151.2	152.3	154.0	155.2	157.0	160.4	163.8	165.7	167.0	168.9	170.2
	208	151.3	152.4	154.1	155.3	157.0	160.4	163.8	165.7	167.0	169.0	170.2
	209	151.3	152.4	154.1	155.3	157.1	160.4	163.9	165.7	167.0	169.0	170.3
	210	151.4	152.5	154.2	155.4	157.1	160.5	163.9	165.8	167.1	169.0	170.3
	211	151.4	152.5	154.2	155.4	157.1	160.5	163.9	165.8	167.1	169.0	170.3
	212	151.4	152.5	154.3	155.4	157.2	160.5	163.9	165.8	167.1	169.1	170.4
	213	151.5	152.6	154.3	155.5	157.2	160.5	164.0	165.9	167.1	169.1	170.4
	214	151.5	152.6	154.3	155.5	157.3	160.6	164.0	165.9	167.2	169.1	170.4
	215	151.6	152.7	154.4	155.5	157.3	160.6	164.0	165.9	167.2	169.1	170.4
18	216	151.6	152.7	154.4	155.6	157.3	160.6	164.1	165.9	167.2	169.2	170.4
	217	151.7	152.8	154.5	155.6	157.4	160.7	164.1	166.0	167.3	169.2	170.5
	218	151.7	152.8	154.5	155.7	157.4	160.7	164.1	166.0	167.3	169.2	170.5
	219	151.8	152.9	154.5	155.7	157.4	160.8	164.2	166.0	167.3	169.3	170.5
	220	151.8	152.9	154.6	155.7	157.5	160.8	164.2	166.1	167.3	169.3	170.6
	221	151.9	152.9	154.6	155.8	157.5	160.8	164.2	166.1	167.4	169.3	170.6
	222	151.9	153.0	154.7	155.8	157.6	160.9	164.3	166.1	167.4	169.3	170.6
	223	152.0	153.0	154.7	155.9	157.6	160.9	164.3	166.2	167.4	169.4	170.6
	224	152.0	153.1	154.8	155.9	157.6	160.9	164.3	166.2	167.5	169.4	170.7
	225	152.1	153.1	154.8	156.0	157.7	161.0	164.4	166.2	167.5	169.4	170.7
	226	152.1	153.2	154.9	156.0	157.7	161.0	164.4	166.3	167.5	169.5	170.7
	227	152.2	153.2	154.9	156.1	157.8	161.1	164.4	166.3	167.6	169.5	170.8

여자 0~35개월 체중 백분위수

만나이 (세)	만나이 (개월)	체중(kg) 백분위수										
		3rd	5th	10th	15th	25th	50th	75th	85th	90th	95th	97th
0	0	2.4	2.5	2.7	2.8	2.9	3.2	3.6	3.7	3.9	4.0	4.2
	1	3.2	3.3	3.5	3.6	3.8	4.2	4.6	4.8	5.0	5.2	5.4
	2	4.0	4.1	4.3	4.5	4.7	5.1	5.6	5.9	6.0	6.3	6.5
	3	4.6	4.7	5.0	5.1	5.4	5.8	6.4	6.7	6.9	7.2	7.4
	4	5.1	5.2	5.5	5.6	5.9	6.4	7.0	7.3	7.5	7.9	8.1
	5	5.5	5.6	5.9	6.1	6.4	6.9	7.5	7.8	8.1	8.4	8.7
	6	5.8	6.0	6.2	6.4	6.7	7.3	7.9	8.3	8.5	8.9	9.2
	7	6.1	6.3	6.5	6.7	7.0	7.6	8.3	8.7	8.9	9.4	9.6
	8	6.3	6.5	6.8	7.0	7.3	7.9	8.6	9.0	9.3	9.7	10.0
	9	6.6	6.8	7.0	7.3	7.6	8.2	8.9	9.3	9.6	10.1	10.4
	10	6.8	7.0	7.3	7.5	7.8	8.5	9.2	9.6	9.9	10.4	10.7
	11	7.0	7.2	7.5	7.7	8.0	8.7	9.5	9.9	10.2	10.7	11.0
1	12	7.1	7.3	7.7	7.9	8.2	8.9	9.7	10.2	10.5	11.0	11.3
	13	7.3	7.5	7.9	8.1	8.4	9.2	10.0	10.4	10.8	11.3	11.6
	14	7.5	7.7	8.0	8.3	8.6	9.4	10.2	10.7	11.0	11.5	11.9
	15	7.7	7.9	8.2	8.5	8.8	9.6	10.4	10.9	11.3	11.8	12.2
	16	7.8	8.1	8.4	8.7	9.0	9.8	10.7	11.2	11.5	12.1	12.5
	17	8.0	8.2	8.6	8.8	9.2	10.0	10.9	11.4	11.8	12.3	12.7
	18	8.2	8.4	8.8	9.0	9.4	10.2	11.1	11.6	12.0	12.6	13.0
	19	8.3	8.6	8.9	9.2	9.6	10.4	11.4	11.9	12.3	12.9	13.3
	20	8.5	8.7	9.1	9.4	9.8	10.6	11.6	12.1	12.5	13.1	13.5
	21	8.7	8.9	9.3	9.6	10.0	10.9	11.8	12.4	12.8	13.4	13.8
	22	8.8	9.1	9.5	9.8	10.2	11.1	12.0	12.6	13.0	13.6	14.1
	23	9.0	9.2	9.7	9.9	10.4	11.3	12.3	12.8	13.3	13.9	14.3
2	24	9.2	9.4	9.8	10.1	10.6	11.5	12.5	13.1	13.5	14.2	14.6
	25	9.3	9.6	10.0	10.3	10.8	11.7	12.7	13.3	13.8	14.4	14.9
	26	9.5	9.8	10.2	10.5	10.9	11.9	12.9	13.6	14.0	14.7	15.2
	27	9.6	9.9	10.4	10.7	11.1	12.1	13.2	13.8	14.3	15.0	15.4
	28	9.8	10.1	10.5	10.8	11.3	12.3	13.4	14.0	14.5	15.2	15.7
	29	10.0	10.2	10.7	11.0	11.5	12.5	13.6	14.3	14.7	15.5	16.0
	30	10.1	10.4	10.9	11.2	11.7	12.7	13.8	14.5	15.0	15.7	16.2
	31	10.3	10.5	11.0	11.3	11.9	12.9	14.1	14.7	15.2	16.0	16.5
	32	10.4	10.7	11.2	11.5	12.0	13.1	14.3	15.0	15.5	16.2	16.8
	33	10.5	10.8	11.3	11.7	12.2	13.3	14.5	15.2	15.7	16.5	17.0
	34	10.7	11.0	11.5	11.8	12.4	13.5	14.7	15.4	15.9	16.8	17.3
	35	10.8	11.1	11.6	12.0	12.5	13.7	14.9	15.7	16.2	17.0	17.6

우리 아이 성장 확인하기

여자 3~18세 체중 백분위수

만나이 (세)	만나이 (개월)	체중(kg) 백분위수										
		3rd	5th	10th	15th	25th	50th	75th	85th	90th	95th	97th
3	36*	11.7	12.0	12.4	12.8	13.3	14.2	15.2	15.7	16.1	16.6	17.0
	37	11.8	12.1	12.6	12.9	13.4	14.4	15.4	15.9	16.3	16.9	17.2
	38	11.9	12.2	12.7	13.1	13.6	14.5	15.6	16.1	16.5	17.1	17.5
	39	12.1	12.4	12.9	13.2	13.7	14.7	15.8	16.3	16.8	17.4	17.8
	40	12.2	12.5	13.0	13.3	13.9	14.9	16.0	16.6	17.0	17.6	18.1
	41	12.3	12.7	13.1	13.5	14.0	15.1	16.2	16.8	17.2	17.9	18.3
	42	12.5	12.8	13.3	13.6	14.2	15.2	16.4	17.0	17.5	18.1	18.6
	43	12.6	12.9	13.4	13.8	14.3	15.4	16.6	17.2	17.7	18.4	18.9
	44	12.7	13.1	13.6	13.9	14.5	15.6	16.8	17.4	17.9	18.7	19.2
	45	12.9	13.2	13.7	14.1	14.6	15.7	17.0	17.7	18.2	18.9	19.5
	46	13.0	13.3	13.9	14.2	14.8	15.9	17.2	17.9	18.4	19.2	19.7
	47	13.1	13.5	14.0	14.4	14.9	16.1	17.4	18.1	18.6	19.5	20.0
4	48	13.3	13.6	14.1	14.5	15.1	16.3	17.6	18.3	18.9	19.7	20.3
	49	13.4	13.7	14.3	14.7	15.2	16.4	17.8	18.5	19.1	20.0	20.6
	50	13.6	13.9	14.4	14.8	15.4	16.6	18.0	18.8	19.3	20.2	20.9
	51	13.7	14.0	14.6	15.0	15.6	16.8	18.2	19.0	19.6	20.5	21.1
	52	13.8	14.2	14.7	15.1	15.7	17.0	18.4	19.2	19.8	20.8	21.4
	53	14.0	14.3	14.9	15.2	15.9	17.1	18.6	19.4	20.0	21.0	21.7
	54	14.1	14.4	15.0	15.4	16.0	17.3	18.8	19.7	20.3	21.3	22.0
	55	14.2	14.6	15.1	15.5	16.2	17.5	19.0	19.9	20.5	21.6	22.3
	56	14.4	14.7	15.3	15.7	16.3	17.7	19.2	20.1	20.8	21.8	22.6
	57	14.5	14.8	15.4	15.8	16.5	17.8	19.4	20.3	21.0	22.1	22.9
	58	14.6	15.0	15.6	16.0	16.6	18.0	19.6	20.5	21.2	22.4	23.1
	59	14.8	15.1	15.7	16.1	16.8	18.2	19.8	20.8	21.5	22.6	23.4
5	60	14.9	15.3	15.9	16.3	17.0	18.4	20.0	21.0	21.7	22.9	23.7
	61	15.0	15.4	16.0	16.4	17.1	18.5	20.2	21.2	22.0	23.2	24.0
	62	15.2	15.5	16.1	16.6	17.3	18.7	20.4	21.5	22.2	23.4	24.3
	63	15.3	15.7	16.3	16.7	17.4	18.9	20.6	21.7	22.5	23.7	24.6
	64	15.4	15.8	16.4	16.9	17.6	19.1	20.8	21.9	22.7	24.0	24.9
	65	15.6	16.0	16.6	17.0	17.8	19.3	21.0	22.1	22.9	24.3	25.2
	66	15.7	16.1	16.7	17.2	17.9	19.5	21.3	22.4	23.2	24.6	25.5
	67	15.8	16.2	16.9	17.3	18.1	19.7	21.5	22.7	23.5	24.9	25.9
	68	16.0	16.4	17.0	17.5	18.3	19.9	21.7	22.9	23.8	25.2	26.2
	69	16.1	16.5	17.2	17.7	18.4	20.1	22.0	23.2	24.1	25.5	26.6
	70	16.2	16.6	17.3	17.8	18.6	20.2	22.2	23.4	24.4	25.8	26.9
	71	16.4	16.8	17.5	18.0	18.8	20.4	22.5	23.7	24.6	26.2	27.2
6	72	16.5	16.9	17.6	18.1	18.9	20.7	22.7	24.0	24.9	26.5	27.6
	73	16.6	17.1	17.8	18.3	19.1	20.9	23.0	24.3	25.3	26.8	28.0
	74	16.8	17.2	17.9	18.5	19.3	21.1	23.2	24.6	25.6	27.2	28.4
	75	16.9	17.4	18.1	18.6	19.5	21.3	23.5	24.9	25.9	27.5	28.7
	76	17.0	17.5	18.3	18.8	19.7	21.5	23.7	25.1	26.2	27.9	29.1
	77	17.2	17.6	18.4	19.0	19.9	21.7	24.0	25.4	26.5	28.2	29.5
	78	17.3	17.8	18.6	19.1	20.0	22.0	24.3	25.7	26.8	28.6	29.9
	79	17.5	17.9	18.7	19.3	20.2	22.2	24.6	26.0	27.2	29.0	30.3
	80	17.6	18.1	18.9	19.5	20.4	22.4	24.8	26.4	27.5	29.3	30.7
	81	17.7	18.2	19.1	19.7	20.6	22.7	25.1	26.7	27.8	29.7	31.1
	82	17.9	18.4	19.2	19.9	20.8	22.9	25.4	27.0	28.2	30.1	31.5
	83	18.0	18.5	19.4	20.0	21.0	23.1	25.7	27.3	28.5	30.5	31.9

* 3세(36개월)부터 「WHO Growth Standards」에서 「2017 소아청소년 성장도표」로 변경

여자 3~18세 체중 백분위수

만나이 (세)	만나이 (개월)	체중(kg) 백분위수										
		3rd	5th	10th	15th	25th	50th	75th	85th	90th	95th	97th
7	84	18.2	18.7	19.6	20.2	21.2	23.4	26.0	27.6	28.8	30.9	32.3
	85	18.3	18.9	19.8	20.4	21.4	23.6	26.3	28.0	29.2	31.3	32.7
	86	18.5	19.0	19.9	20.6	21.6	23.9	26.6	28.3	29.6	31.7	33.2
	87	18.6	19.2	20.1	20.8	21.9	24.1	26.9	28.6	29.9	32.1	33.6
	88	18.8	19.4	20.3	21.0	22.1	24.4	27.2	29.0	30.3	32.5	34.0
	89	18.9	19.5	20.5	21.2	22.3	24.6	27.5	29.3	30.7	32.9	34.4
	90	19.1	19.7	20.7	21.4	22.5	24.9	27.8	29.7	31.0	33.3	34.9
	91	19.3	19.9	20.9	21.6	22.7	25.2	28.2	30.0	31.4	33.7	35.3
	92	19.4	20.0	21.0	21.8	23.0	25.5	28.5	30.4	31.8	34.1	35.8
	93	19.6	20.2	21.2	22.0	23.2	25.7	28.8	30.7	32.2	34.5	36.2
	94	19.7	20.4	21.4	22.2	23.4	26.0	29.1	31.1	32.6	35.0	36.7
	95	19.9	20.5	21.6	22.4	23.6	26.3	29.5	31.5	32.9	35.4	37.1
8	96	20.1	20.7	21.8	22.6	23.9	26.6	29.8	31.8	33.4	35.8	37.6
	97	20.3	20.9	22.0	22.8	24.1	26.8	30.2	32.2	33.8	36.3	38.1
	98	20.4	21.1	22.2	23.1	24.4	27.1	30.5	32.6	34.2	36.7	38.6
	99	20.6	21.3	22.4	23.3	24.6	27.4	30.8	33.0	34.6	37.2	39.0
	100	20.8	21.5	22.6	23.5	24.8	27.7	31.2	33.4	35.0	37.6	39.5
	101	20.9	21.7	22.8	23.7	25.1	28.0	31.5	33.7	35.4	38.1	40.0
	102	21.1	21.9	23.1	23.9	25.3	28.3	31.9	34.1	35.8	38.5	40.5
	103	21.3	22.1	23.3	24.2	25.6	28.6	32.3	34.5	36.2	39.0	41.0
	104	21.5	22.3	23.5	24.4	25.9	28.9	32.6	35.0	36.7	39.5	41.5
	105	21.7	22.5	23.7	24.7	26.1	29.2	33.0	35.4	37.1	39.9	42.0
	106	21.9	22.7	24.0	24.9	26.4	29.6	33.4	35.8	37.5	40.4	42.5
	107	22.1	22.9	24.2	25.1	26.6	29.9	33.7	36.2	38.0	40.9	43.0
9	108	22.3	23.1	24.4	25.4	26.9	30.2	34.1	36.6	38.4	41.4	43.5
	109	22.5	23.3	24.7	25.6	27.2	30.5	34.5	37.0	38.9	41.9	44.0
	110	22.7	23.5	24.9	25.9	27.5	30.9	34.9	37.5	39.3	42.4	44.5
	111	22.9	23.7	25.1	26.2	27.8	31.2	35.3	37.9	39.8	42.9	45.1
	112	23.1	24.0	25.4	26.4	28.1	31.5	35.7	38.3	40.2	43.4	45.6
	113	23.3	24.2	25.6	26.7	28.3	31.9	36.1	38.7	40.7	43.9	46.1
	114	23.5	24.4	25.9	26.9	28.6	32.2	36.5	39.2	41.2	44.4	46.6
	115	23.7	24.6	26.1	27.2	28.9	32.6	37.0	39.7	41.7	44.9	47.2
	116	23.9	24.8	26.4	27.5	29.2	32.9	37.4	40.1	42.1	45.4	47.7
	117	24.1	25.1	26.6	27.7	29.5	33.3	37.8	40.6	42.6	45.9	48.3
	118	24.3	25.3	26.9	28.0	29.8	33.7	38.2	41.0	43.1	46.4	48.8
	119	24.5	25.5	27.1	28.3	30.1	34.0	38.6	41.5	43.6	46.9	49.3
10	120	24.8	25.8	27.4	28.6	30.4	34.4	39.1	42.0	44.1	47.5	49.9
	121	25.0	26.0	27.7	28.9	30.8	34.8	39.5	42.4	44.6	48.0	50.4
	122	25.2	26.2	27.9	29.1	31.1	35.2	40.0	42.9	45.1	48.5	51.0
	123	25.4	26.5	28.2	29.4	31.4	35.5	40.4	43.4	45.6	49.1	51.5
	124	25.7	26.7	28.5	29.7	31.7	35.9	40.9	43.9	46.1	49.6	52.0
	125	25.9	27.0	28.7	30.0	32.0	36.3	41.3	44.3	46.6	50.1	52.6
	126	26.1	27.2	29.0	30.3	32.4	36.7	41.7	44.8	47.0	50.6	53.1
	127	26.4	27.5	29.3	30.6	32.7	37.1	42.2	45.3	47.5	51.1	53.6
	128	26.6	27.8	29.6	31.0	33.1	37.5	42.6	45.8	48.0	51.6	54.2
	129	26.9	28.0	29.9	31.3	33.4	37.9	43.1	46.2	48.5	52.2	54.7
	130	27.1	28.3	30.2	31.6	33.8	38.3	43.6	46.7	49.0	52.7	55.2
	131	27.4	28.6	30.5	31.9	34.1	38.7	44.0	47.2	49.5	53.2	55.7

우리 아이 성장 확인하기

여자 3~18세 체중 백분위수

만나이 (세)	만나이 (개월)	체중(kg) 백분위수										
		3rd	5th	10th	15th	25th	50th	75th	85th	90th	95th	97th
11	132	27.7	28.9	30.8	32.2	34.5	39.1	44.4	47.7	50.0	53.7	56.2
	133	27.9	29.2	31.1	32.6	34.8	39.5	44.9	48.1	50.4	54.1	56.7
	134	28.2	29.4	31.5	32.9	35.2	39.9	45.3	48.6	50.9	54.6	57.2
	135	28.5	29.7	31.8	33.2	35.5	40.3	45.8	49.0	51.4	55.1	57.7
	136	28.8	30.0	32.1	33.6	35.9	40.7	46.2	49.5	51.8	55.6	58.2
	137	29.0	30.3	32.4	33.9	36.2	41.1	46.6	49.9	52.3	56.1	58.7
	138	29.3	30.6	32.7	34.2	36.6	41.5	47.0	50.4	52.7	56.5	59.1
	139	29.6	30.9	33.0	34.6	36.9	41.8	47.4	50.8	53.2	56.9	59.5
	140	29.9	31.2	33.4	34.9	37.3	42.2	47.9	51.2	53.6	57.4	60.0
	141	30.2	31.5	33.7	35.2	37.7	42.6	48.3	51.6	54.0	57.8	60.4
	142	30.5	31.8	34.0	35.6	38.0	43.0	48.7	52.0	54.5	58.2	60.8
	143	30.8	32.1	34.3	35.9	38.4	43.4	49.1	52.5	54.9	58.7	61.3
12	144	31.1	32.5	34.7	36.2	38.7	43.7	49.5	52.8	55.3	59.1	61.7
	145	31.4	32.8	35.0	36.6	39.0	44.1	49.8	53.2	55.6	59.4	62.0
	146	31.7	33.1	35.3	36.9	39.4	44.4	50.2	53.6	56.0	59.8	62.4
	147	32.1	33.4	35.7	37.2	39.7	44.8	50.6	53.9	56.4	60.2	62.8
	148	32.4	33.7	36.0	37.6	40.1	45.2	50.9	54.3	56.8	60.6	63.2
	149	32.7	34.1	36.3	37.9	40.4	45.5	51.3	54.7	57.1	60.9	63.6
	150	33.0	34.4	36.6	38.2	40.7	45.8	51.6	55.0	57.4	61.3	63.9
	151	33.3	34.7	36.9	38.5	41.0	46.1	51.9	55.3	57.7	61.6	64.2
	152	33.6	35.0	37.3	38.9	41.3	46.5	52.2	55.6	58.0	61.9	64.5
	153	33.9	35.3	37.6	39.2	41.7	46.8	52.5	55.9	58.4	62.2	64.8
	154	34.3	35.6	37.9	39.5	42.0	47.1	52.8	56.2	58.7	62.5	65.1
	155	34.6	36.0	38.2	39.8	42.3	47.4	53.1	56.5	59.0	62.8	65.4
13	156	34.9	36.3	38.5	40.1	42.6	47.7	53.4	56.8	59.2	63.0	65.6
	157	35.2	36.5	38.8	40.4	42.9	47.9	53.6	57.0	59.4	63.2	65.8
	158	35.5	36.8	39.1	40.7	43.1	48.2	53.9	57.3	59.7	63.5	66.1
	159	35.8	37.1	39.4	40.9	43.4	48.5	54.2	57.5	59.9	63.7	66.3
	160	36.1	37.4	39.6	41.2	43.7	48.7	54.4	57.8	60.2	63.9	66.5
	161	36.4	37.7	39.9	41.5	44.0	49.0	54.7	58.0	60.4	64.2	66.7
	162	36.6	38.0	40.2	41.7	44.2	49.2	54.9	58.2	60.6	64.3	66.9
	163	36.9	38.2	40.4	42.0	44.4	49.4	55.1	58.4	60.8	64.5	67.1
	164	37.1	38.5	40.7	42.2	44.7	49.7	55.3	58.6	61.0	64.7	67.3
	165	37.4	38.7	40.9	42.5	44.9	49.9	55.5	58.8	61.2	64.9	67.5
	166	37.6	39.0	41.2	42.7	45.1	50.1	55.7	59.0	61.4	65.1	67.6
	167	37.9	39.2	41.4	43.0	45.4	50.3	55.9	59.2	61.6	65.3	67.8
14	168	38.1	39.5	41.6	43.2	45.6	50.5	56.1	59.4	61.7	65.4	67.9
	169	38.3	39.7	41.8	43.4	45.8	50.7	56.3	59.5	61.9	65.6	68.1
	170	38.6	39.9	42.1	43.6	46.0	50.9	56.4	59.7	62.0	65.7	68.2
	171	38.8	40.1	42.3	43.8	46.2	51.1	56.6	59.9	62.2	65.8	68.3
	172	39.0	40.3	42.5	44.0	46.4	51.3	56.8	60.0	62.3	66.0	68.5
	173	39.2	40.6	42.7	44.2	46.6	51.5	57.0	60.2	62.5	66.1	68.6
	174	39.4	40.7	42.9	44.4	46.8	51.6	57.1	60.3	62.6	66.2	68.7
	175	39.6	40.9	43.1	44.6	47.0	51.8	57.2	60.4	62.7	66.3	68.8
	176	39.8	41.1	43.2	44.8	47.1	52.0	57.4	60.6	62.8	66.4	68.9
	177	40.0	41.3	43.4	44.9	47.3	52.1	57.5	60.7	63.0	66.5	68.9
	178	40.1	41.5	43.6	45.1	47.5	52.3	57.7	60.8	63.1	66.6	69.0
	179	40.3	41.6	43.8	45.3	47.7	52.4	57.8	61.0	63.2	66.7	69.1

여자 3~18세 체중 백분위수

만나이 (세)	만나이 (개월)	체중(kg) 백분위수										
		3rd	5th	10th	15th	25th	50th	75th	85th	90th	95th	97th
15	180	40.5	41.8	43.9	45.4	47.8	52.6	57.9	61.0	63.3	66.8	69.2
	181	40.6	41.9	44.1	45.6	47.9	52.7	58.0	61.1	63.4	66.9	69.2
	182	40.8	42.1	44.2	45.7	48.1	52.8	58.1	61.2	63.5	66.9	69.3
	183	40.9	42.2	44.3	45.9	48.2	52.9	58.2	61.3	63.5	67.0	69.4
	184	41.1	42.4	44.5	46.0	48.3	53.0	58.3	61.4	63.6	67.1	69.4
	185	41.2	42.5	44.6	46.1	48.5	53.2	58.4	61.5	63.7	67.1	69.5
	186	41.3	42.6	44.7	46.2	48.5	53.2	58.5	61.6	63.8	67.2	69.5
	187	41.4	42.7	44.8	46.3	48.6	53.3	58.6	61.6	63.8	67.2	69.6
	188	41.5	42.8	44.9	46.4	48.7	53.4	58.6	61.7	63.9	67.3	69.6
	189	41.6	42.9	45.0	46.5	48.8	53.5	58.7	61.8	63.9	67.3	69.6
	190	41.8	43.1	45.1	46.6	48.9	53.6	58.8	61.8	64.0	67.4	69.7
	191	41.9	43.2	45.3	46.7	49.0	53.7	58.9	61.9	64.1	67.4	69.7
16	192	41.9	43.2	45.3	46.8	49.1	53.7	58.9	61.9	64.1	67.5	69.8
	193	42.0	43.3	45.4	46.9	49.2	53.8	58.9	62.0	64.1	67.5	69.8
	194	42.1	43.4	45.5	46.9	49.2	53.8	59.0	62.0	64.1	67.5	69.8
	195	42.2	43.5	45.5	47.0	49.3	53.9	59.0	62.0	64.2	67.5	69.8
	196	42.3	43.5	45.6	47.1	49.3	53.9	59.1	62.1	64.2	67.6	69.8
	197	42.3	43.6	45.7	47.1	49.4	54.0	59.1	62.1	64.2	67.6	69.9
	198	42.4	43.7	45.7	47.2	49.4	54.0	59.1	62.1	64.2	67.6	69.9
	199	42.5	43.7	45.8	47.2	49.5	54.0	59.1	62.1	64.2	67.6	69.9
	200	42.5	43.8	45.8	47.3	49.5	54.0	59.1	62.1	64.3	67.6	69.9
	201	42.6	43.8	45.8	47.3	49.5	54.1	59.1	62.1	64.3	67.6	69.9
	202	42.6	43.9	45.9	47.3	49.5	54.1	59.1	62.1	64.3	67.6	69.9
	203	42.7	43.9	45.9	47.4	49.6	54.1	59.1	62.1	64.3	67.6	69.9
17	204	42.7	44.0	46.0	47.4	49.6	54.1	59.1	62.1	64.3	67.6	69.9
	205	42.8	44.0	46.0	47.4	49.6	54.1	59.1	62.1	64.2	67.6	69.9
	206	42.8	44.0	46.0	47.4	49.6	54.1	59.1	62.1	64.2	67.6	69.9
	207	42.8	44.1	46.0	47.4	49.6	54.1	59.1	62.1	64.2	67.6	69.9
	208	42.9	44.1	46.1	47.5	49.6	54.1	59.1	62.1	64.2	67.6	69.9
	209	42.9	44.1	46.1	47.5	49.6	54.1	59.1	62.1	64.2	67.6	69.9
	210	43.0	44.2	46.1	47.5	49.6	54.1	59.1	62.1	64.2	67.6	69.9
	211	43.0	44.2	46.1	47.5	49.7	54.1	59.1	62.0	64.2	67.6	69.9
	212	43.0	44.2	46.1	47.5	49.7	54.1	59.1	62.0	64.2	67.6	69.9
	213	43.1	44.3	46.2	47.5	49.7	54.0	59.0	62.0	64.2	67.6	69.9
	214	43.1	44.3	46.2	47.6	49.7	54.0	59.0	62.0	64.2	67.6	69.9
	215	43.2	44.3	46.2	47.6	49.7	54.0	59.0	62.0	64.1	67.6	69.9
18	216	43.2	44.3	46.2	47.6	49.7	54.0	59.0	62.0	64.1	67.5	69.9
	217	43.2	44.4	46.3	47.6	49.7	54.0	59.0	62.0	64.1	67.5	69.9
	218	43.3	44.4	46.3	47.6	49.7	54.0	59.0	61.9	64.1	67.5	69.9
	219	43.3	44.4	46.3	47.6	49.7	54.0	58.9	61.9	64.1	67.5	69.9
	220	43.3	44.5	46.3	47.6	49.7	54.0	58.9	61.9	64.1	67.5	69.9
	221	43.4	44.5	46.3	47.6	49.7	54.0	58.9	61.9	64.1	67.5	69.9
	222	43.4	44.5	46.3	47.7	49.7	54.0	58.9	61.9	64.0	67.5	69.9
	223	43.4	44.5	46.4	47.7	49.7	54.0	58.9	61.9	64.0	67.5	69.9
	224	43.5	44.6	46.4	47.7	49.7	53.9	58.9	61.8	64.0	67.5	69.9
	225	43.5	44.6	46.4	47.7	49.7	53.9	58.8	61.8	64.0	67.5	69.9
	226	43.5	44.6	46.4	47.7	49.7	53.9	58.8	61.8	64.0	67.5	69.9
	227	43.6	44.7	46.4	47.7	49.7	53.9	58.8	61.8	64.0	67.5	69.9

우리 아이 성장 확인하기

(단위: 체중(kg))

신장(cm)	남아	여아	신장(cm)	남아	여아	신장(cm)	남아	여아	신장(cm)	남아	여아
44~45[1]	2.64	2.47	80~81	11.14	10.79	116~117	21.40	20.99	152~153	45.92	45.71
45~46	2.71	2.62	81~82	11.37	11.03	117~118	21.85	21.40	153~154	46.80	46.64
46~47	2.81	2.80	82~83	11.60	11.27	118~119	22.31	21.83	154~155	47.68	47.57
47~48	2.94	2.99	83~84	11.83	11.51	119~120	22.79	22.27	155~156	48.57	48.50
48~49	3.10	3.19	84~85	12.05	11.76	120~121	23.28	22.72	156~157	49.46	49.42
49~50	3.27	3.39	85~86	12.28	12.00	121~122	23.78	23.19	157~158	50.36	50.33
50~51	3.46	3.60	86~87	12.50	12.24	122~123	24.30	23.67	158~159	51.26	51.23
51~52	3.67	3.81	87~88	12.73	12.48	123~124	24.83	24.16	159~160	52.16	52.12
52~53	3.89	4.03	88~89	12.96	12.73	124~125	25.38	24.68	160~161	53.06	52.99
53~54	4.12	4.25	89~90	13.18	12.97	125~126	25.93	25.20	161~162	53.97	53.85
54~55	4.37	4.48	90~91	13.41	13.22	126~127	26.51	25.75	162~163	54.87	54.68
55~56	4.62	4.71	91~92	13.64	13.46	127~128	27.10	26.31	163~164	55.77	55.48
56~57	4.87	4.94	92~93	13.87	13.71	128~129	27.70	26.89	164~165	56.67	56.25
57~58	5.14	5.17	93~94	14.10	13.96	129~130	28.32	27.48	165~166	57.57	56.98
58~59	5.40	5.41	94~95	14.34	14.21	130~131	28.95	28.09	166~167	58.47	57.67
59~60	5.67	5.64	95~96	14.58	14.46	131~132	29.59	28.72	167~168	59.36	58.32
60~61	5.95	5.88	96~97	14.82	14.71	132~133	30.25	29.37	168~169	60.25	58.93
61~62	6.22	6.12	97~98	15.07	14.97	133~134	30.92	30.04	169~170	61.14	59.47
62~63	6.50	6.36	98~99	15.33	15.23	134~135	31.61	30.72	170~171	62.02	59.96
63~64	6.77	6.60	99~100	15.59	15.49	135~136	32.31	31.42	171~172	62.90	60.39
64~65	7.05	6.85	100~101	15.85	15.76	136~137	33.02	32.14	172~173	63.77	60.74
65~66	7.33	7.09	101~102	16.13	16.03	137~138	33.74	32.88	173~174	64.63	61.02
66~67	7.60	7.34	102~103	16.41	16.31	138~139	34.48	33.63	174~175	65.49	
67~68	7.87	7.58	103~104	16.70	16.59	139~140	35.23	34.40	175~176	66.33	
68~69	8.14	7.83	104~105	16.99	16.88	140~141	35.99	35.19	176~177	67.18	
69~70	8.41	8.08	105~106	17.30	17.17	141~142	36.76	36.00	177~178	68.01	
70~71	8.67	8.33	106~107	17.62	17.47	142~143	37.55	36.82	178~179	68.83	
71~72	8.93	8.57	107~108	17.94	17.78	143~144	38.35	37.66	179~180	69.65	
72~73	9.19	8.82	108~109	18.28	18.10	144~145	39.15	38.51	180~181	70.45	
73~74	9.44	9.07	109~110	18.63	18.42	145~146	39.97	39.37	181~182	71.25	
74~75	9.70	9.31	110~111	18.99	18.76	146~147	40.79	40.25	182~183	72.04	
75~76	9.94	9.56	111~112	19.36	19.10	147~148	41.63	41.14	183~184	72.82	
76~77	10.19	9.81	112~113	19.74	19.46	148~149	42.47	42.04	184~185	73.59	
77~78	10.43	10.05	113~114	20.14	19.82	149~150	43.32	42.95	185~186	74.35	
78~79	10.67	10.30	114~115	20.55	20.20	150~151	44.18	43.86			
79~80	10.90	10.54	115~116	20.97	20.59	151~152	45.05	44.79			

주: 44~45은 신장 44cm부터 45cm미만에 해당하며, 다른 신장구분에도 동일하게 적용됨

남아				연령	여아			
체중(kg)	신장(cm)	체질량지수 (kg/m²)	머리둘레 (cm)		체중(kg)	신장(cm)	체질량지수 (kg/m²)	머리둘레 (cm)
3.41	50.12		34.70	출생시	3.29	49.35		34.05
5.68	57.70		38.30	1~2개월¹⁾	5.37	56.65		37.52
6.45	60.90		39.85	2~3개월	6.08	59.76		39.02
7.04	63.47		41.05	3~4개월	6.64	62.28		40.18
7.54	65.65		42.02	4~5개월	7.10	64.42		41.12
7.97	67.56		42.83	5~6개월	7.51	66.31		41.90
8.36	69.27		43.51	6~7개월	7.88	68.01		42.57
8.71	70.83		44.11	7~8개월	8.21	69.56		43.15
9.04	72.26		44.63	8~9개월	8.52	70.99		43.66
9.34	73.60		45.09	9~10개월	8.81	72.33		44.12
9.63	74.85		45.51	10~11개월	9.09	73.58		44.53
9.90	76.03		45.88	11~12개월	9.35	74.76		44.89
10.41	78.22		46.53	12~15개월	9.84	76.96		45.54
11.10	81.15		47.32	15~18개월	10.51	79.91		46.32
11.74	83.77		47.94	18~21개월	11.13	82.55		46.95
12.33	86.15		48.45	21~24개월	11.70	84.97		47.46
13.14	89.38	16.71	49.06	2~2.5세	12.50	88.21	16.34	48.08
14.04	93.13	16.29	49.66	2.5~3세	13.42	91.93	16.01	48.71
14.92	96.70	15.97	50.10	3~3.5세	14.32	95.56	15.76	49.18
15.91	100.30	15.75	50.43	3.5~4세	15.28	99.20	15.59	49.54
16.97	103.80	15.63	50.68	4~4.5세	16.30	102.73	15.48	49.82
18.07	107.20	15.59	50.86	4.5~5세	17.35	106.14	15.43	50.04
19.22	110.47	15.63	51.00	5~5.5세	18.44	109.40	15.44	50.21
20.39	113.62	15.72	51.10	5.5~6세	19.57	112.51	15.50	50.34
21.60	116.64	15.87	51.17	6~6.5세	20.73	115.47	15.61	50.44
22.85	119.54	16.06	51.21	6.5~7세	21.95	118.31	15.75	50.51
24.84	123.71	16.41		7~8세	23.92	122.39	16.04	
27.81	129.05	16.97		8~9세	26.93	127.76	16.51	
31.32	134.21	17.58		9~10세	30.52	133.49	17.06	
35.50	139.43	18.22		10~11세	34.69	139.90	17.65	
40.30	145.26	18.86		11~12세	39.24	146.71	18.27	
45.48	151.81	19.45		12~13세	43.79	152.67	18.88	
50.66	159.03	20.00		13~14세	47.84	156.60	19.45	
55.42	165.48	20.49		14~15세	50.93	158.52	19.97	
59.40	169.69	20.90		15~16세	52.82	159.42	20.42	
62.41	171.81	21.26		16~17세	53.64	159.98	20.77	
64.46	172.80	21.55		17~18세	53.87	160.42	21.01	
65.76	173.35	21.81		18~19세	54.12	160.74	21.13	

주: 1~2개월은 1개월부터 2개월 미만에 해당하며, 다른 연령에도 동일하게 적용됨

수유기, 예방 접종

1 Armstrong J, Reilly JJ. Child Health Information Team. Breathfeeding and lowering the risk of childhood obesity. Lancet 2002;359:2003–4.

2 Davis MK. Breastfeeding and chronic disease in childhood and adolescence. Pediatr Clin North Am 2001;48:125–41.

3 Gillman MW, Rifas-Sㅋhiman St, Camargo CA Jr, Berkey CS, Frazier AL, Rockett HR, et al. RiL of overweight among adolescents who were breastfed as infants. JAMA 2001;285:2461–7.

4 Halken S, Host A. Prevention. Curr Opin Allergy Clin Immunol 2001;1:229–36.

5 Lau C. Effects of stress on lactation. Pediatr Clin North Am 2001;48:221–34.

6 Neville MC. Anatomy and physiology of lactation. Pediatr Clin North Am 2001;48:13–34.

7 Lawrence RA, Lawrence RM. Breastfeeding: a guide for the medical profession. 7th ed. St. Louis: Elsevier Mosby, 2011.

8 Wight NE. Management of common breastfeeding issues. Pediatr Clin North Am 2001;48:321–44.

9 Ball HL. Breastfeeding, bed-sharing, and infant sleep. Birth 2003;30:181–8.

10 Valaitis R, Hesch R, Passarelli C, Sheehan D, Sinton J. A systematic review of the relationship between breastfeeding and early childhood caries. Can J Public Health 2000;91:411–7.

11 Sayegh A, Dini EL, Holt RD, Bedi R. Caries prevalence and patterns and their relationship to social class, infant feeding and oral hygiene in 4–5 year old children in Ammna, Jordan. Community Dent Health 2002;19:144–51.

12 Sievers E, Oldigs HD, Santer R, Schaub J. Feeding patterns in breast–fed and formula–fed infants. Ann Nutr Metab 2002;46:243–8.

13 Carpenter RG, Irgens KLM, Blair P, England PD, Fleming D, Huber P, et al. Sudden unexplained infant death in 20 regions in Europe: case control study. Lancet 2004;363:185–91.

14 Teppin D, Brooks H, Ecob R. Bedsharing and sudden infant death syndrome (SIDS) in Scotland, UK. Lancet 2004;363:994–9.

15 Mohrbacher N, Knorr S. Breastfeeding duration and mother–to–mother support. Midwifery Today Int Midwife. 2012;101:44–6.

16 Gartner LM, Herschel M. Jaundice and breastfeeding. Pediatr Clin North Am 2001;48:389–99.

17 Muchowski KE. Evaluation and treatment of neonatal hyperbilirubinemia. Am Fam Physician 2014;89:873–8.

18 Picciano MF. Nutrient composition of human milk. Pediatr Clin North Am 2001;48:53–67.

19 Dewey KG. Nutrition, growth, and complementary feeding of the breastfed infant. Pediatr Clin North Am 2001;48:87–104.

20 Labbok MH. Effect of breastfeeding on the mother. Pediatr Clin North Am 2001;48:143–58.

21 Heird WC. The role of polyunsaturated fatty acids in term and preterm infants and breastfeeding mothers. Pediatr Clin North Am 2001;48:173–88.

22 Piovanetti Y. Breastfeeding beyond 12 months: an historical perspective.

561

Pediatr Clin North Am 2001;48:199–206.

23 Neifert MR. Prevention of breastfeeding tragedies. Pediatr Clin North Am 2001;48:273–97.

24 Powers NG. How to assess slow growth in the breastfed infant: birth to 3 months. Pediatr Clin North Am 2001;48:345–63.

25 Griffin IJ, Abrams SA. Iron and breastfeeding. Pediatr Clin North Am 2001; 48:415–23.

26 Meek JY. Breastfeeding in ther workplace. Pediatr Clin North Am 2001;48: 461–74.

27 Howard CR, Lawrence RA. Xenobiotics and breastfeeding. Pediatr Clin North Am 2001;48:485–504.

28 Mohrbacher N, Stock J. La Leche League International: the breast–feeding answer book. 3rd ed. Illinois, 2003:407–3.

29 Alexander JM, Grant AM, Campbell MJ. Randomized controlled trial of breast shells and Hofman's exercises for inverted and non–protactile nipples. BMJ 1992;304:1030–2.

30 Kent JC, Ashton E, Hardwick CM, Rowan MK, Chia ES, Fairclough KA, et al. Nipple Pain in Breastfeeding Mothers: Incidence, Causes and Treatments. Int J Environ Res Public Health. 2015;12:12247–63.

31 Westerfield KL, Koenig K, Oh R. Breastfeeding: Common Questions and Answers. Am Fam Physician. 2018;98:368–73.

32 Dror DK, Allen LH. Overview of Nutrients in Human Milk. Adv Nutr. 2018; 9:278S–294S.

33 Lessen R, Kavanagh K. Position of the academy of nutrition and dietetics: promoting and supporting breastfeeding. J Acad Nutr Diet 2015;115:444–9.

34 Pulhan J, Collier S, Duggan C. Update on pediatric nutrition: breast–feeding. Infant nutrition, and growth. Curr Opin Pediatr 2003;15:323–32.

35 Kang YS, Kim JH, Ahn EH, Yoo EG, Kim MK. Iron and vitamin D status in

breastfed infants and their mothers. Korean J Pediatr. 2015;58:283–7.

36 대한소아과학회 감염위원회. 대한소아과학회 예방 접종 지침서 제8판. 2015.

37 질병관리본부, 대한의사협회, 예방접종전문위원회. 예방 접종 대상 전염병의 역학 과 관리. 제4판 수정판. 2013.

38 American Academy of Pediatrics. Active and passive immunization. In: Pickering LK, Baker CJ, Kimberlin DW, Long SS eds. Redbook: 2012 report of the committee on infectious diseases. 29th ed. Elk Grove Vilage, IL: American Academy of Pediatrics, 2012:11–56.

39 Plotkin SA. Vaccines: past, present and future. Nat Med 11;S5–11:2005.

40 Murkoff H, Mazel S. What to expect: the first year. 2nd ed. London: Simon $ Schuster UK Ltd. 2010:124–6.

41 Meltzer DI. A newborn with an umbilical mass. Am Fam Physician 2005; 71:1590–2.

42 Jung MK, Song JE, Yang S, Hwang IT, Lee HR. Catch up growth in children born small for gestational age by corrected growth curve. Korean J Pediatr 2009;52:984–90.

43 Parsons TJ, Power C, Manor O. Fetal and early life growth and body mass index from birth to early adulthood in 1958 British cohort: longitudinal study. BMJ 2001;323:1331–5.

44 Neumann K. Family travel: an overview. Travel Med Infect Dis 2006;4:202–17.

45 Pelech AN. The cardiac murmur: when to refer? Pediatr Clin North Am 1998; 45:107–22.

46 Baker RD, Greer FR: Committee on Nutrition American Academy of Pediatrics. Diagnosis and prevention of iron deficiency and iron–deficiency anemia in infants and youn children (0–3 years of age). Pediatr 2010;126:1040–50.

47 Park JO. Special infant formulas and its use. J Korean Pediatr Soc 2004; 47:S532–S546.

48 American Academy of Pediatrics. Caring for your baby and youn child. 5th Ed Elk Grove Village, IL; American Academy of Pediatrics, 2009.

49 Shelov SP. Caring for your baby and young child, Birth to age 5, 5th ed Bantam Books, 2009.

50 European Food Safety Authority. Scientific opinion on the suitability of goat milk protein as a source of protein in infant formula and follow-on formulae EFSA J 2012;102603-9.

51 Riley LK, Rupert J, Boucher O. Nutrition in Toddlers. Am Fam Physician. 2018; 98:227-33.

52 Yom HW. Review on revised nutrition guidelines of the Korea national health screening program for infants and children. Korean J Pediatr Gastroenterol Nutr 2010;13(Suppl 1):1-9.

53 대한소아과학회 영양위원회. 어린이 주치의를 위한 식이상담 가이드. 서울 대한소아과학회 2012.

54 서정완 외 역. 평생 건강을 지켜주는 우리 아이 영양 가이드. 서울 조윤커뮤니케이션, 2008.

55 안효섭, 신희영. 홍창의 소아과학 제11판 서울 미래앤 2016:532-57.

56 대한소아과학회 영양위원회. 임상에서의 소아의 영양. 대한소아과학회. 서울 광문출판사 2002.

57 하정훈 삐뽀삐뽀 119 이유식, 그린비 라이프 2010.

58 American Academy of Pediatrics Committee on Nutrition. Pediatric nutrition handbook. 6th ed. American Academy of Pediatrics, 2009.

59 Laura AJ, Jeniffer S. Food fights. American Academy of Pediatrics, 2008.

60 Agostoni C, Dencsi T, Fewtrell M, Goulet O, Kolacek S, Koletzko B, Michaelsen KF, et al. Complementary feeding: a commentary by the ESPGHAN Committee on Nutirtion. J Pediatr Gastroenerol Nutr 2008;46:99-110.

61 Gidding SS, Dennison BA, Birch LL, Daniels SR, Gillman MW, Lichtenstein AH, Rattay KT, et al. Dietary recommendations for children and adolescents: a guide for practitioners. Pediatrics 2006;117:544-59.

62 Michael BZ, Richard FHI. Nutrition iron deficiency. Lancet 2007;370:511-20.

63 Beard JL. Why iron deficiency is important in infant development. J Nutr 2008;138:2534-6.

64 Borgna-Pignatti C, Marsella M. Iron deficiency in infancy and childhood. Pediatr Ann 2008;37:329-37.

65 Chatoor I. Feeding disorders in infants and toddlers: diagnosis and treatment. Child Adolesc Psychiatr Clin North Am 2002;2:162-83.

66 Samour P, King K. Peditric nutrition. 4th ed Jones and Bartlett Pub Inc, 2010.

67 Dixon SD, Stein MT. Encounters with children: Pediatric behavior and development. 4th ed, Mosby, 2005.

68 Gupta SK. Update on infantile colic and management options. Curr Opin Investig Drugs 2007;8:921-6.

2세~학령전기

69 El-Radhi AS, Barry W. Thermometry in pediatric practice. Arch Dis Child 2006;1:351-6.

70 Janice E, Sullivan MD, Henry C, Farrar MD, and the Section on clinical pharmacology and therapeutics and committee on drugs. Fever and antipyretic use in children. Pediatrics 2011;127:580-7.

71 Axelrod P. External cooling in the management of fever. Clin Infect Dis 2003;31:224-9.

72 Vanden Hoek TL, Morrison LJ, Shuster M, Donnino M, Sinz, Lavonas EJ, Jeejebhoy FM, Gabrielli A. Par 12: cardiac arrest in special situations:2010

American Heart Association Guidelines for cardiopulmonary resuscitation and emergency cardiovascular care. Ciruculation. 2010;122 (Suppl 3);S829–61. Erratum in: Circulation 2011;123:e239.

73 Marx JA, Hockberger RS, Walls RM. Rosen's Emergency medicine. Concepts and clinical practice. 7th ed. Philadelphia. Mosby Elsevier; 2010.

74 Venter TH, Karpelowsky JS, Rode H. Cooling of the burn wound: The ideal temperature of the coolant. Burns 2007;33:917–21.

75 Atiyeh BS, Ioannovich J, Magliacant G, Masellis M, Costagliola M, Dham R, Al-Farhan M. Efficacy of moist exposed burn ointment in the management of cutaneous wounds and ulcers: a multicenter pilot study [12]. Ann Plast Surg 2002;48:226–7.

76 대한응급의학회. 응급의학. 1st ed. 서울; 2011.

77 Fleisher GR, Ludwig S, Henretig F. Textbook of Pediatric Emergency Medicine. 6th ed. Philadelphia. Williams & Wilkins, 2010.

78 Tintinalli JE, Stapczynski JS, Ma OJ, Cline DM, Cydulka RK, Meckler GD. Emergency medicine. A comprehensive study guide. 7th ed. New York: McGraw-Hills; 2010.

79 KC Poon, HY Lee, WH Yau. Predictive factors for the existence of foreign body following fish bone ingestion: a prospective study. Hong Kong J Emerg Med 2010;17:132–41.

80 Scheinfeld N. Diaper dermatitis: a revier and brief survey of eruptions of the diaper area. Am J Clin Dermatol 2005;6:273–81.

81 Kliegman RM, Stanton HFBF, Germe III JW, Schor NF, Behrman RF. Nelson Textbook of Pediatrics. 20th ed. Philadelphila: Elsevier. 2016;551,2614–8.

82 Gardner HG, and American Academy of Pediatircs, Committee on Injury, Violence, and Poison Prevention in Human Infants. J Korean Pediatr 2001; 108:790–2.

83 정희정. 소아에서 말언어장애. Korean J Pediatr 2008;51:922–34.

84 Mindell JA, Owens JA. A clinical guide to pediatric sleep: diagnosis and management of sleep problems. 2nd ed. Philadelphila, Lippincott Williams & Wilkins, 2010.

85 결핵 진료지침 개정위원회. 대한결핵 및 호흡기학회, 질병관리본부. 결핵진료지침 개정판 2014;93-200.

86 Ian D, Steve S, Pauline S, Cres F. Intelligence and educational achievement. Intelligence 2007;1:13-21.

87 Frances R, Gordon S. Key component of the Mozart effect. Perceptual and Skills 1998;835-41.

88 Carney PR, Geyer JD. Pediatric neurology McGraw Hill 2009;41-9.

89 Reddy SRV, Singh HR. Chest pain in children and adolescents. Pediatrics in review 2010:31(1).

90 American Academy of Pediatrics. Policy Statement—Child Passenger Safety. Pediatrics 2011;27:788-93.

91 Bicycle hemets. Committee on Injury and Poison Prevention, American Academy of Pediatrics. Pediatrics 2001;108:1030.

성장과 발달

92 질병관리본부, 대한소아과학회. 소아청소년 성장도표. 2007.

93 대한소아과학회. 한국형 영유아 발달검사. 2007.

94 대한소아내분비학회. 소아내분비학. 제3판, 서울, 군자출판사, 2014.

95 Pollak M. Textbook of developmental pediatrics. London, Churchill Livingstone, 1997.

96 Dixon SFD, Stein MT. Encounters with children. Pediatric behavior and development 4th ed. Mosby, 2005.

97 Brook CGD, Brown RS. Handbook of Clinical Pediatric Endocrinology. 1st ed,

Mass. Backwell Pub, 2008.

98 Sperling MA: Pediatric Endocrinology. 3rd ed. Philadelphia. Saunders/
    Elsevier, 2008.

소화기관

99 Vandernplas Y, Hassall E. Mechanism of gastroesophageal reflux and
    gastroesophageal reflux disease. J Paediatr Gastroenterol Nutr 2002;35:
    119–36.

100 van der Pol R, Smite M, Benninga MA, van wijk MP. Non–pharmacological
    therapies for GERD in infants and children. J Pediatr Gastroenterol Nutr. 2011;
    53(Suppl 2):S6–8.

101 Constipation Guideline Committee of the North American Society for Pediatric
    Gastroenterology, Hepatology and Nutrition. Evaluation and treatment of
    constipation in infants and children: recommendations of the North American
    Society for Pediatric Gastroenterology, Hepatology and Nutrition. J Pediatr
    Gastroenterol Nutr 2006;43:e1.

102 Seo JW. Infant nutrition. J Korean Pediatr Soc 2004;47:S519–S531.

103 Hyman PE, Milla PJ, Benninga MA, Davidson GP, Fleisher DF, Taminiau
    J. Childhood functional gastrointestinal disorders: neonate/toddler.
    Gastroenterology 2006;130:1519–26.

104 Whitfield KL, Shulman RJ. Treatment options for functional gastrointestinal
    disorders: from empiric to complementary approaches. Pediatr Ann 2009;
    38:288–94.

105 Wyille R, Hyams JS, Kay M. Pediatric gastrointestinal and liver disease. 5th
    ed. Philadelphia, Elsevier, 2015.

106 Kleinman R, Goulet O. Walker's Pediatric gastrointestinal disease. 5th ed.

Hamilton, BC Decker, 2008.

107 Rasquin A, Di Lorenzo C, Forbes D, Guiraldes E, Hyams JS, Stiano A, Walker LS. CHildhood functional gastrointerstinal disorders: Child/adoslescent. Gastroenterol 2006;130:1527–37.

알레르기, 호흡기

108 대한소아알레르기호흡기학회. 소아청소년 아토피피부염 진료 가이드라인. 서울 광문출판사. 2008.

109 Bieber T. Atopic dermatitis New Engl J Med 2008;358:1483–94.

110 Boguniewicz M, Leung DYM. Recent insights into atopic dermatitis and implications for management of infectious complications. J Allergy Clin Immunol 2010;125:4–13.

111 대한소아알레르기호흡기학회. 소아청소년 천식 진료 가이드라인. 서울 광문출판사. 2008.

112 대한소아알레르기호흡기학회 소아알레르기 호흡기학. 제3판, 여문각 2018.

113 The Korean Academy of Asthma, Allergy and Clinical Immunology. Atopic dermatitis. In: Asthma and Allergic Diseases. Seoul Yeomungak, 2012.

114 Eigenmann PA, Oh JW, Beyer K. Diagnostic testing in the evaluation of food allergy. Pediatr Clin North Am 2011;58:351–62.

115 The Korean Academy of Asthma, Allergy and Clinical Immunology. Oral and other antigen specific provocation tests. In: Asthma and Allergic Diseases. Seoul Yeomungak, 2012.

116 Oh JW. Pollen allergy in a changing world. Springer 2018

117 오재원, 백원기, 김규랑, 김진석, 한매자. 꽃가루와 알레르기. 한국학술정보 2015.

118 Oh JW. Respiratory viral infections and early asthma in childhood. Allergology International 2006;55;4:369–72.

119 Turner RB. The common cold. In: Mandell GL, et al. Madell, Douglas and Bennett's Principle and practice of infectious diseases. 76th ed. Philadelphia, Pa. Churchill Lvingstone Elsevier, 2009.

120 Sasazuki S, Sasaki S, Tsubono Y, Okubo S, Hayashi M, Tsugane S. Effect of vitamin C on common cold: randomized controlled trieal. Eur J Clin Nutr 2006;60:9–17.

사춘기

121 American Academy of Pediatrics Committee on Adolescence: American College of Obstetricians and Gynecologists Committee on Adolescent Health Care, Diaz A, Laufer MR, Breech LL. Menstruation in girls and adolescents: Using the menstrual cycle as a vital sign. Pediatrics 2006;118:2245–50.

122 Herring JA. Tachdjians's pediatric orthopedics. 5th ed. Philadelphia, Saunders, 2014.

123 Suk SI. Scoliosis Update. J Korean Med Assoc 1997;40:242–52.

124 Park MJ, Lee IS, Shin EK, Joung H, Cho SI. The timing of sexual maturation and secular trends of menarchial age in Korean adolescents. Korean J Pediatr 2006;49:610–6.

125 Rosenfeld RG. Evaluation of Growth and maturation in adolescence. Pediatr Rev 1982;4:175–82.

126 Kim HO, Lim SW, Woo HY, KIm KH. Premenstrual syndrome and dysmenorrhea in Korean adolescent girls. Korean J Obst Gynecol 2008;51:1322–8.

127 Lee SR, Shin JH, Lee JR, Cho SH, Chae HD, Lee BS. Guideline for management of heavy menstrual bleeding. Korean J Obst Gynecol 2010;53:203–10.

1　Pdeinfo: http://www.pedinfo.org

2　Medscape Pediatrics: http://medscape.com/pediatrics

3　Harriet Lane Links: http://www.hopkinsmedicine.org

4　Nelson Textbook: http://www.expertconsult.com

5　Medline: http://www.ncbi.nlm.nih.gov/pubmed

6　Medmark: http://www.medmark.org/ped

7　WHO: http://www.who.int

8　WHO child growth standards: http://www.who.int/toolkits/child-growth-standards

9　MMWR: http://www.cdc.gov/mmwr

10　AAP Policy: http://www.aappublications.org

11　PedsCCM: Pediatric Critical Care Medicine: http://www.pedsccm.org

12　Cochrane Neonatal Review Group: http://www.cochrane.org

13　Fact for Families: http://www.aacap.org

14　Neonatology on the Web: http://www.neonatology.org

15　North American Society for Pediatrcic Gastroenterology, Hepatology and Nutritiion(NASPGHAN): http://www.naspghan.org

16　European Society for Paediatric Gastroenterology, Hepatology and Nutritiion (ESPGHAN): http://www.espghan.org

17 American Academy of Allergy, Asthma, and Immunology: http://www.aaaai.org

18 American College of Allergy, Asthma, and Immunology: http://www.acaai.org

19 보건복지부 : http://www.mohw.go.kr

20 질병관리청 : http://www.kdca.go.kr

21 대한의학회 의학용어집 : http://www.kams.or.kr

22 대한소아청소년과학회 : http://www.pediatrics.or.kr

23 대한소아소화기영양학회 : http://www.kspghan.or.kr

24 대한천식알레르기학회 : http://www.allergy.or.kr

25 대한소아알레르기호흡기학회 : http://www.kapard.or.kr

중 앙 생 활 사 Joongang Life Publishing Co.
중앙경제평론사|중앙에듀북스 Joongang Economy Publishing Co./Joongang Edubooks Publishing Co.

중앙생활사는 건강한 생활, 행복한 삶을 일군다는 신념 아래 설립된 건강 · 실용서 전문 출판사로서
치열한 생존경쟁에 심신이 지친 현대인에게 건강과 생활의 지혜를 주는 책을 발간하고 있습니다.

우리 아이 튼튼 쑥쑥 똑똑하게 키우기

초판 1쇄 인쇄 | 2021년 9월 23일
초판 1쇄 발행 | 2021년 9월 27일

지은이 | 오재원(JaeWon Oh, MD, PhD, FAAAAI)
그린이 | 오승은(SeungEun Oh)
펴낸이 | 최점옥(JeomOg Choi)
펴낸곳 | 중앙생활사(Joongang Life Publishing Co.)

대   표 | 김용주
책임편집 | 정은아
본문디자인 | 박근영

출력 | 케이피알 종이 | 한솔PNS 인쇄 | 케이피알 제본 | 은정제책사

잘못된 책은 구입한 서점에서 교환해드립니다.
가격은 표지 뒷면에 있습니다.

ISBN 978-89-6141-278-0(03590)

등록 | 1999년 1월 16일 제2-2730호
주소 | ⑨ 04590 서울시 중구 다산로20길 5(신당4동 340-128) 중앙빌딩
전화 | (02)2253-4463(代) 팩스 | (02)2253-7988
홈페이지 | www.japub.co.kr 블로그 | http://blog.naver.com/japub
페이스북 | https://www.facebook.com/japub.co.kr 이메일 | japub@naver.com
♣ 중앙생활사는 중앙경제평론사 · 중앙에듀북스와 자매회사입니다.

도서
주문 **www.japub**.co.kr
전화주문: 02) 2253 - 4463

중앙생활사/중앙경제평론사/중앙에듀북스에서는 여러분의 소중한 원고를 기다리고 있습니다. 원고 투고는 이메일을
이용해주세요. 최선을 다해 독자들에게 사랑받는 양서로 만들어 드리겠습니다. **이메일** | japub@naver.com